编 审 人 员

主　编　刘颖辉
　　　　长沙环境保护职业技术学院

副主编　杨　静
　　　　黄石理工学院环境学院

主　审　郭　正
　　　　长沙环境保护职业技术学院，教授，高级工程师

参　编　邹艳梅
　　　　昆明冶金高等专科学校

　　　　高英敏
　　　　邢台职业技术学院

　　　　王　晓
　　　　北京理工大学材料学院

　　　　张之浩
　　　　长沙环境保护职业技术学院

　　　　卢　扬
　　　　扬州环境资源职业技术学院

丛 书 编 委 会

环境工程 CAD 设计与应用（第二版）

——基于 AutoCAD 2008 平台

主　编　刘颖辉

副主编　杨　静

主　审　郭　正

中国环境出版集团·北京

图书在版编目（CIP）数据

环境工程 CAD 设计与应用：基于 AutoCAD 2008 平台/刘颖辉主编. —2 版. —北京：中国环境出版集团，2011.1（2020.10 重印）

ISBN 978-7-5111-0342-0

Ⅰ. ①环… Ⅱ. ①刘… Ⅲ. ①环境工程－计算机辅助设计－应用软件，AutoCAD 2008 Ⅳ. ①X5-39

中国版本图书馆 CIP 数据核字（2010）第 154996 号

出 版 人	武德凯	
责任编辑	黄晓燕	孔　锦
责任校对	任　丽	
封面设计	宋　瑞	

出版发行　**中国环境出版集团**
　　　　　（100062　北京市东城区广渠门内大街 16 号）
　　　　　网　　址：http://www.cesp.com.cn
　　　　　电子邮箱：bjgl@cesp.com.cn
　　　　　联系电话：010-67112765（编辑管理部）
　　　　　　　　　　010-67112735（第一分社）
　　　　　发行热线：010-67125803，010-67113405（传真）
印　　刷　北京中科印刷有限公司
经　　销　各地新华书店
版　　次　2011 年 1 月第 2 版
印　　次　2020 年 10 月第 5 次印刷
开　　本　787×960　1/16
印　　张　25.75
字　　数　490 千字
定　　价　48.00 元

中国环境出版集团郑重承诺：
中国环境出版集团合作的印刷单位、材料单位均具有中国环境标志产品认证；
中国环境出版集团所有图书"禁塑"。

前言

　　本书第一版经两次重印，发行量达到 2 万册，广大读者给予的厚爱，我们深深感谢，为了更上一层楼，我们再次组织几乎全部由原作者来重新编写该书，希望能够用更好的作品来答谢广大读者。

　　环境工程涉及环境技术研究与开发、工程设计、相关的设备与构筑物的设计制造、施工、安装、操作管理等内容。我国在环境工程设计、施工、安装、运行、管理等方面所需的工程技术人员越来越多，所涉及的技术越来越复杂，其工程设计的质量与速度及要求不断提高，显然，再沿用传统的工程设计方法已不能适应当前环境工程设计的发展要求。

　　AutoCAD 2008 是美国 Autodesk 公司于 2007 年推出的计算机辅助设计软件，它使 CAD 技术进一步达到更高的层次，顺应了当今计算机技术和信息技术的发展潮流。

　　本书作者根据多年的 CAD 教学和环境工程专业教学及科研经验，将 AutoCAD 软件的绘图与开发技术运用于环境工程设计教学和科研工作，现在将之编写出来，其目的在于促进 CAD 技术在环境工程设计方面的推广应用，与国内同行进行技术交流，并为环境工程 CAD 设计与应用方面添砖加瓦。

　　本书选择 AutoCAD 2008 中文版为蓝本，其操作界面、提示以及帮助文件等基本上都是中文或中英文兼备的，这对广大的中国读者来说无疑大大地减轻了学习与识记英文的负担，但是我们仍然建议读者在学习过程中有意识地培养自己对相应英文命令与英文提示的熟悉程度并在实际工作中有意识地多使用，这样一方面可以大大提高工作效率，另一方面也能增进我们对许多命令的正确理解。

　　由于现在许多设计单位都要求求职人员掌握三维造型设计的技巧，所以有的读者可能会因此急于求成而跳过二维设计直接去啃读三维设计部分，这是我们所不主张的。实际上，二维设计一直都是三维设计的基础，一些使用频率非常高的三维操作命令（如 EXTRUDE、REVOLVE）的前提条件都是要求先创建二维模型。而且，当用户熟悉了二维操作时，就能更好地去建立三维空间概念，此时再去学习三维操作将会事半功倍。

　　本书列举的专业实例与大量接近工程实际的习题，分布在各章节中。这些实例与习题在实际 CAD 实现过程中都是要利用较全面的操作技巧才能顺利完成，如果读者发现仅利用所在章的知识不能完成这些实例与习题或是虽能够完成但非常复杂且效率低下时，请不要过于担心，读者完全可以先完成这些实例与习题的部分，保存好文件留待以后学习了更多操作技巧时再完成全部的设计。我们相信，这些大量的专业实例与接近工程实际的习题能够给读者的学习与工作带来真正有效的帮助。

本书的专业实例与习题中都给出了相应的解题要点或方法提示，但读者不必完全拘泥于这些提示，因为哪怕仅仅是画一条直线段，在 CAD 中都有若干种实现方法，读者完全可按自己的思路与方法完成设计。当然，我们更建议读者用多种方法来完成同一幅图的设计，这样读者的操作技巧就能有效提高，将来面临更复杂的设计也能应付自如。

本书中的所有图形实例的绘制都已在 AutoCAD 2008 中实现。如果读者需要这些实例图形文件，可以通过电子邮件与我们联系，我们会尽快回复并尽量满足您的要求（本书第一版在使用过程中，已有许多读者或老师发来邮件想要获得图形实例文件，我们都一一回复并提供了相关文件）。

本书由多所院校的富有教学及实践经验的老师共同编写，他们多年工作在教学和科研第一线。本书共分十四章，各章的作者分别是：刘颖辉（第一章，第三章的一至十八节，第十一章的六至八节，第十四章）、杨静（第二、四、五章）、邹艳梅（第七章）、高英敏（第六、八章）、王晓（第三章的十九至二十节、第九、十章）、张之浩（第十一章的一至五节）、卢扬（第十二、十三章）。本书第一版原作者何优选老师因故不能继续参加本书的编写工作，在征得何优选老师的同意后，我们请张之浩老师编写了相应章节的内容。

本书内容较为全面，考虑到 CAD 教学在不同的学校课时数不同，其他读者想要掌握的深度也不尽相同，为此我们将较难的内容用"*"标记了出来，以供教师与读者参考。

我们要衷心感谢郭正教授，他在百忙中审阅了编写大纲与全部书稿，并提出了许多建设性的意见与建议，使得本书更加严谨、贴近实际教学工作。

在本书第一版的编写与出版过程中，黄晓燕编辑与孔锦编辑为之付出了许多辛勤劳动，第二版的编写工作前后，黄晓燕编辑更是为我们提供了真诚的支持与帮助，在此向他们表示衷心感谢！

本书的编写过程中，参考了国内外同行大量相关书籍，所参考书籍目录一并列在书后参考文献中，谨向这些作者致以诚挚的谢意！

由于作者水平有限，本书难免存在各种缺点和不足，恳请广大读者及专家批评指正，我们会继续认真考虑您的每一个真诚意见与良好建议，如果可能，我们还会将它们体现在今后的版本中。

编者 2011 年 3 月

Email：lyh_v@126.com

lyh_v@163.com

目 录

第一章 CAD 技术及在环境工程设计中的应用概述

第一节　CAD 技术及发展过程

一、CAD 技术及其应用

CAD 是英文"Computer Aided Design"的缩写，即"计算机辅助设计"，是用计算机硬件、软件系统辅助工程技术人员进行产品或工程设计、修改、显示、输出的一门多学科的综合性应用新技术。它是随着计算机、外围设备及其软件的发展而逐步形成的高技术产业。它的核心内容是利用计算机帮助人们高效地完成工程设计。

CAD 技术就是利用计算机强大快速的数据处理和丰富灵活的图文处理功能来辅助工程设计人员进行产品和工程设计的一门技术，它是计算机科学技术的重要分支，已成为企业和公司提高技术创新能力，加快产品开发速度，增强社会竞争力的一项关键技术。它也是进一步向计算机辅助制造（CAM）、计算机集成制造系统（CIMS）发展的重要基础。

利用 CAD 技术可使工程设计人员从繁杂的工程设计任务中解脱出来，显著提高其工作效率和设计质量，能将时间和精力集中在技术创新上，工程设计人员使用 CAD 软件可方便地进行工程项目规划、工程设计计算、工程图样绘制和工程数据统计等工作。

CAD 技术发展之快，应用之广，影响之大，令人瞩目。近几年，CAD 软件用户成倍增长，CAD 应用领域不断扩大，现在几乎遍及所有领域，如建筑、机械、电子、航空、轻工、纺织、化工、环保、服装、家电、文艺、影视、体育……

CAD 技术具有以下显著优点：提高工程设计质量，缩短产品开发周期，降低生产成本，促进科技成果转化，提高劳动生产率，提高技术创新能力，有利于产品标准化、系列化、通用化，且有利于计算机辅助制造（CAM）等的发展。

一个人、一个部门乃至一个企业，熟练掌握 CAD 技术手段是参与市场竞争和促进自身发展的重要条件。CAD 应用水平已成为衡量一个国家科学现代化和工业现代化的重要标志之一。

值得一提的是，我们不应将 CAD 与计算机绘图、计算机图形学混淆起来。计算机绘图是计算机图形学（Computer Graphics，CG）中涉及工程图形绘制的一个分支，可将它看成一门工程技术，它为人们以软件操作方式绘制图样提供服务；计算机绘图不是 CAD 的全部内涵，但它是 CAD 技术的重要基础之一；CG 是一门独立的学科，有自己的丰富的技术内涵，它与 CAD 有明显区别，但它的有关图形处理的理论与方法构成了 CAD 技术的重要基础。

二、CAD 技术的发展过程

CAD 技术的发展是随着计算机科学技术的发展而发展的，它经历了由小到大、由易到难、由简单到复杂的发展过程。20 世纪 90 年代，CAD 技术出现了加速发展的态势，进入 21 世纪其发展更加广阔。CAD 技术的发展大致经历了四个阶段。

1. 第一阶段

CAD 技术起源于 20 世纪 50 年代。当时，计算机图形学有较大发展，基于图形学的快速发展，美国麻省理工学院 MIT 的博士生 Ivan. Sutherland 于 60 年代初研制出世界上第一台利用光笔的交互式图形系统 SKETCHPAD，并在其论文"计算机辅助设计纲要"中第一次提出了计算机辅助设计和制造的概念。它极大地震动了讲求实效的工程技术界，许多计算机工程技术人员和企业纷纷开展 CAD 技术的研究工作，从而开辟了计算机技术应用的新领域，CAD 技术从此走上了健康发展的道路。

这一时期采用 CAD 技术的 CAD 系统，其功能比较单一，但价格昂贵，技术复杂，只有波音飞机、通用汽车、军工企业等大型企业才有条件使用 CAD 技术进行工程设计。美国通用汽车公司和 IBM 公司率先设计了 DAC-1（Design Augmented by Computer）系统，利用计算机来设计汽车外形与结构，这可以说是 CAD 技术用于工程设计的最早示例。

2. 第二阶段

20 世纪 70 年代随着计算机技术和图形学的飞速发展，CAD 技术得到了显著提高。Applican、Computer Vision（CV）、Intergraph、Calma 等公司在 70 年代相继推出了基于小型计算机平台的 CAD 系统，CAD 系统趋向商品化。这一时期，CAD 系统中的图形软件、支撑软件、图形设备（显示器、输入板、绘图仪等）日臻完善，且价格大幅下降，应用范围更加广泛，操作更加方便，设计质量更加提高。当时人们称这种 CAD 系统为 Turnkey，即交钥匙系统。70 年代末，美国 CAD 工作站安装数量超过 12 000 台，使用人数超过 2.5 万人，此时中、小型企业也开始关注并采用 CAD 技术。

3. 第三阶段

随着大规模、超大规模集成电路的出现和发展，CAD 技术在 20 世纪 80 年代获得了飞速发展。Appolor、Sun、Nec、HP、SGI、IBM、Autodesk 等公司在 80 年代相继推出了工作站图形处理系统，这些系统性能更优，价格更低，操作更加方便，同时图形软件更加成熟，二维和三维图形处理技术、真实感图形处理技术、有限元分析、优化设计、模拟仿真、动态景观、计算可视化等进入了实用化阶段，CAD、CAE、CAM 一体化综合软件的推出，使 CAD 技术又上了一个新台阶。在这个时期，图形系统和 CAD/CAM 工作站的销售数量与日俱增，美国实际安装的 CAD 系统达到 63 000 套，CAD/CAM 技术从大、中型企业向中、小型企业扩展，从产品设计发展到工程设计和工艺设计。广泛的社会需求及应用，又促使 CAD 技术进一步发展与提高。

4. 第四阶段

20 世纪 90 年代，计算机软硬件技术取得了突飞猛进的发展，特别是微处理器（CPU）性能的提高，视窗系统的出现，以及 Internet 的广泛应用，对人类社会各个方面产生了巨大影响，大大促进了 CAD 技术的发展，CAD 技术在 90 年代继续向更高水平发展。CAD 技术呈现标准化、智能化、集成化、网络化、可视化、虚拟化等特征。CAD 技术和 Internet 技术的紧密结合，为 CAD 技术的发展创造了条件，计算机一体化解决方案 CIMS、CAPP、PDM、ERP 等大型智能化软件相继问世。现在的 CAD 技术及其系统都具有良好的开放性，图形接口、图形功能日趋标准化。在 CAD 系统中综合应用正文、图形、图像、语音等多媒体技术和人工智能、专家系统等技术大大提高了自动化设计程度，出现了智能 CAD 学科。智能 CAD 技术把工程数据库及其管理系统、知识库及其专家系统、拟人化的用户管理系统集于一体，为 CAD 技术提供了更广阔的空间。

甩掉图板，实现无纸化设计，是 CAD 技术发展的最终目标。波音 777 飞机是世界上第一架实现无纸化设计和制造的飞机。

三、CAD 技术在我国的发展

早在"八五"期间，我国就及时启动和实施了"国家 CAD 应用工程"计划，以及"九五"期间 CAD 技术研究和应用工作的深入开展，极大地推动了我国 CAD 应用的普及和推广工作。采用 CAD 技术后，工程设计行业提高工效 3～10 倍，航空、航天部门的科研试制周期缩短了 1/2～2/3，机械行业的科研和产品设计周期缩短了 1/3～1/2，提高工效 5 倍以上。特别是近些年，我国在 CAD 应用和开发方面，取得了相当大的进展，二维 CAD 技术已趋成熟，三维 CAD 技术正处于蓬勃发展时期。20 世纪 90 年代初期，国家科委、国家教委等八部委开始联合推广"CAD 应用工程"，先后建立了八大 CAD 培训基地、400 多个培训网点，开展 CAD 技术的普及和推广工作。现在许多单位和（或）企业均把实施"CAD 应用工程"作为面向 21 世纪信息化工程建设的重要组成部分，投入大量人力、物力和财力，努力创造条件提高 CAD 应用水平，从过去被动接受 CAD 技术，到现在主动掌握 CAD 技术，CAD 技术正在向深度和广度发展。

国内的高等院校和科研院所在 CAD 支撑和应用软件的开发上担任极其重要的角色。

在二维交互绘图系统方面，不少自主版权的软件如由清华大学和华中理工大学共同研制的 GH-MDS，华中理工大学机械学与工程学院开发的 GH-InteCAD、开目 CAD、凯图 cad-tool，PICAD 等都已经在国内行业中推广使用。

在三维造型和几何设计方面，北京航空航天大学的 PANDA、金银花系统，清华大学和华中理工大学共同研制的 CADMIS 等都实现了参数化特征造型、曲面造型、数控加工和有限元分析的集成，但商品化程度还较低。

在数控编程方面，南京航空航天大学的超人 CAD/CAM、华中理工大学的 GHNC 均可实现复杂曲面的造型和数控代码的自生成和加工仿真。

另外，在应用领域，如通用机械零件设计、冲压和注塑模具设计和制造、汽车外形设计、汽轮机片设计分析等方面我国均研制出了实用的 CAD 软件。

当然，从总体水平上讲，我国 CAD 技术水平与国外工业发达国家的相比还有很大的差距，各地、各行业在 CAD 技术的应用、发展上不尽一致，特别是在 CAD 技术应用的广度和深度以及对 CAD 普及发展作用的认识上，仍然存在着许多需要解决的问题。

第二节　AutoCAD 2008 中文版的安装

尽管市场上 CAD 软件很多，但目前国内外比较普及的通用 CAD 软件主要是 AutoCAD，故本书完全基于 AutoCAD 2008 中文版平台。应用 AutoCAD 2008 中文版之前，先要将该软件安装到计算机上。

安装的时候，用户应先了解有关的系统要求，以便合理配置电脑，使 AutoCAD 2008 中文版的优越性得到充分发挥。比如，用户应尽量使用高性能的处理器（Pentium Ⅲ或 Pentium Ⅳ，至少 800 MHz 以上，建议使用 Pentium Ⅳ以上处理器）、容量较大的内存（建议 512 MB 以上）、容量足够的硬盘空间（安装至少需要 750 MB）及支持 Windows 的显示适配器（最低要求 1024×768 VGA 真彩色），否则 AutoCAD 将运行十分缓慢。当然，现在的用户新配置的机器的性能都能完全满足以上要求。此外，AutoCAD 2008 提供了完善而强大的网络功能，要求在 Windows 2000/XP 或 Windows Vista 操作系统下使用，值得一提的是，AutoCAD 2008 完全支持时下流行的 Windows Vista 操作系统。

AutoCAD 2008 附带一张 DVD 或两张 CD。下面以两张 CD 在 Windows XP 操

作系统上安装为例，简单介绍一下 AutoCAD 2008 中文版的安装过程。至于在
Windows Vista 操作系统下安装 AutoCAD 也是类似情形，只是界面风格有些相同，
读者完全能够灵活处理与正确安装。

　　AutoCAD 2008 本身带有一个交互性安装向导，通过使用安装向导，简化了安
装过程。用户只要按照该向导的操作提示逐步进行即可进行安装。一般情况下，可
参考如下步骤操作。

　　（1）将 AutoCAD 第一张 CD 放入计算机的光驱。将出现如图 1-1 所示的设置
初始化界面，请等待系统初始化完成后进入下一步骤。

　　● 　提示：如果某些应用程序（例如 Microsoft Outlook 或病毒检查程序）正在
运行，AutoCAD 安装过程可能会停止。建议读者关闭所有正运行的应用程序以避
免可能的数据丢失。

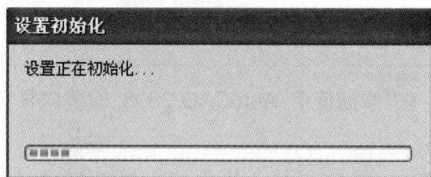

图 1-1　AutoCAD 2008 中文版安装设置初始化

　　（2）初始化完成后，出现如图 1-2 所示的安装向导界面。

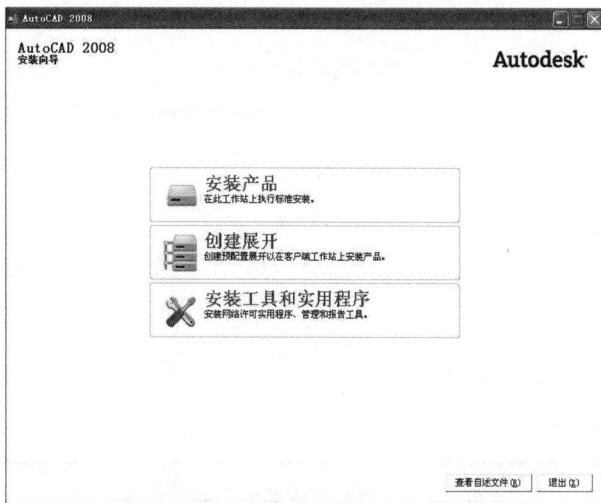

图 1-2　"AutoCAD 2008 安装向导"界面

　　（3）在 AutoCAD 安装向导中单击"安装产品"，出现如图 1-3 所示的"欢迎使
用 AutoCAD 2008 安装向导"页面。

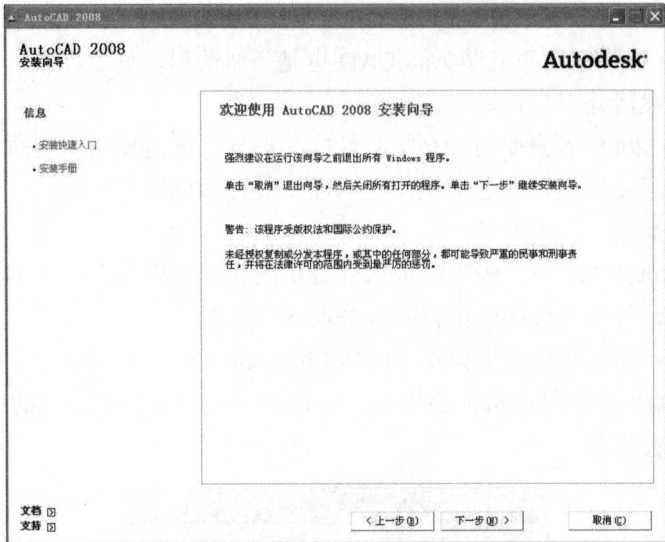

图 1-3　"欢迎使用 AutoCAD 2008 安装向导"页面

（4）在上面的页面中，单击"下一步"，出现如图 1-4 所示的"选择要安装的产品"页面。

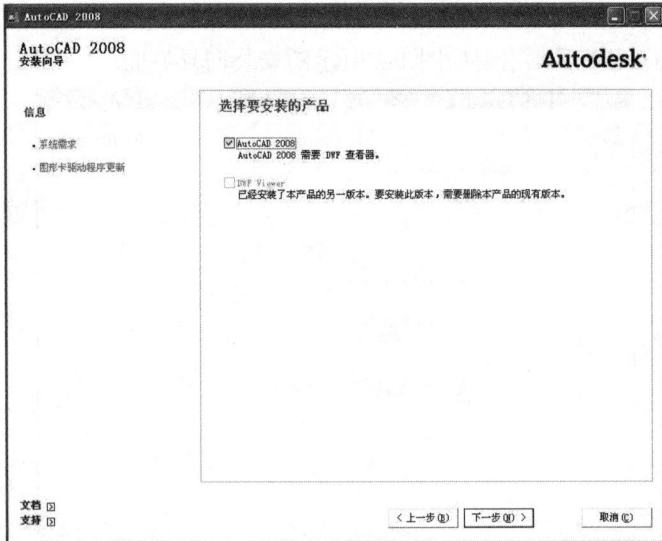

图 1-4　"选择要安装的产品"页面

（5）单击"下一步"，出现如图 1-5 所示的"接受许可协议"页面。查看适用于用户所在国家或地区的 Autodesk 软件许可协议。必须接受协议才能继续安装。

图 1-5 "接受许可协议"页面

（6）选择用户所在的国家或地区，这里我们选择"China"，单击"我接受"，然后单击"下一步"，出现如图 1-6 所示的"个性化产品"页面。

● 提示：如果不同意许可协议的条款并希望终止安装，请单击"取消"。

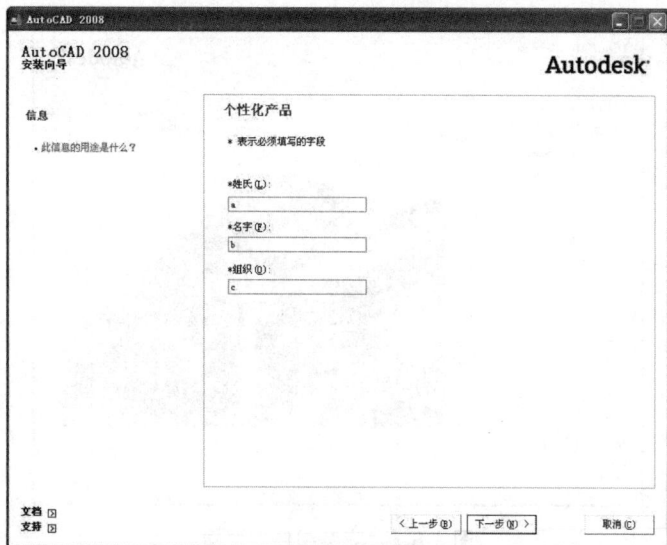

图 1-6 "个性化产品"页面

（7）在"个性化产品"页面上，输入用户信息（请注意：在此输入的信息是永久性的），然后单击"下一步"。出现如图 1-7 所示的"查看—配置—安装"页面。

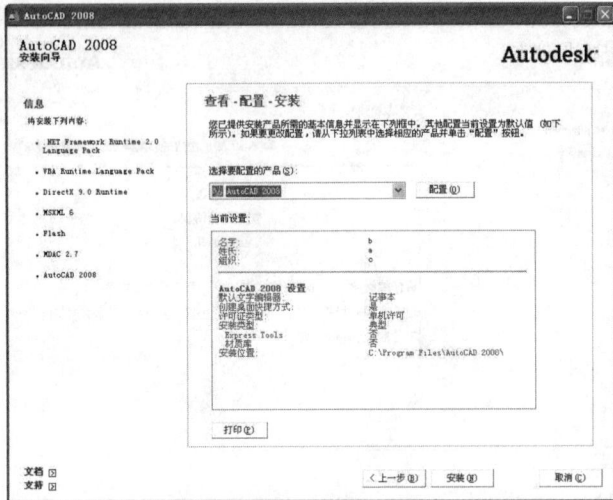

图 1-7 "查看—配置—安装"页面

（8）在"查看—配置—安装"页面上，用户可以单击"配置"以更改配置（如安装类型、安装可选工具或更改安装路径），但此处建议一般情况下不必更改，完全可以使用默认提供的配置。单击"安装"，出现如图 1-8 所示的"安装组件"页面，这时系统开始安装文件，这可能需要等待较长时间来完成这一步骤。

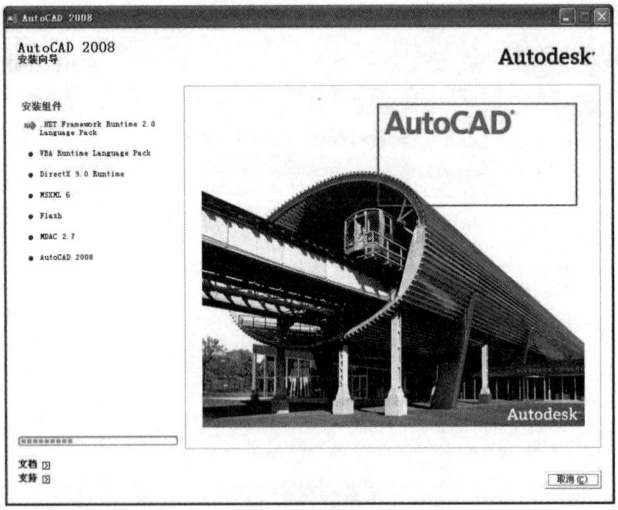

图 1-8 "安装组件"页面

（9）在过程中，系统会自动提示插入第二张光盘，用户按要求换成第二张光盘后，点"确定"即可。安装完成时，系统会出现如图 1-9 所示的"安装完成"页面。

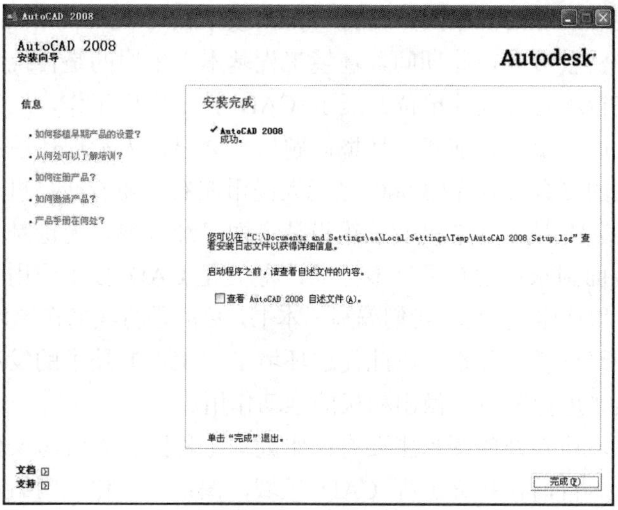

图 1-9   "安装完成"页面

（10）单击"完成"即可完成全部安装过程。桌面上将出现该程序的快捷方式图标  ，现在用户可以注册产品然后开始使用 AutoCAD 2008 中文版。要注册产品，请启动 AutoCAD 并按照屏幕上产品激活向导中的说明进行操作，否则用户只能试用该程序 30 天。

● 提示：（1）即使系统中已经安装了早期版本的 AutoCAD，也可以在同一系统中安装 AutoCAD 2008 并保留该程序的其他版本。这称为"并列"安装。

（2）用户还可以将 AutoCAD 早期版本（如 AutoCAD 2000 至 AutoCAD 2007）中的自定义设置和文件移植到 AutoCAD 2008 中。建议在第一次使用 AutoCAD 2008 时（或稍后）就从早期版本进行移植。

（3）用户可以随时添加或删除 AutoCAD 功能，也可以在必要时重新安装或修复 AutoCAD，有兴趣的读者可以参考帮助文件来完成，本书不再赘述。

（4）如果用户已按照前面所述的所有步骤进行操作，则可以启动 AutoCAD 并开始使用它的新增功能和更新的功能。有关新功能的详细信息，请在启动产品后参见"新功能专题研习"。

第三节   环境工程设计 CAD 技术应用概述

工程 CAD 技术在国外早就应用于环境工程技术设计中。由于我国"CAD 应用工程"的普及、推广较晚，加之环境工程领域涉及面广、流程复杂、非标设备与构筑物多、传统观念旧等诸多原因，使得 CAD 技术在环境工程领域的应用与其他领域相比，发展相对较慢。在此期间，环境工程基本上采用的是传统手工设计方法，只有少数大专院校和有关设计单位开展了 CAD 技术应用工作，这远远不能适应当前环境工程设计的需要。目前我国环境问题日益突出，为治理环境污染，每年我国在环境工程建设的资金投入在 3 000 亿元人民币左右，随着计算机软硬件技术的飞速发展，工程 CAD 技术在二维及三维设计方面已经成熟，无论是在工程设计还是在 CAD 技术方面国家均发布了许多标准，将工程 CAD 技术应用于环境工程的要求也越来越强烈和具体。为此，我们编写了本书，目的是将我们在该领域内运用 CAD 技术的情况介绍给读者、并希望以此促进环境工程 CAD 技术的发展，为环境工程领域的设计人员"甩掉图板"做出积极的推动作用。

环境工程领域所涉及的图形主要有：水处理工程图、大气污染控制工程图、噪声控制工程图等。目前在环境工程 CAD 领域，图形电子化、网络化、集成化、智能化方面也已经成为 CAD 技术发展和应用方面相当重要的内容，AutoCAD 2008 为我们提供了非常强大的功能。如果用户希望将所设计的环境工程的图形网络化，只需输出可以在网络上查看的 DWF 电子图形格式，并可发送上网，在 IE 浏览器上浏览、移动、任意缩放、下载、打印图形。在该图形中，用户还可采用超级链接技术，将图形及符号等详细信息制作成网页格式，并在 DWF 文件中将相关的图形及其符号进行超级链接。如果用户还希望将所有图形分类制作成一个系统，可以运用网页制作技术（如网页制作软件 Frontpage）制作各种目录，并将所制作的目录与 DWF 网页格式图形相链接，从而实现基于网络的、动态的图形查询信息系统。如果用户希望再进一步，可以采用网络编程语言（如 Java）、网页动态图形制作工具（如 Flash），实现图形的动态的、智能化管理，如按照图形名称实现智能搜索或按图号、按某种规则搜索用户所需的图形，从而实现 CAD 技术在环境工程设计过程中的集成化、网络化、智能化。

复习与思考练习题

1. CAD 的中文含义是什么？其英文如何拼写？何谓 CAD 技术？
2. 目前，CAD 主要应用于哪些领域？
3. CAD 技术的发展趋势是什么？
4. CAD 的主要作用是什么？
5. 如有条件，上机练习分别在 Windows XP 或 Windows Vista 等操作系统中正确安装 AutoCAD 2008 中文版。

AutoCAD 基本知识及环境工程设计与应用

第一节 AutoCAD 概述

AutoCAD 是美国 Autodesk 公司于 1982 年推出的通用计算机辅助绘图和设计的软件包。同其他 CAD 软件相比，AutoCAD 对计算机系统的要求较低，价格较便宜，功能却比较丰富，具有较高的性价比。因此，一经推出就受到广大用户的欢迎。通过 Autodesk 公司对软件的不断改进和完善，从最初的 V1.0 版本（R1 版本）发展到现在的 2008 版本，AutoCAD 功能日益强大，在多种行业得到广泛的应用。到目前为止，它占据了全球微机 CAD 的主要市场。

AutoCAD 2008 具备了以下新功能：用户界面进行了更新，可以切换二维和三维的工作空间，使用增强的面板和增强的工具选项板；图形管理上，对现有的功能做了许多的改进，可以使用 DGN 文件、DWF 文件、外部参照文件及修复图形文件；图层管理中，新增"设置"按钮来显示图层设置对话框，图层各列属性可以打开和关闭，也可重新拖动左右位置，增加了新建图层的按钮；模型空间标签可以像 Excel 一样，直接双击修改标签名称。

第二节 AutoCAD 2008 用户界面

一、启动 AutoCAD 2008

AutoCAD 2008 安装完成后，会自动在 Windows 桌面上生成"AutoCAD 2008 - Simplified Chinese"快捷方式图标，并在 Windows"程序"或"所有程序"菜单下生成 Autodesk 程序组。双击该快捷方式图标，或者单击程序组中的 AutoCAD 2008 程序项，均可启动 AutoCAD 2008。

AutoCAD 2008 提供了"二维草图与注释"、"三维建模"和"AutoCAD 经典"

三种工作空间模式。

在默认状态下，打开"二维草图与注释"工作空间，其界面主要由菜单栏、工具栏、绘图窗口、面板和工具选项板、命令行、状态栏等元素组成（图2-1）。

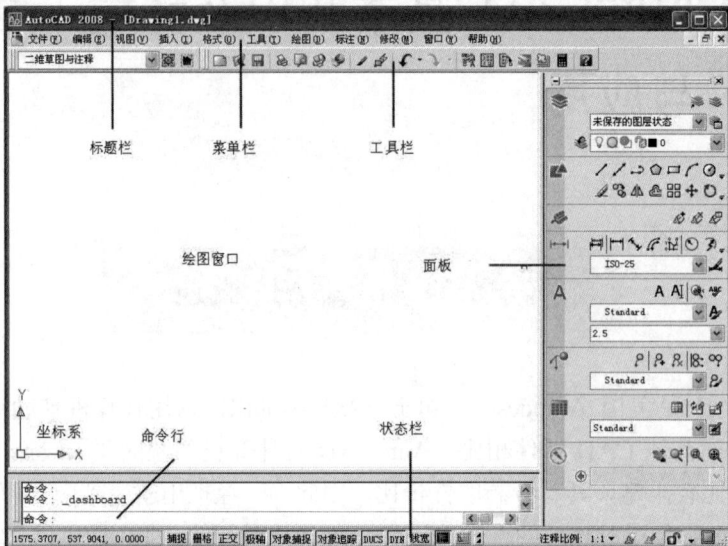

图 2-1　AutoCAD 2008 二维草图与注释用户界面

在"工作空间"工具栏的下拉列表框中，或选择菜单"工具"➤"工作空间"➤"三维建模"命令，都可以快速切换到"三维建模"工作界面。图2-2所示的是"三维建模"工作界面。

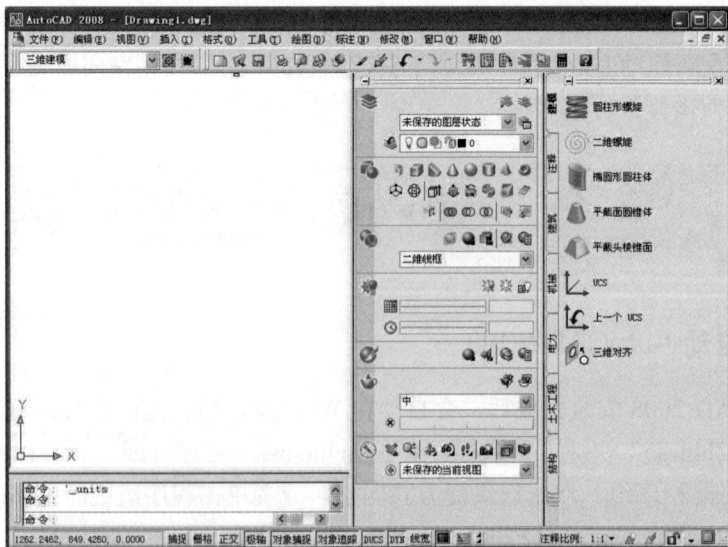

图 2-2　AutoCAD 2008 三维建模界面

二维界面与三维界面的主要区别在于面板上命令的不同。下面主要介绍二维界面。

● 提示：用户在缺省情况下进入该界面时会发现其绘图区是黑色背景的，本书为了图片的习惯视觉效果而将之改为白色背景。读者只要尝试在这两种背景下绘图或打开一些已有的图形文件（尤其是图形中有大量彩色对象的时候）就可理解为什么 AutoCAD 缺省要选择黑色的绘图背景，所以我们建议读者在进行设计的时候不要将绘图背景更改为白色或其他颜色。当然，读者不用担心图形输出的效果问题，实际上，AutoCAD 可以很方便地就让用户将图形直接输出在白色纸张上（具体操作请参见后续章节）。

二、AutoCAD 2008 用户界面

1. 标题栏

标题栏位于应用程序窗口的最上面，用于显示当前正在运行的程序名及文件名等信息，如果是 AutoCAD 默认的图形文件，其名称为 DrawingN.dwg（N 是数字）。标题栏最左边是应用程序的小图标，单击它将会弹出一个 AutoCAD 窗口控制下拉菜单，可以执行最小化或最大化窗口、恢复窗口、移动窗口、关闭 AutoCAD 等操作。单击标题栏右端的按钮，可以最小化、最大化或关闭应用程序窗口。

2. 菜单栏

AutoCAD 2008 的菜单栏主要由"文件""编辑""视图"等菜单组成，它们几乎包括了 AutoCAD 中全部的功能和命令。

命令后跟有置于括号内的组合键的，表示直接按组合键即可执行相应命令；命令后跟有 CTRL+字母的快捷键的，表示不用打开该菜单、按下快捷键即可执行相应命令；命令后跟有▶，表示该命令下还有子命令菜单；命令后跟有"…"，表示执行该命令可打开一个对话框；命令呈现灰色，表示该命令在当前状态下可使用。

3. 工具栏

工具栏是应用程序调用命令的另一种方式，它包含许多由图标表示的命令按钮。在 AutoCAD 中，系统共提供了 20 多个已命名的工具栏。默认情况下，"工作空间"和"标准注释"工具栏处于打开状态。如需调用其他工具栏，可将鼠标移到现有工具栏上，单击右键，打开包括所有工具栏的快捷菜单，从中选择。把鼠标指向工具栏上的某按钮，并稍作停留，按钮右下方会显示名称，并且在状态栏中给出该按钮的功能描述及对应命令。

4. 绘图窗口

AutoCAD 2008 界面上最大的区域便是绘图窗口，它是用户用来绘图的地方。窗口中有坐标系图标、十字光标等。坐标系图标会根据视图变化，有世界坐标系和用户坐标系两种图标的变化。十字光标主要用于绘图时点的定位和对象的选择，因

此具有两种显示状态。在绘图窗口右边和下面有两个滚动条，用户可利用它进行视图的上下或左右移动，观察图纸的任意部位。在绘图窗口的左下角是模型空间与图纸空间的切换按钮。

5. 面板

面板是一种特殊的选项板，用于显示与基于任务的工作空间关联的按钮和控件，AutoCAD 2008 增强了该功能。它包含了 9 个新的控制台，更易于访问图层、注解比例、文字、标注、多种箭头、表格、二维导航、对象属性以及块属性等多种控制，提高工作效率（图 2-3）。

图 2-3　面板界面　　　　图 2-4　工具选项板界面

6. 工具选项板

工具选项板上有若干个选项卡，每一选项卡内有一些工具，如填充图案、绘图命令、表格等（图 2-4）。利用工具选项板，用户可以将选项板上的某一图案填充到指定的封闭区域、实现插入块操作、创建对应的表格、执行 AutoCAD 命令等。

7. 命令行或文本窗口

"命令行"窗口位于绘图窗口的底部，用于接收输入的命令，并显示 AutoCAD 提示信息。在 AutoCAD 2008 中，"命令行"窗口可以拖放为浮动窗口。

8．状态栏

状态栏显示当前光标的坐标，控制捕捉、栅格、正交、极轴、对象捕捉、对象追踪、动态 USC、动态输入和线宽等工具的打开和关闭，切换模型或图纸空间，显示注释比例、注释可见性等命令和按钮。

三．退出 AutoCAD 2008

退出 AutoCAD 2008 的方法有：

命令：QUIT 或 EXIT

菜单：【文件】➤退出

标题栏：关闭按钮 ✖

快捷键：CTRL+Q

如果执行退出命令时，图形尚未保存，AutoCAD 会弹出一个消息框，询问用户是否保存图形，这与读者常用的其他应用程序（如 WORD）类似，读者只要按相应提示作出合适选择即可。

第三节　命令的输入

使用 AutoCAD 进行绘图和设计工作时，是通过命令来驱动 AutoCAD 进行的。因此，如何输入命令是用户首先应该掌握的基本操作。

1．命令的输入：AutoCAD 命令的输入方式主要有以下几种：

➢　用键盘输入命令；

➢　从菜单栏输入命令；

➢　从工具栏输入命令；

➢　利用快捷键或快捷菜单。

不管使用何种方式输入，命令行都将显示基本一样的提示信息。AutoCAD 的大部分命令均会提供一些选项供选择。这些选项一起放在一个方括号中，用短斜线隔开。如果要选择一个选项，可以键入每个选项对应的圆括号中的字母（输入时大小写均可），也可从在绘图窗口中打开的快捷菜单里选择。

2．命令的重复输入：使用回车键和右键快捷菜单可以实现重复输入上一个命令。

3．命令的确认：输入命令或命令选项后，按回车键、空格键，或从快捷菜单中选择"确认"选项，完成相应功能。

4．命令的取消：使用 Esc 键可以取消正在执行的命令。

5．命令的放弃和重做：如果想放弃刚才的操作，可以键入 U（UNDO），也可从快捷菜单中选择"放弃",或者点击标准工具栏上的"放弃"按钮。放弃后还可以重做即"恢复"。AutoCAD 能进行多个放弃和多个重做。

第四节　数据的输入

为了完成绘图和设计工作,大多数 AutoCAD 命令要求提供某些有关的数据。熟练掌握数据的输入方式是非常重要的。数据主要包括点、距离、角度、文本和尺寸文本等。

一、点的输入

在 AutoCAD 中,既可以用鼠标等定点设备输入,也可以用键盘输入。

用鼠标输入点时,将绘图区中的十字光标移到需要的位置,单击鼠标左键即可。该操作称为拾取点。在拾取点时,用户可以使用对象捕捉、极轴追踪和坐标过滤器等工具来提高工作效率与工作质量。

用键盘输入点时,可以采用直角坐标和极坐标两种形式,它们又分为绝对坐标和相对坐标两种方式。

1. 直角坐标

AutoCAD 缺省置于世界坐标系(WCS)的第一象限中。WCS 的 X 轴以水平向右为正,Y 轴以垂直向上为正,Z 轴以垂直于 XY 平面朝向屏幕外方为正。在二维平面中,Z 轴坐标为 0,可以不用输入。

(1)绝对直角坐标。绝对直角坐标是点相对于原点(0,0)在 X 轴和 Y 轴上的距离和方向,表达方法为"x,y"(图 2-5)。

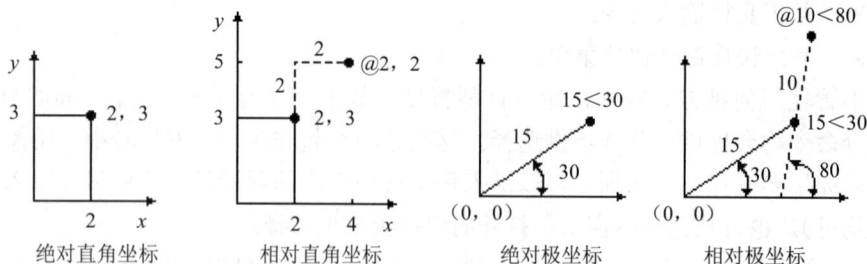

图 2-5　四种坐标的示意

(2)相对直角坐标。相对直角坐标是新点相对于上一点在 X 轴与 Y 轴上的距离和方向,表达方法为"@x,y"。

2. 极坐标

极坐标是一个矢量。

（1）绝对极坐标。绝对极坐标是使用一个相对于原点（0，0）的位移和一个相对于 X 轴正向的角度来定位一个点，表达方法为"距离<角度"。

（2）相对极坐标。相对极坐标是使用一个相对于上一点的位移和一个相对于 X 轴正向的角度来定位一个点，表达方法为"@距离<角度"。

● 提示：AutoCAD 规定，所有相对坐标的前面添加一个@号，用来表示与绝对坐标的区别。在实际应用中，经常采用相对坐标方式来定位点，更加方便准确。

二、距离和角度的输入

一般情况下，距离和角度由键盘来输入，但有些情况下也可以由鼠标输入。用鼠标点击两点，系统可以自动计算出这两点之间的距离和两点连线与 X 轴正向的夹角，然后作为数据输入。

三、文本的输入

文本的输入一般由键盘来完成，在输入时可以包含特殊的转意字符，详见第九章。

第五节　文件操作

一、新建文件

命令：NEW

菜单：【文件】➤新建

工具栏：【标准】或【标准注释】➤ □

系统将弹出如图 2-6 所示"选择样板"对话框。

在 AutoCAD 2008 的 Template 文件夹下，包含空白样板、ANSI 样板、GB 样板、JIS 样板、DIN 样板和 ISO 样板等多种样板，其扩展名为.dwt，与图形文件扩展名.dwg 相区别，这样可以保护样板文件不会被用户修改。选择某一样板后，"预览"框中将显示该样板中的内容。单击"打开"按钮，AutoCAD 自动将所选样板中的设置传递到新图中。

图 2-6 "选择样板"对话框

在样板列表中包含两个空白样板，分别为 acad.dwt 与 acadiso.dwt。这两个样板不包含图框和标题栏。acad.dwt 样板为英制，图形边界（绘图界限）缺省设置成 12 英寸×9 英寸。acadiso.dwt 为公制，图形边界缺省设置成 420 mm×297 mm。读者在学习阶段常用这两个样板中的一个，中国的读者一般情况下可选择acadiso.dwt。

用户也可以从"打开"下拉按钮中选取无样板开始创建。

如果列表框中没有列出需要的样板，可以到"搜索"下拉列表框中选择样板目录即可。样板所在默认目录可以修改。

二、打开文件

命令：OPEN

菜单：【文件】▶打开

工具栏：【标准】或【标准注释】▶

命令执行后，弹出"选择文件"对话框（图 2-7）。

1．选择初始视图

如果图形包含多个命名视图，选择该复选框，则在打开图形时显示指定的视图。

2．"打开"下拉菜单

（1）"打开"选项：用于打开一个已经存在的图形文件。

（2）"以只读方式打开"选项：选择之则图形文件将以只读方式打开。用户可以对该文件进行编辑修改，但只能另存为其他文件名或保存到其他位置。只读打开方式可以有效保护图形文件被意外改动。

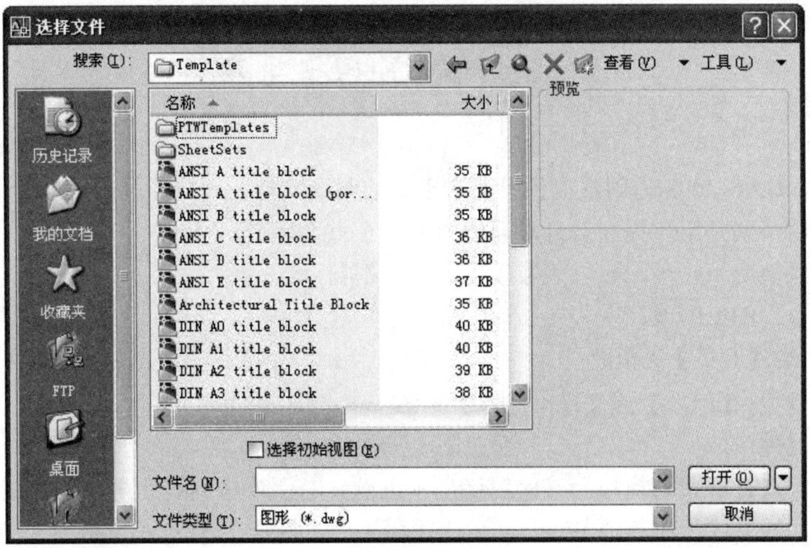

图 2-7　"选择文件"对话框

（3）"局部打开"选项：AutoCAD 允许用户只打开图形的一部分，以加快速度。局部打开的图形可以是以前保存的某一视图中的图形，可以是部分图层上的图形，也可以是由用户所选择的图形。一旦使用局部打开方式打开图形，则可以使用局部装入功能按照给定的视图或图层继续装入图形的其他部分。

（4）"以只读方式局部打开"选项：选择之则局部打开的部分被保护。

三、保存文件

在绘图过程中应随时注意保存图形文件，以免因死机、停电等意外原因使图形丢失。图形绘制完成后，也需要将其保存到磁盘上。

保存图形文件的方式如下：

命令：SAVE 或 SAVEAS

菜单：【文件】➤保存 或 另存为

工具栏：【标准】或【标准注释】➤ 🖫

第一次使用"保存"或每次使用"另存为"时，都会显示"图形另存为"对话框，这与读者常用的其他应用程序（如 WORD）中的情况类似。在"图形另存为"对话框中可指定文件要保存的位置，输入文件名，并选择需要保存的文件类型。

另外，用户可以对当前文件进行保护，包括口令和数字签名。

● 提示：AutoCAD 会对绘制中的文件进行自动保存，时间间隔可以通过菜单【工具】下的"选项"对话框里的"打开和保存"选项卡内的"自动保存间隔分钟数"来修改。其缺省值为 10 min。

第六节　使用帮助

AutoCAD 2008 为用户提供了非常丰富的帮助文档，用户能轻松获取帮助信息。熟练使用帮助是用户提高自身学习能力的一个重要环节。

一般情况下，用户可以采取以下方式获得帮助：

命令：HELP 或 ？

菜单：【帮助】▶帮助

工具栏：【标准】或【标准注释】▶

功能键：F1

系统将打开帮助窗口。左侧窗格显示主题，右侧窗格则显示主题的详细信息。使用帮助的方式与在其他 Windows 应用程序中大同小异，这里不再赘述（图 2-8）。

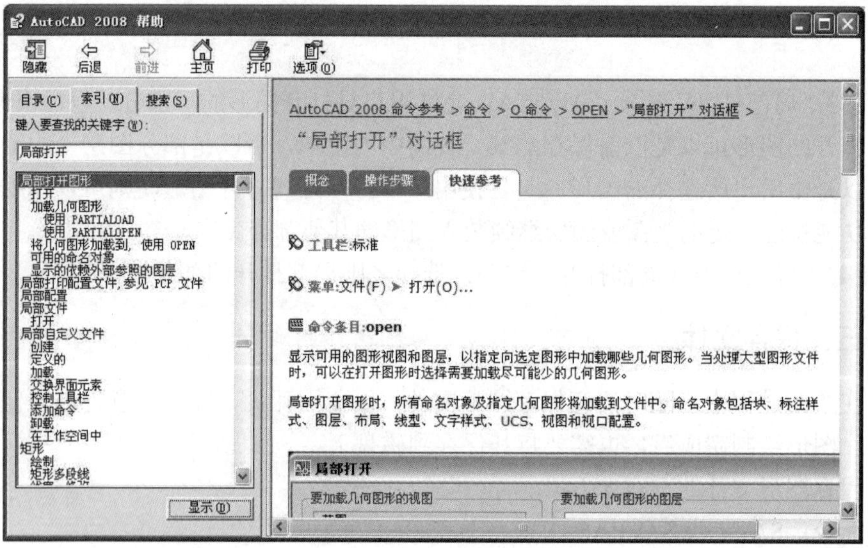

图 2-8　"帮助"对话框

第七节　环境工程专业制图标准与规范

环境工程到目前为止还没有出台专门的制图标准，这是因为环境工程本身就是一门交叉学科，涉及的方面很多。例如，一项污水治理工程主要涉及土建、管道等，在制图上一般参考建筑制图标准和给水排水制图标准，而一项大气污染控制工程则主要涉及设备、管道，在制图上参考机械制图标准更为合适。为了使图纸的表达方法和形式统一，有利于提高制图效率，以满足设计、施工、存档等要求，根据国家最新发布的相关标准《房屋建筑制图统一标准 GB/T 50001—2001》《给水排水制图标准 GB/T 50106—2001》《机械工程 CAD 制图规划 GB/T 14665—1998》等，环境工程专业的制图应符合相关标准。由于篇幅的限制，这里只能列出有限的部分，建议读者在进行设计的时候手边常备相关的标准。

一、图纸界面

1. 图纸幅面

图纸幅面，应符合表 2-1 的规定及图 2-9～图 2-11 的格式。

表 2-1　幅面及图框尺寸　　　　　　　　　　　　　　　单位：mm

尺寸代号 ＼ 幅面代号	A0	A1	A2	A3	A4
b×1	841×1 189	594×841	420×594	297×420	210×297
c	10			5	
a	25				

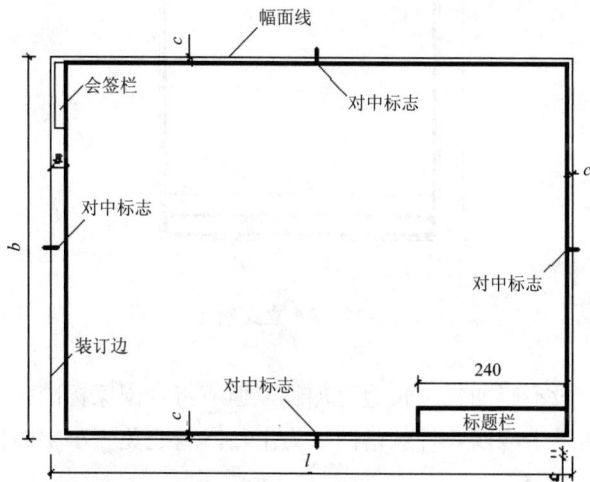

图 2-9　A0-A3 横式幅面

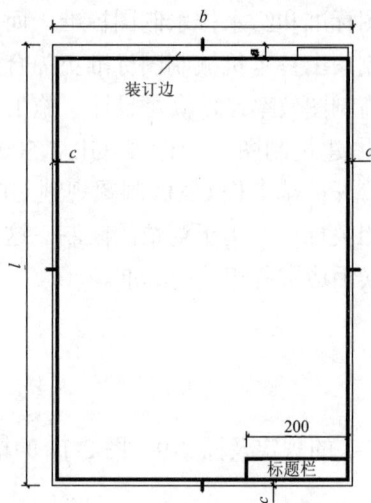

图 2-10 A0-A3 立式幅面

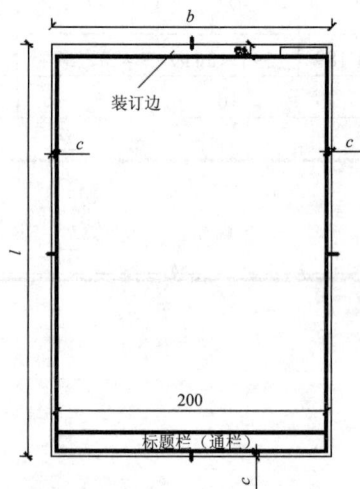

图 2-11 A4 立式幅面

图纸的短边一般不应加长，长边可加长，但应符合国家标准中相应的规定。

在一套工程图纸中应以一种规格图纸为主，尽量避免大小幅面掺杂使用。

2．标题栏与会签栏

图纸的标题栏、会签栏及装订边的位置，可参考图 2-9 至图 2-11。

标题栏应按图 2-12 所示绘制，根据工程需要可以修改其尺寸及分区。标题栏中应表明工程名称，本张图纸的名称与专业类别及设计单位名称、图号，留有设计人、绘图人、审核人的签名栏和日期栏等。

会签栏应按图 2-13 的格式绘制。它是为各工种负责人签字用的表格，不需会签的图纸可不设会签栏。

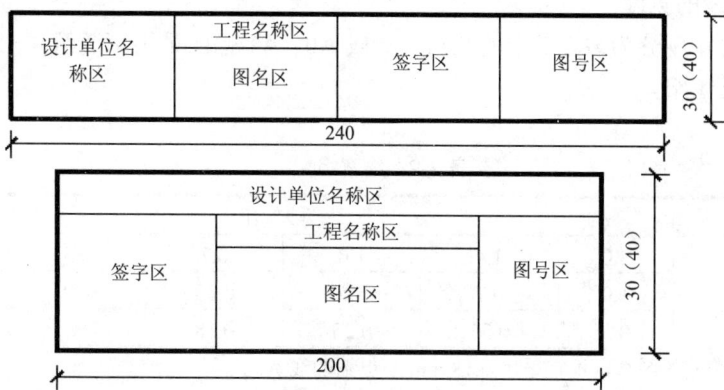

图 2-12　标题栏

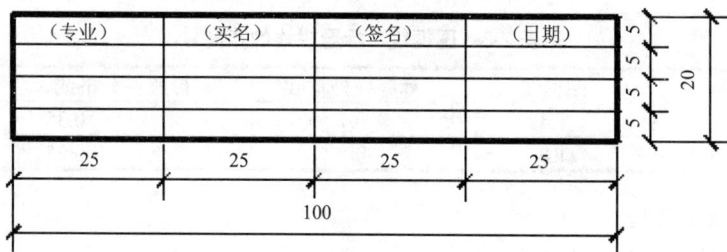

图 2-13　会签栏

3. 明细栏

工程设计施工图和装配图中一般应配置明细栏，其形式及尺寸如图 2-14 所示。栏中的项目可以根据具体情况适当调整。

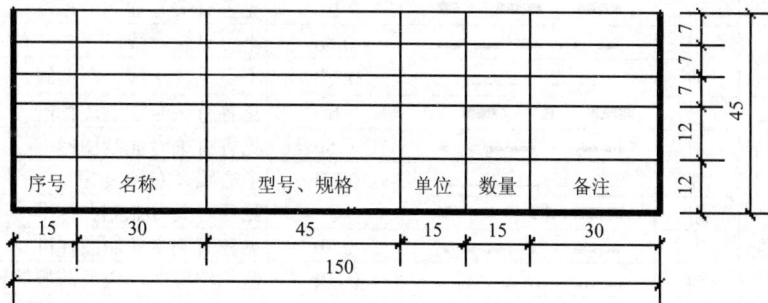

图 2-14　明细栏

二、图线

1. 图线的宽度

图线的宽度分为表 2-2 中的几组。一般 A0、A1 幅面采用第 3 组，A2、A3、A4 幅面采用第 4 组。

表 2-2　线宽组　　　　　　　　　　　　　　　　　　　　　　　单位：mm

线宽比	线宽组					
b	2.0	1.4	1.0	0.7	0.5	0.35
0.5b	1.0	0.7	0.5	0.35	0.25	0.18
0.25b	0.5	0.35	0.25	0.18	—	—

注：1. 需要微缩的图纸，不宜采用 0.18 mm 及更细的线宽。

　　2. 同一张图纸内，各不同线宽中的细线，可统一采用较细的线宽组的细线。

图框线和标题栏线，可采用表 2-3 的线宽。

表 2-3　图框线、标题栏线的宽度　　　　　　　　　　　　　　　单位：mm

幅面代号	图框线	标题栏外框线	标题栏分格线、会签栏线
A0、A1	1.4	0.7	0.35
A2、A3、A4	1.0	0.7	0.35

2. 图线的线型

图线的线型应按表 2-4 选用。

表 2-4　线型

名称		线型	线宽	一般用途
实线	粗		b	主要可见轮廓线
	中		0.5b	可见轮廓线
	细		0.25b	可见轮廓线、图例线
虚线	粗		b	见各有关专业制图标准
	中		0.5b	不可见轮廓线
	细		0.25b	不可见轮廓线、图例线
单点长划线	粗		b	见各有关专业制图标准
	中		0.5b	见各有关专业制图标准
	细		0.25b	中心线、对称线等
双点长划线	粗		b	见各有关专业制图标准
	中		0.5b	见各有关专业制图标准
	细		0.25b	假想轮廓线、成型前原始轮廓线
折断线			0.25b	断开界线
波浪线			0.25b	断开界线

给水排水工程图纸的图线线型，具体可参考表 2-5。

表 2-5　给水排水制图采用的线型

名称	线型	线宽	用途
粗实线	▬▬▬▬	b	新设计的各种排水和其他重力流管线
粗虚线	▬▬ ▬▬ ▬▬	b	新设计的各种排水和其他重力流管线的不可见轮廓线
中粗实线	▬▬▬▬	0.75b	新设计的各种给水和其他压力流管线；原有的各种排水和其他重力流管线
中粗虚线	▬▬ ▬▬ ▬▬	0.75b	新设计的各种给水和其他压力流管线；原有的各种排水和其他重力流管线的不可见轮廓线
中实线	————	0.50b	给水排水设备、零（附）件的可见轮廓线；总图中新建的建筑物和构筑物的可见轮廓线；原有的各种给水和其他压力流管线
中虚线	▬ ▬ ▬ ▬	0.50b	给水排水设备、零（附）件的不可见轮廓线；总图中新建的建筑物和构筑物的不可见轮廓线；原有的各种给水和其他压力流管线的不可见轮廓线
细实线	——————	0.25b	建筑的可见轮廓线；总图中原有的建筑物和构筑物的可见轮廓线；制图中的各种标注线
细虚线	- - - - - - - -	0.25b	建筑的不可见轮廓线；总图中原有的建筑物和构筑物的不可见轮廓线
单点长划线	—·—·—·—	0.25b	中心线、定位轴线
折断线	∿	0.25b	断开界线
波浪线	∿∿∿	0.25b	平面图中水面线、局部构造层次范围线、保温范围示意线等

三、比例

比例是图形与实物相对应的线性尺寸之比。比例的大小，是指其比值的大小，如 1∶50 大于 1∶100。比例的符号为"∶"。比例应以阿拉伯数字表示，如 1∶1、1∶2、1∶100 等。比例宜注写在图名的右侧，字的基准线应取平。比例的字高宜比图名的字高小一号或两号。

绘图所用的比例，应根据图样的用途与被绘对象的复杂程度，从表 2-6 中选用。

表 2-6　常用比例

常用比例	1∶1、1∶2、1∶5、1∶10、1∶20、1∶50、1∶100、1∶150、1∶200、1∶500 1∶1 000、1∶2 000、1∶5 000、1∶10 000、1∶20 000、1∶50 000、1∶100 000、1∶200 000
可用比例	1∶3、1∶4、1∶6、1∶15、1∶25、1∶30、1∶40、1∶60、1∶80、1∶250、1∶300、1∶400、1∶600

给水排水工程图纸的比例，具体可参考表 2-7。

表 2-7　给水排水制图常用比例

名称	比例	备注
区域规划图 区域位置图	1：50 000、1：25 000、1：10 000 1：5 000、1：2 000	宜与总图专业一致
总平面图	1：1 000、1：500、1：300	宜与总图专业一致
管道纵断面图	纵向：1：200、1：100、1：50 横向：1：1 000、1：500、1：300	
水处理厂（站）平面图	1：500、1：200、1：100	
水处理构筑物、设备间、卫生间、泵房平剖面图	1：100、1：50、1：40、1：30	
建筑给排水平面图	1：200、1：150、1：100	宜与建筑专业一致
建筑给排水轴测图	1：150、1：100、1：50	宜与相应图纸一致
详图	1：50、1：30、1：20、1：10、1：5、 1：2、1：1、2：1	

一般情况下，一个图样应选用一种比例。根据需要，可选用两种。比如水处理高程图和管道纵断面图，可对纵向与横向采用不同的组合比例。水处理流程图可不按比例绘制。

四、字体

图纸上书写的文字、数字或符号等，均应字体端正、笔画清楚、排列整齐、间隔均匀。

数字一般应以斜体字输出，其斜度应是从字的底线逆时针向上倾斜 75°。小数点进行输出时，应占一个字位，并位于中间靠下方。

字母应以斜体字输出。

汉字宜采用长仿宋体矢量字。汉字的书写，必须符合国务院公布的《汉字简化方案》和有关规定。

标点符号应按其含义正确使用，除省略号和破折号为两个字位外，其余均为一个字位。

字体高度与幅面之间的关系应从表 2-8 中选用。

表 2-8　字体高度与幅面的关系　　　　　　　　　　　单位：mm

	A0	A1	A2	A3	A4
汉字	7	5	3.5	3.5	3.5
字母与数字	5	5	3.5	3.5	3.5

文字的字高与字宽的关系应符合表 2-9 的规定。

表 2-9　长仿宋体字高宽的关系　　　　　　　　　　　　　　单位：mm

字高	20	14	10	7	5	3.5
字宽	14	10	7	5	3.5	2.5

　　字体的最小字（词）距、行距、间隔线或基准线与书写字体之间的最小距离，也应符合相应的标准的有关规定，此处不再详细列出。

五、尺寸标注

　　尺寸，包括尺寸界线、尺寸线、尺寸起止符号和尺寸数字（图 2-15）。

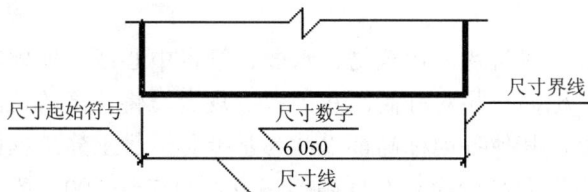

图 2-15　尺寸的组成

　　除标高与总平面图上的尺寸以 m 为单位外，其余一律以 mm 为单位。为使图面清晰，尺寸数字后面一般不注写单位。

　　尺寸界线一般应与被注长度垂直。在图形外面用细实线绘出，其一端应离开轮廓线不小于 2 mm，另一端宜超出尺寸线 2～3 mm（图 2-16）。在图形里面则以轮廓线或中线代替。

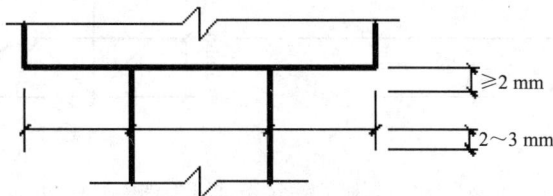

图 2-16　尺寸界线

　　尺寸线应与被注长度平行，且必须以细实线绘出，图样本身的任何图线均不得用作尺寸线。与尺寸界线相交处应适当延长。

　　尺寸起止符号包括斜线、实心箭头等。建筑制图多用斜线形式，机械制图则多用箭头形式，见图 2-17 左侧。斜线是用 45°中粗线绘制，长度宜为 2～3 mm，见图 2-17 右侧。半径、直径、角度与弧长的尺寸起止符号，宜用箭头表示。

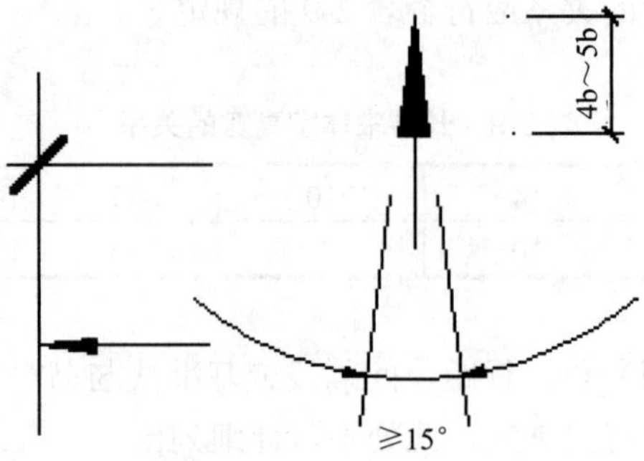

图 2-17　尺寸起止符号

六、标高

标高是用来表示建筑物、构筑物、水面、管道中心线、地坪等各部分高度的标注。标高分绝对标高与相对标高。我国政府规定，将青岛的黄海平均海平面定为绝对标高的零点，其他各地标高都以此为基准。一般土建工程图都使用相对标高，即以首层室内地面高度为相对标高的零点，写作±0.000，读正负零。高于它的值为正，但不注写"+"号，低于它的值为负，在数字前面必须注写"−"号，如 3.000、−0.600。

标高符号应以直角等腰三角形表示，按图 2-18（a）所示形式用细实线绘制，如标注位置不够，也可按图 2-18（b）所示形式绘制。

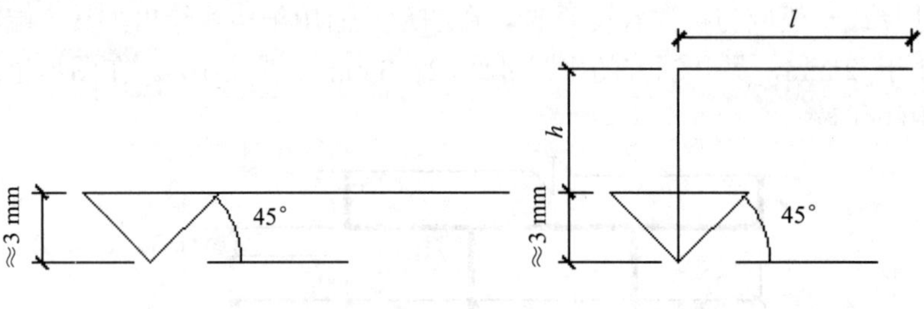

（a）　　　　　　　　　　　　　（b）

l—取适当长度注写标高数字；*h*—根据需要取适当长度

图 2-18　标高的绘制

总平面图室外地坪标高符号只在总平面图中出现，宜用涂黑的三角形表示。

标高符号的尖端应指至被注高度的位置。尖端一般应向下，也可向上。标高数字应注写在标高符号的左侧或右侧。标高数字以 m 为单位，一般注写到小数点后第三位，总平面图标高注写至小数点后第二位（图 2-19）。

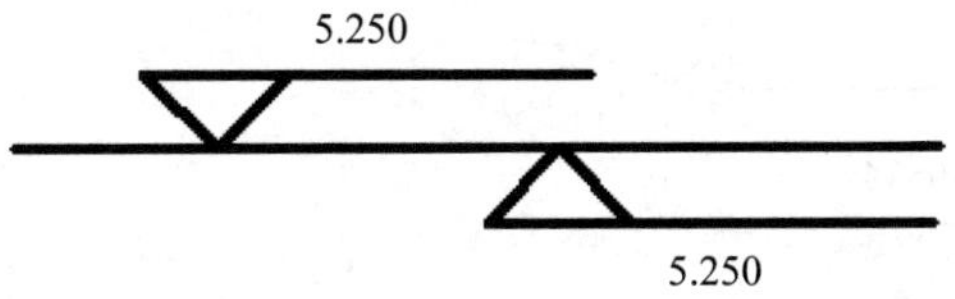

图 2-19　标高的指向

室内工程应标注相对标高；室外工程宜标注绝对标高。

压力管道应标注管中心标高；沟渠和重力流管道宜标注沟（管）内底标高。

在下列部位应标注标高：

（1）沟渠和重力流管道的起讫点、转角点、连接点、变坡点、变尺寸（管径）点及交叉点；

（2）压力流管道中的标高控制点；

（3）管道穿外墙、剪力墙和构筑物的壁及底板等处；

（4）不同水位线处；

（5）构筑物和土建部分的相关标高。

七、管径

管径应以 mm 为单位。

管径的表达方式应符合下列规定：

（1）水煤气输送钢管（镀锌或非镀锌）、铸铁管等管材，管径宜以公称直径 DN 表示（如 DN50）；

（2）无缝钢管、焊接钢管（直缝或螺旋缝）、铜管、不锈钢管等管材，管径宜以外径 $D \times$ 壁厚表示（如 $D108 \times 4$）；

（3）钢筋混凝土（或混凝土）管、陶土管、耐酸陶瓷管、缸瓦管等管材，管径宜以内径 d 表示（如 $d230$）；

（4）塑料管材，管径宜按产品标准的方法表示；

（5）当设计均用公称直径 DN 表示管径时，应有公称直径 DN 与相应产品规格对照表。

管径的标注方法应符合下列规定：

（1）单根管道时，管径应按图 2-20（a）的方式标注。

（2）多根管道时，管径应按图 2-20（b）的方式标注。

DN20

图 2-20（a）　单管管径表示法

图 2-20（b） 多管管径表示法

八、其他符号

（1）剖面图的剖切符号应由剖切位置线及投射方向线组成，均应以粗实线绘制。剖切位置线的长度宜为 6～10 mm；投射方向线应垂直于剖切位置线，长度应短于剖切位置线，宜为 4～6 mm（图 2-21）。绘制时，剖视的剖切符号不应与其他图线相接触。

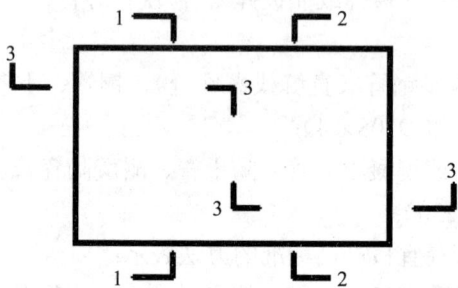

图 2-21 剖切符号

剖切符号的编号宜采用阿拉伯数字，按顺序由左至右、由下至上连续编排，并应注写在剖视方向线的端部。需要转折的剖切位置线，应在转角的外侧加注与该符号相同的编号。建（构）筑物剖面图的剖切符号宜注在±0.00 标高的平面图上。

（2）当图样中某一局部或构件需要放大比例，画成"局部详图"时，应在该处标明"索引标志"，即用索引符号索引出详图[图 2-22（a）]。当图样中某一部位需要做"局部剖面详图"时，也应在该处标明"索引标志"[图 2-22（b）]。

图 2-22（a）　局部放大的详图索引标志

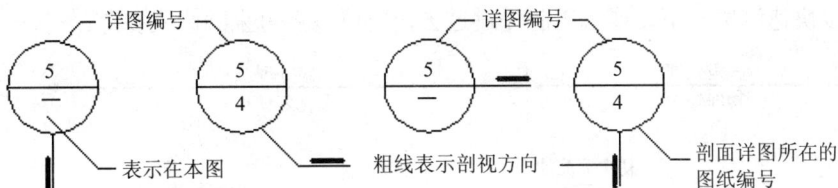

图 2-22（b）　局部剖面的详图索引标志

根据上述需要画出的详图，应注明"详图标志"，并写上与索引标志相同的编号（图 2-23）。

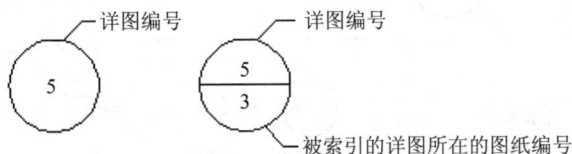

图 2-23　详图标志

索引符号是直径为 10 mm 的圆，以细实线画出。详图符号是直径为 14 mm 的圆，以粗实线画出。

（3）指北针的形状宜如图 2-24 所示，其圆的直径宜为 24 mm，用细实线绘制；指针尾部的宽度宜为 3 mm，指针头部应注"北"或"N"字。需用较大直径绘制指北针时，指针尾部宽度宜为直径的 1/8。

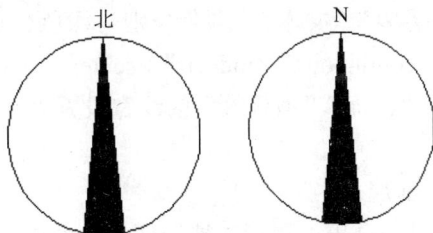

图 2-24　指北针

*第八节　城市污水处理典型流程

　　图 2-25 是城市污水处理典型流程。绘制本图用到的主要命令有图层、矩形、多段线、圆、复制、移动、镜像、单行文字等。下面将简要说明绘制步骤，其中会用到许多后续章节才会学到的知识，读者如果觉得在目前的学习阶段理解有困难的话，完全可以快速浏览一下，或者干脆先跳过去，留待以后再来阅读或参考。

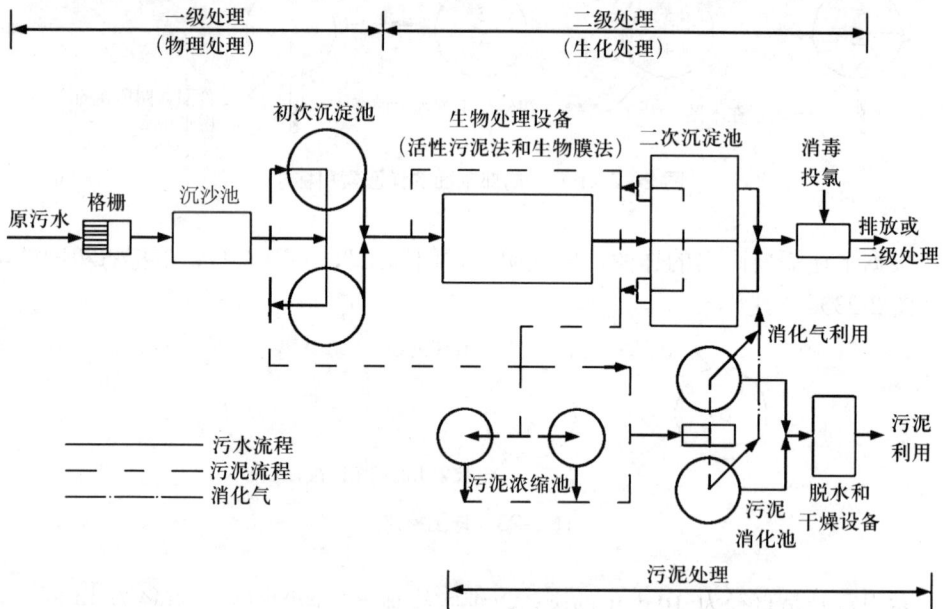

图 2-25　城市污水处理典型流程

1. 创建图层

　　打开"图层特性管理器"对话框，新建 6 个图层，新图层名分别为"污水""污泥""消化气""设备""界限""文本"，颜色分别为绿色、黄色、红色、白色、青色、紫色，线型依次为"continuous""hidden""center""continuous""continuous""continuous"，将"污水""污泥""消化气"的线宽设置为 0.7 mm，以醒目显示。

2. 绘制"设备"

　　以图层"设备"为当前层。

　　（1）绘制"格栅"：可先画出一矩形，捕捉横边上两中点画出中线，分解矩形，将左竖边五等分，画出水平中线后多重复制四次即可。

（2）绘制"沉沙池"：可用矩形命令。

（3）绘制"初次沉淀池"：可先画一个圆，再在正交垂直方向上复制一个，用直线连接两圆心。

（4）绘制"生物处理设备"：可用矩形命令。

（5）绘制"二次沉淀池"：可先画一大矩形，再沿左竖边画一小矩形，镜像得到另一个小矩形。

（6）绘制"消毒投氯器"：可用矩形命令。

（7）绘制"污泥浓缩池"：可用圆、复制命令。

（8）绘制"污泥消化池"：可用圆、复制、矩形命令，并用移动命令使两圆关于矩形对称。

（9）绘制"脱水和干燥设备"：可用矩形命令。

3．绘制"污水"

以图层"污水"为当前层。

可用多段线命令绘制污水管线箭头，画的过程中调整处理水的"设备"位置，使其相对管线对称。

4．绘制"污泥"

以图层"污泥"为当前层。

可用多段线命令绘制污泥管线箭头，画的过程中调整处理泥的"设备"位置，使其相对管线对称。

5．绘制"消化气"

以图层"消化气"为当前层。

可用多段线命令绘制消化气管线箭头。

6．绘制"界限"

以图层"界限"为当前层。

可用多段线绘制直线和箭头。

7．注写"文字"

以图层"文字"为当前层。

打开"格式"菜单下"文字样式"对话框，新建一个样式，字体采用仿宋 GB 2312，宽高比为 0.7，暂不定高度。

可用单行文本命令依次输入所有文本后，用移动命令分别移至相应位置。

8．绘制图例

分别在对应图层上画出等长的污水、污泥、消化气管线，旁边注写文字。

复习与思考练习题

1．上机熟悉 AutoCAD 2008 用户界面由哪几个部分组成？各有什么功能？

2. 练习命令的输入、取消、重复输入、放弃和重做等基本操作。

3. 已知下面的正方形大小是 50×50，左下角点坐标是（0，0），试分别用绝对直角坐标、相对直角坐标、绝对极坐标、相对极坐标方式写出其余三个角点的位置。

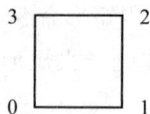

习题图 2-3

解题要点：

注意相对坐标是以上一点为参照点的。

4. 一段距离可以通过输入一个数值确定，也可以通过指定两点，由 AutoCAD 自动计算确定，如果在输入第二点时直接回车，AutoCAD 仍然会得到一段距离，请问这个距离是如何确定的？在确定一个角度的时候是否也有同样的情况？

5. 练习文件的新建、打开、保存、关闭等文件管理的基本操作。

6. 打开多个文档，试用不同的排列方式来显示，区分各种排列方式有什么不同。

7. 试使用 AutoCAD 2008 的帮助功能查看对用户界面和组织文件的介绍。

8. 熟悉环境工程专业的制图标准。

*9. 尝试绘制如习题图 2-9（a）及习题图 2-9（b）两个城市污水处理流程图。如果现在还不能绘制的话，请尝试打开一些已存在的实际图形，分析一下图形中哪些方面体现了本章所学知识，也可尝试分析一下绘图的基本思路，比较一下手工绘图与下面所给的 CAD 实现思路（见解题要点）有什么差异。

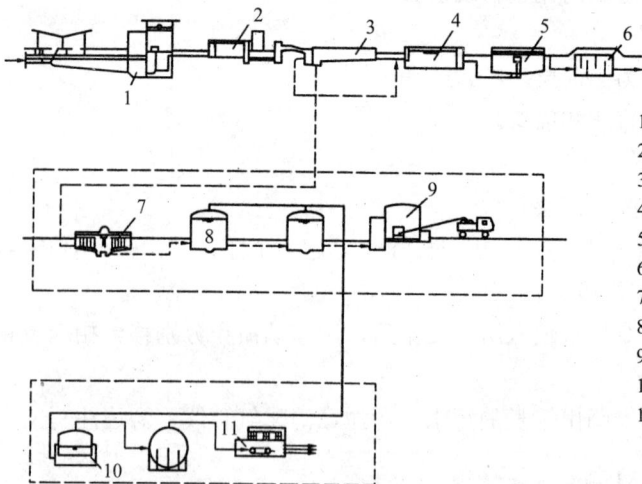

1—污水泵房；
2—曝气沉沙池；
3—初次沉淀池；
4—曝气池；
5—二次沉淀池；
6—接触池；
7—污泥浓缩池；
8—污泥消化池；
9—脱水机房；
10—气柜；
11—沼气发电机

习题图 2-9（a） 北京高碑店污水处理厂工艺流程

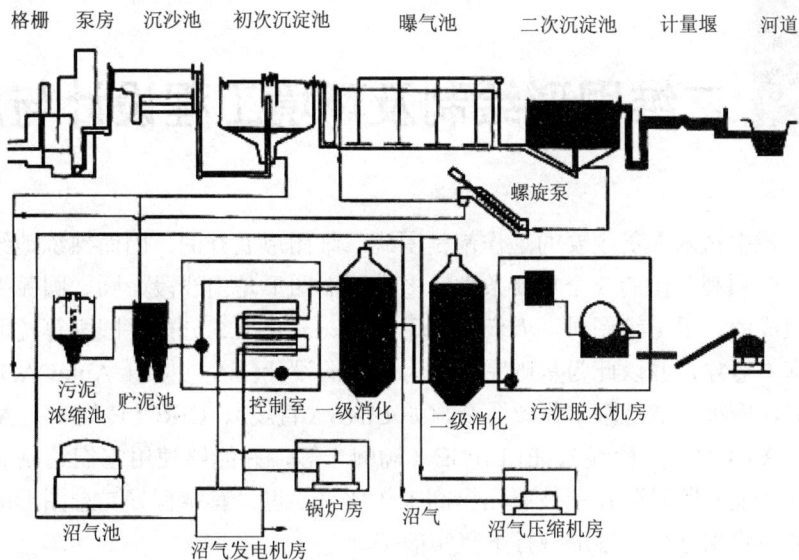

格栅　泵房　沉沙池　初次沉淀池　　曝气池　　二次沉淀池　计量堰　河道

螺旋泵

污泥浓缩池　贮泥池　控制室　一级消化　二级消化　污泥脱水机房

沼气池　沼气发电机房　锅炉房　沼气　沼气压缩机房

习题图 2-9（b）　天津纪庄子废水处理厂工艺流程

解题要点：

（1）设置图层。地面线、污水管线、污泥管线、沼气管线、构筑物及设备、文字。

（2）先画一水平地面线，再依次画出污水处理的构筑物，注意相对大小及位置。

（3）在污水处理流程的下方画出污泥处理的构筑物。

（4）在污泥处理流程的下方画出沼气利用的设备。

（5）用相应管线连接各构筑物及设备。

（6）编号、注写文字。

第三章

二维图形绘制及环境工程设计与应用

　　在设计中技术人员主要的工作都是围绕二维图形展开的，因而熟练地绘制二维平面图形是顺利工作的一个重要条件。多数平面图形是由线段、圆、圆弧等基本图形元素组成的，手工绘图时，人们使用丁字尺、三角板、分规、圆规等辅助工具画出这些基本对象，并以此为基础完成更为复杂的设计任务。使用 AutoCAD 作图也与此类似，应首先掌握基本作图命令，如 LINE（直线）、CIRCLE（圆）、ARC（圆弧）、POLYGON（多段线）、ELLIPSE（椭圆）等，并能够使用它们绘制简单的图形，然后才能不断增强作图技能，提高工作效率，也只有掌握好二维图形的绘制技巧，才能为将来进行三维造型打下坚实的基础。

　　本章将主要介绍二维图形的绘制方法与操作技巧，并通过一些典型的环境工程实例来说明其在环境工程设计中的应用。

　　在前面的章节中已经提到，AutoCAD 执行一个命令通常有多种方式，例如：菜单、工具栏、命令是常用的方式，从"工具栏"执行命令与通过"控制面板"执行命令具有相同效果与类似操作，但"控制面板"中的许多图标在缺省状态下是未直接显示的，需要展开才能点击，故本书为了简明起见，将这两种方式合并为"工具栏"一种方式，读者完全可根据自己的喜好与习惯来选择实际执行方式。当然，也有一些命令还可以通过快捷键或功能键来执行。本书在介绍命令时，会尽量列出各种执行方式，以供读者比较与选择。

　　例如在本章所讲述的二维绘图命令中，读者可以选择菜单【绘图】（图 3-1）。该菜单包含了 AutoCAD 2008 的大部分绘图功能，在该菜单中选择命令或子命令，即可绘制出相应的二维图形（当然，该菜单中也包含了三维建模的命令，该部分内容请参见第十一章）。

建模(M)	▶
╱ 直线(L)	
╱ 射线(R)	
╱ 构造线(T)	
多线(U)	
⌐ 多段线(P)	
🔺 三维多段线(3)	
⬠ 正多边形(Y)	
▭ 矩形(G)	
🌀 螺旋(I)	
圆弧(A)	▶
圆(C)	▶
◎ 圆环(D)	
╱ 样条曲线(S)	
椭圆(E)	▶
块(K)	▶
▦ 表格...	
点(O)	▶
▨ 图案填充(H)...	
▨ 渐变色...	
◻ 边界(B)...	
◙ 面域(N)	
区域覆盖(W)	
☁ 修订云线(V)	
文字(X)	▶

图 3-1　【绘图】菜单

如果读者选用第二种方法，就可单击【绘图】工具栏上的按钮以执行相应的命令。【绘图】工具栏见图 3-2。

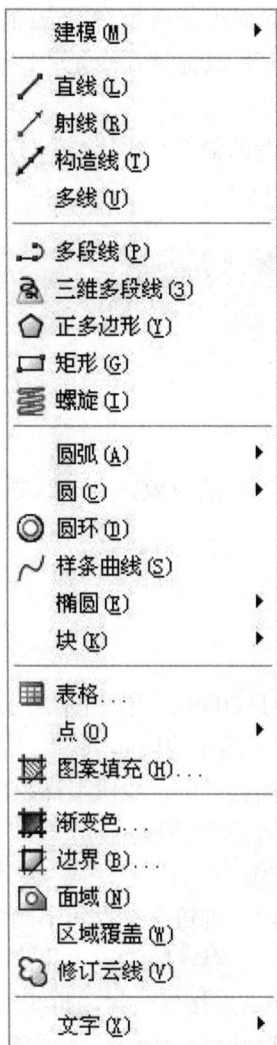

图 3-2　【绘图】工具栏

第三种常用方法就是直接输入命令，然后按"Enter"键（以下均用符号"↙"

表示），即可执行相应的命令。如果该命令有对应的简捷形式，也可输入该简捷命令。如画直线的命令是"LINE"，其简捷命令是"L"，画圆的命令是"CIRCLE"，其简捷命令是"C"。

● 提示：AutoCAD 中命令的输入不区分大小写，也就是说："LINE"与"Line"或"line"是完全一样的。

第一节　绘制直线对象（LINE)

一、命令启动

直线是图形中最常见、最简单的对象，启动绘制直线命令，可使用下列三种方法之一：

命令：LINE（或 L）

菜单：【绘图】➤直线

工具栏：【绘图】➤ ⁄

启动直线命令后，AutoCAD 2008 给出如下操作提示：

命令：_line 指定第一点： //确定线段起点

指定下一点或 [放弃（U）]： //确定线段端点或输入 U 取消上一线段，如果多次输入 U 按绘制次序的逆序逐个删除线段

指定下一点或 [放弃（U）]： //如果只想画一条线段，则可在提示下直接回车以结束操作，若还想画多条线段，则可在该提示下确定下一线段的端点

指定下一点或 [闭合（C）/放弃（U）]： //用户可继续输入下一线段的端点，或输入 C 将最后端点与最初起点连接成一封闭折线，也可输入 U 以取消最近绘制的直线段，当然也可输入回车以结束操作

● 提示：

（1）在命令：_line 指定第一点：提示下直接回车，则将上次最后绘制的直线或圆弧的端点作为当前直线的起点。

（2）输入起点或端点有多种方式，最常用的有两种：一是直接输入坐标值；二是用十字光标直接在屏幕上点取，这种方式包括利用各种对象捕捉工具及追踪工具。实际上，几乎所有的点的输入都可用以上方式。

（3）在指定下一点或 [闭合（C）/放弃（U）]：提示下，单击鼠标右键，将弹出如图 3-3 所示的快捷菜单。有了这个快捷菜单，用户可以集中精力在绘图区提高工作效率，而不用频繁地将目光在屏幕和键盘之间来回切换。该菜单的命令选项可分为三部分：常规操作（确认和取消）、命令选项（闭合和放弃）、屏幕缩放（平移

和缩放）。单击"确认"相当于在键盘上按回车键；单击"取消"相当于按 Esc 键取消命令操作；单击"闭合"相当于在命令提示下输入"C"选项以闭合折线；单击"放弃"相当于在命令提示下输入"U"选项以取消最近绘制的直线段；单击"平移"或"缩放"相当于执行透明命令以实现绘图区的平移中缩放（详见本书第五章）。当然，在 CAD 中，当命令操作有多个选项时，单击鼠标右键都将弹出与之类似的快捷菜单，只不过命令选项会因不同的命令而不同，但其基本形式大同小异，图 3-4 就是绘制多段线命令过程中某选项下单击鼠标右键弹出的快捷菜单。此类菜单在以后章节中就不再赘述。而且，如果 AutoCAD 老用户对此类命令选项的快捷菜单的操作方式不习惯，AutoCAD 2008 还允许用户取消这种方式，并将此时的单击鼠标右键简单地设置为相当于在键盘上按回车键，但我们建议新用户不要进行这样的设置。

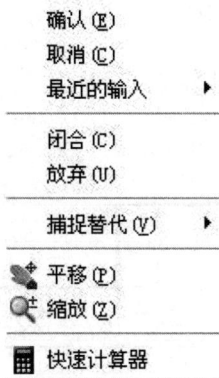

图 3-3　绘制直线命令选项的快捷菜单

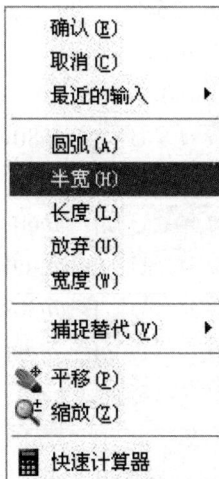

图 3-4　绘制多段线命令选项的快捷菜单

二、点的输入方法

1. 通过输入点的坐标值绘制直线

启动直线命令后，AutoCAD 提示用户输入指定直线的起点或端点。前面章节中已经介绍过，指定点的方法之一是直接输入点的坐标值。不过，实际工作的要求往往会复杂一些，我们需要灵活处理。下面我们将通过实例具体说明如何通过输入点的坐标值来绘制直线。

【例 3-1】使用直线命令绘制如图 3-5 所示的图形。

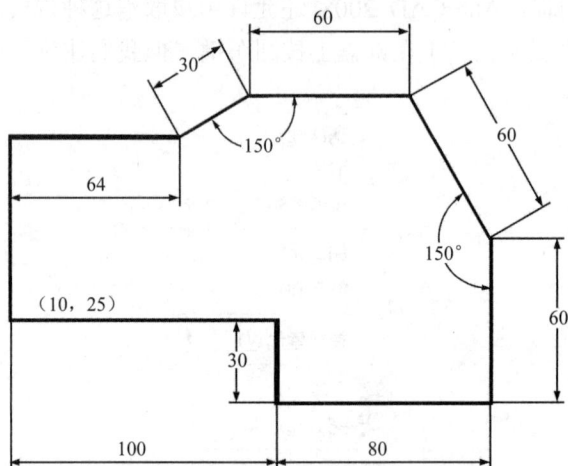

图 3-5 通过输入点的坐标画直线

命令：_line 指定第一点：10，25↙
指定下一点或 [放弃（U）]：@100，0↙
指定下一点或 [放弃（U）]：@0，-30↙
指定下一点或 [闭合（C）/放弃（U）]：@80，0↙
指定下一点或 [闭合（C）/放弃（U）]：@0，60↙
指定下一点或 [闭合（C）/放弃（U）]：@60<120↙
指定下一点或 [闭合（C）/放弃（U）]：@-60，0↙
指定下一点或 [闭合（C）/放弃（U）]：@30<-150↙
指定下一点或 [闭合（C）/放弃（U）]：@-64，0↙
指定下一点或 [闭合（C）/放弃（U）]：c↙

2. 使用对象捕捉辅助绘制直线

在绘图过程中，常需要找一些特殊的几何点，例如，通过圆或圆弧的中心、线段的端点或中点画线。此时，若不借助工具，用户是很难直接准确定位到这些点的，因为这些点的精确坐标值很难计算。AutoCAD 提供了一系列不同方式的对象捕捉工具，这些工具包含在图 3-6 所示的对象捕捉工具栏里，当然，读者也可能根据自己的习惯使用如图 3-7 所示的光标菜单来进行对象捕捉或通过如图 3-8 所示对话框进行自动捕捉设置，如果读者熟悉其命令简称，也可直接在命令行输入来进行捕捉。关于对象捕捉的详细内容请参见本书第五章。

图 3-6 【对象捕捉】工具栏

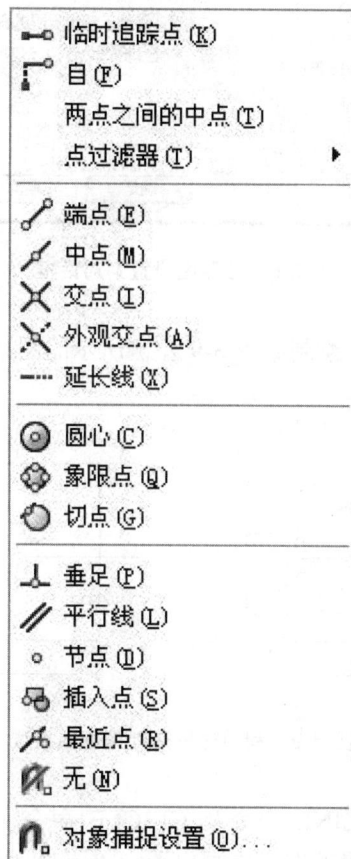

图 3-7 设置对象捕捉菜单

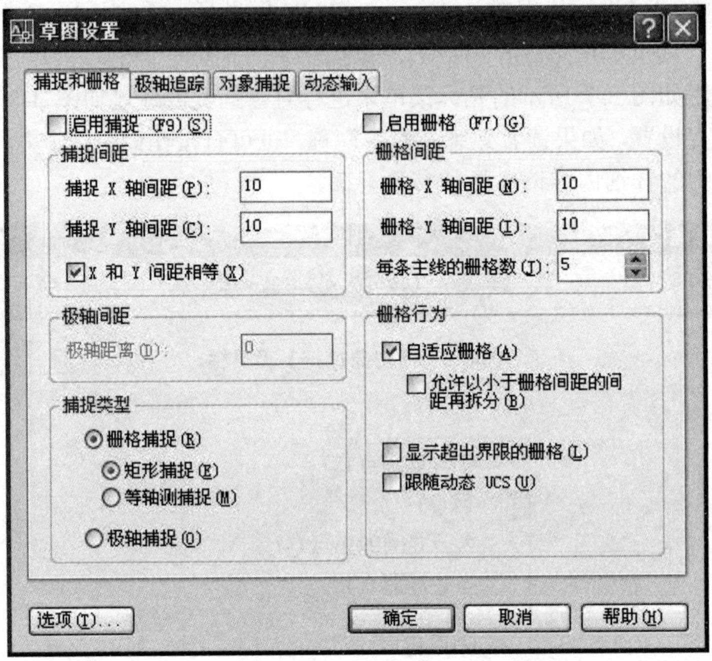

图 3-8　【草图设置】对话框

【例 3-2】使用直线命令绘制如图 3-9 左侧所示的图形，重点练习使用对象捕捉的应用。

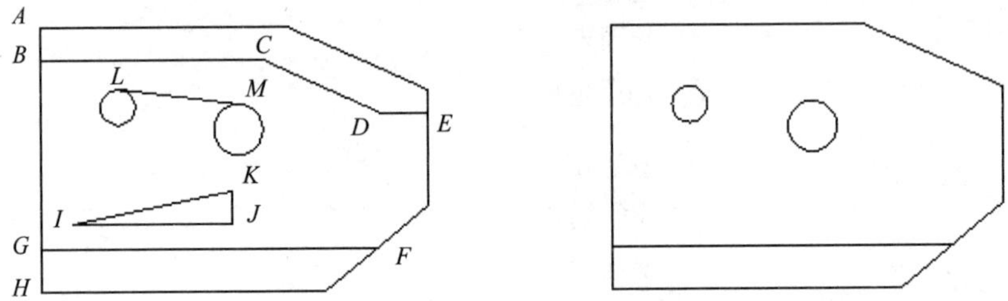

图 3-9　利用对象捕捉精确画直线

● 提示：读者可用 LINE 命令及 CIRCLE 命令（该命令后面会讲述，但在此读者完全可以完成本题的工作）先画出图 3-9 右边所示的图形，然后参照下面步骤画出其他直线。注意其中尺寸数据应因具体情况而异，读者可根据实际情况自行设定。

命令：_line 指定第一点：ext　　　　　　　　　　// 用 "ext" 捕捉 B 点
于 20✓　　　　　　　　　　　　　　　　　　　　// 输入 B 点与 A 点间的距离

指定下一点或 [放弃（U）]: _par 到 140✓	//用"par"绘平行线，140是 *BC* 长度
指定下一点或 [闭合（C）/放弃（U）]: _par 到 80✓	
指定下一点或 [闭合（C）/放弃（U）]: _per 到	//捕捉垂足 *E*
指定下一点或 [闭合（C）/放弃（U）]: ✓	
命令: _line 指定第一点: _mid 于	//捕捉中点 *F*
指定下一点或 [放弃（U）]: _per 到	//捕捉垂足 *G*
指定下一点或 [放弃（U）]: ✓	
命令: _line 指定第一点: _tan 到	//捕捉切点 *L*
指定下一点或 [放弃（U）]: _tan 到	//捕捉切点 *M*
指定下一点或 [放弃（U）]: ✓	
命令: _line 指定第一点: _from	//使用正交偏移捕捉
基点: _int 于	//捕捉交点 *H*
<偏移>: @20，40✓	//输入 *I* 点的相对坐标
指定下一点或 [放弃（U）]: @100，0✓	//输入 *J* 点的相对坐标
指定下一点或 [放弃（U）]: @0，20✓	//输入 *K* 点的相对坐标
指定下一点或 [闭合（C）/放弃（U）]: _endp 于	//捕捉端点 *I*
指定下一点或 [闭合（C）/放弃（U）]: ✓	

43

3. 利用正交模式辅助绘制直线

单击状态栏上的 正交 按钮，使之处于凹下的状态就打开了正交模式。在正交模式下光标只能沿水平或垂直方向移动（当然实际上是沿 x 轴或 y 轴方向移动，如果 x 轴与 y 轴方向被用户设定为别的方向则正交方向也与当前 UCS 的 x 轴和 y 轴方向一致）。在正交模式下画线时，可以通过输入线段长度的方式来精确画出水平或竖直线段。

【例 3-3】使用直线命令绘制如图 3-10 所示的图形，重点练习利用正交模式。

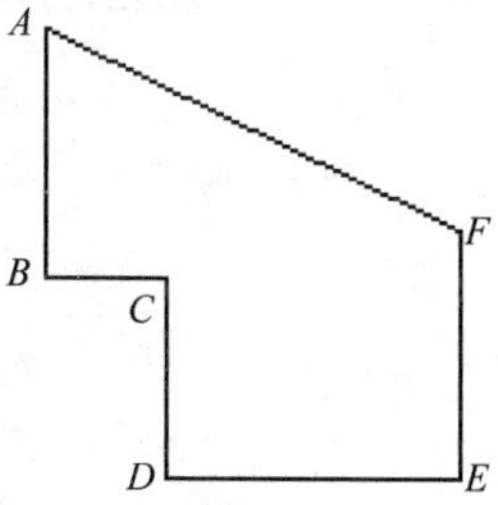

图 3-10 利用正交模式画线

命令: _line 指定第一点: <正交 开>	//拾取点 *A* 并打开正交模式

指定下一点或 [放弃（U）]：100✓　　　//将光标移至 *A* 下方然后输入 *AB*
　　　　　　　　　　　　　　　　　　　距离

指定下一点或 [放弃（U）]：50✓　　　 //将光标移至 *B* 右方然后输入 *BC*
　　　　　　　　　　　　　　　　　　　距离，以下类似

指定下一点或 [闭合（C）/放弃（U）]：80✓

指定下一点或 [闭合（C）/放弃（U）]：120✓

指定下一点或 [闭合（C）/放弃（U）]：100✓

指定下一点或 [闭合（C）/放弃（U）]：c✓　　　//闭合折线

4．利用追踪功能辅助绘制直线

AutoCAD 2008 提供了极轴追踪功能及自动追踪功能。

（1）极轴追踪。单击状态栏上的**极轴**按钮，使之呈凹下的状态，就打开了极轴追踪功能，右击状态栏上的**极轴**按钮，在弹出的光标菜单中选择"设置"选项，打开如图 3-11 所示的【草图设置】对话框中的极轴追踪设置。用户可在此方便地进行极轴追踪设置。关于极轴追踪的详细内容请参见本书第五章。

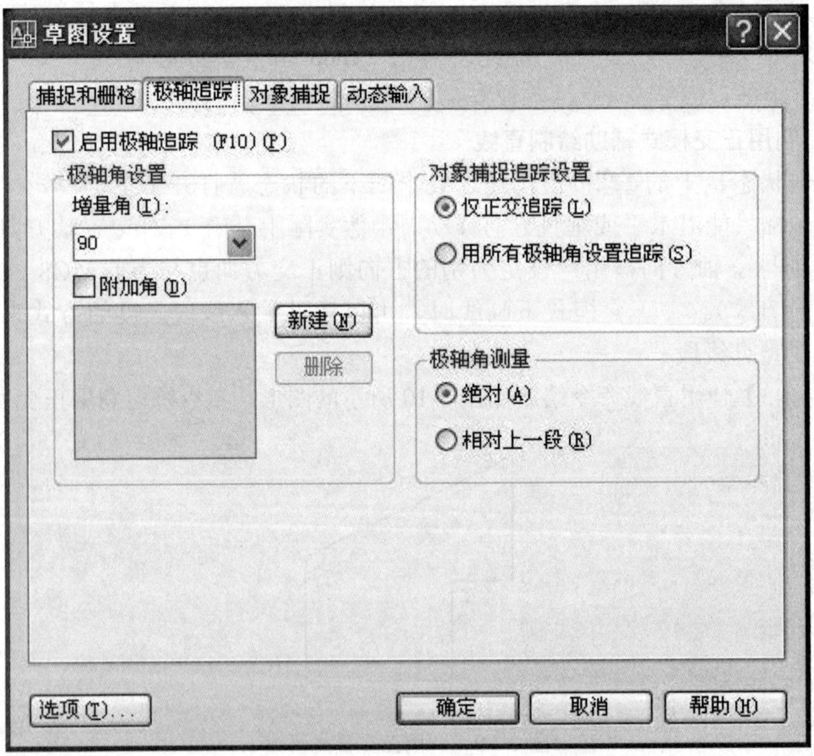

图 3-11　【草图设置】对话框中的极轴追踪设置

【例 3-4】使用直线命令绘制如图 3-12 所示的图形，重点练习利用极轴追踪功能。

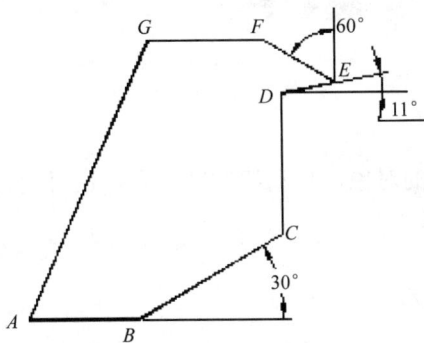

图 3-12　利用极轴追踪功能画直线

先按图 3-11 设置增量角为 30°，附加角为 11°，再按下列步骤画直线。

命令：_line 指定第一点：<极轴 开>　　//拾取点 A 并打开极轴追踪模式

指定下一点或 [放弃（U）]：200✓　　//追踪 0°方向并输入 AB 距离

指定下一点或 [放弃（U）]：300✓　　//追踪 30°方向并输入 BC 距离

指定下一点或 [闭合（C）/放弃（U）]：250✓　　//追踪 90°方向并输入 CD 距离

指定下一点或 [闭合（C）/放弃（U）]：100✓　　//追踪 11°方向并输入 DE 距离

指定下一点或 [闭合（C）/放弃（U）]：150✓　　//追踪 150°方向并输入 EF 距离

指定下一点或 [闭合（C）/放弃（U）]：210✓　　//追踪 180°方向并输入 FG 距离

指定下一点或 [闭合（C）/放弃（U）]：c✓　　//闭合折线

（2）自动追踪。当状态栏上的**对象追踪**按钮呈现凹下的状态并且对象捕捉功能也打开时，自动追踪功能开始启动，AutoCAD 能捕捉一个几何点作为追踪参考点，然后按水平、铅直方向或设定的极轴方向进行追踪。读者可结合极轴追踪与自动追踪功能，重新完成例 3-4，此处不再赘述。

● 提示：以上所有点的输入方式均可结合使用，并且不仅限于直线命令，其他命令中要求输入点时均可应用。

第二节　绘制圆对象（CIRCLE）

一、命令启动

圆也是图形中常见的对象，启动绘制圆命令，也可使用下列三种方法之一：

命令：CIRCLE（或 C）

菜单：【绘图】➤圆

工具栏：【绘图】➤⊘

启动直线命令后，AutoCAD 2008 给出如下操作提示：

命令：_circle 指定圆的圆心或 [三点（3P）/两点（2P）/相切、相切、半径（T）]：

二、命令选项

1. 指定圆的圆心

基本选项。输入圆心坐标或拾取圆心后，AutoCAD 将出现如下提示：

指定圆的半径或 [直径（D）]：

在此提示下输入半径或拾取点作为半径，也可选择 D 选项来以直径画圆。

2. 三点（3P）

输入 3 个点（注意该 3 点不能共一直线）以绘制圆。

3. 两点（2P）

指定直径的两个端点画圆。

4. 相切、相切、半径（T）

选取与圆相切的两个对象，然后输入圆的半径，即可画出所需的圆，多种不同情形参见图 3-13 所示。

5. 相切、相切、相切（A）

这种方式不在命令选项中，用户可使用菜单【绘图】➤圆➤相切、相切、相切（A），就可使用这种方式画圆，使所画的圆与三个指定的对象相切，图 3-14 给出了相应例子。

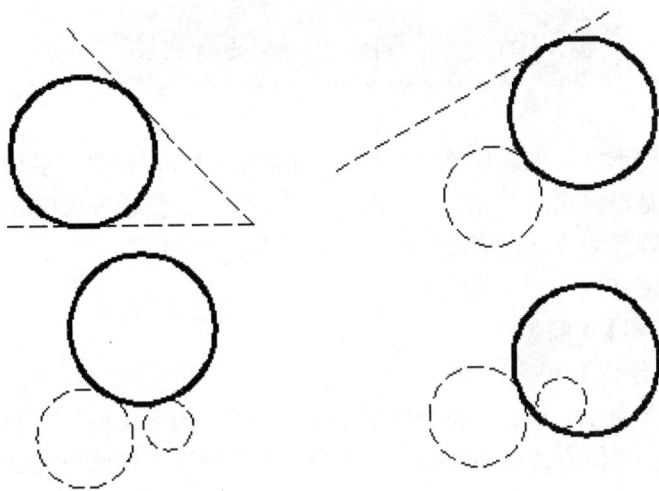

图 3-13　利用 T 方式画圆

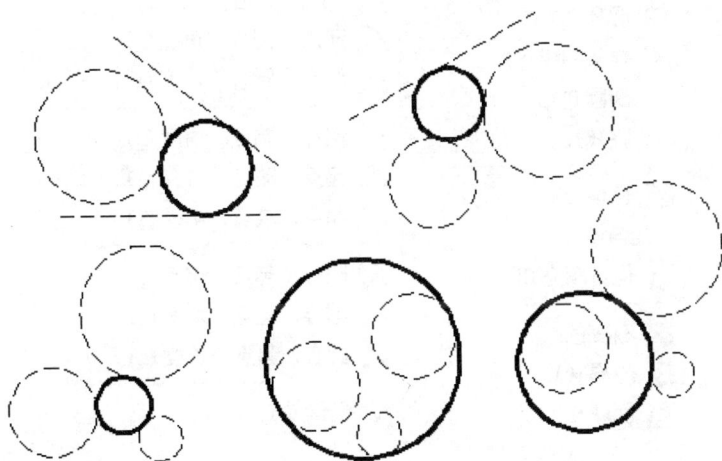

图 3-14　用相切、相切、相切（A）方式画圆

● 提示：用 T 方式画公切圆时，相切的情况常取决于所选切点的位置及切圆半径的大小，图 3-13 中各种情况显示了在不同位置选择切点时所创建的公切圆，后三种情况下，公切圆半径不能太小，否则满足要求的公切圆不存在，所以 AutoCAD 将不能画出公切圆。而用相切、相切、相切（A）方式画圆时，相切的情况主要取决于所选切点的位置，图 3-14 很好地反映了切点位置的不同对公切圆的位置及大小的影响。

第三节　绘制圆弧对象（ARC）

圆弧也是图形中常见、重要的对象，AutoCAD 2008 提供了多种不同的画弧方式。这些方式是根据起点、方向、中点、包角、终点、弦长等来控制的。

启动绘制圆弧命令，也可以使用下列三种方法之一：

命令：ARC（或 A）

菜单：【绘图】➤圆弧

工具栏：【绘图】➤ ⌒

其中，菜单命令启动后，将弹出如图 3-15 所示的子菜单，其中列出了画圆弧的 11 种方法。其他方式启动绘制圆弧命令后也能通过不同选择来以这些方式绘制圆弧。

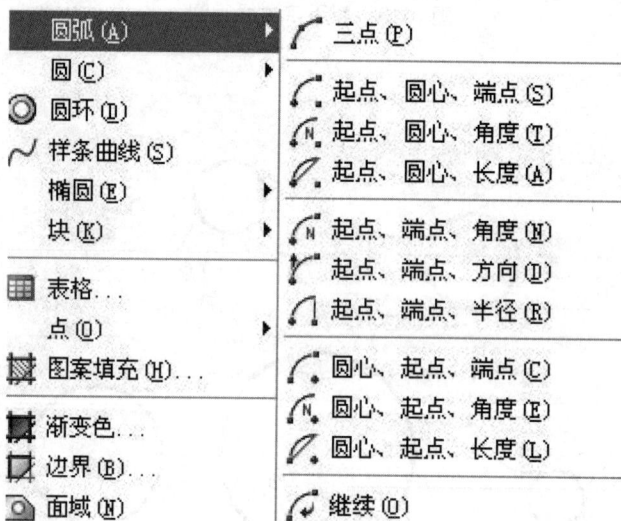

圆弧 (A) ▶	⌒ 三点 (P)
圆 (C) ▶	⌒ 起点、圆心、端点 (S)
◎ 圆环 (D)	⌒ 起点、圆心、角度 (T)
～ 样条曲线 (S)	⌒ 起点、圆心、长度 (A)
椭圆 (E) ▶	⌒ 起点、端点、角度 (N)
块 (K) ▶	⌒ 起点、端点、方向 (D)
▦ 表格…	⌒ 起点、端点、半径 (R)
点 (O) ▶	⌒ 圆心、起点、端点 (C)
▨ 图案填充 (H)…	⌒ 圆心、起点、角度 (E)
▊ 渐变色…	⌒ 圆心、起点、长度 (L)
▨ 边界 (B)…	
◙ 面域 (N)	⌒ 继续 (O)

图 3-15　绘制圆弧子菜单

一、三点方式画圆弧

这种方式要求用户输入弧的起点、第二点和终点，弧的方向依起点至终点的方向确定，其操作结果如图 3-16 所示。

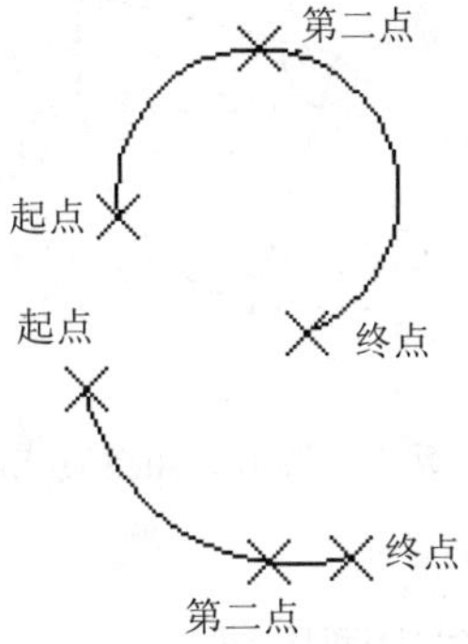

图 3-16　三点方式画圆弧

二、起点、圆心、端点方式画圆弧

当已知圆弧的起点、中心和端点时，可选择这一方式画弧。给出弧的起点、中心之后，弧的半径就已经确定，终点只决定弧的长度。弧并不一定通过端点，端点和中心的连线是弧长的截止位置，其操作结果参见图 3-17。

图 3-17　起点、圆心、端点方式画圆弧

三、起点、圆心、角度方式画圆弧

这种方式要求用户输入起点、圆心及圆弧所对应的包含角，其操作结果参见图 3-18。注意，在一般情况下，输入正的角度将沿逆时针方向画出圆弧，输入负的角度将沿顺时针方向画出圆弧。

图 3-18　起点、圆心、角度方式画圆弧

四、起点、圆心、长度方式画圆弧

在该方式中，弦长是指连接弧的起点与终点的线段长度。在一般情况下，若指定弦长为正，则得到与弦长相应的最小的弧（短弧）；反之，若指定弦长为负，则得到与弦长相应的最大的弧（长弧，也称优弧）（图 3-19）。

图 3-19　起点、圆心、长度方式画圆弧

五、起点、端点、角度方式画圆弧

此方式需要用户输入弧的起点、终点和包含角。在一般情况下，输入正的角度将沿逆时针方向画出圆弧，输入负的角度将沿顺时针方向画出圆弧（图 3-20）。

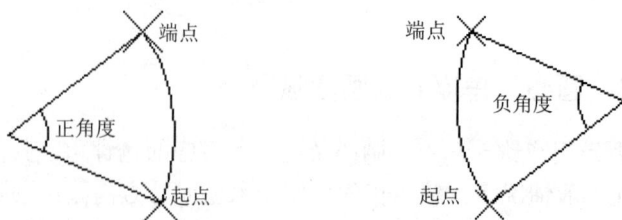

图 3-20　起点、端点、角度方式画圆弧

六、起点、端点、方向方式画圆弧

这种方式中，方向是指弧的起始切线方向，可以直接输入角度，也可以选择从起点开始的方向。弧的大小由起点、端点之间的距离及弧度所决定，弧的起始切线方向与给出的方向相切（图3-21）。

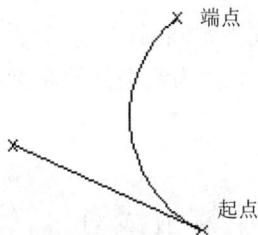

图 3-21　起点、端点、方向方式画圆弧

七、起点、端点、半径方式画圆弧

在这种方式下，用户只能沿逆时针方向画弧。若半径值为正，则画出短弧，若半径值为负，则画出长弧（图3-22）。

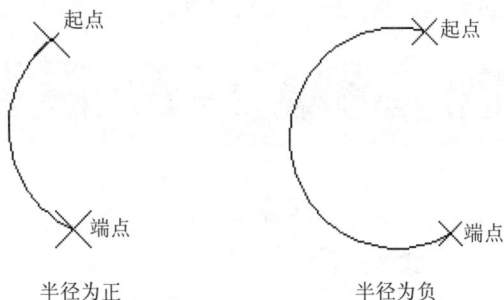

半径为正　　　　　　　　半径为负

图 3-22　起点、端点、半径方式画圆弧

八、圆心、起点、端点方式画圆弧

这种方式与起点、圆心、端点方式画圆弧没有太多区别，只是先指定圆心位置。

九、圆心、起点、角度方式画圆弧

这种方式与起点、圆心、角度方式画圆弧没有太多区别，也只是先指定圆心位置。

十、圆心、起点、长度方式画圆弧

这种方式与起点、圆心、长度方式画圆弧没有太多区别，也只是先指定圆心位置。

十一、"继续"方式画圆弧

在这种方式下，只需输入或指定圆弧的端点，此时，AutoCAD 将使用前一条直线或圆弧的终点（当前绘制的）作为新圆弧的起点，并使用其终点方向作为圆弧的起始切线方向。

第四节　绘制射线对象（RAY）

该命令用于绘制一端无限延伸的射线，一般用作图形的辅助线。启动绘制射线命令，可使用下列两种方式之一。

命令：RAY

菜单：【绘图】➤射线

启动命令后，先按要求输入起点，再在提示下不断输入通过点，可以画出多条从端点出发呈放射状的射线，直到回车结束命令。

第五节　绘制构造线对象（XLINE）

该命令用于绘制两端皆无限延伸的直线，多用作图形的辅助线。启动绘制构造线命令，可使用下列三种方式之一。

命令：XLINE

菜单：【绘图】➤构造线

工具栏：【绘图】➤ ╱

启动命令后，用户可按提示输入选项并进行后续操作。下面仅以二等分角为示例，其结果参见图3-23。

命令：_xline 指定点或 [水平（H）/垂直（V）/角度（A）/二等分（B）/偏移（O）]：b↵

指定角的顶点：　　　//捕捉角顶点

指定角的起点：　　　//捕捉角端点1

指定角的端点：　　　//捕捉角端点2

指定角的端点：✓　　//结束命令

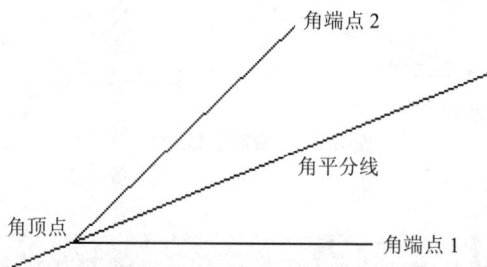

图 3-23　使用 XLINE 命令二等分角

第六节　绘制多线对象（MLINE）

该命令用于绘制平行多线，在缺省状态下，可以绘制双线。可用下列方式之一启动该命令：

命令：MLINE（或 ML）

菜单：【绘图】➤多线

启动直线命令后，AutoCAD 给出如下操作提示：

命令：_mline

当前设置：对正 = 上，比例 = 20.00，样式 = STANDARD

指定起点或 [对正（J）/比例（S）/样式（ST）]：　　//指定起点或输入相应选项

若选择选项对正（J）则系统将提示：

输入对正类型 [上（T）/无（Z）/下（B）]<上>:

其中提供了三种位置设定，上（T）表示当按坐标系正向画多线时，光标取点位于靠上（或靠左）的那条线上；无（Z）表示指定光标取点将位于双线正中；下（B）表示当按坐标系正向画多线时，光标取点位于靠下（或靠右）的那条线上。

比例（S）选项用来设定多线的宽度。

样式（ST）选项用来选择已经定义过的多线的样式，关于多线样式的设置问题将在后面章节中讲解。

完成设定并输入起点后，反复提示：指定下一点或 [放弃（U）]:，可以仿照画直线命令进行以后的操作。结果如图 3-24 所示。

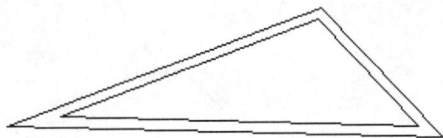

图 3-24　绘制多线对象

第七节　绘制点对象（POINT）

在 AutoCAD 中，点可以作为一个具体的对象，用户可以如同创建直线、圆、圆弧等对象一样创建点，这样的点也能被编辑。启动绘制点对象命令有下列三种方式：

命令：POINT（或 PO）

菜单：【绘图】➤点➤单点（或多点）

工具栏：【绘图】➤ ▪

命令启动后，用户可按提示指定点的位置或输入点的坐标值，直到不需要时可按键盘上的 ESC 键结束操作。

当然，用户在缺省情况下绘制的点对象很可能看不清楚，尤其是与其他对象重叠时可能会误以为点对象不存在。其实，点的样式可以自行设置，这样用户可以很方便地找到自己所需要的点。选择菜单【格式】➤点样式，可以启动如图 3-25 所示的对话框。

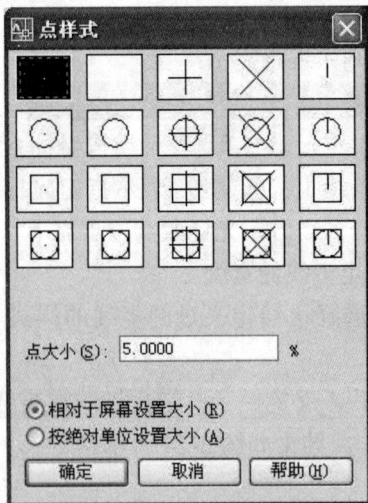

图 3-25　点样式对话框

用户可以在此方便地设置点的样式及点的大小及其控制方式。

第八节　绘制定数等分点对象（DIVIDE）

如果希望等分某个对象（如直线、圆弧等），可以用该命令。其启动方式有：

命令：DIVIDE

菜单：【绘图】➤点➤定数等分

命令启动后，用户可按要求选择希望等分的对象并输入等分的份数即可精确地等分之，如用户五等分一条直线的情况可参见图 3-26。值得注意的是，许多用户在使用了该命令等分完某个对象之后觉得图形上没有任何变化，实际上这是因为系统缺省的点样式是一个细点，当这样的点重合于所等分的对象时，就会造成看不见的误会。这时，用户可参照前述内容进行点样式的设置。当然，即使用户不改变点的样式，只要这样的点存在，用户完全可以采用对象捕捉的方式来找到或定位这些点。

图 3-26　直线五等分

在该命令的执行过程中，用户也可根据提示选择用块来等分对象，这一内容将留到后面的章节中叙述。

第九节　绘制定距等分点对象（MEASURE）

该命令用于将点对象或块在对象上指定间隔处放置。命令启动方式如下：

命令：MEASURE

菜单：【绘图】➤点➤定距等分

命令启动后可根据提示选择要定距等分的对象，然后为其指定距离，也可在屏幕上指定两点作为等分距离。图 3-27 中是用 *AB* 作为等分距离来等分直线 *CD*，其结果如图 3-27 所示。

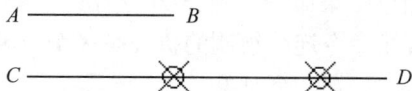

图 3-27　定距等分直线

类似地，在该命令的执行过程中，用户也可根据提示选择用块来等分对象，这部分内容也将留到后面的章节中叙述。

第十节　绘制二维多段线对象（PLINE）

多段线（有些参考书也称之为多义线）是由若干个直线段和圆弧相连而成的单一的对象。在 CAD 中，多段线用得非常广泛，它为用户提供了非常方便的绘图方式，由于一个多段线对象无论包含多少条直线或圆弧，都是一个整体，所以用户可以统一对其进行编辑修改。此外，多段线对象的各部分还可以有不同的线宽，这对于绘制复杂的图形非常有利和方便。

在 AutoCAD 中，多段线分为二维的和三维的，分别用不同命令来实现，本章仅介绍二维多段线的绘制，三维多段线的绘制将在三维图形绘制部分介绍。因此在本章中，如不作特别声明，文中的多段线均指的是二维多段线。

启动多段线命令有三种方式：

命令：PLINE（或 PL）

菜单：【绘图】➤多段线

工具栏：【绘图】➤

命令启动后，AutoCAD 2008 给出如下提示：

命令：_pline：

指定起点：　　　//指定或输入多段线的起始点坐标值

当前线宽为 0.0000　　　//当前线宽的值取决于最近一次的设置

指定下一个点或 [圆弧（A）/半宽（H）/长度（L）/放弃（U）/宽度（W）]：

下面将详细介绍各选项的含义及使用方法。

一、指定下一个点

该选项是默认的选项。如果用户直接为之指定一个点，AutoCAD 将画出一段直线，然后继续给出提示：

指定下一点或 [圆弧（A）/闭合（C）/半宽（H）/长度（L）/放弃（U）/宽度（W）]：

如果用户不断地以点回答，则 AutoCAD 就会画出由若干直线段构成的折线，最后用户可以用一个空回车结束命令。图 3-28 给出了一个实例，这条折线用直线命令也能绘制出来，但直线命令连续绘制的折线是多个对象，而用多段线命令一次绘制成的折线是一个整体，只有一个对象。

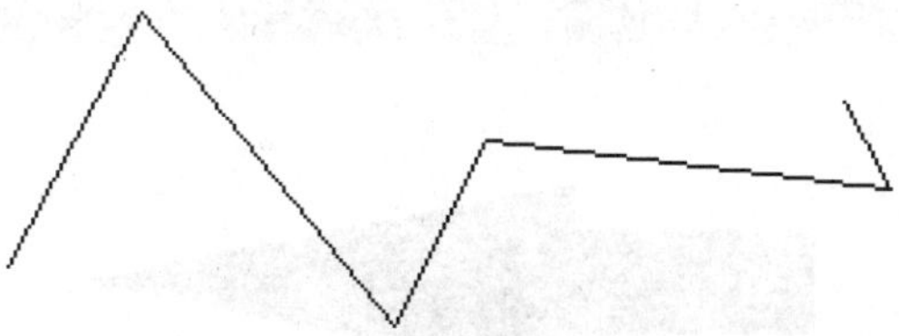

图 3-28　用多段线命令绘制折线

二、闭合（C）、放弃（U）

这两个选项和绘制直线命令中的相应选项类似，这里不再赘述。

三、宽度（W）、半宽（H）

使用宽度（W）选项可以用来指定线段起点和终点的线宽。选择该选项后，AutoCAD 提示如下：

指定起点宽度 <0.0000>：

指定端点宽度 <0.0000>：

在这样的提示下可直接输入宽度值或通过在屏幕上选取两点来指定宽度值，也可以空回车响应直接接受宽度的默认值，但注意，起点的默认值并不是每次都为 0，它取决于最近一次的设置，而终点宽度的默认值则自动采用起点宽度。

那么，使用半宽（H）选项就是要用户输入上述宽度的一半的值。

例如，下面的操作绘制了一段相连的有宽度的线（图 3-29）。

命令：_pline

指定起点：100，100✓

当前线宽为 0.0000

指定下一个点或 [圆弧（A）/半宽（H）/长度（L）/放弃（U）/宽度（W）]：w✓

指定起点宽度 <0.0000>：20✓

指定端点宽度 <20.0000>：20✓

指定下一个点或 [圆弧（A）/半宽（H）/长度（L）/放弃（U）/宽度（W）]：@50，0✓

指定下一点或 [圆弧（A）/闭合（C）/半宽（H）/长度（L）/放弃（U）/宽度（W）]：w✓

指定起点宽度 <20.0000>：40✓

指定端点宽度 <40.0000>：0✓

指定下一点或 [圆弧（A）/闭合（C）/半宽（H）/长度（L）/放弃（U）/宽度（W）]：@100，0✓

指定下一点或 [圆弧（A）/闭合（C）/半宽（H）/长度（L）/放弃（U）/宽度（W）]: ✓

图 3-29　用多段线命令绘制有宽度的线

四、圆弧（A）

该选项将直线模式转为圆弧模式，用于在多段线中画出圆弧。一旦进入该模式，多段线将开始准备画圆弧，直到结束命令或将其转换回画直线模式。AutoCAD 提示如下：

指定圆弧的端点或[角度（A）/圆心（CE）/方向（D）/半宽（H）/直线（L）/半径（R）/第二个点（S）/放弃（U）/宽度（W）]:

在绘制多段线中的圆弧时，圆弧上的第一点是上一个多段线线段的端点。在缺省情况下，只需指定端点即可画出与上一个圆弧段或直线段相切的圆弧段。当然，用户也可选择其他选项来画出其他需要的圆弧或实现其他功能，下面简单介绍。

1. 角度（A）

指定圆弧的包含角，然后可根据提示指定圆弧的圆心、半径或圆弧的端点。

2. 圆心（CE）

指定圆弧的中心，然后可根据提示指定圆弧的包含角、长度或圆弧的端点。

3. 方向（D）

指定一个相切于上一个线段的圆弧线段的起始方向，然后指定端点。

4. 半宽（H）

与直线段模式中的半宽选项相同。

5. 直线（L）

将圆弧模式转为直线模式。

6. 半径（R）

指定圆弧半径，然后指定端点或角度。所绘制的圆弧相切于上一个线段。

7. 第二个点（S）

指定另外的两个点以确定圆弧。

8. 放弃（U）

删除上一个绘制的多段线线段。

9. 宽度（W）

与直线段模式中的宽度选项相同。

图 3-30 给出了一个复杂多段线线示例。用户完全可根据所掌握知识绘制出来。

图 3-30　复杂多段线线示例

五、长度（L）

该选项沿着与上一线段相同的方向继续绘制一指定长度的线段。

第十一节　绘制矩形对象（RECTANG）

矩形是多边形中最简单也是最基本的图形。启动绘制矩形的命令，通常也有三种方式：

命令：RECTANGLE（或 REC）

菜单：【绘图】➤矩形

工具栏：【绘图】➤□

命令启动后，AutoCAD 2008 给出如下提示：

命令：_rectang

指定第一个角点或 [倒角（C）/标高（E）/圆角（F）/厚度（T）/宽度（W）]：

现在对各选项作如下说明。

一、指定第一个角点

确定矩形第一对角点，当用户按要求指定后，AutoCAD 会提示用户输入另一对角点或是给出矩形的尺寸（矩形的长度与宽度）。

二、倒角（C）

设定矩形四角为倒角并设定倒角的大小。选择这一选项后，AutoCAD 会提示：

指定矩形的第一个倒角距离 <0.0000>：
指定矩形的第二个倒角距离 <10.0000>：
指定第一个角点或 [倒角（C）/标高（E）/圆角（F）/厚度（T）/宽度（W）]：

设定完两个倒角距离后，重新回到第一次的提示。注意：设置完两个倒角距离后，AutoCAD 将始终以这两个参数绘制矩形倒角，直到重新设置新的倒角参数为止。

三、标高（E）

确定矩形在三维空间内的基面高度。详细内容请参阅本书三维绘图部分。注意：设置完标高后，AutoCAD 将所绘制的矩形的基面高度设定为当前值，直到重新设置新的基面高度为止。

四、圆角（F）

设定矩形四角为圆角及圆角半径大小。选择这一选项后，AutoCAD 会提示用户指定矩形的圆角半径，设置完圆角半径后，重新回到第一次的提示。注意：设置完圆角半径后，AutoCAD 将始终以这一半径绘制圆角矩形，直到重新设置新的圆角半径为止。

五、厚度（T）

设置矩形厚度，即沿 Z 轴方向的高度。选择这一选项后，AutoCAD 会提示用户指定矩形的厚度，设置完厚度后，重新回到第一次的提示。注意：设置完厚度后，AutoCAD 将始终以这一厚度绘制矩形，直到重新设置新的厚度为止。

六、宽度（W）

设置线条宽度。选择这一选项后，AutoCAD 会提示用户指定矩形的线条宽度，设置完宽度后，重新回到第一次的提示。注意：设置完宽度后，AutoCAD 将始终以这一线条宽度绘制矩形，直到重新设置新的线条宽度为止。

● 提示：用绘制矩形命令画出的矩形是一个对象，AutoCAD 实际上把它作为一个多段线处理，若要使其各边成为单独的对象分别进行编辑，须先对矩形使用 EXPLODE 命令，这一命令将在后面的章节中介绍。

下面的操作将画出如图 3-31 所示的圆角矩形，其长、宽分别为 50 和 20，圆角半径为 5，线条宽度为 1。

图 3-31 圆角矩形

命令：_rectang
指定第一个角点或 [倒角（C）/标高（E）/圆角（F）/厚度（T）/宽度（W）]：f↵
指定矩形的圆角半径 <0.0000>：5↵
指定第一个角点或 [倒角（C）/标高（E）/圆角（F）/厚度（T）/宽度（W）]：w↵
指定矩形的线宽 <0.0000>：1↵
指定第一个角点或 [倒角（C）/标高（E）/圆角（F）/厚度（T）/宽度（W）]：
200，150↵
指定另一个角点或 [尺寸（D）]：@50，20↵

第十二节 绘制正多边形（等边闭合多段线）对象（POLYGON）

多边形是指由多条边（3 条以上）围成的封闭图形。在工程设计中正多边形用得较多，启动绘制正多边形可以用下列三种方式：

命令：POLYGON（或 POL）
菜单：【绘图】➤正多边形
工具栏：【绘图】➤⬠

使用 AutoCAD 的正多边形命令可以画 3 到 1024 边的正多边形。AutoCAD 采用下列三种方式画正多边形。

一、内接法画正多边形

这是画正多边形常用的方法。我们手工制图时一般都是用这一方法，即先画一个圆，然后等分，依次连接各分点就得到所需的正多边形，这样得到的正多边形自然内接于该辅助圆。当然，在 AutoCAD 中，这个辅助圆并不用真正画出来，我们只要提供多边形的边数，中心及该辅助圆的半径即可。下面的操作步骤将画出如图 3-32 左侧所示的正五边形，它内接于一个半径为 50 的圆。

命令：_polygon 输入边的数目 <4>：5↵
指定正多边形的中心点或 [边（E）]：100，100↵

输入选项 [内接于圆（I）/外切于圆（C）] <I>：I↵

指定圆的半径：50↵

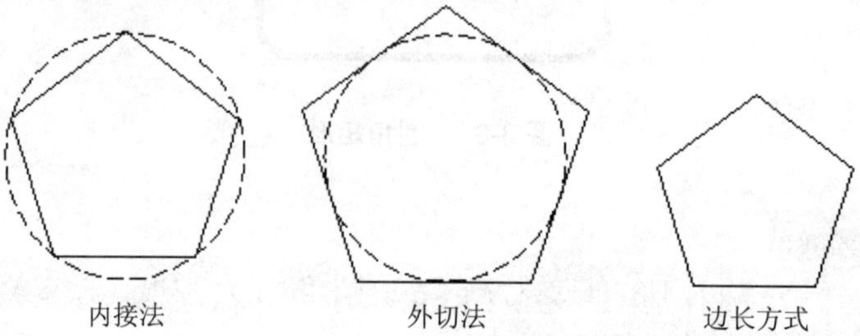

内接法　　　　　　　外切法　　　　　　　边长方式

图 3-32　三种方式画正五边形

二、外切法画正多边形

这也是画正多边形的一种方法。我们可以先画一个圆，然后等分，依次通过等分点作圆的切线即围成一个正多边形，这样得到的正多边形自然外切于该辅助圆。同样，在 AutoCAD 中，这个辅助圆并不用真正画出来，我们也只要提供多边形的边数，中心及该辅助圆的半径即可。下面的操作步骤将画出如图 3-32 中部所示的正五边形，它外切于一个半径为 50 的圆。

命令：_polygon 输入边的数目 <4>：5↵

指定正多边形的中心点或 [边（E）]：100，100↵

输入选项 [内接于圆（I）/外切于圆（C）] <I>：C↵

指定圆的半径：50↵

三、边长确定正多边形

这种方法只需提供两个参数：正多边形的边数与边长。不难看出，如果正多边形的边长已知，则用此方式就非常方便。下面的操作步骤将画出如图 3-32 右侧所示的正五边形，它的边长为 50。读者可以通过以上三种结果比较三种方式的区别。

命令：_polygon 输入边的数目 <4>：5↵

指定正多边形的中心点或 [边（E）]：e↵

指定边的第一个端点：100，100↵

指定边的第二个端点：@50，0↵

椭圆是一种非常特殊的几何对象，它的周边上的点到其中心的距离是变化的，实际上，它是到两个定点的距离之和等于定长的点的轨迹。对一个椭圆而言，主要的确定参数是中心、长轴和短轴。启动绘制椭圆命令可以用下列三种方式：

命令：ELLIPSE（或 EL）

菜单：【绘图】➤椭圆

工具栏：【绘图】➤⬭

绘制椭圆有多种方式，但归结起来其实都是以不同的顺序相继输入椭圆的中心点、长轴和短轴这三个要素。用户完全可以根据实际工作的需要选择三者的输入顺序。下面介绍基本绘制方法。

一、通过定义两轴绘制椭圆

用户可以先定义一个轴（长轴或短轴）的两个端点，即由此确定了椭圆的一根轴及椭圆的中心（该轴的中点），再定义第三点来确定椭圆的第二根轴的长度（AutoCAD 以中心点到该第三点的距离作为第二根轴的半长）。下面的操作步骤可画出如图 3-33 所示的椭圆。

命令：_ellipse

指定椭圆的轴端点或 [圆弧（A）/中心点（C）]：　//指定 A 点

指定轴的另一个端点：　　　　　　　　　　//指定 B 点

指定另一条半轴长度或 [旋转（R）]：　　　　//指定 C 点

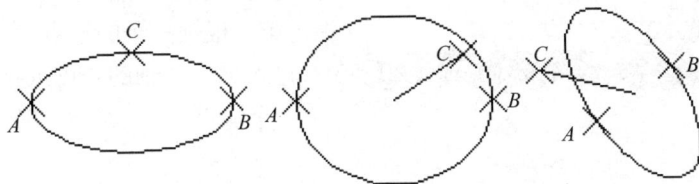

图 3-33　通过定义两轴绘制椭圆

二、通过定义长轴及椭圆转角绘制椭圆

用户首先定义椭圆长轴的两端点，然后再确定椭圆绕该轴的旋转角度，从而确定椭圆的位置及形状。若旋转角度为 0°，则会画出一个圆，旋转角度的最大值

为 89.4°，此时，椭圆看上去角一条直线。图 3-34 表明了同样长轴的椭圆随旋转角度的不同而变化的情况。

图 3-34　通过定义长轴及椭圆转角 θ 绘制椭圆

具体操作步骤如下：

命令：_ellipse

指定椭圆的轴端点或 [圆弧（A）/中心点（C）]：　　//指定轴的第一端点

指定轴的另一个端点：　　　　　　　　　　　　　//指定轴的第二端点

指定另一条半轴长度或 [旋转（R）]：r↙

指定绕长轴旋转的角度：　　　　　　　　　　　　//输入旋转角度

三、通过定义中心和两轴端点绘制椭圆

椭圆的中心一旦确定，其位置便随之确定，此时，只需再为两轴各定义一个端点，便可确定椭圆。一般操作步骤如下（图 3-35 是其操作结果）：

命令：_ellipse

指定椭圆的轴端点或 [圆弧（A）/中心点（C）]：c↙

指定椭圆的中心点：　　　　　　　　　　//指定椭圆的中心点

指定轴的端点：　　　　　　　　　　　　//指定第一根轴一个的端点

指定另一条半轴长度或 [旋转（R）]：　　//输入另一半轴的长度或指定另一轴的
　　　　　　　　　　　　　　　　　　　　　一个端点

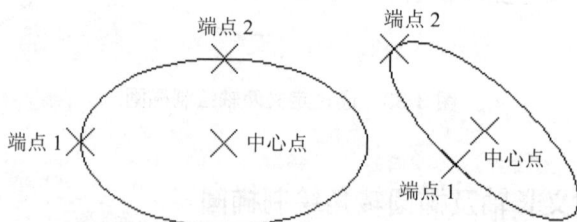

图 3-35　通过定义中心和两轴端点绘制椭圆

椭圆弧是椭圆的一部分，其实用户完全可以先画出完整的椭圆，再修剪成所需的椭圆弧。当然 AutoCAD 还专门为用户提供了绘制椭圆弧的方法，下面简单介绍之。

在 AutoCAD 中，启动绘制椭圆弧命令的方法如下：

命令：ELLIPSE（或 EL）

菜单：【绘图】➤椭圆➤圆弧

工具栏：【绘图】➤ ⟳

其一般操作步骤如下（图 3-36 是其操作结果）：

命令：_ellipse

指定椭圆的轴端点或 [圆弧（A）/中心点（C）]：_a↙

指定椭圆弧的轴端点或 [中心点（C）]：　　//指定第一轴的第一端点

指定轴的另一个端点：　　　　　　　　//指定第一轴的第二端点

指定另一条半轴长度或 [旋转（R）]：　　//输入第二轴的半长或指定该轴的某
　　　　　　　　　　　　　　　　　　　　一端点

指定起始角度或 [参数（P）]：　　　　　//输入起始角度或指定起始角度的位置

指定终止角度或 [参数（P）/包含角度（I）]：　//输入终止角度或终止角度
　　　　　　　　　　　　　　　　　　　　　　的位置

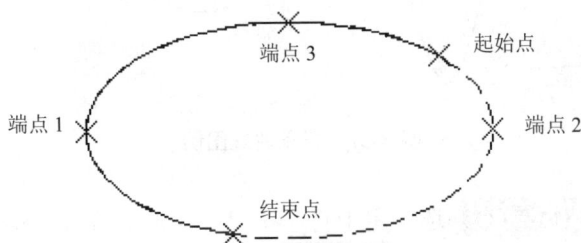

图 3-36　绘制椭圆弧

第十四节　绘制样条曲线对象（SPLINE）

样条曲线是通过或者接近一组给定点的光滑曲线。AutoCAD 所用的特殊样条曲线类型称为非均匀有理 B 样条曲线（NURBS 曲线）。样条曲线非常适合于创建非规则形状的曲线。当然，在 AutoCAD 中，也可使用 PEDIT 命令将一条普通多段线编辑为近似真实的样条曲线。如果需要，还可使用样条曲线命令将这样的样条化的多段线转换为真实的样条曲线。整个的样条曲线是一个单一的对象，可以统一编辑。

启动绘制样条曲线的方式一般有如下三种：

命令：SPLINE（或 SPL）

菜单：【绘图】➤样条曲线

工具栏：【绘图】➤ 〜

绘制样条曲线的一般操作步骤如下（图 3-37 是其操作结果图例）：

命令：_spline

指定第一个点或 [对象（O）]：//指定样条曲线的第一个点

指定下一点：//指定下一点

指定下一点或 [闭合（C）/拟合公差（F）] <起点切向>：//指定下一点，此步
　　　　　　　　　　　　　　　　　　　　　　　　　骤可多次重复

指定下一点或 [闭合（C）/拟合公差（F）] <起点切向>：✓

指定起点切向：//指定起点切向或直接回车

指定端点切向：//指定端点切向或直接回车

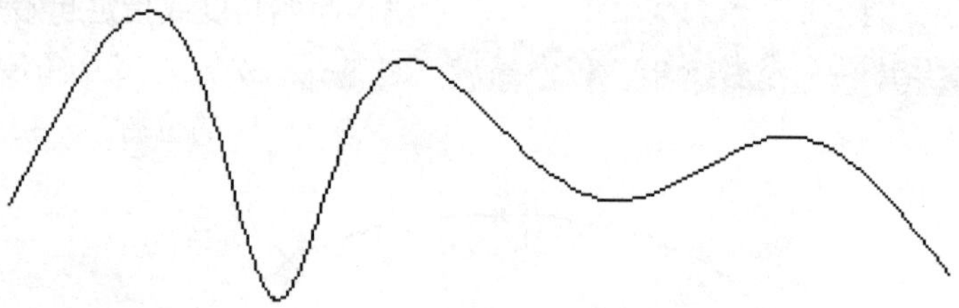

图 3-37　样条曲线图例

上述操作中的对象（O）选项用于将一条已存在的二维或三维样条拟合多段线转换为一条等效的样条曲线。而拟合公差（F）选项用于设置样条曲线相对于选定点的接近程度，如果设置为 0，则迫使样条曲线通过指定的点。

第十五节　绘制圆环对象（DONUT）

AutoCAD 提供了绘制圆环的命令，但画出的圆环实质上是一个多段线对象。绘制圆环时，用户只需指定圆环的内径与外径，然后可连续指定中心就可画出多个圆环。

启动绘制圆环的方式一般有如下两种：

命令：DONUT（或 DO）

菜单：【绘图】➤圆环

当然，用户也可以通过自定义的方式将绘制圆环的按钮添加到绘图工具栏上来使用。

各种圆环情况如图 3-38 所示。当用户指定的内径与外径相等时，将画出一个圆一样的圆环，而当内径为 0 时，可画出实心圆。

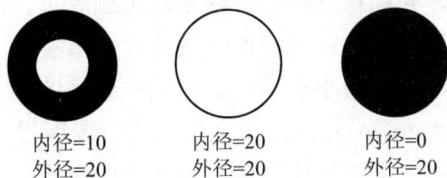

内径=10
外径=20

内径=20
外径=20

内径=0
外径=20

图 3-38　各种圆环

● 　提示：如果系统变量 FILLMODE 的值设为 0，则上述圆环的实心部分将显示为空心。

*第十六节　绘制修订云线对象及绘制徒手画线对象

一、绘制修订云线（REVCLOUD）

在圈阅图形时，用户可以使用云线进行标记。云线是由连续圆弧组成的多段线，线中弧长的最大值和最小值可以自由设定。

启动绘制修订云线的方式一般有如下三种：

命令：REVCLOUD

菜单：【绘图】➤修订云线

工具栏：【绘图】➤🍀

启动命令后，用户可按提示进行操作，其操作结果如图 3-39 所示。

普通云线　　　　　　　将圆转化为云线　　　　　　反转圆弧方向

图 3-39　各种修订云线

二、绘制徒手画线（SKETCH）

与云线不同的是，徒手画线是由许多小线段组成的对象。SKETCH 命令可以作为徒手绘图的工具，该命令一般情况下只能用命令方式启动，命令启动后，移动光标就能绘制出徒手画线，光标移到哪里，线条就画到哪里，就像手中的铅笔在纸上徒手画线一样。徒手画线看上去很可能像一条曲线，但实际上，它是由许多小线段组成的，用户可以设置线段的最小长度。如果从一条线的端点移动的一段距离超过了设定的最小长度时，AutoCAD 就会产生新的线段。所以，如果用户将最小长度设置得太小，那么所绘的徒手画线就越显得平滑像曲线，但它包含了大量的微小线段，从而使图样的大小增加。相反，如果最小长度设置得太大，画出的线就会像连续折线。

变量 SKPOLY 控制徒手画线是否是一个单一对象，若其值设为非 0，用 SKETCH命令绘制的曲线将是一条单独的多段线。

下面的操作将画出如图 3-40 所示的徒手画线。

命令：sketch↙

记录增量 <1.0000>：2↙　　//设定线段最小长度

徒手画. 画笔（P）/退出（X）/结束（Q）/记录（R）/删除（E）/连接（C）。

<笔 落>　　//单击鼠标落下画笔，然后移动鼠标画线

<笔 提>　　//单击鼠标提起画笔

<笔 落>　　//单击鼠标落下画笔，然后移动鼠标画另一条线

<笔 提>↙　　//回车结束操作

已记录 64 条直线。

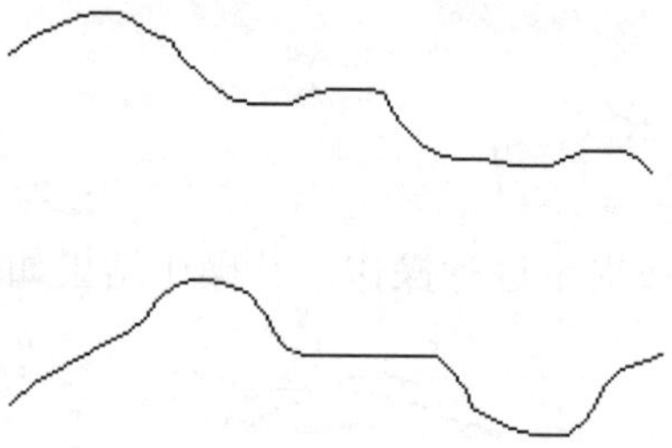

图 3-40　徒手画线

*第十七节　绘制轨迹线（等宽线）对象（TRACE）

TRACE 命令用于绘制等宽线，其基本操作方法类似绘制直线，只不过用户可

以设置等宽线的宽度。且等宽线的端点在等宽线的中心线上，而且总是被剪切成矩形。TRACE 自动计算连接到邻近线段的合适倒角。AutoCAD 直到指定下一线段或按 ENTER 键之后才画出每条线段。考虑到倒角的处理方式，TRACE 没有放弃选项。如果"填充"模式打开，则等宽线是实心的。如果"填充"模式关闭，则只显示等宽线的轮廓。

图 3-41 为线宽等于 15 的等宽线。

图 3-41　等宽线

*第十八节　创建表格对象（TABLE）

表格是在行和列中包含数据的对象。可以从空表格或表格样式创建表格对象。还可以将表格链接至 Microsoft Excel 电子表格中的数据。TABLE 命令是用于在图形中创建空的表格对象。启动该命令的方式一般有如下三种：

命令：TABLE

菜单：【绘图】➤表格

工具栏:【绘图】➤▦

启动命令后，AutoCAD 将弹出如图 3-42（a）所示的"插入表格"对话框，在"插入表格"对话框中，从列表中选择一个表格样式，或单击下拉菜单右侧的按钮创建一个新的表格样式，单击"从空表格开始"。此外，我们可能通过执行以下操作之一在图形中插入表格：指定表格的插入点或指定表格的窗口。当我们设置好列数和列宽、行数和行高，当然我们还可以在此设置单元样式，最后单击"确定"，即可创建需要的表格。按照图 3-42（a）设置可得到如图 3-42（b）所示的表格。以后，用户可以在通过双击每一个单元格方便地在表格中输入需要的信息，有关文字的输入与设置请参见本书第九章。当然，如果所创建的表格不完全合意，也可以在任何时候修改相关特性。

●　提示：如果使用窗口插入方法，用户可以选择列数或列宽，但是不能同时选择两者，同时行数由用户指定的窗口尺寸和行高决定。

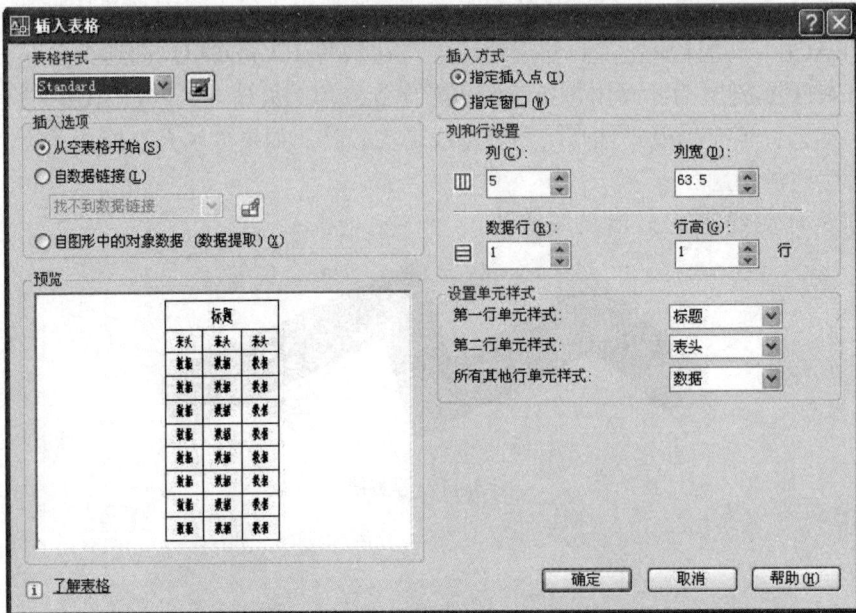

图 3-42（a）　"插入表格"对话框

图 3-42（b）　表格实例

　　下面我们将通过一些简单的实例来让读者了解 CAD 技术在环境工程中的应用，当然，以下实例光用本章知识是无法完成的，我们在介绍其方法时也就不可能仅仅局限于本章所学知识。通过这些实例的学习，读者可以掌握单位、层、捕捉方式设置等绘图环境的设置、设备平面图的绘制方法和技巧（本章重点）、文字样式的设置和文字书写方法，以及标注样式的设置和尺寸标注等知识，当然，读者现阶段可以先把精力重点集中在本章知识上。

第十九节　水处理工程设计平面总图的绘制

　　图 3-43 所示为"某工业污水处理站平面布置"。

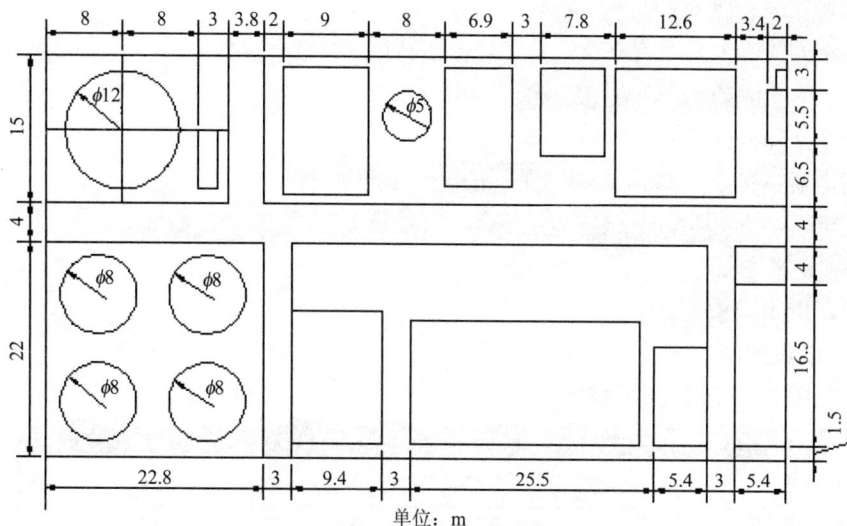

图 3-43　某工业污水处理站平面布置

其参考操作步骤如下：

1．设置绘图单位和绘图界限

按照该平面图的具体情况，绘图单位应为 m，可按图 3-44 进行绘图单位设置。

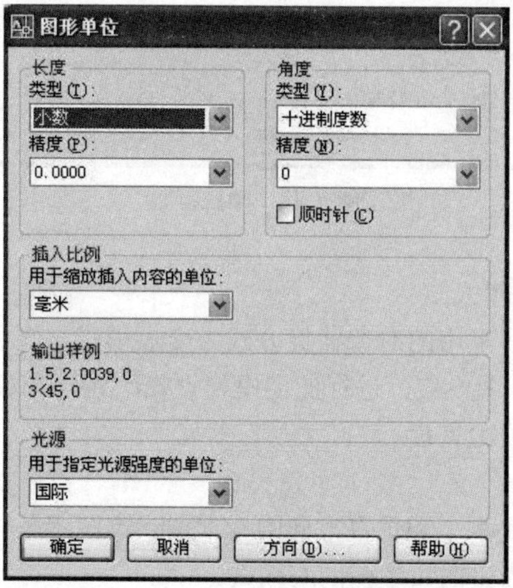

图 3-44　绘图单位设置

图形界限可设置为 90×60。

命令：limits✓

重新设置模型空间界限：
指定左下角点或 [开（ON）/关（OFF）] <0.0，0.0>：
指定右上角点 <297.0，210.0>：90，60✓
命令：zoom✓
指定窗口角点，输入比例因子（nX 或 nXP），或
[全部（A）/中心点（C）/动态（D）/范围（E）/上一个（P）/比例（S）/窗口（W）] <实时>：a✓
正在重生成模型。

2．设置图层

按照图 3-45 进行图层设置。

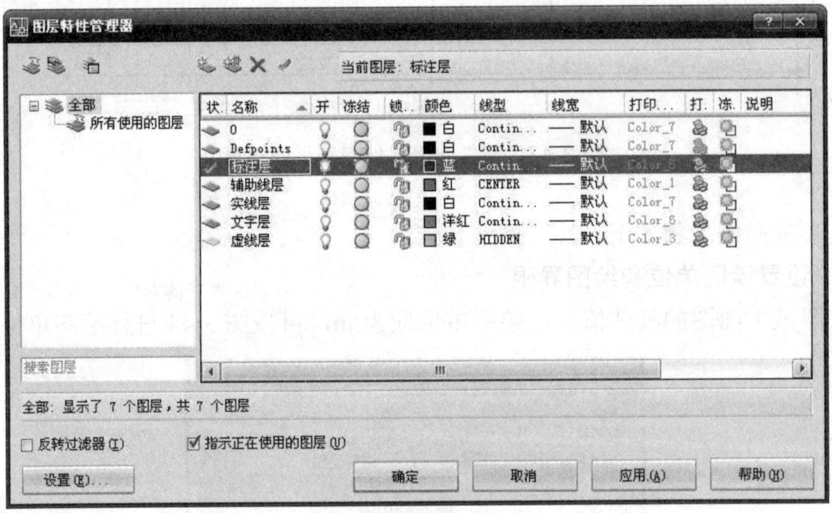

图 3-45 图层设置

3．设置对象捕捉模式

绘制本示意图主要采用的对象捕捉方式为交点模式、端点模式和圆心模式，可选择菜单【工具】➤草图设置，进行捕捉模式设置，并打开对象捕捉模式。

同时打开目标捕捉工具栏。

4．绘制基准线

在辅助线层上绘制水平和垂直方向的基准线。本图水平基准线为平面布置图的下端线，垂直基准线为平面布置图的左端线。

5．绘制图形

根据本图的基本特点，可按照"自左向右，由下向上"的原则进行绘制。绘制时以功能区为独立绘图单位进行绘制。

下面以图形左下方包含四个圆的功能区的绘制为例进行说明。

（1）选择"辅助线层"的两条基准线，在图层下拉列表框中选择"实线层"，将两条基准线改为实线。

（2）分别将两条基准线进行向左和向上偏移，具体操作如下。

命令：offset✓

指定偏移距离或 [通过（T）] <通过>：22✓

选择要偏移的对象或 <退出>：

命令：offset✓

指定偏移距离或 [通过（T）] <22.0>：22.8✓

选择要偏移的对象或 <退出>：

（3）使用修剪命令，对图形进行修剪。

命令：trim✓

当前设置：投影=UCS，边=无

选择剪切边...

选择对象：找到 4 个，总计 4 个　　　　　　　　　　//采用窗交模式，选择 4
　　　　　　　　　　　　　　　　　　　　　　　　　条线段

选择对象：

选择要修剪的对象，或按住 Shift 键选择要延伸的对象，或 [投影（P）/边（E）
/放弃（U）]：　　　　　　　　　　　//依次选择需修改的部分，得到图 3-46

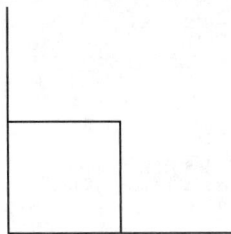

图 3-46　绘图过程演示一

（4）绘制左下功能区中的左下圆。

命令：offset✓

指定偏移距离或 [通过（T）] <22.8>：5.7✓

选择要偏移的对象或 <退出>：　　　　　　　　//选择左侧垂直线

命令：offset✓

指定偏移距离或 [通过（T）] <5.7>：5.5✓

选择要偏移的对象或 <退出>：//选择下水平线，偏移形成的两直线交点即为
　　　　　　　　　　　　　　　　圆心位置

命令：_circle 指定圆的圆心或 [三点（3P）/两点（2P）/相切、相切、半径（T）]：

//使用对象捕捉，选择两直线交点为圆心
指定圆的半径或 [直径（D）]：4✓   //给出圆的半径，绘制得圆，此时图
形为图 3-47

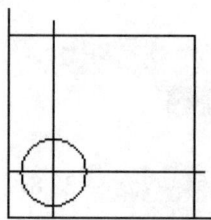

图 3-47　绘图过程演示二

（5）使用矩形阵列复制得其他三个圆。

按照图 3-48 对阵列命令进行参数设置，通过点取"选取对象"按钮，选择图形中的圆。点取"确定"按钮后，图形显示为图 3-49。

图 3-48　矩形阵列设置

图 3-49　绘图过程演示三

平面布置图中的其他功能区，可以按照上述部分的思路进行绘制，此处不再详述。

6．文字样式设置和注写

由于图中注释为汉字，所以可选择菜单【格式】▶文字样式，进行字形设定，在"文字样式设置"对话框新建"宋体"文字样式并应用。

可使用菜单【绘图】▶文字▶单行文本，进行文字书写。

7．标注样式设定和尺寸标注

选择菜单【格式】▶标注样式，打开"标注样式管理器"对话框，选择"修改"按钮，对标注样式进行设置。

可选择菜单【标注】▶线性，进行线性标注，而后使用菜单【标注】▶连续，进行连续标注。

8．保存文件

将绘制好的图形以"某工业污水处理站平面布置图"为名保存。

*第二十节 水处理工程设计管路布置图的绘制

图 3-50 所示为"某小区污水管道平面布置"。

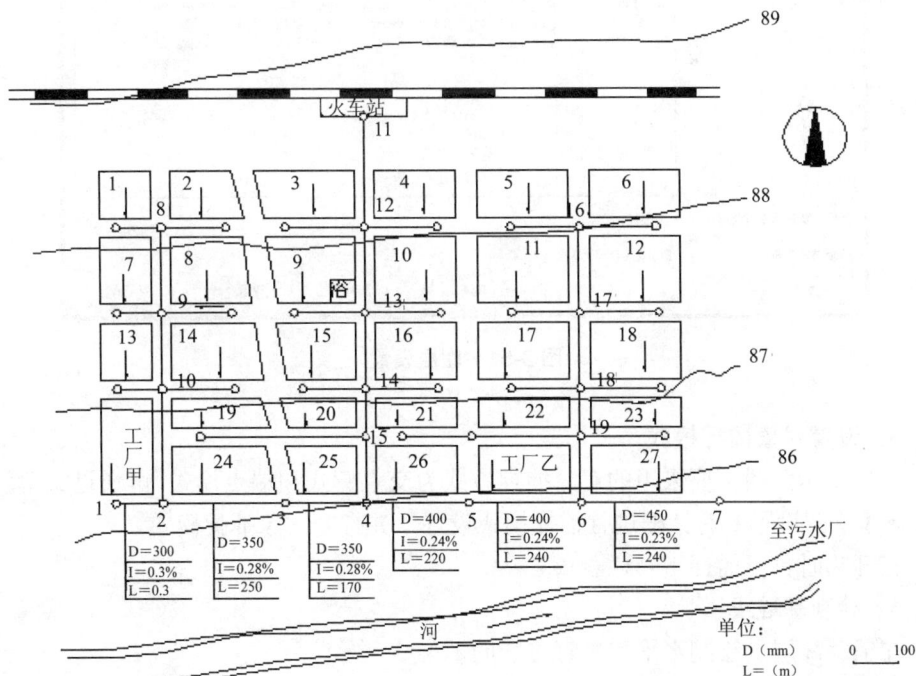

图 3-50 某小区污水管道平面布置

其参考操作步骤如下：

1．设置绘图界限

命令：limits✓

重新设置模型空间界限：

指定左下角点或 [开（ON）/关（OFF）] <0.0，0.0>：0，0✓

指定右上角点 <297.0，210.0>：420，297✓

命令：zoom✓

指定窗口角点，输入比例因子（nX 或 nXP），或

[全部（A）/中心点（C）/动态（D）/范围（E）/上一个（P）/比例（S）/窗口（W）] <实时>：a✓

正在重生成模型。

2．图层设置

按照图 3-51 进行图层设置。

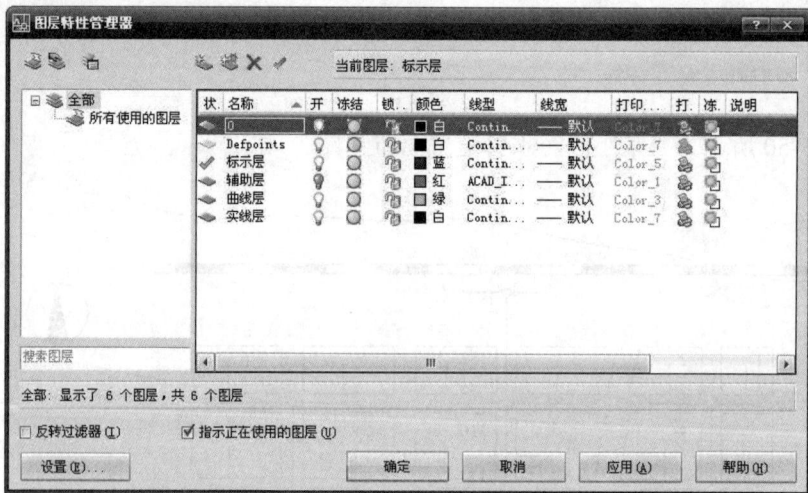

图 3-51　图层设置

3．设置对象捕捉模式

绘制本示意图主要采用的对象捕捉方式为交点模式和端点模式，可通过菜单【工具】▶【草图设置】对话框进行捕捉模式设置，并打开对象捕捉模式。

打开临时目标捕捉工具栏。

4．绘制基准线

在辅助线层上绘制水平和垂直方向的基准线。

5．绘制图形

根据本图的基本特点，可按照"自上而下"的原则绘制。

6. 文字样式设置和注写

由于图中注释为汉字，所以可选择菜单【格式】➤文字样式，进行文字样式设定，文字样式设置为"宋体"并应用。

可选择菜单【绘图】➤单行文本，进行文字注写。

7. 保存文件

将绘制好的图形以"某小区污水管道平面布置图"为名保存。

复习与思考练习题

1. 绘制习题图 3-1 所示的图形。其中圆环外径为 100，厚度为 10，圆环中有一箭头，其尾部宽度为 10，头部起始宽度为 20，且箭头的尾与头与圆环的水平四分点重合。

习题图 3-1

解题要点：

中间的箭头可用多段线命令完成。

2. 绘制习题图 3-2 所示的图形。其中水平直线长 150，然后将之四等分，两条曲线为多段线，它们在 B、C 两点处最宽（宽度为 10），A、D 两处线宽为 0。

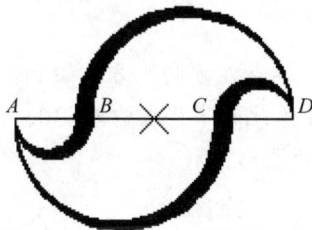

习题图 3-2

3. 绘制习题图 3-3 所示的图形。

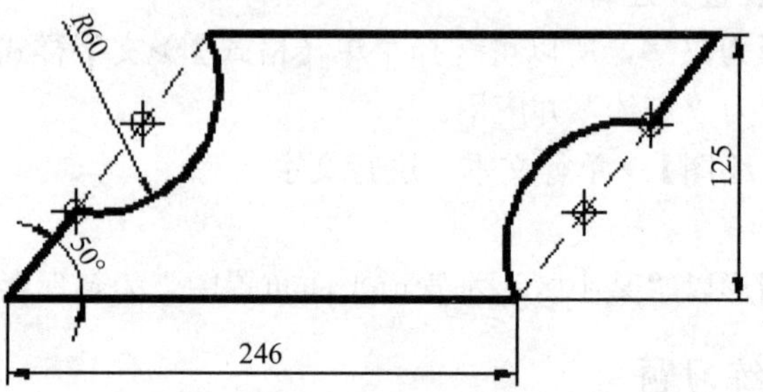

习题图 3-3

解题要点：

图中两段圆弧可用"起点、端点、半径"方式绘制。

4. 绘制习题图 3-4 所示的图形。

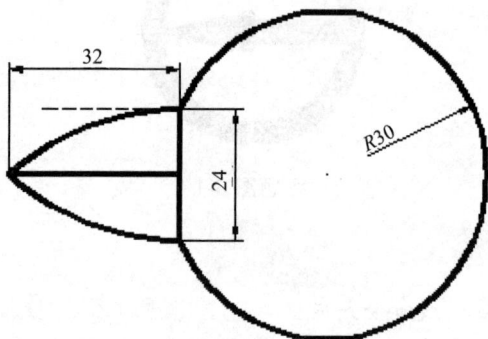

习题图 3-4

解题要点：

图中短圆弧可用"起点、端点、方向"方式绘制，长圆弧即优弧可用"起点、端点、半径"方式绘制，但注意此时半径应输入–30。

5. 绘制习题图 3-5 所示的图形。

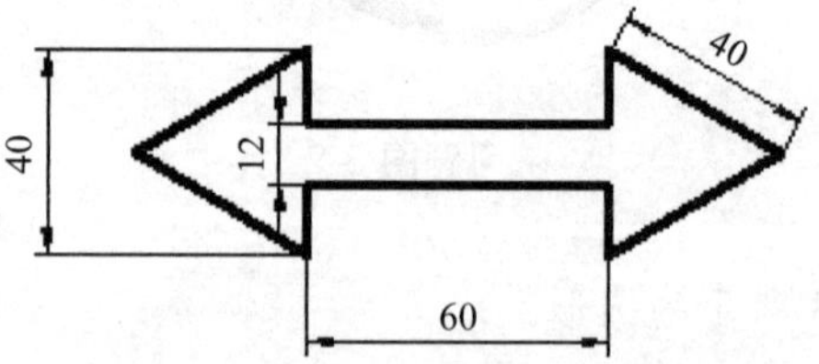

习题图 3-5

解题要点：

图中的正三角形可采用边长方式绘制，其缺口部分可采用修剪命令完成，修剪命令请参阅后面的章节。

6. 绘制习题图 3-6 所示的图形。

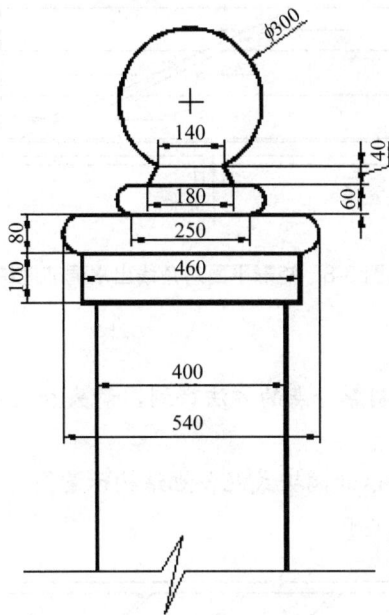

习题图 3-6

解题要点：

用画矩形命令可以完成高度分别为 60 和 80 的圆角矩形。

7. 绘制习题图 3-7 所示的图形。

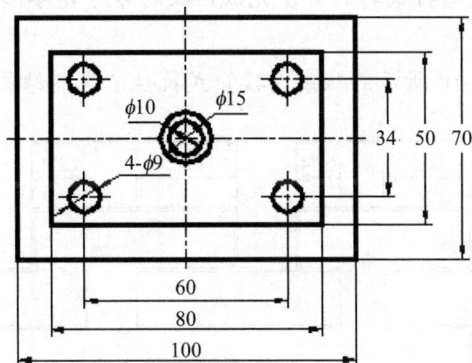

习题图 3-7

8. 绘制习题图 3-8 所示的矩形平面对角线出水调节池结构示意图。

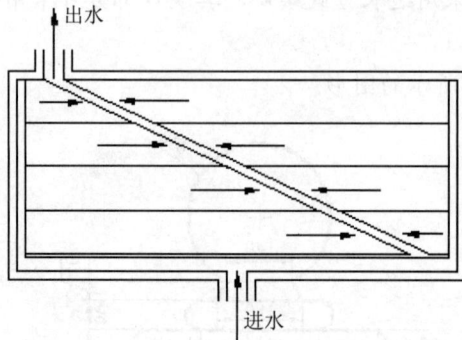

习题图 3-8　矩形平面对角线出水调节池结构

解题要点：

隔板的位置可采用绘制等分点的方法得到，箭头和文字可采用标注方法完成，标注请参阅后面的章节。

9. 绘制习题图 3-9 所示的隔板式混合池结构示意图。

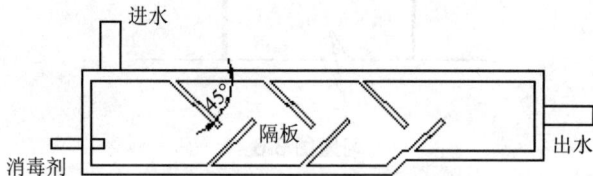

习题图 3-9　隔板式混合池结构

解题要点：

隔板可采用先画矩形再旋转的方法完成，旋转命令请参阅后面的章节。当然也可直接采用直线方法绘制。

10. 绘制习题图 3-10 所示的双室内接管式抗性消声器结构示意图。

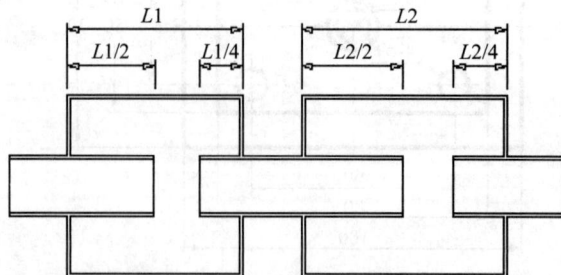

习题图 3-10　双室内接管式抗性消声器结构

11. 绘制习题图 3-11 所示的旋风除尘器结构示意图。

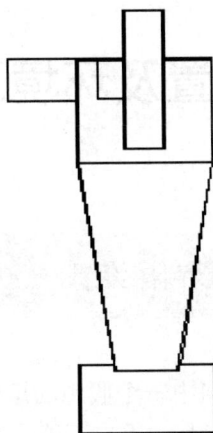

习题图 3-11　旋风除尘器结构

12. 绘制习题图 3-12 所示的环流式旋风除尘器结构示意图。

习题图 3-12　环流式旋风除尘器结构

第四章 绘图环境设置及环境工程设计与应用

第一节 图形界限设置（LIMITS）

图形界限是 AutoCAD 绘图窗口中一个假想的矩形绘图区域，通常是通过指定左下角和右上角的坐标来确定的。但是，用户不能在 Z 方向上添加界限。

1. 命令启动方式

命令：LIMITS

菜单：【格式】➤图形界限

执行以后，系统提示如下：

重新设置模型空间界限：

指定左下角点或[开（ON）/关（OFF）]<0.0000，0.0000>

指定右上角点<420.0000，297.0000>：

2. 选项说明

（1）开：打开图形界限检查。处于该状态时，AutoCAD 将拒绝输入任何位于图形界限外部的点。但因为界限检查只检测输入点，所以对象某些部分可能延伸出界限。

（2）关：关闭图形界限检查，允许在界限之外绘图，这是缺省设置。

（3）指定左下角点：给出界限左下角坐标值。再输入右上角绝对坐标值或相对坐标值即可决定当前图形界限的大小。

第二节 图形单位设置（UNITS）

虽然 AutoCAD 可以在任意大小的坐标系中绘图，但用户不能不分比例地随意画。在绘制图形前应首先选择使用的单位，才能正常工作。

1. 命令启动方式

命令：UNITS

菜单：【格式】➤单位

命令执行后，弹出如图 4-1 所示的"图形单位"对话框。

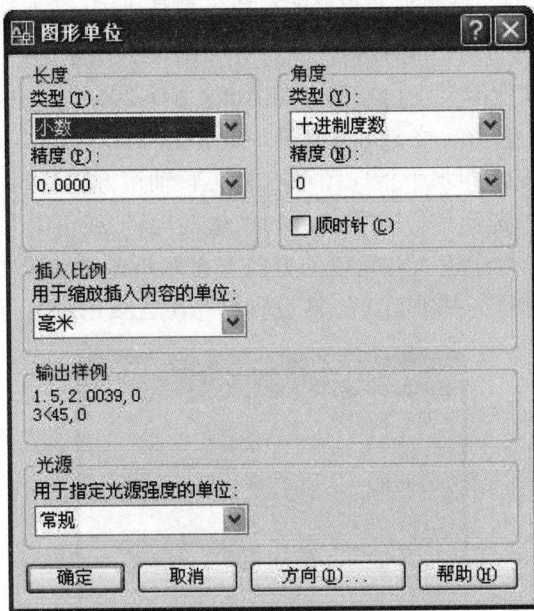

图 4-1　"图形单位"对话框

2．对话框各项意义

（1）"长度"组框：设置长度测量单位类型和测量的精度。

"类型"下拉列表框中共提供了"分数""工程""建筑""科学""小数"5 个选项。

"精度"下拉列表框用于设置当前单位类型的测量单位，单击右边带三角块的按钮，会弹出一个长度测量单位的精度列表，供用户选择。

（2）"角度"组框：设置角度测量单位类型、测量的精度和测量的正方向。

"类型"下拉列表框中共提供了"百分度""度/分/秒""弧度""勘测单位""十进制度数"5 种选项。

"精度"下拉列表框用于设置当前角度单位类型的测量精度。

"顺时针"复选框在默认状态下是未选中的，即逆时针转向为正。如果选择了该选项，则以顺时针转向为正。

（3）"插入比例"组框：控制使用工具选项板（如 Design Center）拖入当前图形的块的测量单位。如果块或图形创建时使用的单位与该选项指定的单位不同，则在插入这些块或图形时，将对其按比例缩放。插入比例是源块或图形使用的单位与目标图形使用的单位之比。如果插入块时不按指定单位缩放，请选择"无单位"。

（4）"输出样例"组框：提供当前图形单位设置的样例预览，反馈当前设置的显示方式，辅助用户作出正确的设置。

（5）"光源"组框：设置光源强度的单位类型是"国际""美国"还是"常规"。

（6）"方向"按钮：单击该按钮，将打开如图 4-2 所示的"方向控制"对话框。主要用于设置基准角度即零度角方向。在 AutoCAD 2008 中，零度角方向是相对于用户坐标系的方向，它影响整个角度测量，如角度的显示格式、对象的旋转角度等。缺省时，0°方向为东，即水平指向图形右侧（X 轴正方向），并且按逆时针的转向测量角度。用户可以选择其他的方向，如"北""西"或"南"等。单击"其他"项，用户可以在编辑框中输入 0 角度的方向与 X 轴沿逆时针转向的夹角。单击"角度"按钮，拾取角度作为基准角度。该设置保存在 ANGBASE 系统变量中。

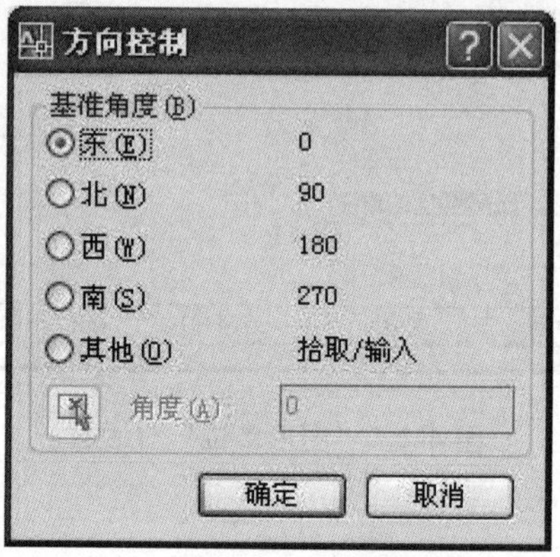

图 4-2 "方向控制"对话框

第三节 捕捉设置（SNAP）

"捕捉"用于设定鼠标光标移动的间距。

1. 命令启动方式

命令：SNAP

状态栏：捕捉

功能键：F9

命令启动后，提示如下：

指定捕捉间距或[开（ON）/关（OFF）/纵横向间距（A）/样式（S）/类型（T）] <当前值>：

或者打开如图 4-3 所示的"草图设置"对话框并定位于其中的"捕捉和栅格"选项卡。

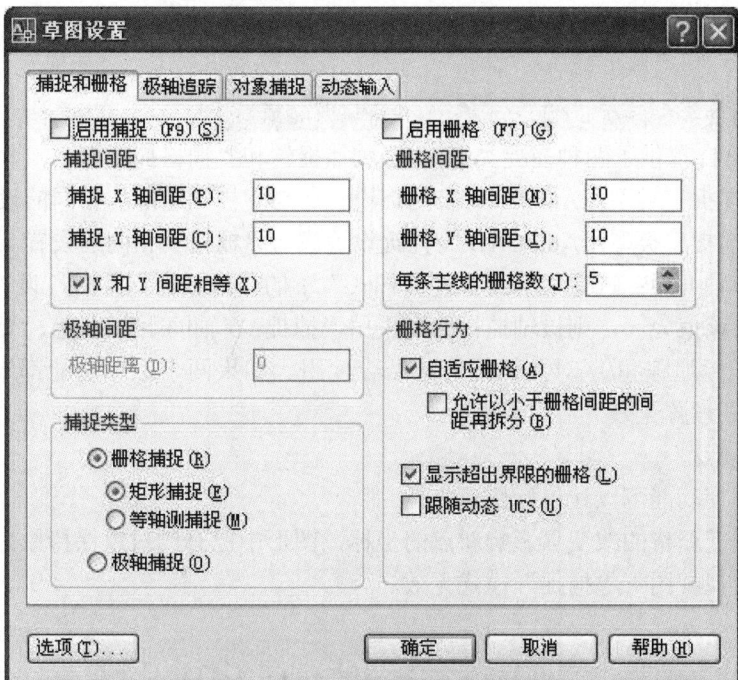

图 4-3　"捕捉和栅格"选项卡

2. 命令说明

（1）开/关：在提示中输入"ON"/"OFF"以打开/关闭捕捉功能。

（2）捕捉间距：系统缺省项。在提示中直接输入一个捕捉间距的数值，AutoCAD 将使用该数值作为 X 轴和 Y 轴方向上的捕捉间距进行光标捕捉。

（3）纵横向间距：在提示下输入"A"，AutoCAD 提示用户分别设置 X 轴和 Y 轴方向上的捕捉间距。两者可以相等，也可以不等。如果当前捕捉模式为"等轴测"，则不能分别设置。

（4）X 和 Y 间距相等：为捕捉间距和栅格间距强制使用同一 X 和 Y 间距值。捕捉间距可以与栅格间距不同。

（5）样式：在提示中输入"S"，或在快捷菜单中选择"样式"选项，AutoCAD 提示如下：

输入捕捉栅格类型[标准（s）/等轴测（1）]<当前值>:

AutoCAD 提供了两种标准模式：标准模式和等轴测模式。

标准模式：AutoCAD 显示平行于当前 UCS 的 XY 平面的矩形栅格，X 和 Y 的间距可以不同。

等轴测模式：AutoCAD 显示等轴测栅格，此处栅格点初始化为 30° 和 150° 角。等轴测捕捉可以旋转，但不能有不同的 X 轴和 Y 轴捕捉间距值。

（6）类型：在提示中输入"T"，或在快捷菜单中选择"类型"选项，AutoCAD提示如下：

输入捕捉类型[极轴（P）/栅格（G）]〈当前值〉：

AutoCAD提供了两种捕捉类型："极轴捕捉"和"栅格捕捉"。

"极轴捕捉"类型：AutoCAD将捕捉设置成与"极轴追踪"相同的设置。

"栅格捕捉"类型：AutoCAD将捕捉设置成与"栅格"相同的设置。

（7）极轴间距：选定"捕捉类型和样式"下的"极轴捕捉"时，设置捕捉增量距离。如果该值为0，则极轴捕捉距离采用"捕捉 X 轴间距"的值。"极轴距离"设置与极坐标追踪和/或对象捕捉追踪结合使用。如果两个追踪功能都未启用，则"极轴距离"设置无效。

● 提示：

（1）捕捉功能可以让鼠标快速定位。

（2）捕捉栅格的改变只影响新点的坐标，图形中已有的对象保持原来的坐标。

（3）透视视图下"捕捉"模式无效。

第四节　栅格设置（GRID）

"栅格"是一些标定位置的小点，起坐标纸的作用，可以提供直观的距离和位置参照。

1. 命令启动方式

命令：GRID

状态栏：栅格

功能键：F7

命令输入后，提示如下：

指定栅格间距（X）或[开（ON）/关（OFF）/捕捉（S）/主（M）/自适应（D）/界限（L）/跟随（F）/纵横向间距（A）]〈当前值〉：

或者打开如图4-3所示的"草图设置"对话框并定位于其中的"捕捉和栅格"选项卡。

2. 命令说明

（1）开/关：在提示中输入"ON"或"OFF"，或在快捷菜单中选择"开"或"关"选项，打开/关闭栅格。

（2）指定栅格间距：系统缺省值。在提示中直接输入栅格显示的间距。如果数值后跟一个x，可将栅格间距设置为捕捉间距的指定倍数。

（3）捕捉：在提示中输入"S"，或在快捷菜单中选择"捕捉"选项，将栅格间距设置成当前的捕捉间距。

（4）每条主线的栅格数：指定主栅格线相对于次栅格线的频率。VSCURRENT 设置为除二维线框之外的任何视觉样式时，将显示栅格线而不是栅格点。

（5）自适应栅格：缩小时，限制栅格密度。

允许以小于栅格间距的间距再拆分：放大时，生成更多间距更小的栅格线。主栅格线的频率确定这些栅格线的频率。

（6）显示超出界线的栅格：显示超出 LIMITS 命令指定区域的栅格。

（7）跟随动态 UCS：更改栅格平面以跟随动态 UCS 的 XY 平面。

（8）纵横向间距：在提示中输入"A"，或在快捷菜单中选择"纵横向间距"选项，AutoCAD 会提示用户分别设置栅格的 X 向间距和 Y 向间距。如果输入值后有 x，则 AutoCAD 2008 将栅格间距定义为捕捉间距的指定倍数。如果捕捉样式为"等轴测"，则不能分别设置 X 和 Y 方向的间距。

● 提示：栅格仅显示在图形界限区域内。如果栅格间距太小，图形将不清晰，屏幕重画速度下降，网格过密时，系统会提示"网格太密，无法显示"。

第五节 图层管理（LAYER）

一、图层的概念

例如一张污水处理厂总平面图，可以分别绘制原点、比例一致的水处理构筑物平面布置图、管道平面布置图、辅助建筑物和道路、围墙平面图等，将它们重叠，便可以得到一幅完整的图纸。

在 AutoCAD 中，对于这样的情况，就是采用图层解决的。所谓图层，就是将图形人为分成一层一层的，在不同的层上可以使用不同颜色、线型、线宽的画笔绘制类型不同的图形。各层之间完全对齐。这样，一张完整的图纸可以使用不同的图层直接组合完成。

二、图层的特点

（1）在一幅图中可以创建任意数量的图层，每一图层上的对象数不受限制。

（2）每一图层都各有一个层名，以便加以区别。0 图层是 AutoCAD 的缺省图层，其余图层可由用户来定义名字。图层名可以包含多至 255 个字符，包括字母、数字、中文字符和其他专用符号，如美元符（$）、连字符（-）和下划线（_）等。此外，AutoCAD 2008 中的图层名允许包含空格。

（3）绘图操作只能在当前层上进行。对于有多个图层的图形，在绘制对象之前要通过图层操作设置当前层。

（4）各图层具有相同的坐标系、绘图界限、显示时的缩放倍数。

（5）各图层具有打开/关闭、解冻/冻结、解锁/锁定三对状态。

（6）各图层具有各自的颜色、线型、线宽等。

三、图层的管理

图 4-4 为图层工具栏，通过它可以对图层进行管理，工具栏中各按钮作用如下：

图 4-4　"图层"工具栏

（1）"图层特性管理器"按钮 ≥：单击该按钮，弹出"图层特性管理器"对话框。

（2）"图层设置"下拉列表框（图 4-5）

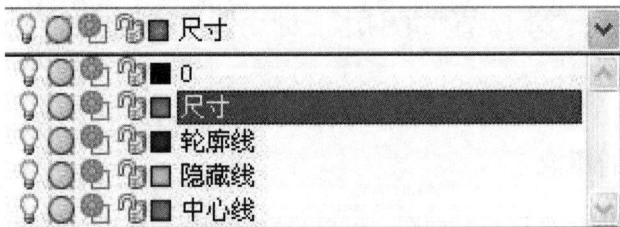

图 4-5　图层下拉列表框

（3）"将对象的图层置为当前"按钮 ≥：单击该按钮后，提示选择对象。选择对象后，AutoCAD 2008 自动将该对象所在层设置为当前层。

（4）"上一个图层"按钮 ≥：单击该按钮，将返回到上一个图层信息。

（5）"图层状态管理器"按钮 ：单击该按钮，弹出"图层状态管理器"对话框。

下面重点介绍"图层特性管理器"和"图层状态管理器"。

1. 图层特性管理器

其启动方式如下：

命令：LAYER

菜单：【格式】▶图层

工具栏：【图层】▶ ≥

LAYER 命令执行后，将显示如图 4-6 所示的"图层特性管理器"对话框。

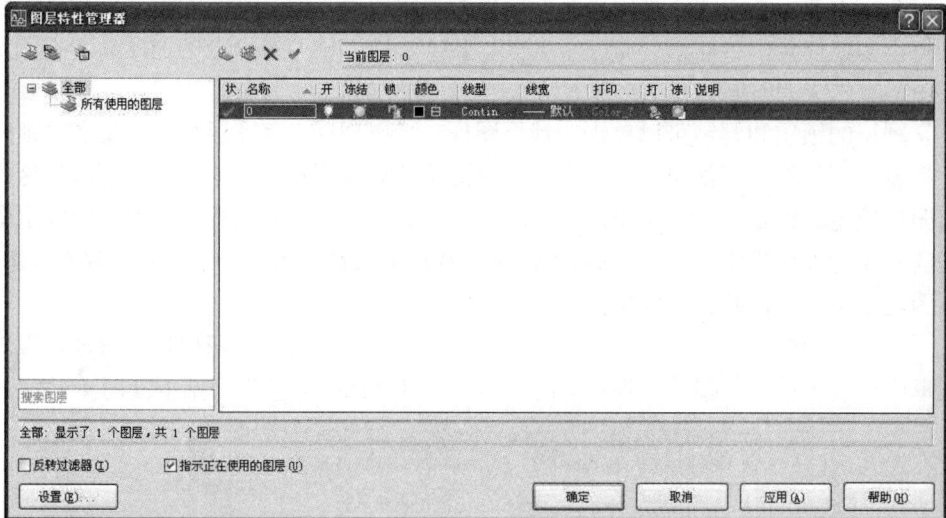

图 4-6　"图层特性管理器"对话框

（1）创建新层。开始绘制新图形时，AutoCAD 将自动生成一个名为"0"的图层，该层就是初始层，默认情况下，图层 0 将被指定使用 7 号颜色（白色或黑色）、Continuous 线型、"默认"线宽及 color7 打印样式，用户不能删除或重命名 0 层。由于 0 层上的对象性质灵活，一般实际绘图时不在 0 层画图。如果用户要使用更多的图层来组织图形，就需要先创建新图层。

在"图层特性管理器"对话框中单击"新建图层"按钮 ，可以创建一个名称为"图层 1"的新图层。默认情况下，新建图层与 0 层的状态、颜色、线性、线宽等设置相同。用户可以一次创建多个图层，只要连续单击"新建图层"按钮，最后创建的图层处于被选中状态（高亮显示），表示可以对该层进行特性设置操作。

当创建了图层后，图层的名称将显示在图层列表框中，如果要更改图层名称，可单击该图层名，然后输入一个新的图层名即可。

（2）修改状态。在"图层特性管理器"对话框中，有灯泡、太阳、锁的图标。这些图标控制图层的打开/关闭、冻结/解冻、锁定/解锁。

如果要改变图层的可见性，可以单击该图层的"灯泡"图标。"灯泡"变蓝 图层关闭，"灯泡"变黄 图层打开。当图层打开时，图层上的图形对象显示而且可以打印，如果关闭则不能显示和打印。如果用户关闭当前层，AutoCAD 会弹出警告对话框。被关闭的图层上图形对象不可见，但仍存在于图形中，在刷新或执行重生成命令时，还是会计算它们。

如果要改变图层的可见性，还可以单击该图层的"太阳"图标。图标变成"雪花" 图层冻结，图标成为"太阳" 图层解冻。被冻结的图层也不会显示和打印，在这方面，和关闭一个图层有着同样的视觉效果。但是冻结的图层，在重生成时将不会被计算，这样就会加快 ZOOM、PAN、VPOINT 等命令的速度，节省了复杂图形重生成的时间。

图层的锁定和解锁可以单击"锁"图标。"锁打开" 图层解锁，反之"锁闭合" 图层被锁定。如果图形复杂，有些图层的对象不想再被修改，则可以把这样的图层锁定。锁定了一个图层，这个图层上的对象就不能被选择和修改（但锁定图层的对象可以作为 TRIM 和 EXTEND 的边界）。如果锁定图层处于打开和解冻状态，该图层是可见的，并且可以被打印。

（3）改变颜色。新建图层后，要改变图层的颜色，可在"图层特性管理器"对话框中单击图层的"颜色"列对应的图标，打开"选择颜色"对话框（图 4-7）。

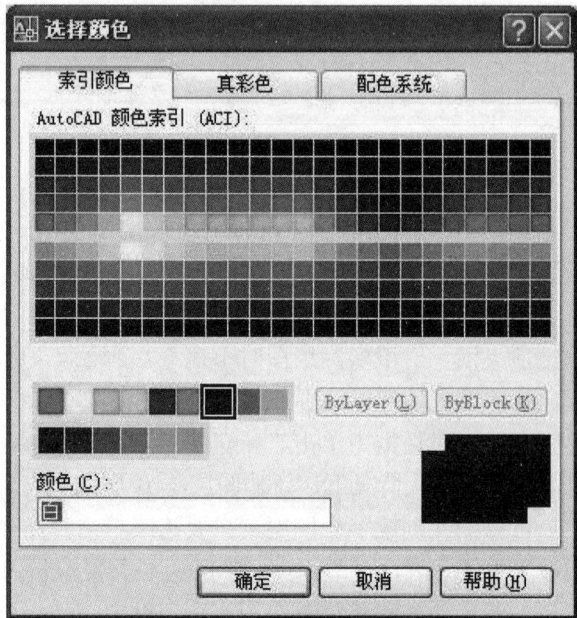

图 4-7　"选择颜色"对话框

颜色在图形中具有非常重要的作用，可用来表示不同的组件、功能和区域。图层的颜色实际上是图层中图形对象的颜色。每个图层都拥有自己的颜色，对不同的图层设置不同的颜色，绘制复杂图形时就可以很容易区分图形的各部分。

● 索引颜色：在索引颜色中有 255 种颜色，是 AutoCAD 中使用的标准颜色。

● 真颜色："真颜色"是使用真彩色（24 位颜色）指定颜色设置，可以使用 1 600 多万种颜色。

● 配色系统："配色系统"选项卡通过选择颜色的配色系统和指定颜色名给图层设定颜色。

（4）改变线型。新建图层后，要改变图层的线型，可在"图层特性管理器"对话框中单击图层的"线型"列对应的 Continuous，打开"选择线型"对话框（图 4-8）。

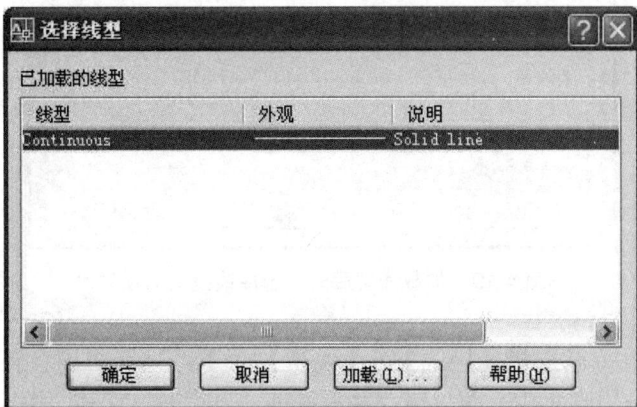

图 4-8　"选择线型"对话框

在默认情况下，"选择线型"对话框的"已加载的线型"列表框中只有 Continuous 一种线型，如果要使用其他线型，必须将其添加到"已加载的线型"列表框中。可单击"加载"按钮打开图 4-9 所示"加载或重载线型"对话框，从当前线型库中选择需要加载的线型，然后单击"确定"按钮。

图 4-9　"加载或重载线型"对话框

加载线型后，"选择线型"对话框的"已加载的线型"列表框中就会出现加载后的各种线型（图 4-10）。选择一种线型，然后单击"确定"按钮，这种线型就被赋予了选定的图层。

图 4-10　加载线型后的"选择线型"对话框

加载线型也可以选择【格式】➤【线型】命令，打开"线型管理器"对话框（图 4-11）。在此对话框中，不仅可以加载线型，还可通过全局比例因子等设置图形中的线型比例，从而改变非连续线型的外观。

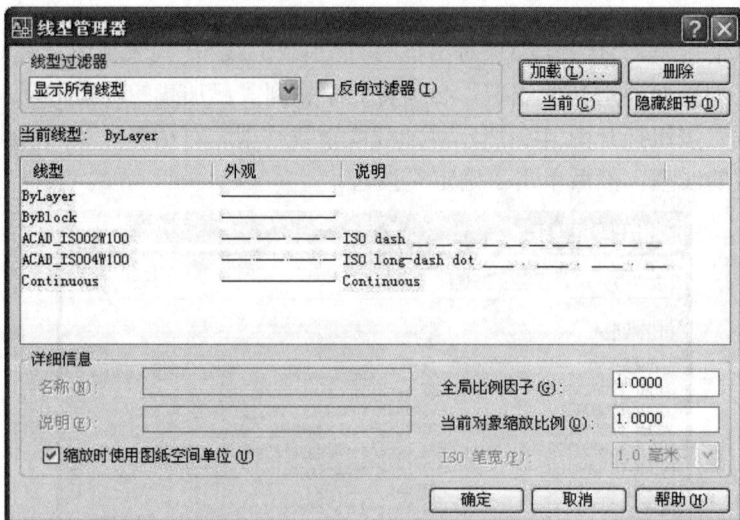

图 4-11　"线型管理器"对话框

"全局比例因子"和"当前对象缩放比例"两项分别对应系统变量 LTSCALE 和 CELTSCALE，可以直接从命令提示行用键盘键入它们并修改其值。LTSCALE 是各种线型的全局比例因子，可随时改变它，以便使屏幕上或输出的图纸上的虚线和点画线等有间隔的线型以希望的间隔显示或绘出。CELTSCALE 是当前对象缩放比例因子，它的值的改变仅影响新绘制的图形，而原来已经绘制的图形不受它影响。

● 注意：LTSCALE 是一个常用的命令，应该记住它的快捷输入方式。用键盘输入时可以缩写为 LTS，回车后根据提示修改其值。

（5）改变线宽。设置图层的线宽，可以在"图层特性管理器"对话框的"线宽"列中单击该图层对应的线宽"——默认"，打开"线宽"对话框（图 4-12）。对话框的列表框中列出了系统默认的 0.00～2.11 mm 各种粗细线宽供用户选择。

图 4-12　"线宽"对话框

也可以选择【格式】▶【线宽】命令，打开"线宽设置"对话框（图 4-13），通过调整线宽比例，使图形中的线宽显示得更宽或更窄。

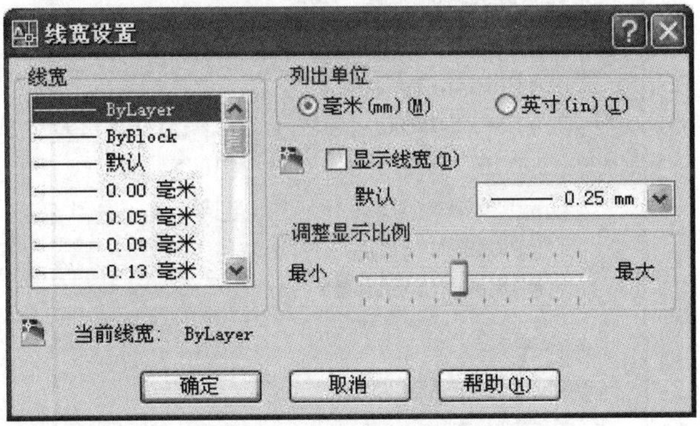

图 4-13　"线宽设置"对话框

（6）其他操作。置为当前层 ✓：对于含有多个层的图形，必须在绘制对象之前将该层设置为当前层。选中某层，单击"当前"按钮。或者用鼠标在某一层上单击右键显示快捷菜单，选择"置为当前"选项。

删除层 ✗：选择要删除的图层，然后单击"删除"按钮，即可将所选择的图层删除。不能删除 0 层、当前层以及包含图形对象的层。

搜索图层：输入字符时，按名称快速过滤图层列表。关闭图层特性管理器时，不保存此过滤器。

（7）图层过滤器。"图层过滤器"就是满足一定条件的图层集合，满足条件的图层被包含在过滤器中，不满足条件的图层被过滤掉。

AutoCAD 已经建立的过滤器有"全部"和"所有使用的图层"。用户还可以创建自己的过滤器。

单击"新特性过滤器"按钮，弹出"图层过滤器特性"对话框。在"过滤器名称"文字框中键入过滤器的名字，在"过滤器定义"框中用一个或多个特性定义过滤器，即设置过滤器的条件，在"过滤器预览"中将显示满足过滤器条件的图层。

单击"新组过滤器"按钮，创建一个默认名为"组过滤器 1"的新图层组过滤器，并将其添加到图层过滤器树状图中。此时可以修改默认名称，输入一个新的名称，也可以以后再改名。向组过滤器添加图层的方法是：在过滤器树中单击"所有使用的图层"节点或其他过滤器，显示对应的图层信息，然后将需要分组过滤的图层拖动到创建的"组过滤器 1"上即可。

（8）"设置"按钮。显示"图层设置"对话框（图 4-14），从中可以设置新图层通知设置、是否将图层过滤器更改应用于"图层"工具栏以及更改图层特性替代的背景色。

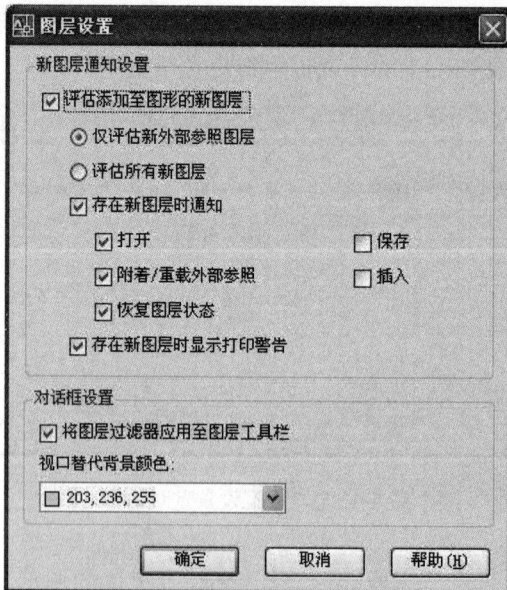

图 4-14　"图层设置"对话框

2. 图层状态管理器

单击按钮，弹出"图层状态管理器"对话框（图 4-15）。

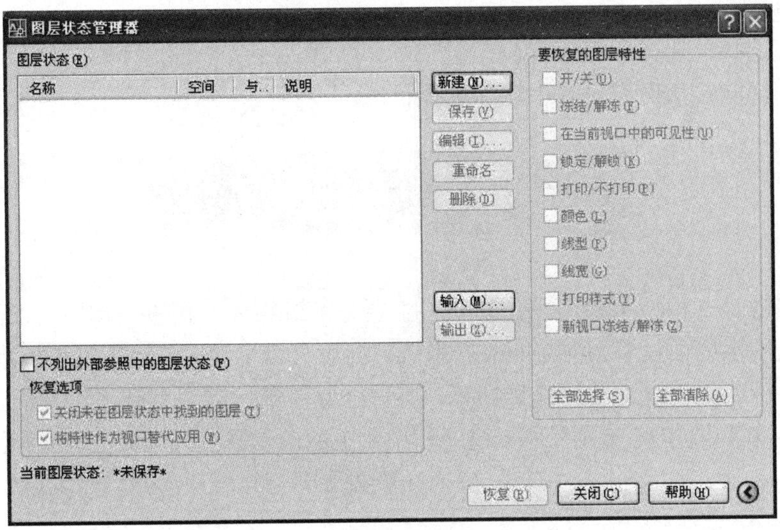

图 4-15　"图层状态管理器"对话框

（1）图层状态。列出已保存在图形中的命名图层状态、保存它们的空间（模型空间、布局或外部参照）、图层列表是否与图形中的图层列表相同以及可选说明。

不列出外部参照中的图层状态：控制是否显示外部参照中的图层状态。

新建：显示"要保存的新图层状态"对话框，从中可以提供新命名图层状态的名称和说明。

保存：保存选定的命名图层状态。

编辑：显示"编辑图层状态"对话框，从中可以修改选定的命名图层状态。

重命名：允许在位编辑图层状态名。

删除：删除选定的命名图层状态。

输入：显示标准文件选择对话框，从中可以将先前输出的图层状态（LAS）文件加载到当前图形。可输入文件（DWG、DWS 或 DWT）中的图层状态。输入图层状态文件可能导致创建其他图层。选定 DWG、DWS 或 DWT 文件后，将显示"选择图层状态"对话框，从中可以选择要输入的图层状态。

输出：显示标准文件选择对话框，从中可以将选定的命名图层状态保存到图层状态（LAS）文件中。

（2）恢复选项。关闭图层状态中未找到的图层、将图层特性替代应用于当前视口。

恢复：将图形中所有图层的状态和特性设置恢复为先前保存的设置。仅恢复使用复选框指定的图层状态和特性设置。

（3）其他选项。要恢复的图层特性：指定恢复选定命名图层状态时，要恢复的图层状态设置和图层特性。在"模型"选项卡上保存图层状态时，"当前视口中的可见性"

复选框不可用。

全部选择：选择所有设置。

全部清除：从所有设置中删除选择状态。

*第六节　沉淀池工艺图

沉淀池是一种使水中的固体物质（主要是可沉物体）在重力作用下下沉，从而与水分离的水处理设备。沉淀池根据水流方向可分为平流式、辐流式和竖流式三种，也有把斜管或斜板沉淀池算作第四种。其中，竖流式沉淀池有圆形、方形之分。

图 4-16 和图 4-17 分别是水处理工程中常见的圆形竖流式沉淀池和方形沉淀池。

一、圆形竖流式沉淀池

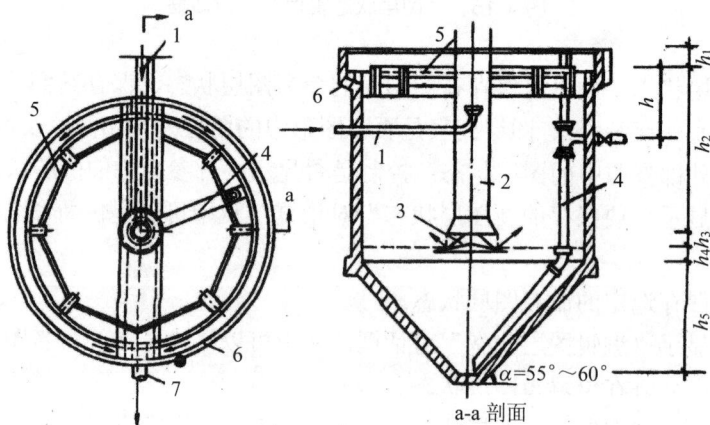

图 4-16　圆形竖流式沉淀池

绘制本图用到的主要命令有图层、圆、多段线、镜像、复制、移动、单行文字等。下面简要说明绘制步骤。读者如果觉得在目前的学习阶段理解有困难的话，也可以快速浏览一下或先跳过去，留待以后再来阅读或参考。

1. 创建图层

打开"图层特性管理器"对话框，单击"新建"，建立新图层分别为"池体层　白色　continuous　0.7 mm""管道层　黄色　continuous　0.3 mm""中心线层　红色　center　线宽缺省""文本　绿色　continuous　线宽缺省"。

2. 绘制平面图

在"池体层"上，先用画圆命令画出几个大的同心圆，表示沉淀池的出水堰。

将最里面的大圆八等分，在一等分点上用矩形和移动命令画出一个相对于等分点和圆心连线左右对称的小矩形，表示堰的支架。

以圆心为中心，用环形阵列得到其余支架，用直线连接各支架，即得到堰口。

用圆命令画出中央的小圆，表示沉淀池的中心管和扩散板。

用直线画出走道。修剪或删除走道遮挡住的堰支架和堰口。

在"管道"层上，画出进水管 1、出水管 7 及排泥管 4。

3. 绘制 a-a 剖面图

可以在平面图的正上方，根据"长对正"的原则，用竖直参照线帮助定位剖面图。

先画出剖面图的左半部分，主要是用直线命令。

再用镜像命令得到右半部分。

完成左边的进水管 1 和右侧的排泥管 4。

图案填充选择 ANSI31 图案、角度 45 度。

4. 注写文字

以"文本"为当前层。

用直线画出引线，用单行文本命令写出编号、编号对应名称、污泥斗倾角等。

至此，圆形竖流式沉淀池绘制完毕。

二、方形沉淀池

如图 4-17 所示。

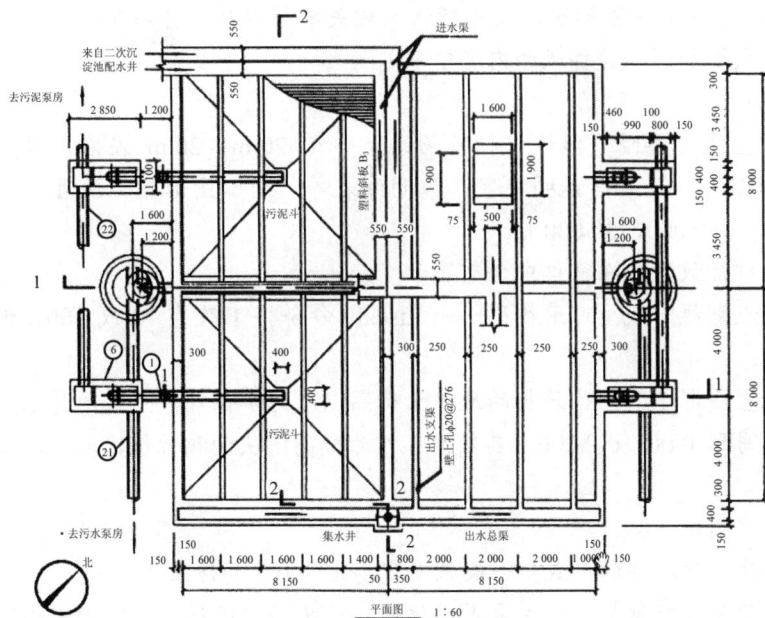

图 4-17　方形沉淀池

绘制的基本步骤如下：

（1）首先按照实际尺寸设置好图纸界限、图形单位设置为小数、精度为 0、自行创建符合要求的尺寸样式、设置中心线层、池体层、管道层及标注层等。

（2）以"中心线"为当前层，按照实际尺寸，用构造线命令，绘制总体的水平或垂直的辅助线，用于定位。

（3）再以"池体层"为当前层，绘制池体，宜采用先整体再局部的顺序。

（4）以"管道层"为当前层，绘制管道，该层线宽应大于"池体层"。

（5）最后进行尺寸标注，必要时也可先标注一部分已经画好的图形，防止出错，或者看得更清楚。

复习与思考练习题

1. 试用本章所学的命令制作一个专门用来绘制污水处理构筑物工艺图的样板。要求如下：

单位：长度单位为小数制，精度为 0；角度单位为十进制，精度为 0

图层：构筑物层——蓝色、实线、0.25 mm

污水管道层——黄色、实线、0.7 mm

污泥管道层——红色、虚线、0.7 mm

文字层——紫色、实线、线宽缺省

尺寸层——绿色、实线、线宽缺省

（注：在学习了文字标注、尺寸标注等相关章节以后，可以把设置好的文字样式、尺寸样式添加到创建样板的内容中来）

解题要点：

（1）设置图形界限：假设该构筑物的大小在 20 m × 20 m 左右，考虑除了画平、剖面图以外，还要写说明文字、填明细表等，所以图形界限设置稍大一些，为（0，0）-（30 000，30 000）。

用"全部缩放"可在窗口中全部显示。

虚线、点划线等线型可用线型比例 Ltscale 命令将 1 改为 10 或 100，使其以实际外观显示。

（2）设置图形单位：构筑物的尺寸除标高以米为单位外，一般用毫米，精确到个位。标高写到 0.00 或 0.000，其数据可作为标高图块的属性值输入，与精度设置不矛盾。

（3）设置图层：略。

（4）创建标注汉字的样式：一般采用宽高比为 0.7 的仿宋体。

（5）创建尺寸标注样式：主要是修改尺寸箭头为建筑标记、增加文字高度、尺寸精度。

（6）保存为.dwt 格式的文件，即制作成一个样板。

2. 请问图层的颜色、线型、线宽等特性和图层上对象的颜色、线型、线宽等特性是什么关系？

*3. 试分别绘制第六节的沉淀池，读者在现阶段也可先了解一下本章知识在本题中的具体应用情况，以后再来绘图。

第五章 绘图辅助工具及环境工程设计与应用

第一节　正交（ORTHO）

在正交模式下，可以方便地绘制出与当前 X 轴或 Y 轴平行的线段。

命令启动方式：

命令：ORTHO

状态栏：正交

功能键：F8

● 提示：

（1）当坐标系旋转时，正交模式做相应旋转。

（2）光标离哪根轴近，就沿着该轴移动。当在命令行输入坐标或指定对象捕捉时，AutoCAD 忽略正交模式。

第二节　极轴（POLAR）

极轴功能可以按预先设置的角度增量显示一条无限延伸的辅助线，这时就可以沿辅助线追踪得到光标点（图 5-1）。

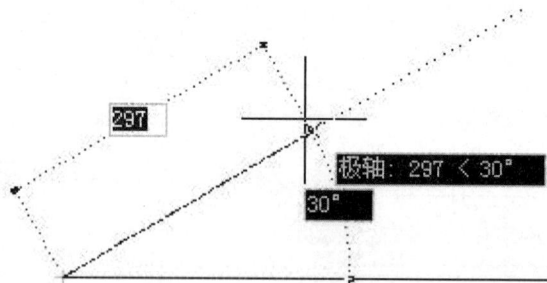

图 5-1　极轴追踪

命令启动方式：

菜单：【工具】➤【草图设置】

状态栏：右键单击"极轴"按钮

功能键：F10

弹出"草图设置"对话框"极轴追踪"选项卡（图 5-2）。

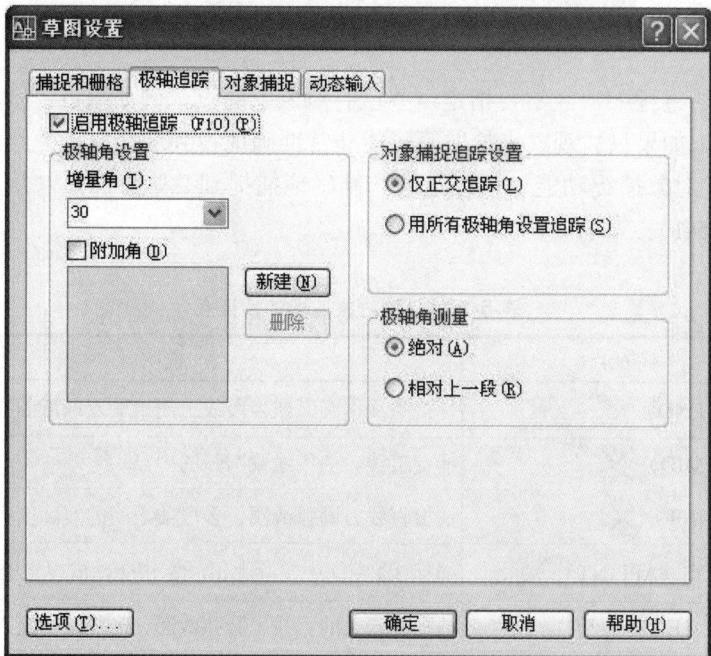

图 5-2　"极轴追踪"选项卡

在其中可以进行以下设置：

（1）确定是否启用极轴追踪。选中"启用极轴追踪"复选框即可。

（2）设置极轴角。在增量角下拉列表中可以选择或者输入增量角度，极轴将按此追踪。例如，如果选择 90°，则系统将按照 0°、90°、180°、270° 方向指定目标点位置。

另外，可以设置附加追踪角度。选择"附加角"复选框，可以通过"新建"按钮创建新的一些角度，使用户可以在这些角度方向上指定追踪方向。该角度最多可以有 10 个。

（3）设置对象捕捉追踪方式。主要有两种：

①仅正交追踪。选择该方式，则只在水平与垂直方向上显示相关提示，其他增量角和附加角均无效。

②用所有极轴角设置追踪。选择该方式，所有增量角和附加角均有效。

（4）设置极轴角测量。有两种方式：

①绝对。以当前坐标系为基准计算极轴追踪角。

②相对上一段。以最后创建的两个点的连线作为基准。

第三节　对象捕捉（OSNAP）

在绘图的过程中，经常要指定一些已有对象上的点，例如端点、圆心和两个对象的交点等。如果只凭观察来拾取不可能非常准确地找到这些点。为此，AutoCAD 2008 提供了对象捕捉功能，可以迅速、准确地捕捉到某些特殊点，从而精确地绘制图形（表 5-1）。

表 5-1　13 种对象捕捉的特征点

编号	特征点	说明
1	端点（END）	捕捉直线、圆弧或多段线上离拾取点最近的端点
2	中点（MID）	捕捉直线、多段线或圆弧的中点
3	交点（INT）	捕捉直线、圆弧或圆、多段线之间的实际交点
4	外观交点（APPINT）	捕捉 3D 空间中实际上不一定相交，但视觉上相交的交点
5	延长线（EXT）	捕捉和延长的直线、圆弧或圆、多段线的交点
6	圆心（CEN）	捕捉圆弧、圆或椭圆的中心
7	象限点（QUA）	捕捉直线、圆或椭圆上 0°、90°、180°或 270°处的点
8	切点（TAN）	捕捉同圆、椭圆或圆弧相切的点
9	垂足（PER）	捕捉直线、圆弧、圆、椭圆或多段线上相对于用户拾取的对象垂直的点。该点可能在对象的延长线上
10	平行线（PAR）	捕捉与直线或多段线平行方向上的点
11	插入点（INS）	捕捉插入文件中的文本、属性和符号(块或形式)的原点
12	节点（NOD）	捕捉点命令绘制的点及等分点
13	最近点（NEA）	捕捉对象上的点

图 5-3 为对象捕捉的参考示例。

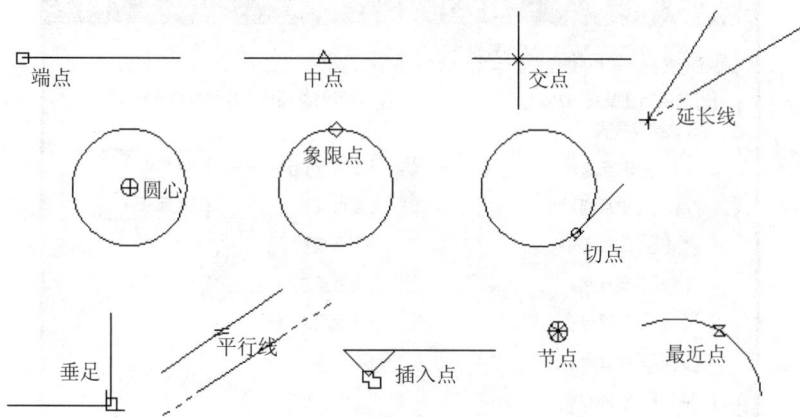

图 5-3　对象捕捉示例

对象捕捉工具栏和快捷菜单的最前面还有两个常用工具，它们通常是和捕捉对象上的特征点结合起来使用，功能如下：

（1）　"临时追踪点"：临时将某特征点作为基点，从此点出发根据极轴的方向和距离来定位对象上的点。

（2）　"对象捕捉"：临时将某特征点作为基点，从此点出发通过相对坐标来定位对象上的点。

对象捕捉的使用有两种模式：临时对象捕捉和长期对象捕捉。

（1）临时对象捕捉：一次只能捕捉一个特征点，且只能使用一次。可以通过如下方法进行设定：

● 工具栏：【对象捕捉】

● 快捷菜单：Shift+鼠标右键

● 命令行：在输入点的提示下输入关键字（如 MID、CEN、QUA 等）

（2）长期对象捕捉：可以捕捉多个特征点，且长期有效，除非设置上发生更改。可以通过如下方法进行设定：

● 下拉菜单：【工具】➤【草图设置】

● 工具栏：【对象捕捉】➤ 【对象捕捉设置】

● 状态栏：右键单击"对象捕捉"按钮

弹出"草图设置"对话框"对象捕捉"选项卡（图 5-4），从中选取对象捕捉的特征点。

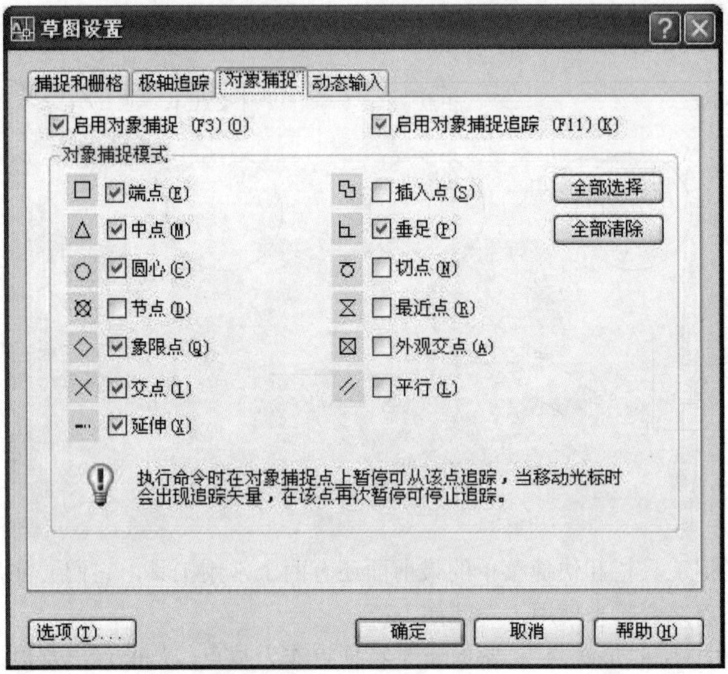

图 5-4 "对象捕捉"选项卡

第四节 对象捕捉追踪 (OTRACK)

对象捕捉追踪是按对象的某种特定关系来追踪，也就是选定若干参考点，经参考点会出现对齐路径，在对齐路径上确定点。

使用对象捕捉追踪，必须同时打开状态栏上的 对象捕捉 和 对象追踪 按钮，使两按钮呈凹下的状态。使用对象捕捉追踪的同时，也可以使用极轴追踪。

如图 5-5 中的直线，其端点分别是两个矩形的中心点。传统的方法是通过画辅助线定位中心点再画出直线，有了对象捕捉追踪功能，就可以一笔画出。具体步骤如下：

打开"对象捕捉"中的"中点"和打开"对象追踪"，输入"直线"命令，先追踪一个矩形长边上的中点，出现通过它的垂直路径，再追踪这个矩形短边上的中点，又出现通过它的水平路径，两条路径相交的点就是矩形的中心点，单击确定为直线的起点；同样的步骤去追踪得到另一个矩形的中心点，确定为直线的终点，直线画出。

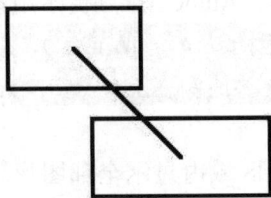

图 5-5　"对象捕捉追踪"示例

● 注意：当对象移动到一个对象捕捉点时，要在该点上停顿一会儿，不要拾取它，因为这一步只是 AutoCAD 获取该参考点的信息，待信息出现后，就可以移动光标了，对齐该参考点时，也就会出现追踪线。

第五节　视图缩放（ZOOM）

按一定比例、观察位置和角度显示的图形称为视图。在 AutoCAD 中，可以通过缩放视图来观察图形对象。缩放视图可以增加或减少图形对象的屏幕显示尺寸，但对象的真实尺寸保持不变。通过改变显示区域和图形对象的大小更准确、更详细地绘图。

1．命令启动方式

命令：ZOOM

菜单：【视图】➤缩放➤相应选项

工具栏：【缩放】或【标准】中的相应按钮

【缩放】菜单和【缩放】工具栏如图 5-6 所示。

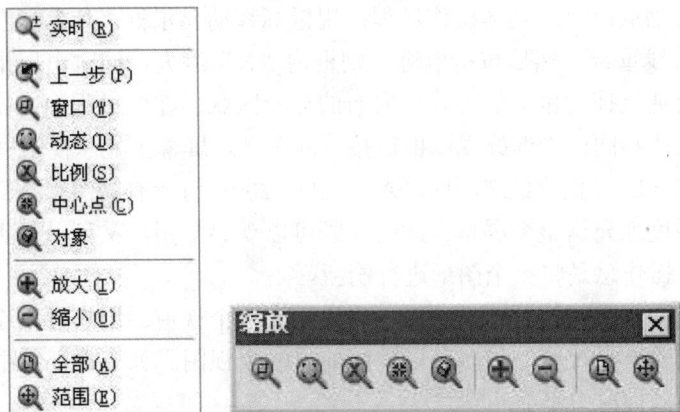

图 5-6　"缩放"菜单和工具栏

从键盘输入 ZOOM 命令后，AutoCAD 则提示用户：

指定窗口角点，输入比例因子（nX 或 nXP），或[全部（A）/中心点（C）/动态（D）/范围（E）/上一个（P）/比例（S）/窗口（W）]<实时>：

2. 选项说明及工具栏说明

（1）全部项（A）。在绘图区域内显示全部图形。所显示的图形边界是图形界限与图形范围两者中尺寸大的。如果图形范围超出图形界限，AutoCAD 2008 将显示对象的范围；如果所绘制的对象在图形界限内，AutoCAD 2008 将显示图形界限。执行该选项时，AutoCAD 2008 会对全部图形重新生成。若图形文件很大时，会花费很长时间，并在提示区中有如下提示：

正在重生成模型。

（2）中心点（C）。用户可通过该选项重新设置图形的显示中心和放大倍数。执行该选项时，AutoCAD 会有如下提示：

指定中心点：//输入新的显示中心

输入比例或高度<>：//输入新视图的高度或后跟字母 X 作为放大倍数

系统将缩放显示中心点区域的图形。如果指定的高度小于当前图形的高度，图形将被放大；反之，图形将被缩小。

（3）动态（D）。执行该选项时，屏幕切换到虚拟显示屏幕状态。

在此屏幕界面上显示出图形范围、当前显示位置、下一显示位置等。移动和改变视图框的大小即可实现移动或缩放图形。根据显示设置，当前视图所占区域用绿色虚线标明。图形范围用蓝色虚线框标明。视图框有两种选择状态：

①平移视图框。它的大小不能改变，只可任意移动。平移视图框的中心处显示一个"X"标记，用户可以使用鼠标将其移到需要的位置。

②缩放视图框。它不能平移，但大小可以调节。如果要移动视图框，单击鼠标左键显示。

执行动态缩放命令的具体操作过程：用鼠标移动显示框，使框的左边线与欲显示区域的左边线重合，然后按拾取键，则框内"X"消失，同时出现指向框右边的箭头。用户可通过拖动鼠标的方式选取新的显示区域，在此过程中，视图框宽高比与绘图区宽高比相同。当选好视图框后按下回车键，屏幕上显示视图框内的图形。

（4）范围（E）。执行该选项时，AutoCAD 2008 将所有的图形全部显示在屏幕上，并最大限度地充满整个屏幕。此时，既可以观察整图，又可以得到尽可能大的显示图像。该操作总是将整个图形进行刷新。

（5）上一个（P）。执行该选项时，将返回上一个视窗。用户可以连续使用该命令，逐步返回前一级视窗，最多可以返回前 10 个视图。如果在视窗中已删除某一实体，在返回的视窗中不显示它。

（6）比例（S）。执行该选项时，可以放大或缩小当前视图，但视图的中心点保持不变。

AutoCAD 允许用户使用三种方法指定缩放比例：

①相对图形界限。输入缩放系数后再输入一个"X"，即是相对于当前可见视图的缩放系数。要放大或缩小，只需输入一个大一点或小一点的数字。

②相对当前视图。输入缩放系数后，再输入一个"XP"，使当前视图中的图形相对于当前的图纸空间缩放。

③相对图纸空间单位。直接输入数值，则 AutoCAD 以该数值为缩放系数，并相对于图形的实际尺寸进行缩放。它指定了相对当前图纸空间按比例缩放视图，并且它还可以用来在打印前缩放视口。

（7）窗口（P）。用户可以通过指定一个矩形区域的对角点来快速放大该区域。执行该选项，系统提示如下：

指定第一个角点：//输入窗口的顶点

指定对角点：//输入窗口的另一个顶点

AutoCAD 2008 在绘图窗口内全屏显示该窗口内图形。此时，窗口中心变成新的显示中心。如果通过对角点选择的区域与缩放视口的宽高比不匹配，那么该区域会居中显示。缩放窗口的形状不必与适合图形区形状的新视图一致。

（8）实时（R）。它是系统缺省项。执行该选项时，在屏幕上出现放大镜形状的光标，同时系统提示：

按 Esc 或 Enter 键退出，或单击右键显示快捷菜单。

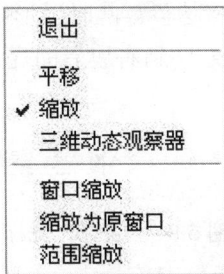

```
退出

平移
✓ 缩放
  三维动态观察器

窗口缩放
缩放为原窗口
范围缩放
```

图 5-7 "实时缩放"快捷菜单

向上拖动鼠标，则视图放大，向下拖动鼠标，则视图缩小。还可以进入到实时平移模式。

第六节 视图平移（PAN）

使用平移视图命令，可以重新定位图形，以便看清图形的其他部分。此时不会改变图形中对象的位置或比例，只改变视图。

1．命令启动方式

命令：PAN

菜单：【视图】➤平移➤相应选项

工具栏：【标准】➤ ✋

PAN 命令执行后，AutoCAD 提示用户：

按 Esc 或 Enter 键退出，或单击右键显示快捷菜单。

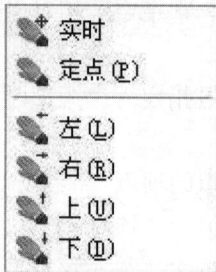

图 5-8　"实时平移"快捷菜单

2．选项说明

（1）实时。此时光标变为手形光标，如图 5-9 中左一所示。可用手形光标任意拖动视图，直到满足需要为止。如果光标移到了逻辑边界处，则在手形光标的相应边出现一条线段，表明到达了相应边界。此时手形光标如图 5-9 右边四个图标所示。左二是达到上边界的提示；左三是达到右边界的提示；右二是达到下边界的提示；右一是达到左边界的提示。

图 5-9　"平移"光标

释放鼠标左键，则平移停止。用户可根据需要调整鼠标位置继续平移图形。任何时刻按 Esc 键或回车键，都可以结束平移操作。

（2）定点。用户可以通过输入两点来平移图形。这两点之间的方向和距离便是视图平移的方向和距离。AutoCAD 2008 将会提示用户：

指定基点或位移：

指定第二点：

如果仅指定了一个点，即在系统提示输入第二点时按回车键，AutoCAD 2008 将使用第一点的绝对直角坐标作为图形沿 X 轴和 Y 轴移动的距离和方向来移动图形。

● 提示：除了上述两种方法外，AutoCAD 还允许使用滚动条移动图形。

第七节　重画图形

在 AutoCAD 中，使用"重画"命令，系统将在显示内存中更新屏幕，消除临时标记。使用重画命令（REDRAW），可以更新用户使用的视口。

1．重画当前视口中的图形

REDRAW 命令用于重画当前视口中显示的图形，清除所有绘图时留下的十字小标记和编辑命令留下的符号。该命令的执行方法如下：

命令：REDRAW

2．重画所有视口中的图形

REDRAWALL 命令用于重画所有视口中显示的图形，执行方法为：

命令：REDRAWALL

菜单：【视图】➤重画

注意 REDRAW 和 REDRAWALL 二者之间的区别。

有关视口的概念将在后面的相关章节中进行讲解。读者可以将它们理解成工程制图中的不同视图，如主视图、俯视图等，只不过它们都显示在同一绘图区中。

第八节　重生成图形

当用户改变了一些系统的设置时，可以利用 AutoCAD 2008 提供的 REGEN、REGENALL 命令重新生成图形。执行该命令时，由于要把原有的数据全部重新计算一遍后，再在屏幕上显示全部图形，所以该命令速度较慢。

1．重生成

命令：REGEN

菜单：【视图】➤重生成

输入命令后，AutoCAD 会有如下提示：

正在重生成模型。

REGEN 命令重新生成当前图形的数据库，并更新当前视口的显示。此外，该命令将重算所有对象的屏幕坐标，重新建立图形数据库索引以优化显示及对象选取的速度，并把不光滑的曲线进行光滑处理。

2．全部重生成

命令：REGENALL

菜单：【视图】➤全部重生成

REGENALL 命令重新计算并生成当前图形的数据库，更新所有视口显示。

*第九节　泵房与风机房布置图

一、泵房布置图

　　泵房是为各种泵、管道、电机的正常运行与设备维修提供建筑空间保证。泵房的分类可按泵站的不同用途和泵站的工艺条件分为多种。其中，按泵启动前能否自流充水分为自灌式泵房和非自灌式泵房。图 5-10 是污水处理中常用的自灌式泵房。

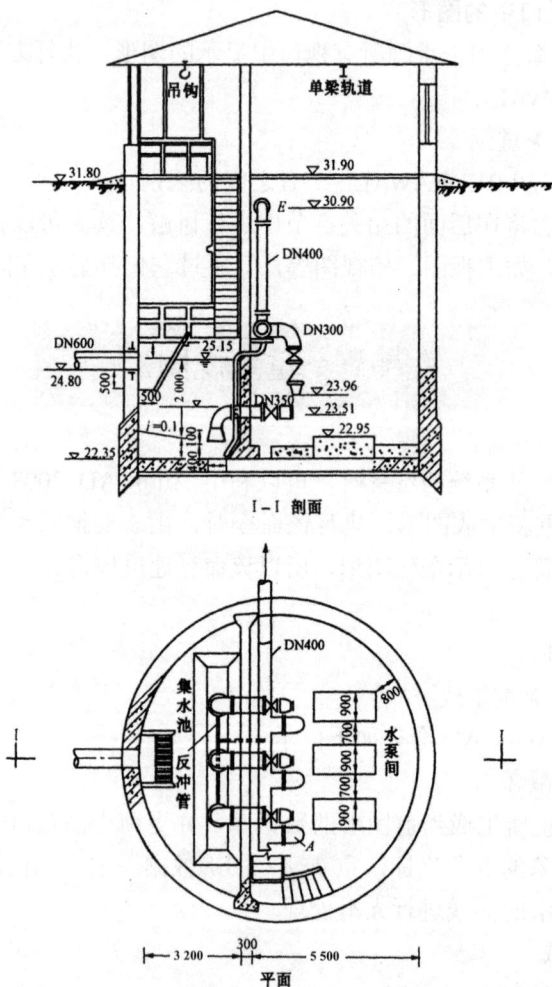

图 5-10　自灌式污水泵房布置图

绘制本图用到的主要命令有图层、圆、多段线、镜像、阵列、尺寸标注等。下面来简要说明绘制步骤。读者如果对编辑、尺寸标注、文字注释等命令不熟悉，可以先跳过这些部分，暂时只进行一些基本设置并画一些基本图形元素。

1．创建图层

打开"图层特性管理器"对话框，单击"新建"，建立新图层分别为"轮廓线层 白色 continuous 0.7 mm""中心线层 红色 center 线宽缺省""尺寸 绿色 continuous 线宽缺省"。

2．绘制平面图

先用画圆命令画出两个同心圆。

用构造线的垂直和偏移命令定出集水池、吸水口和水泵间的位置。

具体细节略。

3．绘制 I-I 剖面图

在平面图的正上方，在构造线的帮助下可以定出集水池、吸水口和水泵间的位置。

画一根水平直线作为泵房地面线，用偏移命令定出各个高度。

在各个高度上分别绘制管道、水泵、楼梯、栏杆等。

局部进行图案填充。

4．标注尺寸和文字

在"尺寸"层上用合适的尺寸样式标注尺寸。标高应该采用带有属性的块来标注。

用单行文本命令写出所有注释再移动到相应位置即可。

二、风机平台平面布置图

风机是依靠输入的机械能，提高气体压力并排送气体的机械。在大气污染控制工程的设计中经常涉及。下面是一个鼓风机与管道的平面布置图。

绘制的大致步骤如下：

（1）图层分：鼓风机、水泥平台、管道、文字、尺寸、辅助线。

（2）先在辅助线层上用直线、偏移命令画出水平和垂直方向的定位线。绘图的时候注意使用正交或对象追踪等工具。

（3）分别在对应的图层上画出一个鼓风机及连接管道，然后复制两个。绘图的时候注意使用所学的各种辅助工具来提高绘图效率。

（4）注写文字、标注尺寸。

（5）检查修改并保存文件。

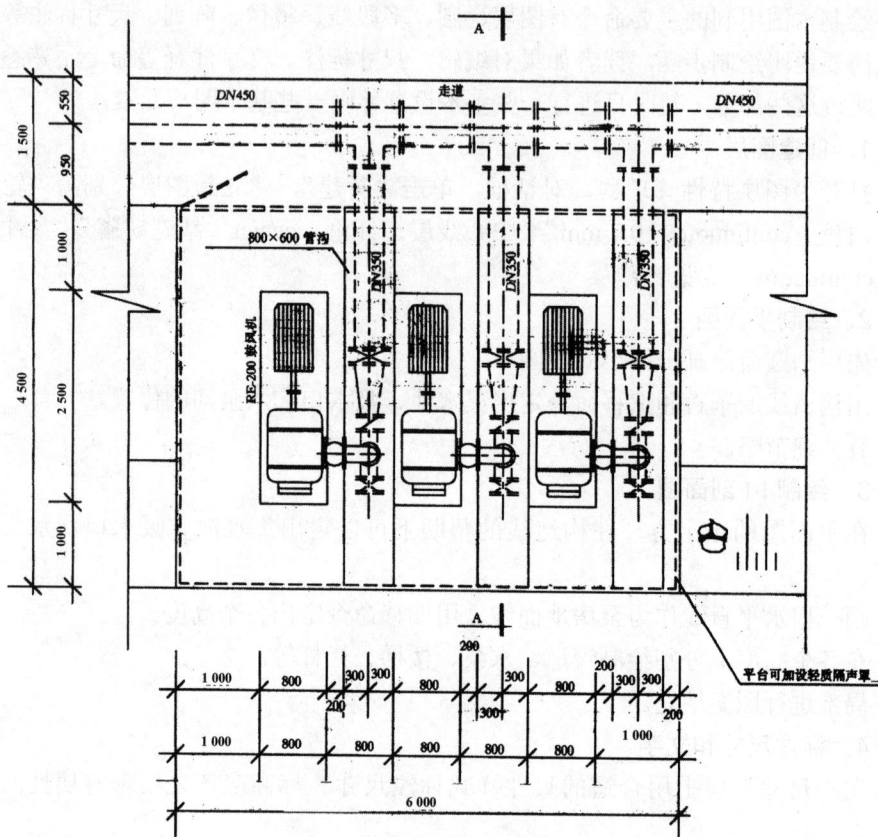

图 5-11　风机平台平面布置

复习与思考练习题

1. 想一想，要画出一个满足下面诸多条件的矩形，应该如何设置对象捕捉、极轴追踪和自动捕捉追踪功能。具体条件为：矩形大小为 15×10；矩形端点 A 距离 O 为 5，O 为圆弧与直线延长相交的点；矩形边 AB 要与 CD 边平行。

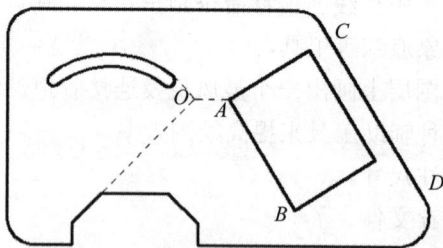

习题图 5-1

解题要点：

（1）打开"对象捕捉设置"对话框，选中端点、延长线、交点、平行线等特征点。

（2）打开"极轴追踪设置"对话框，设置极轴角为 90° 且测量方向为相对上一段。

（3）输入矩形命令，采用临时追踪点方式和自动捕捉追踪方式，将光标分别移到圆弧、直线的端点上往延长线方向拖动，得到两延长线的交点 O，从此点出发水平向右拖动光标并输入距离 5 得到 A 点，用平行于 CD 边的方式得到 AB 边所在方向并输入长度 15，在相对 AB 边 90° 方向上输入长度 10，同样得到另两边。

2．打开 AutoCAD 2008 自带的一幅图形，试用视图缩放、平移和鸟瞰视图等命令进行显示控制。

*3．试分别绘制第九节的泵房布置图与风机平台布置图。读者在练习的时候如果还不熟悉文字的注写与尺寸的标注，可先略过这两部分。

第六章 图案填充及环境工程设计与应用

在实际设计中，设计人员经常要用某种图案（如工程设计中的剖面线）填充某一些指定的区域，这就是本章要介绍的图案填充。AutoCAD 提供了丰富的图案文件，并且允许用户自定义图案。本章主要介绍图案填充的基本概念、填充的条件、填充操作、填充边界、填充图案的显示控制、图案文件、工具选项板以及在环境工程设计中的应用。

第一节 图案填充的概念

1．填充图案

AutoCAD 支持多种填充图案。尽管填充图案各种各样，但是在 AutoCAD 中仍然将它作为一个整体来对待，即填充图案被认为是一个无名的块。即用户要对填充的图案进行编辑，那么在选择对象时只要用选取设备任意选择填充图案上的一点，便可选中整个图案填充对象，除非用户使用 EXPLODE 命令将其分解为各个独立的对象。

进行图案填充时，用户可以使用 AutoCAD 提供的各种图案、颜色，也可以使用用户事先定义好的图案或由其他第三方开发商提供的图案，还允许用户临时定义简单的填充图案。

2．填充边界

当进行图案填充时，首先要定义填充的边界。边界可以是直线、圆、圆弧、多段线及 3D 面、样条曲线或其他对象，而且每个属于边界的对象必须出现在当前可见的被激活视口内。

第二节 图案填充

AutoCAD 提供了两个用于图案填充的命令：BHATCH 和 HATCH。
命令的启动方式：
命令：HATCH✓ 或 H✓ 或 BHATCH✓ 或 BH✓
菜单：【绘图】➤图案填充

工具栏：【绘图】▶ ▢

命令启动后，AutoCAD 显示"边界图案填充和渐变色"对话框。如图 6-1 所示。

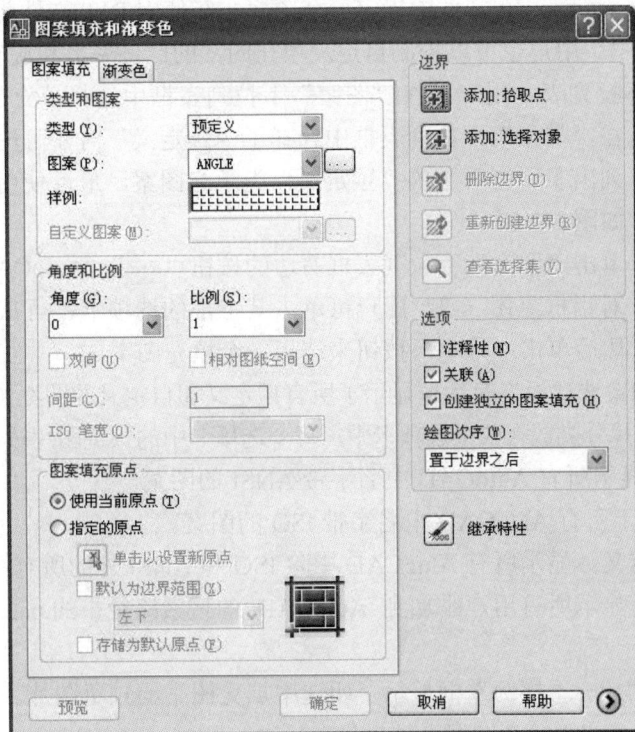

图 6-1　边界图案填充和渐变色对话框

一、"图案填充"选项卡

使用"图案填充"选项卡可以选择填充图案的类型和图案，设置图案的角度和缩放比例、边界参数以及其他相关值。下面对选项卡中的各个选项进行介绍：

1. 类型和图案栏

"类型和图案栏"指定图案填充的类型和图案。

（1）类型下拉列表：在图案填充时，首先要选择一种图案，"类型"下拉列表框用于设置填充图案的类型。在下拉列表框中有三个选项：

①预定义："预定义"中的图案是 AutoCAD 已预先定义好的填充图案。这些图案保存在 acad.pat 和 acadiso.pat 文件当中。用户可以控制其角度和比例系数，还可以设置 ISO 笔宽。

● 提示：预定义图案只适用于闭合的填充图案，且不能自交。

②用户定义。"用户定义"选项让用户用当前线型创建填充图案。用户可以控

制用户定义图案中直线的角度和间距。

③自定义："自定义"选项用于从其他定制的 .pat 文件中指定一个图案，而不是从 acad.pat 或 acadiso.pat 文件中指定一个图案，在使用 PAT 文件前，首先将其加载到 AutoCAD 中。用户也可以控制自定义填充图案的比例系数和旋转角度。

（2）图案下拉列表。用户可在"图案"下拉列表框中选择填充图案。"图案"下拉列表框只有在"类型"下拉列表框中选择了"预定义"时才可用。在"图案"下拉列表框中，列出了所有可用的"预定义"类填充图案，最近使用过的图案出现在列表的顶部，如图 6-2 所示。

用户还可以单击"图案"下拉列表框右边的按钮"···"，AutoCAD 显示出"填充图案选项板"对话框见图 6-3，用户可单击其上部的选项卡，再从预览图片区中单击某个图片，然后单击"确定"按钮来选择一个填充图案。

在"填充图案选项板"对话框显示了所有预定义和自定义的图案预览图片。对话框将所有预览图片分类放在四个选项卡中，每个选项卡中的预览图片按字母顺序排列。

①ANSI：显示所有 AutoCAD 中名字带 ANSI 的图案。

②ISO：显示所有 AutoCAD 中名字带 ISO 的图案。

③其他预定义：显示所有 AutoCAD 中除 ISO 和 ANSI 外的所有图案。

④自定义：显示所有用户添加到 AutoCAD 的搜索路径中的.pat 文件中的可用图案。

（3）"样例"框："样例"框显示了所选中填充图案的预览图片。单击此框也可显示如图 6-3 所示的"填充图案选项板"对话框。

图 6-2　"图案"下拉列表

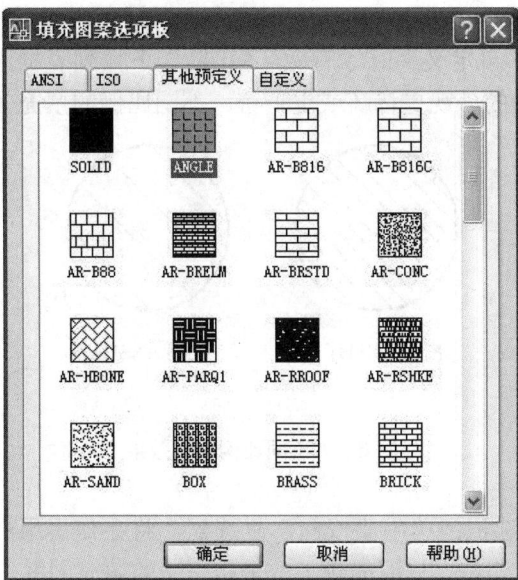

图 6-3　填充图案选项板对话框

（4）"自定义图案"下拉列表框："自定义图案"下拉列表框只有在"类型"下拉列表框中选择了"自定义"时才可用，否则该选项不可用（灰色显示）。"自定义图案"下拉列表框中列出了所有可用的"自定义"类图案。最近使用的自定义图案出现在列表的顶部。AutoCAD 将所选定的图案保存在系统变量 HPNAME 中。

同样，用户单击"自定义图案"下拉列表框右边的按钮"…"，AutoCAD 也会显示出"填充图案选项板"对话框图 6-3 所示，用户可以同时查看所有预定义图案、用户定义图案及自定义图案的预览图片，以帮助用户选择一种填充图案。

2."角度和比例"栏

"角度和比例"栏指定选定填充图案的角度和比例。

（1）"角度"下拉列表框："角度"下拉列表框可以让用户指定填充图案相对于当前用户坐标系 UCS 的 X 轴的旋转角度，当填充角分别为 0°和 45°时的填充效果如图 6-4 所示。

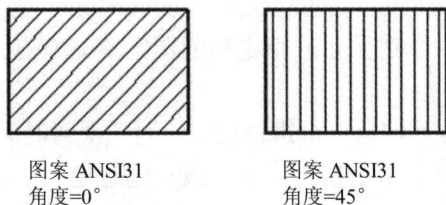

图案 ANSI31
角度=0°

图案 ANSI31
角度=45°

图 6-4　不同角度填充效果

（2）"比例"下拉列表框："比例"下拉列表框只有在"类型"下拉列表框中选择了"预定义"或"自定义"时才有效。"比例"下拉列表框用于设置填充图案的比例因子，以使图案的外观更稀疏或更稠密，不同比例的填充效果如图 6-5 所示。

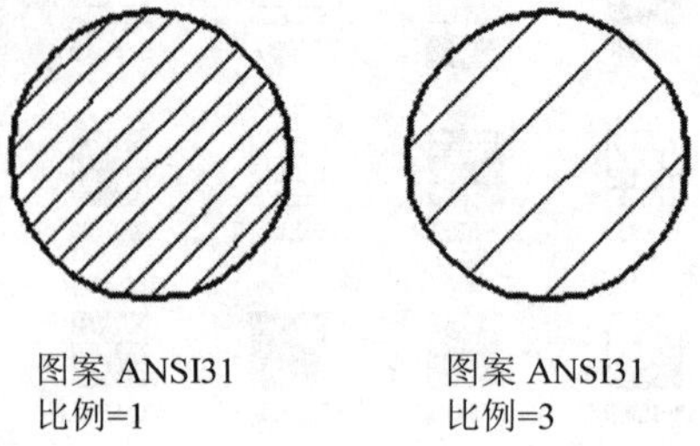

图案 ANSI31　　　　图案 ANSI31
比例=1　　　　　　　比例=3

图 6-5　不同比例填充效果

（3）"双向"复选框：选中"双向"复选框，将在使用用户定义图案时，与原始线垂直方向画第二组线，从而创建了一个相交叉的填充图案。此项只有在"类型"下拉列表框中选择了"用户定义"时才可用。

（4）"相对图纸空间"复选框：用于设置填充图案按图纸空间单位比例缩放。选中此选项后，可以将填充图案以一个合适于用户布局的比例显示。该选项只有在布局视图中才有效。

（5）"间距"：用于设置用户定义图案时填充线的间距。"间距"只有在"类型"下拉列表框中选择了"用户定义"时才有效。

（6）"ISO 笔宽"下拉列表框：用于设置"预定义"的 ISO 图案的笔宽。此选项只有在"类型"下拉列表框中选择了"预定义"类型并且选择了一种可用的 ISO 图案时才可用。

3."图案填充原点"栏

"图案填充原点"栏控制填充图案生成的起始位置。默认情况下，所有图案填充原点都对应于当前的 UCS 原点。如果某些填充的图案（例如砖块图案）需要与填充边界上的一点对齐，这时就要设置新填充原点。

（1）"使用当前原点"单选按钮：使用当前坐标系的原点作为填充图案生成的起始位置。

（2）"指定的原点"单选按钮：指定新的图案填充原点。单击此选项可使以下选项可用。

"单击以设置新原点"按钮：单击该按钮，对话框暂时关闭，命令行提示："指定原点："用光标在屏幕上单击指定一点，或从键盘键入点的坐标，该点为新的图案填充原点。

图 6-6 是用图案 BRICK 填充同一个矩形，图 6-6（a）是用"使用当前原点"填

充的结果；图 6-6（b）是用"指定的原点"（以左下角点 A 为填充原点）填充的结果。

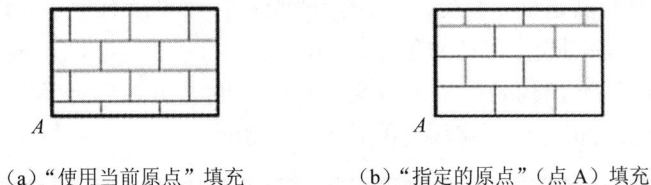

（a）"使用当前原点"填充   （b）"指定的原点"（点 A）填充

图 6-6　图案填充原点

"默认为边界范围"复选框：基于图案填充的矩形范围计算出新原点。选中该复选框，其下拉列表可用，可以从该下拉列表中选择该范围的四个角点或中心之一作为新原点。

"存储为默认原点"复选框：将新图案填充原点的值存储在 HPORIGIN 系统变量中，作为下一次图案填充的默认原点。

"原点预览"：显示原点的当前位置。在"默认为边界范围"的下拉列表选择后显示变化。

二、"渐变色"选项卡

渐变填充在一种颜色的不同灰度之间或两种颜色之间使用过渡，用于增强图形效果。使用"渐变色"选项卡，可实现渐变填充。"渐变色"选项卡的右侧与"图案填充"选项卡的右侧一样，图 6-7 所示的仅是"渐变色"选项卡的左侧。"渐变色"选项卡左侧包括以下内容：

1．"颜色"栏

1）"单色"单选按钮：用于指定使用从较深着色到较浅色调平滑过渡的单色填充。选择"单色"时，将显示如图 6-7（a）中的"颜色样本"（水平颜色条），其右侧是"浏览"按钮，单击该按钮，将打开"选择颜色"对话框，从中选择颜色。

"着色—渐浅"是"色调"滑动条，拖动滑块■或单击两侧的箭头◀或▶，"渐变图案"显示的 9 块颜色样例可以在"渐深"和"渐浅"之间变化。

2）"双色"选择按钮：用于指定在两种颜色之间平滑过渡的双色渐变填充。选中"双色"时，将显示如图 6-7（b）中的"颜色 1"和"颜色 2"颜色样本。在颜色样本的右边都有"浏览"按钮。单击该按钮，将打开"选择颜色"对话框，从中选择颜色。改变"颜色 1"和"颜色 2"，"渐变图案"显示的 9 块颜色样例也随即改变。

2．"渐变图案"栏

显示用于渐变填充的九种固定图案。这些图案包括线性扫掠状、球状和抛物面状图案。

3."方向"栏

（1）"居中"复选框：指定对称的渐变配置。如果没有选定此选项，渐变填充将朝左上方变化，创建光源在对象左边的图案。

（2）"角度"下拉列表：指定渐变填充的角度。相对当前用户坐标系 UCS 指定角度。此选项与指定给图案填充的角度互不影响。

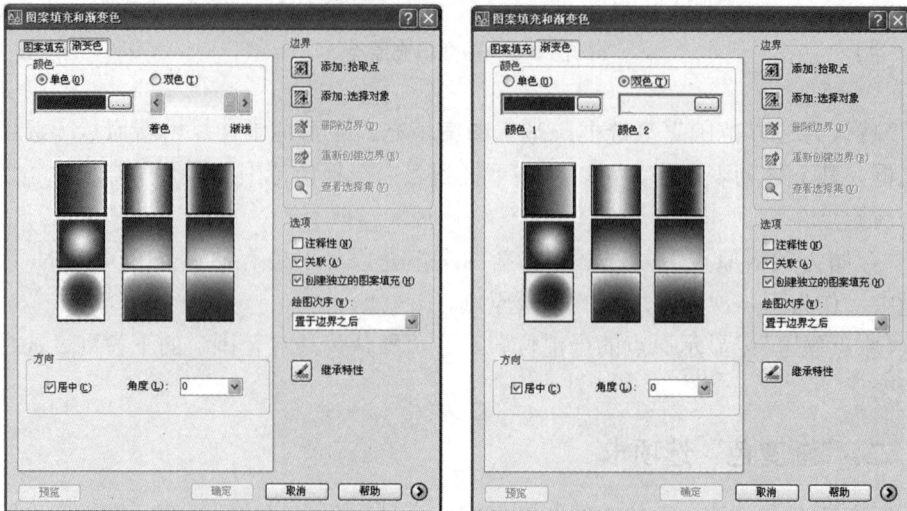

（a）"渐变色"选项卡"单色"　　　　（b）"渐变色"选项卡"双色"

图 6-7　"图案填充和渐变色"对话框

三、确定填充边界

在默认情况下，"图案填充和渐变色"对话框的右边是"边界"栏、"选项"栏和"继承特性"按钮，用于确定填充边界及图案与边界之间的关系。

1."边界"栏

（1）"添加：拾取点"按钮：单击"添加：拾取点"按钮，"图案填充和渐变色"对话框将暂时关闭，在命令行出现主提示：

拾取内部点或 [选择对象（S）/删除边界（B）]：// （在要图案填充或渐变填充的区域内单击，或键入 S、B 之一回车，或者键入 u 或 undo 放弃上一个操作，或直接回车返回对话框）

①对主提示以"拾取内部点"回答，即在要图案填充或渐变填充的区域内单击，AutoCAD 将自动确定边界进行填充。接下来操作过程如下：

正在选择所有对象…

正在选择所有可见对象…

正在分析所选数据...

正在分析内部孤岛...

拾取内部点或 [选择对象（S）/删除边界（B）]: // （在要图案填充或渐变填充的区域内单击，或者键入 S、B 之一回车，或者键入 u 或 undo 放弃上一个操作，或直接回车返回对话框）

正在分析内部孤岛...

......

拾取内部点或 [选择对象（S）/删除边界（B）]: ↙ // （或单击右键从菜单中选择"确认"）

接下来"图案填充和渐变色"对话框重新出现，单击其"确定"按钮，填充完成。

可以在多个相连的封闭区域内连续拾取内部点，也可以在多个不相连区域内连续拾取内部点（图 6-8）。

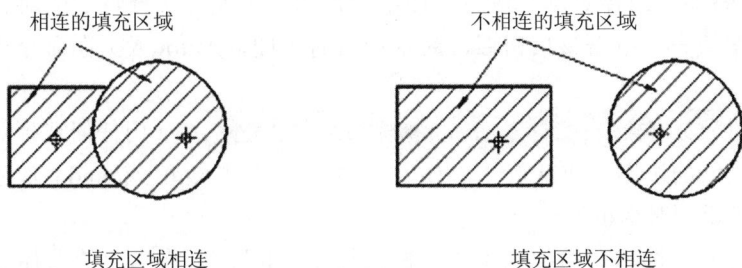

图 6-8　拾取内部点图案填充或渐变填充（⊕表示拾取的内部点）

图 6-9 所示的是通过拾取内部点来定义填充边界进行图案填充。拾取点位置不同，边界不同，填充结果不同。

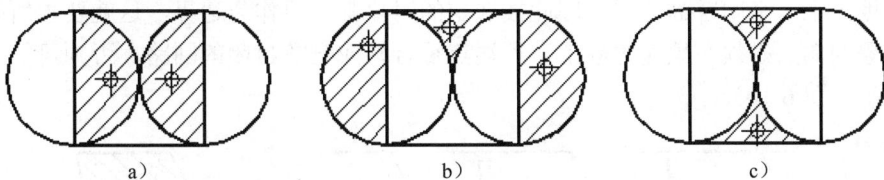

图 6-9　在对象内部拾取点进行图案填充（⊕表示拾取的内部点）

在拾取内部点时，如果 AutoCAD 发现所拾取的点在边界线外，或边界对象并非完全闭合且"允许的间隙"设置的不够大时，将弹出"边界定义错误"提示框，提示未找到有效的图案填充边界；如果 AutoCAD 发现所拾取的点在边界线外或边界对象并非完全闭合且"允许的间隙"设置的足够大时，将弹出"开放边界警告"

提示框，单击其中"是"按钮继续填充，单击"否"按钮放弃刚才指定的边界，单击"取消"放弃本次操作，返回"图案填充和渐变色"对话框。还可以选中其中的"保存此决定"复选框，以便下次再有类似问题时采取与这一次一致的选择。

在要求拾取内部点的时候，用户可以在绘图区右击，打开快捷菜单。用户可以通过该快捷菜单取消最近或所有的拾取点，改变选择方式，改变孤岛检测样式或预览图案填充等多项功能。

②对主提示键入"S"回车，把当前的"拾取内部点"确定填充区域边界方式变为"选择对象"确定填充区域边界方式。接下来的提示与后面的"添加：选择对象"按钮的命令行提示一样，请参看下面的"添加：选择对象"按钮。

③对主提示键入"B"回车，是转到"删除边界"选项，即从已经确定的填充区域边界中去掉某些边界。键入"B"回车后，接下来提示：

选择对象或 [添加边界（A）]： // （选择要去掉的边界对象或键入 A 回车返回到主提示）

（2）"添加：选择对象"按钮：使用该按钮，是通过选择特定的对象作为边界来进行图案填充。单击该按钮后，对话框暂时关闭，AutoCAD 在命令行的主提示变为：

选择对象或 [拾取内部点（K）/删除边界（B）]： // （用任何选择对象的方法选择填充区域的边界，或键入 K、B 之一回车，或键入 u 或 undo 放弃上一个选择，或回车返回对话框）

如果键入了选项"拾取内部点"的关键字"K"，则将当前的选择方式改为拾取内部点，接下来主提示转到拾取内部点的主提示，同时前面选择的填充边界也被取消。如果键入"B"回车，是转到"删除边界"选项，即从已经选中的填充边界中去掉某些边界。

当选中了"添加：选择对象"按钮后，是用户自己选择边界，AutoCAD 不再自动地建立一个闭合的边界。因此被选定的对象都将要作为边界，这就要求所有选中对象的端点必须在填充边界上，且端点重合构成一条封闭的回路，否则可能填充不正确（图 6-10）。

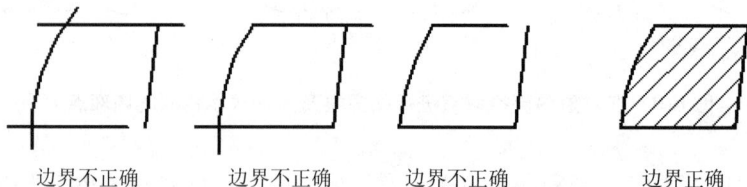

边界不正确　　　边界不正确　　　边界不正确　　　边界正确

图 6-10　使用"选择"按钮，边界须构成封闭回路

在用"添加：选择对象"按钮选择对象来定义填充边界时，AutoCAD 不会自动检测边界内部的孤岛（孤岛指填充区域内的对象）。如果用户选择了内部的孤岛，则其作为填充边界，并根据当前设置的孤岛检测样式来进行图案填充。如果不选，则孤岛不作为填充边界。因此，当填充的区域内部有文字（包括尺寸文字）时，选择对象时选中它，文字就不会被填充，并在其周围留有一部分区域以使文字清晰显示。如图 6-11 所示，没有选择内部的文字，则形成的填充覆盖该文字；如果用户选择文字对象，则文字作为边界的一部分不被填充。

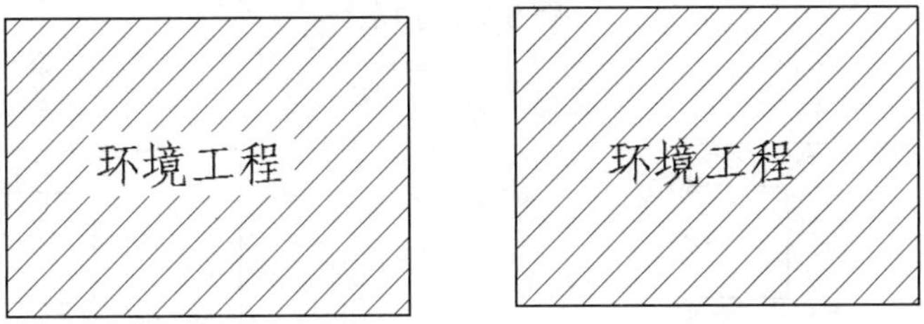

（a）选中文字作为边界　　　　　　　（b）不选文字作为边界

图 6-11　使用"选择"按钮，选择文字作为边界

（3）"删除边界"按钮：该按钮是在已经确定了一些边界后才可用，用于从已经确定的填充区域边界中去掉某些边界。单击该按钮后，"图案填充和渐变色"对话框将暂时关闭，命令行提示：

选择对象或 [添加边界（A）]：// （选择要去掉的边界对象或键入 A 回车返回到主提示）

选择对象或 [添加边界（A）/放弃（U）]：// （选择要去掉的边界对象或键入 A 回车返回到主提示或键入 U 回车放弃刚才的操作）

……

（4）"重新创建边界"按钮：此按钮在创建图案填充时不可用，而在编辑图案填充时可用。

（5）"查看选择集"按钮：暂时关闭对话框，并以上一次预览的填充设置显示当前定义的边界。在没有选取边界对象或没有拾取内部点以定义边界时，此选项不可用。

2．"选项"栏

（1）"注释性"复选框：选中该框，填充的图案具有注释性。

（2）"关联"复选框：选中该框为"关联"，否则为"非关联"。"关联"是指随着填充边界的改变图案填充或渐变填充也随着变化；"非关联"是指图案填充或渐变填充相对于它的填充边界是独立的，边界的修改不影响填充对象的改变。图 6-12 是原图，用拉伸命令 STRETCH 拉伸图形的右下角，图 6-13 是"关联"时的拉伸效果；图 6-14 是"非关联"时的拉伸效果。

图 6-12　原图

图 6-13　填充与边界关联的拉伸效果

图 6-14　填充与边界不关联的拉伸效果

（3）"创建独立的图案填充"复选框：控制当指定了几个独立的闭合边界时，是创建整个的图案填充或渐变填充对象，还是创建多个独立的图案填充或渐变填充对象。当选中该框时，多个图案填充对象独立；而不选中该框，多个独立的闭合边界内的图案填充对象将作为一个整体。图 6-15 和图 6-16 是一次命令填充图形的上下两块区域，图 6-15 是不选中"创建独立的图案填充"复选框的效果；图 6-16 是选中"创建独立的图案填充"复选框的效果。

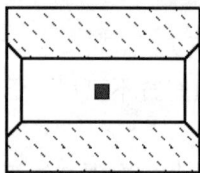

图 6-15　多个独立的填充图案为一个整体

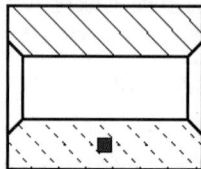

图 6-16　多个独立的填充图案各自独立

（4）"绘图次序"下拉列表框：为图案填充或渐变填充指定绘图次序。填充的图案可以放在所有其他对象之后、所有其他对象之前、图案填充边界之后或图案填充边界之前。有五种次序如下述：

不指定：不为图案填充或填充指定绘图次序；

后置：将图案填充或渐变填充置于其他对象之后；

前置：将图案填充或渐变填充置于其他对象之前；

置于边界之后：将图案填充或渐变填充置于图案填充边界之后（默认的初

始值）；

置于边界之前：将图案填充或渐变填充置于图案填充边界之前。

3．"继承特性"按钮

用户要使用与图形当中已存在的图案填充或渐变填充一样的图案，来填充新的区域时，可以选择"继承特性"按钮，表示一种特性的继承性。单击该按钮后，命令行提示：

选择图案填充对象：// （在某个图案填充或渐变填充上单击，继承其特性）

继承特性：名称 <ANSI31>，比例 <2>，角度 <0>

（或 继承的特性：角度 <0>）

接下来回到"拾取内部点或…的主提示。

4．预览

填充边界被选定后，单击鼠标右键，打开图 6-12 所示的右键菜单，单击"预览"项，显示图案填充的结果；或单击"确定"项，返回"图案填充和渐变色"对话框，再单击"预览"按钮，对话框关闭，显示图案填充的结果。此时命令行提示：

拾取或按 Esc 键返回到对话框或 <单击右键接受图案填充>：// （按 Esc 键返回到"图案填充和渐变色"对话框或单击右键或回车完成图案填充）

当然，选定填充边界返回"图案填充和渐变色"对话框后，单击"确定"按钮，则没有预览，图案填充完成。

四、其他选项区域

单击"图案填充和渐变色"对话框右下角的"⊙"按钮，可以展开对话框以显示其他选项，如图 6-17 所示。同时按钮"⊙"也变为"⊘"，单击"⊘"，对话框变为默认形式。其他选项包括以下内容：

1．"孤岛"栏

孤岛指填充区域内的对象，如封闭的图形、文字串的外框等。"孤岛"栏用于定义最外面的填充边界内部有孤岛时的图案填充方法。

（1）"孤岛检测"复选框：选中检测孤岛；否则不进行孤岛检测。

（2）"孤岛显示样式"：如果 AutoCAD 检测到孤岛，要根据选中的"孤岛显示样式"进行填充。如果没有内部孤岛存在，则定义的孤岛检测样式无效。图 6-17 的"孤岛显示样式："图例显示三种样式"普通""外部"和"忽略"进行图案填充的结果。

普通：填充从最外面边界开始往里，在交替的区域间填充图案。这样在由外往里，每奇数个区域被填充，如图 6-17 的"普通"所示。

外部：填充从最外面边界开始往里进行，遇到第一个内部边界后即停止填充，仅仅对最外边区域进行图案填充，如图 6-17 的"外部"所示。

忽略：只要最外的边界组成了一个闭合的多边形，AutoCAD 将忽略所有的内部对象，对最外端边界所围成的全部区域进行图案填充，如图 6-17 的"忽略"所示。

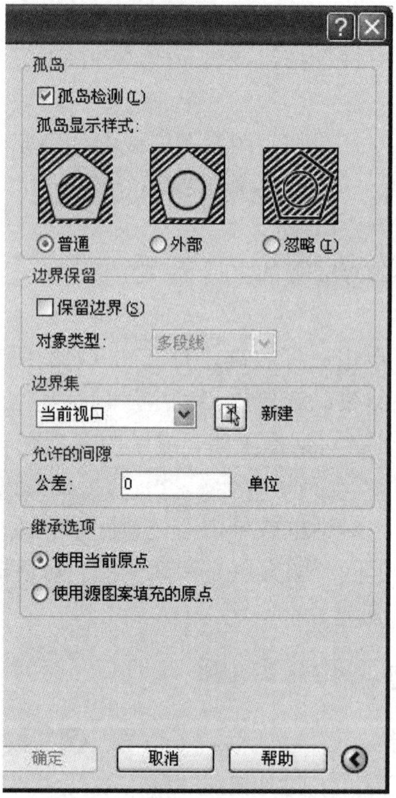

图 6-17　"图案填充和渐变色"对话框的其他选项区域

实际上，在进行图案填充和渐变色填充之前，应该选择一种孤岛显示样式。

除了上述选择"孤岛显示样式"的方法外，如果在"选项"对话框的"用户系统配置"选项卡中选中"Windows 标准"栏的"绘图区域中使用快捷菜单"复选框，用户还可以在单击了"添加：拾取点"按钮或单击了"添加：选择对象"按钮之后，在图形区右击，从弹出的快捷菜单中选择三种样式之一。

2."边界保留"栏

AutoCAD 在图案填充时会在被填充区域的内部用多段线或面域产生一个临时边界，以描述填充区域的边界，默认的情况是图案填充完成后系统自动清除这些临时边界。

（1）"保留边界"复选框：选中该框表示在图形中保留临时边界，并可作为一个图形对象使用。

（2）"对象类型"下拉列表：用于指定临时边界使用"多段线"还是"面域"。该项只有在选中了"保留边界"复选框时才有效。

图 6-18（a）是两条直线和两条圆弧形成的填充边界，图 6-18（b）是保留临时边界，对象类型为多段线，在擦除了直线和圆弧后的效果，可见填充区域仍有一条闭合的多段线；图 6-18（c）是不保留临时边界，在擦除了直线和圆弧后的效果。

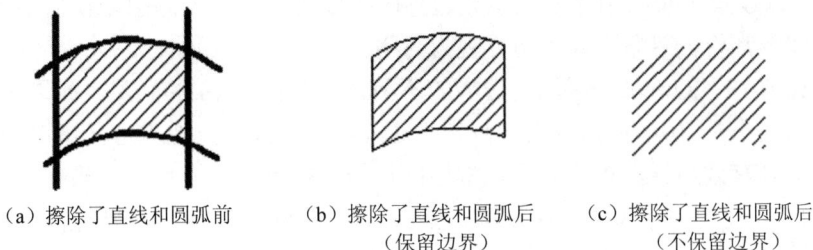

（a）擦除了直线和圆弧前 　　（b）擦除了直线和圆弧后 　　（c）擦除了直线和圆弧后
　　　　　　　　　　　　　　　　　（保留边界）　　　　　　　　　　（不保留边界）

图 6-18　临时边界的处理

3．"边界集"栏

当通过拾取填充区域内部一点而定义填充边界时，AutoCAD 要分析边界对象集。默认情况下是分析当前视口中所有可见的对象。用户可以重新定义边界对象集，忽略某些对象，使它们不在对象集内，同时也不用将它们隐藏或删除掉。对于较大的图形来说，重定义边界集可使生成边界的速度加快。但是，如果在图案填充时，通过"选择对象"来定义填充边界，则在此所选的边界对象集没有效果。

（1）"边界集"下拉列表：该下拉列表有两个选项，"当前视口"和"现有集合"，默认的是"当前视口"。

当前视口：使用当前视口中所有可见对象来定义边界对象集。在已有一个当前边界对象集时，选择此选项将忽略当前边界对象集而使用当前视口中所有可见的对象来定义边界对象集。

现有集合：一旦使用"边界集"下拉列表框右边的"新建"按钮选择了某些对象作为边界集，下拉列表框中将出现"现有集合"，这是采用用户指定的对象作为 AutoCAD 要分析的边界对象集。如果没有使用"新建"按钮选择过对象，则没有此选项。

（2）"新建"按钮：该按钮用于创建一个新的边界对象集。选择该按钮后，将暂时关闭对话框并提示用户选择用于构造边界集的对象，选择对象后回车返回对话框，AutoCAD 将用新选择的边界集来代替任何已有的边界集。在新建了边界集之后，AutoCAD 只分析该边界集，如果为填充图案而拾取的一点在该边界集以外，将显示"边界定义错误"提示框（图 6-10），提示未找到有效的图案填充边界。构造了一个边界集后，AutoCAD 将一直忽略不在该边界集中的对象，直到又创建了新的边界集或改用"当前视口"或退出命令。

4."允许的间隙"栏

"公差"文本框：设置将对象用作图案填充边界时可以忽略的最大间隙。默认值为 0，即对象作为边界时必须封闭而没有间隙。按图形单位输入一个值（从 0 到 5 000），以设置将对象用作图案填充边界时可以忽略的最大间隙。任何小于等于指定值的间隙都将被忽略，并将边界视为封闭。

如图 6-19（a），填充区域的边界的不闭合，有长为 10 的间隙。如果在"公差"框输入的值小于 10，在拾取内部点定义边界时，将弹出"边界定义错误"提示框，提示未找到有效边界，可采取提示框中的措施进行下一步操作。如果在"公差"框输入的值大于 10，在拾取内部点定义边界时，将弹出"开放边界警告"提示框，提示是否进行下一步操作。图 6-19（b）是在"公差"框中输入的值大于 10 填充的结果。

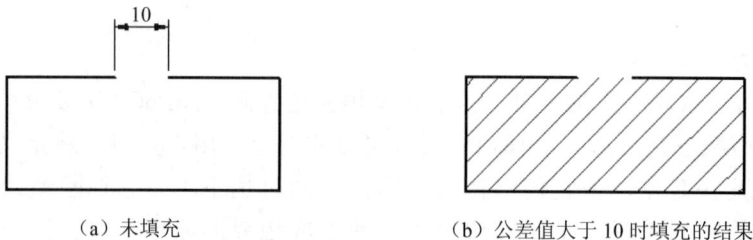

（a）未填充　　　　　　　　　　　（b）公差值大于 10 时填充的结果

图 6-19　填充区域的允许间隙

5."继承选项"栏

使用"继承特性"进行图案填充时，控制图案填充的原点位置。

（1）使用当前原点：在进行图案填充或渐变填充时使用当前的原点。

（2）使用源图案填充的原点：在进行图案填充或渐变填充时使用源图案的原点。

第三节　编辑图案填充

编辑图案填充 HATCHEDIT 命令可用于修改已填充图案及其某些特性。命令的执行方式：

命令：HATCHEDIT

菜单：【修改】➤对象➤图案填充

工具栏：【修改Ⅱ】➤

快捷菜单：选择一个图案填充对象，在绘图区域右击鼠标，从弹出的快捷菜单中选择"编辑图案填充"菜单项。

命令输入后，AutoCAD 提示：

选择关联填充对象：//选择要编辑的填充图案

用户选择一个关联图案填充对象后，AutoCAD 显示"图案填充编辑"对话框。"图案填充编辑"对话框与"边界图案填充"对话框完全一样，只是在编辑图案时，其中的某些项不可用。利用"图案填充编辑"对话框，用户可对已填充的图案进行诸如改变填充图案、改变填充比例和角度及孤岛检测样式等操作。用户可参照前面所讲的"边界图案填充"对话框使用方法。

*第四节　工具选项板

工具选项板是"工具选项板"窗口中选项卡形式的区域。使用工具选项板可进行快速图案填充。工具选项板也提供组织块、共享块和在图形中放置块的有效方法。工具选项板还可以包含由第三方开发人员提供的自定义工具。

一、"工具选项板"窗口

打开"工具选项板"窗口方法为：

命令：TOOLPALETTES

菜单：【工具】➤选项板➤工具选项板

工具栏：【标准】➤🖼

快捷键：Ctrl＋3

"工具选项板"窗口的默认位置是在绘图区域的右侧，其外观如图 6-20 所示。把光标移动到工具选项板窗口的标题上（当工具选项板窗口在 AutoCAD 窗口的两侧时，标题在工具选项板窗口的上部，当工具选项板窗口在其他位置时，标题在其右侧或左侧），按住鼠标左键，可拖动工具选项板窗口到屏幕的任何位置。当光标移到"工具选项板"窗口的左边缘时，光标变成双向箭头，按住鼠标左键拖动可改变"工具选项板"窗口大小。"工具选项板"窗口的各个选项卡可随时自由转换，只要用鼠标左键单击选项卡。拖动靠近标题条的滑块或单击上、下箭头，可浏览每个选项卡上的图案或块。

位于工具选项板上的命令工具、图案填充等称为"工具"。工具选项板上的工具位置可以重排，这只要在工具选项板中先选中工具，然后按住鼠标左键拖动这些工具。

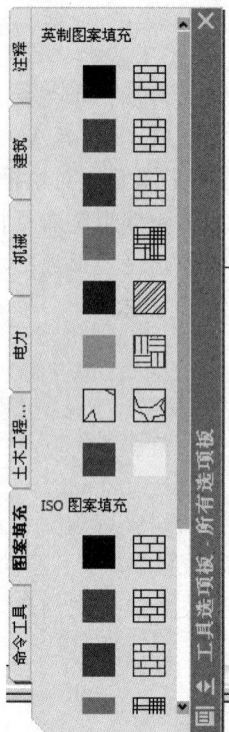

图 6-20　"工具选项板"窗口

二、使用工具选项板插入块和图案填充

　　工具选项板是"工具选项板"窗口中选项卡形式的区域。可以将常用的块和图案填充放置在工具选项板上。从工具选项板中拖动工具可以快速填充图案或把块放置到图形中。需要向图形中添加块或图案填充时，只需将其从工具选项板拖动至图形中即可。图 6-21 是从"ISO 图案填充"选项卡上拖动图案填充封闭区域。

　　如果使用此方法放置块，通常要在放置后对块进行旋转或缩放。如果从工具选项板中拖动块时可以使用对象捕捉，但不能使用栅格捕捉。

图 6-21　拖动图案填充封闭区域

将块从工具选项板拖动到图形中时，可以根据块中定义的单位比率和当前图形中定义的单位比率自动对块进行缩放。例如，如果当前图形的单位为米，而所定义的块的单位为 cm，单位比率即为 1 mm∶100 cm。将块拖动到图形中时，则会以1∶100 的比例插入。

● 提示：如果源块或目标图形中的"拖放比例"设置为"无单位"，则使用"选项"对话框的"用户系统配置"选项卡中的"源内容单位"和"目标图形单位"设置。

第五节　二沉池剖面图的设计

以环境工程设计中常见的二沉池剖面图（图 6-22）为例来说明图形填充命令的应用。

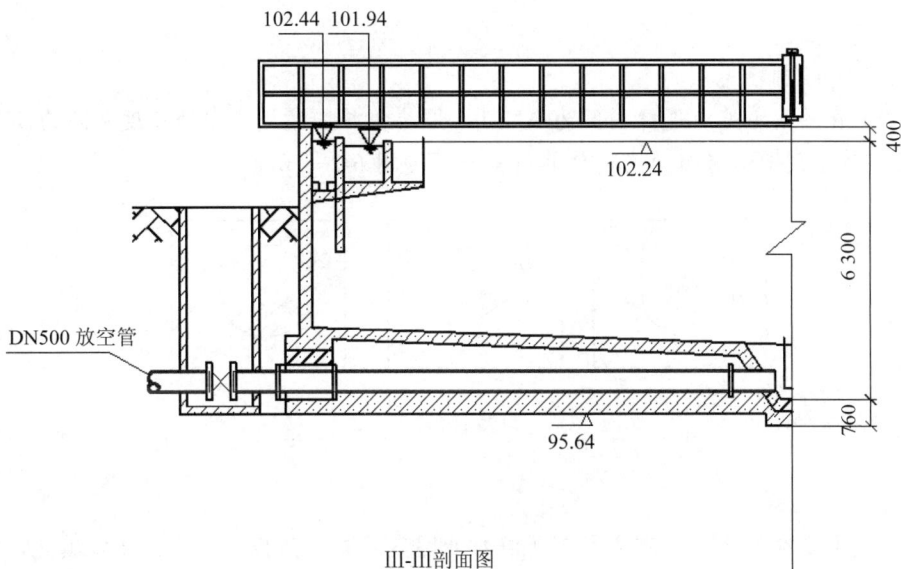

III-III剖面图

图 6-22　二沉池剖面

读者可参照以下提示完成该图的绘制。

（1）先绘制填充前二沉池的剖面图。

（2）单击工具栏上的填充按钮，打开边界图案填充对话框。

（3）在图案填充中选择图案为 SACNCR 的图样。

（4）单击拾取点按钮，出现拾取内部点提示符，在剖面图封闭区域内部任一位置单击鼠标左键，连续拾取各封闭区域一内点，按回车键。返回图案填充对话框，单击浏览按钮。

（5）直接按回车键，返回图案填充对话框，单击确定按钮，完成操作。

复习与思考练习题

1. 对下列图形进行填充，使其效果如习题图 6-1 所示。

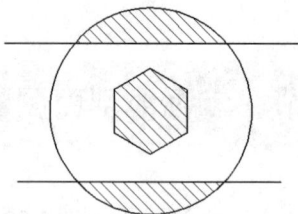

习题图 6-1

解题要点：

（1）先绘制填充前的图形。

（2）在图案填充中选择图案为 ANSI31 图样，将图案填充中的角度更改为 90°。

2. 对下列图形进行填充，使其效果如习题图 6-2 所示。

习题图 6-2

解题要点：

本题主要练习孤岛检测样式，所以打开图案填充对话框后，选择高级填充，然后逐一选择普通、外部和忽略即可。

3. 绘制图 6-22 所示的二沉池剖面，重点练习正确填充。

第七章 二维图形编辑及环境工程设计与应用

本章我们将进一步学习怎样对二维图形进行编辑操作，掌握好这些编辑命令，才能对图形中的某些实体进行修改或对现有图形重新修改设计。图形编辑功能大大增强了绘图的准确性和效率，而绘图时的技巧也可以通过灵活运用这部分的功能得以体现。

可以使用多种方法对某一图形对象进行编辑，常用的方法如下：

（1）输入各种编辑命令；

（2）通过【修改】（Modify）菜单选择编辑命令；

（3）在工具栏上选择"修改"类的编辑命令，除了集成在面板上的"修改"工具栏外，也可以到单独的"修改"工具栏；

（4）利用"夹点"（Grip）编辑；

（5）利用"对象特性"（Properties）对话框修改某个图形对象的特性。

第一节　图形对象的选择

一、图形对象的选择方法

当输入任何一个编辑命令时，AutoCAD 通常会提示"选择对象："，即要求用户选取要操作的图形对象。一般大部分的修改命令，可以选择多个对象，但有些修改命令，AutoCAD 将限制只能选取一个图形对象，如：BREAK、DIVIDE 等命令；对于 FILLET 和 CHAMFER 命令，AutoCAD 要求选择两个图形对象；而命令 AREA，AutoCAD 要求选择一系列的点或一个对象。

也可以先选择对象，再进行编辑，这时会跳过"选择对象："直接对选择好的对象进行相应的编辑操作，被选择的对象变为虚线且以高亮显示，同时出现蓝色的夹点，具体操作项见本章第二节（四）。

一般图形对象的选择方式包括点选方式（Point）、窗口方式（Window）、上一个（Last）、窗交方式（Crossing）、框方式（BOX）、全部方式（ALL）、栏选方式（Fence）、圈围方式（Wpolygon）、圈交方式（Cpolygon）、编组方式（Group）、添加（Add）、删除（Remove）、多个方式（Multiple）、前一个方式（Previous）、放弃

（Undo）、自动方式（AUto）、单个方式（Single）。选择时可依据灵活、便捷及准确的原则，输入对应的大写字母即可进行。

（1）点选方式。这是默认的一种选择方式。当出现提示"选择对象："时，将选择框直接移动到所要选择对象的任意部分，并单击鼠标左键，AutoCAD 系统将自动扫描屏幕，搜索出被光标选中的图形对象，则该对象以"醒目"的高亮方式显示，表示对象被选中，并且在提示区一般会重复出现"选择对象："提示，等待继续选择目标。这种选取方式一次只能选择一个图形对象，如选择的对象具有一定宽度时，要点取边界上的点，而不能点取区域内的点。

如果在点选时，选择了不应选择的对象，可按住 Shift 键并再次点取该对象，将其从当前的选择集中"拿掉"。

在彼此接近或基本重叠的一组对象中选择要修改的对象，可在"选择对象："的提示下，将光标置于要选择的对象上，按住 Shift 键并反复按空格键，这些重叠的对象循环高亮显示，当所需对象高亮显示时，松开 Shift 键，单击鼠标，则选中所需的对象，即为（14）循环选择方式。

（2）窗口方式（W）。这是一种用得较多的选择方式，该方式通过定义一个矩形窗口来选择要编辑的图形对象，只有完全在该窗口里的图形才能被选中，一次可选多个图形对象，而此时屏幕上的窗口显示为实线框。如图 7-1 中的左侧所示。命令行提示如下：

选择对象：W↙
指定第一角点：（也可用光标拾取）
指定对角点：（也可用光标拾取）

此时，完全包含在实线框内的三角形和水平直线被选中。

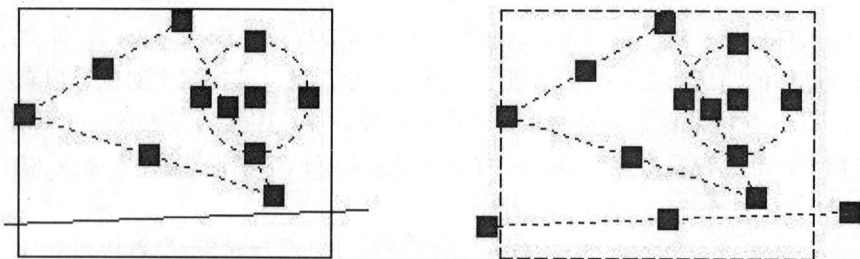

图 7-1　窗口及窗交方式

（3）窗交方式（C）。该方式也是用一个矩形窗口来选择要编辑的图形对象，与窗口方式基本相同，但区别是只要某个图形对象有部分处于窗口中即被选中，故它的选择范围较大，此时，屏幕上的窗口显示为虚线框，如图 7-1 中的右侧所示。

命令行提示如下：

选择对象：C↙

指定第一角点：（也可用光标拾取）

指定对角点：（也可用光标拾取）

此时，全部或部分处于虚线框内的三角形和两直线均被选中。

● 提示：在提示"选择对象："后也可用鼠标直接拖出一矩形区域，不过矩形由左至右拖出时 AutoCAD 默认为 W 方式，而由右至左拖出时为 C 方式。

（4）圈围方式（WP）。用圈围方式选择图形对象时，与用 Window 方式选择图形对象类似，不同之处在于 Window 方式选择图形对象时出现的是矩形窗口，而 Wpolygon 方式选择图形对象时出现的是多边形窗口。即在要选择的图形对象周围指定多边形的顶点来确定所要选择的区域，注意多边形的边与边不能相交，但多边形的形状可以通过拖动鼠标确定。指定满足要求的多边形后，按↙键确定，则 AutoCAD 将选择全部位于多边形内的图形对象。操作时只要在提示"选择对象："后键入 WP 并按↙键即可进行多边形顶点的确定。

（5）圈交方式（CP）。用圈交方式选择图形对象与用圈围方式选择类似，这种选择是多边形内或多边形经过的图形对象，只要某对象有一部分在多边形内就会被选中。操作时只要在"选择对象："后键入 CP 并按↙键即可。

（6）栏选方式（F）。这种选择与圈围和圈交相似，但不需要将多边形闭合。连线可以是一系列线段，也可构成一自身相交的多边形，即凡是与连线相交的实体即是所要编辑的图形对象。操作时只要在提示"选择对象："后键入 F 并按↙键即可往下操作。

（7）全选方式（ALL）。用 ALL 方式可以选择图形中所有的图形对象，但不包括被冻结或被加锁的图层里的图形对象，选择完后可用 Remove 选项移去不希望被选择的对象。注意操作时，在提示"选择对象："后必须键入全称 ALL，不能像其他选项那样只键入所使用选项的缩写。

（8）多个方式（M）。多个方式可以克服栏选、窗口和圈交方式的局限性。点选多个图形对象时比较费时间，因为每次点选 AutoCAD 均对屏幕进行整体扫描。选用该方式可以不延迟地点选多个图形对象，选择完后按↙键，AutoCAD 只对屏幕扫描一次即可记下全部的选择。如果图形对象排列得非常密集，点选某个图形对象后，无论在两个图形对象附近点选几次，也总是选择同一图形对象，并不会选到另一个图形对象。在提示"选择对象："后键入字母 M 且按↙键确定，如果已经选择了一个图形对象，则 AutoCAD 将把该对象排除在选择集以外而不会重复选择。

（9）单选方式（SI）。该方式的调用为在"选择对象："后键入 SI↙，当选择到一个图形对象后即结束选择，接下执行下一步的操作。依次选择的对象可以是一个，也可以是一组。如没有选到对象，指定的点也不能成为 Window 或 Cpolygon 矩形框的第一点，AutoCAD 将自动退出该命令。如选择对象成功，AutoCAD 将继续执行修改命令。

（10）框选方式（BOX）。出现提示"选择对象:"时，键入 BOX✓后进入该选择方式，此时光标由方框变为十字形。可实现窗口和交叉窗口两种方式的选择，即根据提示给出窗口两角点，如拾取的第二点位于第一点的右下方，则为窗口方式；拾取的第二点位于第一点的左上方，则为交叉窗口方式（与窗交方式 C 中的"提示"内容类似）。

（11）自动方式。这是 AutoCAD 系统默认的选择方式，也是最常用的一种选择方式，其功能包括直接的点选方式、窗口方式和交叉窗口方式。操作时，在提示"选择对象:"出现时，用光标拾取一点，如该点选中一个图形对象，即为点取方式；如拾取的点未选中目标，则自动变成 BOX 方式。

（12）添加方式（A）和删除方式（R）:

① 添加方式：在该方式下，任何最新选中的目标都被加入选择集中，对应的提示为"选择对象:"。每次调用一条编辑命令后，其初始的方式都为添加方式。

② 删除方式：这是针对选择集中的对象进行操作，在选择集中，将被选中的对象移出选择集。此时在屏幕上已"醒目"显示的对象被选中后，又恢复它的正常显示，表示它已被移出选择集，同时，出现"删除对象:"的提示。

在添加方式下，即在"选择对象:"的提示下，键入 R✓，则转入删除方式，出现"删除对象:"的提示；在删除方式下，即在"删除对象:"的提示下，键入 A✓，则转入添加方式，出现"选择对象:"的提示。

（13）放弃方式（U）。在"选择对象:"的提示下，键入 U✓，将取消最后一次进行的图形对象选择操作。

（14）循环选择方式。当几个实体交叉重叠在一起时，要从中选择一个实体十分困难，此时，可用循环选择方式。即在"选择对象:"提示下，按下 Ctrl 键的同时，将光标移至重叠点，单击鼠标左键，光标由方框变为十字，同时，在命令行出现提示"〈循环 开〉"，表明循环方式被打开。此时重复单击屏幕上任意一重叠点，可以循环选择重叠在一起的实体。

（15）上一个选择对象（P）。上一个选择对象的方法可以使用户对同样的对象或同一组对象执行几种操作。AutoCAD 2008 能记住最后一个选择集，并且可以使用上一个选择对象的方法来重新选择它。例如，如果已经移动了几个对象，现在想把它们复制到其他地方：先用复制 COPY 命令，然后在"选择对象:"提示下，键入 P✓响应，便可重新选择相同的对象。

（16）最后一个选择对象（L）。该方式选择图形对象可以很方便地选择最后创建的对象。即在"选择对象:"提示下，键入 L✓，进入该方式，选择调用编辑命令之前最后绘制的图形实体作为编辑目标。

（17）编组方式（Group）。所谓编组是已命名的对象选择集。与未命名的选择集不同，编组是随图形保存的。当把图形作为外部参照或将其插入到另一个图形中时，编组的定义仍然有效。只有绑定并且分解外部参照或分解块以后，才能直接访问那些被定义在外部参照或块中的编组。

创建或编辑编组时，可以指定它是否可选。如果一个编组是可选的，选中它的一个成员，将使当前空间符合条件的所有成员（注：锁定图层的成员不可选）都将被选中。另外，选择编辑组的方式也受系统变量 PICKSTYLE 的影响，如 PICKSTYLE 设置为关，则可单独选择编辑组成员。

创建编辑组

① 命令：GROUP✓　//打开"对象编组"对话框。

② 在"对象编组"对话框中的"编组标识"区输入编组名和说明（图 7-2）。

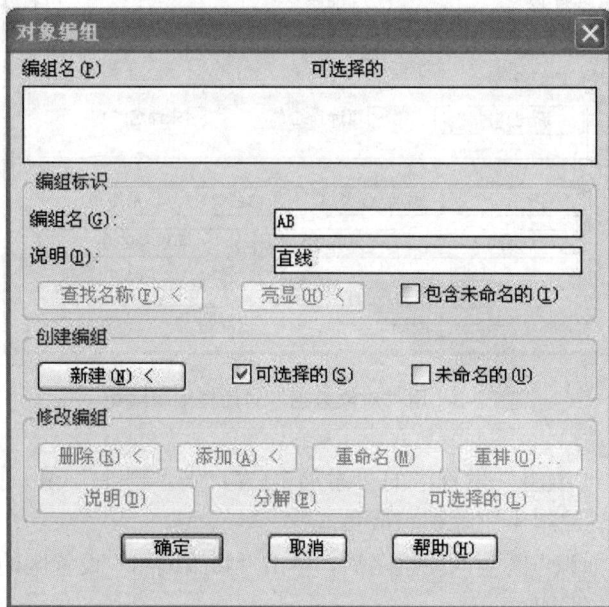

图 7-2　"对象编组"对话框

③ 单击"新建"按钮，这个对话框关闭。

④ 选择全部中心线后按回车键，返回到"对象编组"对话框。

⑤ 单击"确定"按钮，回到绘图区。则今后只要选择了任何一条中心线，全部的中心线将自动被选中。

选择编辑组

一般用户在"选择对象："的提示下直接输入编组名称来选择编组。如果系统变量 PICKSTYLE 被设为 1 或 3，那么选择了一个可选编组中的任一成员时，所有符合条件的成员就将被自动选中。如果某个对象同属多个可选编组，选择了该对象，则属于这些编组里的所有对象也将自动被选中。

编辑编组

打开"对象编组"的对话框，在"编组名"列表区选中想要修改的编组（图 7-3）即可进行编组编辑。

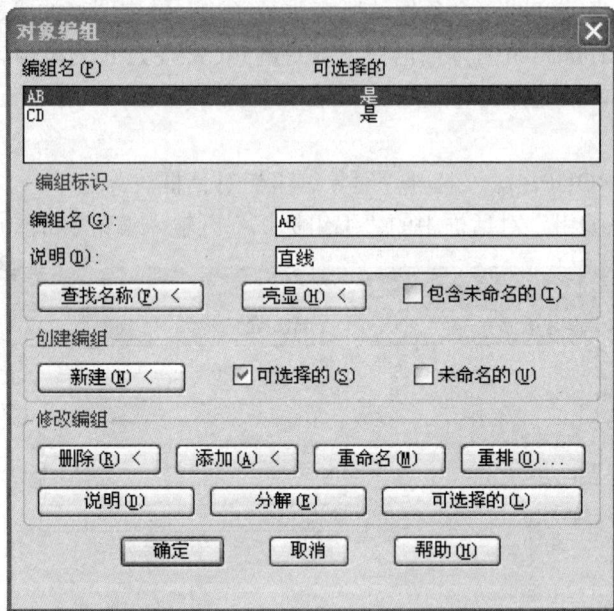

图 7-3 用"对象编组"对话框编辑编组

①单击"修改编组"设置区的"添加"（A）或"删除"（R）按钮，可向编组中增加组成员或从编组中删除编组成员。

②在"编组标识"区输入新组名后，单击"修改编组"设置区的"重命名"（M）按钮，可以重命名编组。

③在"编组标识"取输入编组说明后，单击"修改编组"设置区的"说明"（D）按钮，可为编组添加说明。

④单击"修改编组"设置区的"分解"（E）按钮，可以删除编组。

⑤单击"修改编组"设置区的"可选择的"（N）按钮，可以调整编组的可选择特性。

⑥单击"编组标识"区的"查找名称"（F）按钮，在绘图窗口中单击对象，可以查看该对象所属的编组。

⑦单击"编组标识"区的"亮显"（H）按钮，可在绘图窗中查看该编组的组

成员。

● 提示：删除一个编组成员将从编组定义中删除该对象。当一个编组成员包含在删除块中时，将从图形和编组中删除该对象。如果删除一个对象或把它从编组中删除，使编组为空，但编组仍保持原定义。

二、拾取框选择对象（PICKBOX）

在编辑图形时，用鼠标控制拾取框可以选择一个或多个对象。当输入某编辑命令并按回车后，十字光标会变成用于选择对象的目标框或拾取框，此时，可选择被编辑对象。改变拾取框的大小会影响选择精度。拾取框加大时，多余的对象会被加入到选择集中，反之，若拾取框过小会造成选择上的困难。AutoCAD 系统提供了可以更改拾取框的大小来增加或减少选择区域的大小的操作。即选择菜单【工具】➤选项（N）…，可进入对话框中的"选择集"选项卡。当拾取框大小中的鼠标由左向右移动时，拾取框尺寸变大，向左移动滑动条，减小拾取框的尺寸。也可以通过键盘输入命令的方式调整拾取框的大小，操作如下：

命令：PICKBOX ✓

输入 PICKBOX 的新值<3>：//输入新值

AutoCAD 输入的新值在 0~50，表示拾取框的尺寸。

选择对象可以在编辑对象的任意部分点取选择。将拾取框放置在所需选择的对象上，按下鼠标拾取键选择对象，输入目标框的位置坐标也可以进行选择。当选择有厚度的对象时，要将拾取框放置在对象的边线上而不是中心，这非常重要（前面也已提到过）。还要注意不要在对象的交点处进行选择。

三、快速选择（QSELECT）

当用户需要选择大量具有某些共同特性的对象时，可用"快速选择"对话框，根据对象特性（如图层、线性、颜色等）或对象类型（直线、多段线、图案填充等）创建选择集。AutoCAD 2008 提供了一个快速选择对象的功能。操作方法为：

命令：QSELECT

菜单：【工具】➤快速选择…

AutoCAD 2008 将弹出如图 7-4 所示的快速选择对话框。

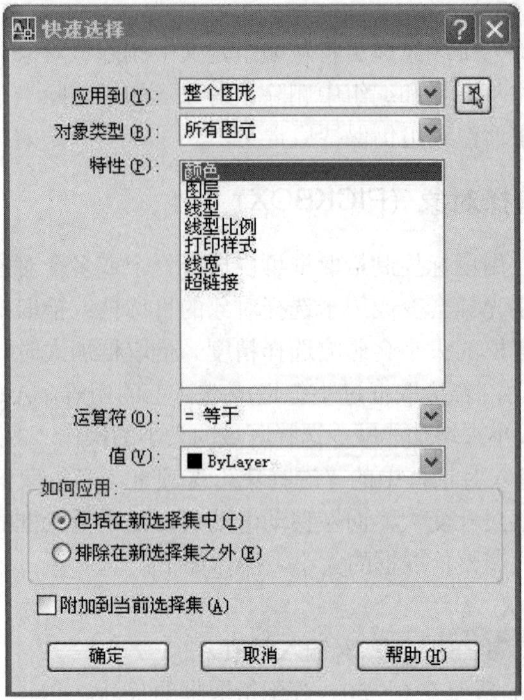

图 7-4 "快速选择"对话框

对话框中各个选项含义如下：

（1）应用到：该下拉列表框允许用户指定过滤条件：是应用到整个图形还是应用到当前选择集中。如果有当前选择集的话，则当前选择是缺省选项；如果没有当前选择集，则整个图形是缺省选项。

（2）选择对象按钮 ⬚：允许用户在绘图区中选择对象。单击该按钮，AutoCAD 2008 切换到绘图界面中，用户就可以根据当前所指定的过滤条件来选择对象。选择完毕后，按回车键结束选择并切回到"快速选择"对话框，同时将"应用到："的下拉列表框中的内容设置为"当前选择"。

（3）对象类型：该下拉列表框用于指定要过滤的对象类型。如果当前没有选择集，则在此框中列出 AutoCAD 2008 中所有可用的对象类型，如果已经存在选择集，则列表中仅包括所选择的对象类型。

（4）特征：该列表框用于指定作为过滤条件的对象特性。列表中包括了所选对象的所有可搜索的对象特性。AutoCAD 2008 将根据在 Properties（对象特性）对话框中指定的当前排列顺序来确定特性在"特性"列表框中的排列顺序。在此选择的特性将决定"运算符"下拉列表框以及"值"下拉列表框中的可用选项。

（5）运算符：该下拉列表框用于控制过滤的范围。根据所选对象特性，列表中可能的操作符包括"＝""＜""＞"以及"＊"（通配符）。其中"＜"和"＞"操作符对某些对象特性是不可用的，而"＊"操作符仅对可编辑的文本起作用。

（6）值：该下拉列表框指定用于过滤的特性的值。如果所选的值是可用的，则该值出现在列表中并且用户可以选择它。

（7）如何应用：该栏有两个单选项："包括在新选择集中"和"排除在新选择集之外"。如果选择前者，则由满足过滤条件的对象构成选择集；如果选择了后者，则由不满足过滤条件的对象构成选择集。

（8）附加到当前选择集：该复选选项用于指定由 QSELECT 命令所创建的选择集是追加到当前选择集中，还是替代当前选择集。

● 提示：

（1）若当前未选择对象，则"应用到"下拉列表区只有"整个图形"一项。

（2）"对象类型"下拉列表中出现的对象类型取决于当前图形中的已经绘制好的图形对象类型和在"应用到"下拉列表中的选择。

（3）"特性"列表区的内容取决于"对象类型"的设置。

（4）"运算符"和"值"下拉列表内容取决于"特性"列表区的选择。

例如，要在图 7-5 所示的样例中使用"快速选择"命令，选择 1 层中的全部直线，可按如下步骤操作：

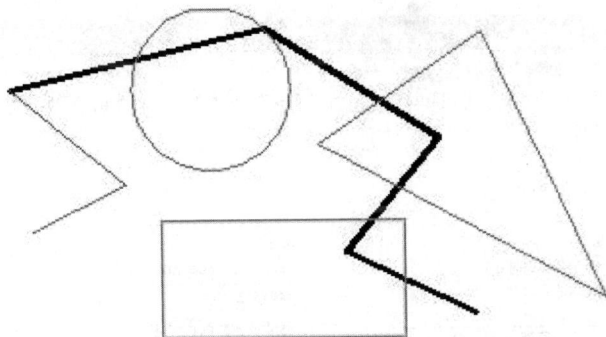

图 7-5　快速选择样例

（1）选择菜单【工具】▶快速选择…，打开"快速选择"对话框。

（2）在该对话框中的"应用到"下拉列表中选择"整个图形"。

（3）在"对象类型"下拉列表中选择"直线"，在"特性"列表区选择"图层"。

（4）在"运算符"下拉列表中选择"＝ 等于"，在"值"下拉列表中选择"图层 1"。

（5）在"如何应用"设置区中选"包括在新选择集中"。

（6）选择"确定"按钮，系统将选中图层 1 中的所有直线，如图 7-6 所示。

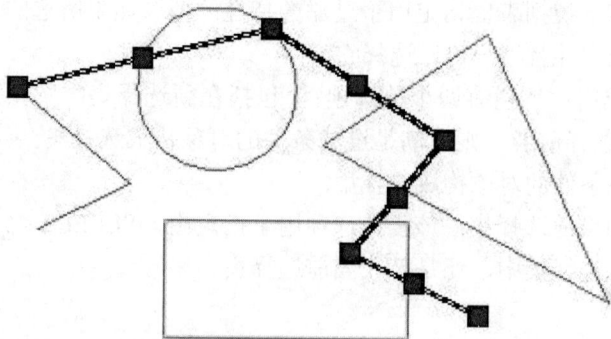

图 7-6　"快速选择"图层 1 中的直线

四、实体选择模式设置（DDSELECT）

选择菜单【工具】▶选项（N）…，再选择其中的"选择"选项卡，其中给用户提供了六种选择对象的模式，如图 7-7 所示。

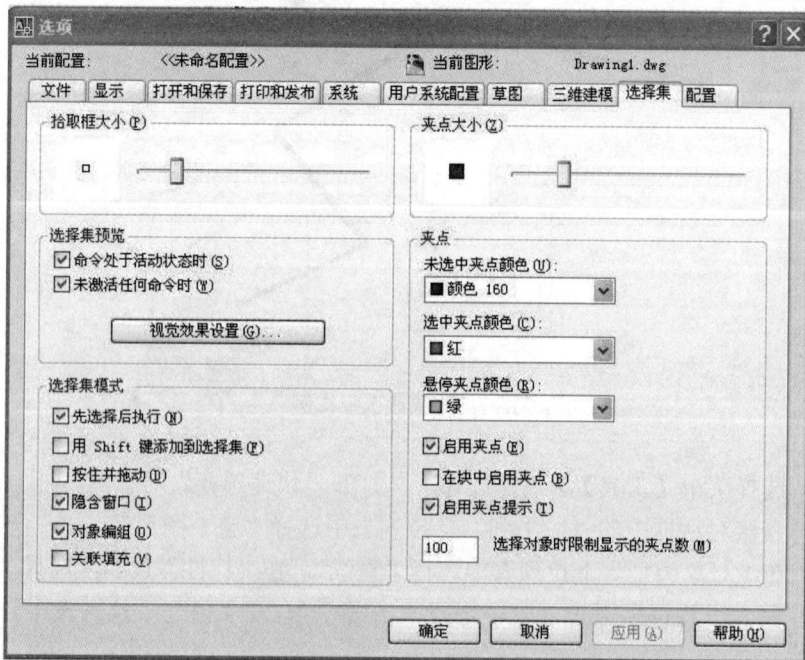

图 7-7　六种选择对象的模式

（1）先执行后选择（N）。AutoCAD 2008 提供了两种选择对象和编辑的方法：即一种是先调用编辑命令，后选择对象（此为常规模式）；而另一种是先选择对象，后调用编辑命令。此时，该模式在图 7-7 所示的对话框中被激活，打开一个图形文件，如选择某一直线，则直线颜色变亮且在中间及两端显示出一个方框，但是命令提示并未发生改变。键入一编辑命令回车后，可编辑被选中的直线。

先执行后选择的这一模式可用于下列的编辑命令：阵列（ARRAY）、改变（CHPROP）、镜像（MIRROR）、外部块（WBLOCK）、块（BLOCK）、动态视图（DVIEW）、移动（MOVE）、分解（EXPLODE）、修改（CHANGE）、删除（ERASE）、旋转（ROTATE）、完成 CHANGE 命令的子功能 CHPROP、填充（HATCH）、比例缩放（SCALE）、复制（COPY）、列表（LIST）、拉伸（STRETCH）等。

但是，另外一些编辑命令却要求在选择对象前执行，这些命令包括：打断（BREAK）、等分点（DIVIDE）、圆角（FILLET）、偏移（OFFSET）、倒角（CHAMFER）、延伸（EXTEND）、等距离点（MEASURE）、修剪（TRIM）等。

如果使用了这些编辑命令，将忽略在此之前构造的选择集。

（2）按住 Shift 键添加对象（S）。这个选项控制如何向一个已有的选择集添加对象。打开此状态按钮，可在已确定的选择集中加入实体时，必须按下 Shift 键，否则原来选择的实体将被取消。

（3）按住并拖动（D）。该选项定义控制选择窗口的方法。打开此状态按钮，在选择实体时，必须用拖动的方式才能形成窗口。如没打开此状态按钮，在选择实体时，将按通常的两点定义窗口的方式选择编辑对象。

（4）隐含窗口（I）。这是一种默认的选择方式。打开此状态按钮，系统将窗口方式和交叉窗口方式与直接点选方式一样都作为默认选择方式。否则，在"对象选择："提示下，必须键入 W 或 C，才能用窗口方式和交叉窗口方式选择实体。

（5）对象编组（O）。该选项决定成组对象按照单个对象还是一组对象进行识别。默认设置为激活状态 ON，编组对象作为一组目标进行操作。如关闭该选项，则成组对象仅能被单独地进行编辑。

（6）关联填充（V）。关联填充的复选框控制是否可以从关联填充中选择要编辑的对象。选中该复选框，用户可以只选择一个关联填充，即能选择该填充的所有对象，包括边界。

如果不选上述选项中的"关联填充"复选框，此时的填充方式为非关联填充，如果用户点取相应的填充对象，并不会选中边界，如图 7-8 所示的就是一个非关联填充对象。如果选中上述选项中的"关联填充"复选框，当用户点选填充对象，也将同时选中此填充对象的边界，如图 7-9 所示。

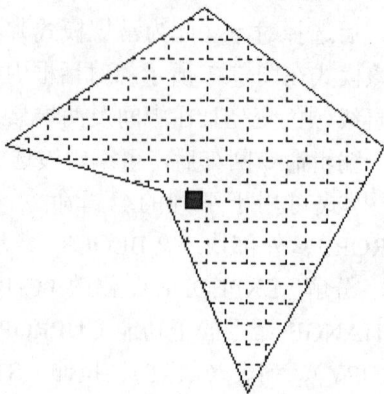

图 7-8　非关联填充中选择填充对象

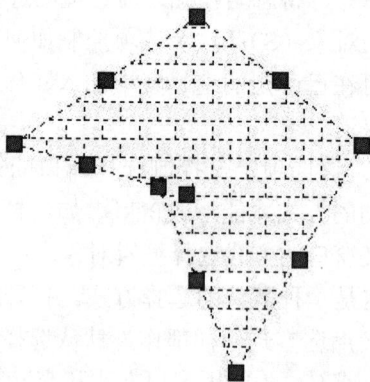

图 7-9　关联填充中选择填充对象

●　提示：此处的"关联填充"选项与"边界图案填充"对话框（详见第六章）中的"关联"与"不关联"是不一样的，建议读者在学习第六章时上机试试它们之间的不同之处。

第二节　图形对象的删除与恢复

一、删除命令（ERASE）

这个命令是用于删除图形中选定的图形对象。使用任何一种对象选择方式，可以采用先选择后执行的方式，也可先执行后选择。要删除一个或多个对象，操作方式如下：

命令：ERASE（或 E）

菜单：【修改】➤删除

工具栏：【修改】➤ ✎

如果未先选择对象，则命令启动后，将出现如下提示：

选择对象： //选择要删除的对象然后回车确定

二、恢复命令（OOPS）

在 AutoCAD 中，用删除命令删除某个对象后，这些对象只是临时性地被删除。只要不退出当前图形和没有存盘，用户就可以用恢复命令（OOPS）或放弃命令（UNDO）将被删除的图形恢复。操作方式如下：

命令：OOPS

● 提示：

（1）在建立块时，原图形消失后只能用该命令恢复。

（2）该命令只能恢复最近一次使用删除命令删除的对象，如连续两次使用删除命令，要恢复前一次图形对象，就只能使用放弃命令了。

三、放弃命令（UNDO）

在绘图过程中，每个人都可能不慎操作而失误，当失误严重时，会对图形文件造成很大的损失，AutoCAD 可以避免因不慎操作而造成损失。操作方式如下：

命令：UNDO（或 U）

菜单：【编辑】➤放弃

工具栏：【标准】➤ ↻

● 提示：

在命令提示符下，输入 U 和输入 UNDO 是不同的。输入 U 表示取消前一命令的执行，没有选项。而输入 UNDO 时，为全命令功能，它具有以下选项：

输入要放弃的数目或［自动（A）/控制（C）/开始（BE）/结束（E）/标记（M）/后退（B）］<1>:

（1）输入要放弃的操作数目：默认选项，直接输入取消的命令数目。

（2）后退（B）与标记（M）联合使用，返回到标记位置。

（3）标记（M）与后退（B）联合使用，在编辑过程中设置标记。

（4）结束（E）与开始（BE）配合使用，用户可以通过这两个选项定义为一个小组，用于定义命令组的结束位置。

（5）开始（BE）与结束（E）配合使用，用于定义命令组的开始位置。

（6）控制（C）的选项允许用户决定保留多少恢复信息。

（7）自动（A）的选项设置为 ON 后，同一菜单项后的几条命令操作可用一个 UNDO 命令返回。

四、重做命令（REDO）

在执行了放弃命令后，如果还需恢复命令的执行，可使用该命令。操作方式如下：

命令：REDO

菜单：【编辑】➤重做

工具栏：【标准】➤ ↷

快捷键：Ctrl+Y

● 提示：该命令只有在 U 或 UNDO 命令后才起作用，它仅指放弃命令的重新执行，如重复编辑或绘图命令，则通过在命令提示符下直接回车或单击鼠标右键，在弹出的快捷菜单中选取"重复…"选项即可执行。

第三节　复制对象（COPY 和 COPYCLIP)

将选定的图形对象一次或多次地重复绘制。

（1）利用复制命令复制图形。操作方式如下：

命令：COPY

菜单：【修改】➤复制

工具栏：【修改】➤ %

如果未先选择对象，系统将提示如下：

选择对象：//选择要编辑的对象

选择对象：//继续选择要编辑的对象或回车确定所选的对象

当前设置：复制模式 = 多个

指定基点或[位移（D）/模式（O)] <位移>：//取点（通常是取用特征点）以确定复制的基点或输入坐标确定基点。如输入 D，按提示输入坐标，则以原对象的位置为参考点按所输坐标的数值定复制出来的对象位置；如输入 O，可选择一次复制单个或多个对象，AutoCAD 默认模式是多个

指定第二个点或<使用第一个点作为位移>：//指定第二点或回车

指定第二个点或 [退出（E)/放弃（U)] <退出>：//制定一个点就复制一个对象，实现多重复制。输入 E，则退出复制命令；输入 U，即放弃上一个复制的对象

（2）利用剪贴板复制图形：剪贴板是 Windows 提供的一个实用工具，它可以很方便地实现应用程序间的数据和文本数据的传递。

首先，将所选择的图形复制到剪贴板上，操作方式如下：

命令：COPYCLIP

菜单：【编辑】➤复制

工具栏：【标准】➤

快捷键：Ctrl+C

系统将提示如下：

选择对象：//选择要复制到剪贴板的图形

选择对象：//继续选择图形对象或直接回车结束选择

其次，将剪贴板上的图形对象按比例粘贴到指定位置，操作方式如下：

命令：PASTECLIP

菜单：【编辑】➤粘贴

工具栏：【标准】➤

快捷键：Ctrl+V

指定插入点：//确定插入点

再次，利用剪贴板不但可以把图形复制到剪贴板上，还可以把图形剪切到剪贴板上，其操作方式如下：

命令：CUTCLIP

菜单：【编辑】➤剪切

工具栏：【标准】➤

快捷键：Ctrl+X

其余操作与上述的复制过程相同。

第四节　移动对象（MOVE）

该命令能将某一图形移动到新的位置。操作方式如下：

命令：MOVE

菜单：【修改】➤移动

工具栏：【修改】➤

如果未先选择对象，系统将提示如下：

选择对象：//选择要移动的目标

选择对象：//继续选择图形对象或直接回车结束选择

指定基点或［位移（D）］<位移>：//确定移动的基点

指定位移的第二点或<用第一点作为位移>：//确定移动的终点

● 提示：在确定移动的终点时，可以根据移动的距离需要，使用相对坐标定位。

第五节　旋转对象（ROTATE）

该命令能将某图形旋转一个指定的角度。操作方式如下：

命令：ROTATE

菜单：【修改】➤旋转

工具栏：【修改】➤ ↻

如果未先选择对象，系统将提示如下：

选择对象：//选择要旋转的图形对象

选择对象：//继续选择图形对象或直接回车结束选择

指定基点：//确定旋转中心，可以是任意点，但一般选择某个特殊点

指定旋转角度，或[复制（C）参照（R）] <0>：//输入旋转角度，此为默认选项。直接输入角度值，完成该命令操作。如果输入字母 C 或 R，意味着选择了边旋转边复制（保留旋转的原对象）或以相对角度的参考方式进行旋转，则进一步提示：

指定参照角<0>：//输入一个参照角度

指定新角度：//输入一个新的角度值

此时，输入的角度值与参照角度值的差值即为真正旋转的角度。

第六节　镜像对象（MIRROR）

对于一些对称的图形，通过该命令的编辑，可以很快捷地生成理想的图形，同时，原来的编辑目标也可保留或删除。操作方式如下：

命令：MIRROR

菜单：【修改】➤镜像

工具栏：【修改】➤ ⚠

如果未先选择对象，系统将提示如下：

选择对象：//选择要镜像的图形对象

指定镜像线的第一点：

指定镜像线的第二点：

是否删除源对象［是/否］<否>：// 是否删除选择的图形对象？如删除，键入 Y，如不删除，直接回车。

对于文本的镜像分两种情况：完全镜像与可识读镜像（图 7-10），用系统变量 MIRRTEXT 的值来控制，当数值为 0 时，文本为可识读镜像（图中左侧情形）；数值为 1 时，文本为完全镜像，不可识读（图中右侧情形）。操作过程如下：

命令：MIRRTEXT↙
输入 MIRRTEXT 的新值<0>：1↙

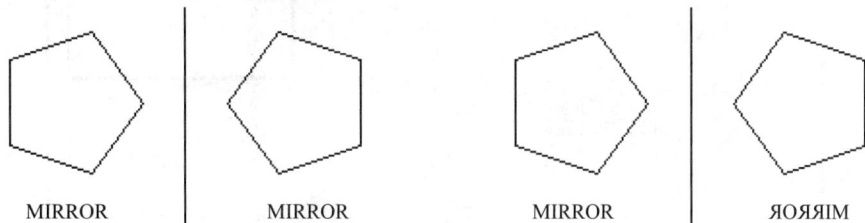

图 7-10　文本镜像的两种状态

第七节　阵列对象（ARRAY）

这是一个对选定的图形对象进行有规律复制的编辑命令。可分为矩形阵列（间距数值为"+"时，在坐标的正方向上进行复制；反之即在负方向上进行复制）和环形阵列（图形可随阵列中心旋转，缺省值为 360°），而环形阵列又分图形旋转和图形不旋转两种情况。操作方式如下：

命令：ARRAY
菜单：【修改】➤阵列
工具栏：【修改】➤

AutoCAD 系统自动弹出阵列对话框。

（1）矩形阵列（图 7-11）。图中的各选项含义如下：

① 选择对象：单击该按钮，返回到 AutoCAD 的绘图工作界面，用户选择将要进行阵列的图形对象，按回车键确认后返回上述对话框。

② 行（W）：确定矩形阵列的行数。

③ 列（O）：确定矩形阵列的列数。

④ 行偏移（F）：确定矩形阵列的行间距。

⑤ 列偏移（M）：确定矩形阵列的列间距。

⑥ 阵列角度（A）：确定矩形阵列旋转的角度。

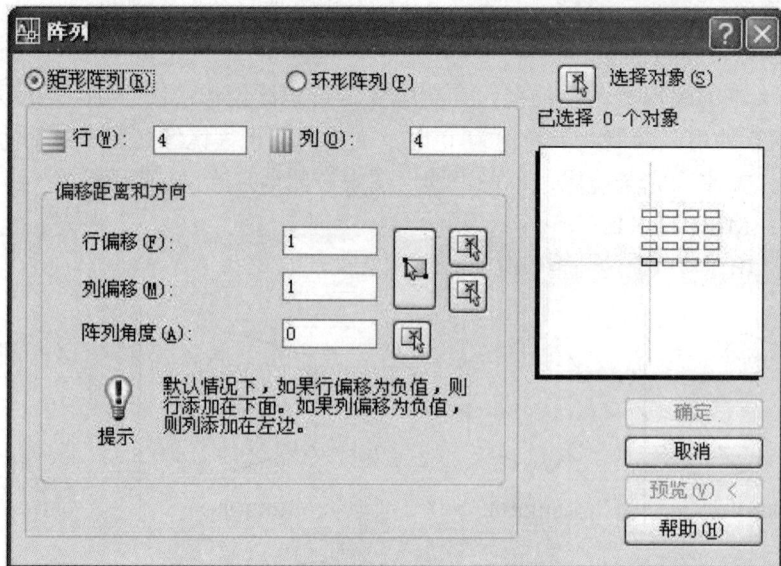

图 7-11　阵列（ARRAY）对话框

如图 7-12 所示为某四边形矩形阵列（不旋转与旋转 30°）的结果。

图 7-12　矩形阵列（ARRAY）结果

（2）环形阵列（对话框见图 7-13）。图中的各选项含义如下：

① 中心点：确定环形阵列中心位置。可以直接输入坐标值，也可以单击右侧的按钮，返回绘图工作界面，从屏幕上拾取。

② 方法和值：确定环形阵列的方式和参数。其中：

● 方法（M）下拉列表框：确定环形阵列的方式。单击右侧的下拉箭头，在弹出的下拉列表框中，选择环形阵列的方式。

● 项目总数（I）编辑框：分别用来确定图形阵列总数、填充角度和两图形间的角度数值。一般情况下，角度数值为"＋"时，图形沿逆时针方向环形阵列；角度数值为"－"时，图形沿顺时针方向环形阵列。

● 填充角度（F）编辑框：确定图形环形阵列时的区域。图 7-14（a）为环形阵列结果一例。

● 项目间角度（B）编辑框：设置阵列对象之间的夹角。

● 复制时旋转项目（T）复选按钮：确定环形阵列图形时，图形本身是否绕基点旋转。某矩形的环形阵列结果参见图 7-14（b）。

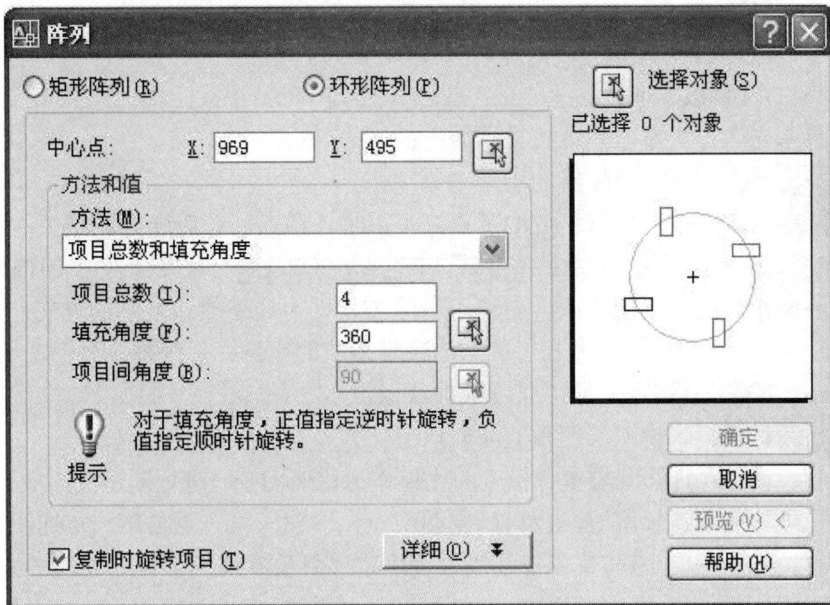

图 7-13　环形阵列对话框

（a）环形阵列得到某法兰盘上的螺栓孔　　　（b）环形阵列且绕基点旋转

图 7-14

第八节　比例缩放对象（SCALE）

该命令将编辑目标按给定的基点和比例因子放大或缩小。操作方式如下：

命令：SCALE

菜单：【修改】➤缩放

工具栏：【修改】➤ ⬚

如果未先选择对象，系统将提示如下：

选择对象：//选择要编辑的图形对象

指定基点：//选择比例缩放的基点，可以是任意点，一般选特征点

指定比例因子或［复制（C）/参照（R）］<1.0000>：//直接输入一个比例因子，进行缩放操作，此为默认选项。如输入字母 C，即为边缩放边复制的方式；如输入 R，即选择参考方式，用参考长度的方法确定缩放的比例。后续提示为：

指定参考长度<1>：//输入长度数值或取点

指定新长度：//输入长度数值或取点

此时，系统以新长度与参考长度的比值作为比例因子，进行图形的缩放。另外，在输入参考长度和新长度时，也可确定两个点，即输入第一点与第二点连线长度确定"参考长度"，第一点与第三点连线长度确定"新长度"。

第九节　偏移对象（OFFSET）

该命令将对编辑目标进行偏移复制，绘出与原图形对象平行且相距一定距离的新图形。操作方式如下：

命令：OFFSET

菜单：【修改】➤偏移

工具栏：【修改】➤ ☁

系统将提示如下：

当前设置：删除源=否　图层=源　OFFSETGAPTYPE=0

指定偏移距离或［通过（T）/删除（E）/图层（L）］<通过>：

（1）输入偏移距离，也可用光标拾取两点来确定偏移距离，此为默认选项。后续提示为：

选择要偏移的对象，或［退出（E）/放弃（U）］<退出>：//选择要偏移复制的对象或直接回车退出该命令

指定要偏移的那一侧上的点，或［退出（E）/多个（M）/放弃（U）］<退出>：//确定所要复制的新图形在源对象的哪一侧，用光标拾取一点即可

选择要偏移的对象，或［退出（E）/放弃（U）］<退出>：//可继续选择要偏移的对象，或回车结束命令

（2）输入字母 T，出现后续提示：

选择要偏移的对象，或［退出（E）/放弃（U）］<退出>：//选择要偏移复制的对象或直接回车退出该命令

指定通过点或［退出（E）/多个（M）/放弃（U）］：//确定所要复制的新图形将通过的位置，常常通过光标拾取一点来确定

选择要偏移的对象，或［退出（E）/放弃（U）］<退出>：//可继续选择等距离对象，或回车结束命令

用该命令可非常方便地绘制运动场的环形跑道，参见图 7-15。

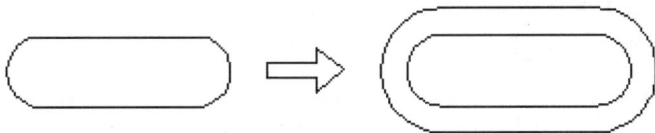

图 7-15 某运动场环形跑道绘制过程示意图

（3）输入字母 E，出现后续提示：

要在偏移后删除源对象吗？［是（Y）/否（N）］<否>：//可按需要控制偏移时是否保留源对象

（4）输入字母 L，出现后续提示：

输入偏移对象的图层选项［当前（C）/源（S）］<源>：//可按需要控制偏移对象是否与源对象在同一层

（5）在指定通过点或［退出（E）/多个（M）/放弃（U）］：//输入字母 M，则打开重复偏移模式。如果已经指定过偏移距离，则以确定好的距离重复偏移的操作

第十节 分解对象（EXPLODE）

该命令可将块、多段线、多边形或尺寸标注等分解为最基本的图形（文本）单元。操作方式为：

命令：EXPLODE

菜单：【修改】➤分解

工具栏：【修改】➤

如果未先选择对象，系统将提示如下：

选择对象：//选择将编辑的图形对象

选择对象：//继续选择将编辑的图形对象或回车结束命令

第十一节 打断对象（BREAK 和 BREAK AT POINT）

一、实体打断命令（BREAK）

其功能是用于删除图形对象的一部分或将一个图形对象分成两部分。操作方式如下：

命令：BREAK

菜单：【修改】➤打断

工具栏：【修改】➤□

系统将提示如下：

选择对象：//选择将编辑的图形对象，同时确定了第一打断点

指定第二个打断点或［第一点（F）］：//此时可有三种操作方式：确定第二个打断点或输入字母 F 重新选定第一个断点

如果直接输入第二个断点，则删除选择对象时的拾取点与第二断点之间的部分实体；输入的第二个断点用符号@代替时，表示用选择对象时的拾取点切开实体，相当于操作二，实体打断于点命令□；输入字母 F 则重新选择第一个断点，而后是选第二个断点，断开两点之间的部分实体。

● 提示：实体的断开与输入的第一、第二断点顺序有关，第二断点还可以不落在实体上，AutoCAD 自动把该点在实体上的垂直投影点作为第二断点。

二、实体打断于点命令（BREAK AT POINT）

该种打断方式是在选择的图形对象上，以确定的点将实体打断。操作方式如下：

工具栏：【修改】➤□

系统将提示如下：

选择对象：//选择将编辑的图形对象

指定第一个打断点：//确定断点

指定第二个打断点：@ //系统会自动执行该步骤，把所选择的图形对象打断为两个实体。

第十二节　修剪对象（TRIM）

该命令可以把用选定的实体做剪切边界去修剪某些实体，即部分删除某些实体。操作方式如下：

命令：TRIM

菜单：【修改】➤修剪

工具栏：【修改】➤ ﹣

系统将提示如下：

当前设置：投影=UCS，边=无

选择剪切边…… //显示当前设置所采用的投影模式与边界模式

选择对象或 <全部选择>：//选择用来做边界的实体或直接回车表示图上全部对象均选

选择对象：//继续选择用来做边界的实体或结束选择

选择要修剪的对象，或按住 Shift 键选择要延伸的对象，或

[栏选（F）/窗交（C）/投影（P）/边（E）/删除（R）/放弃（U）]：

此时，有多种选项可操作：

（1）直接点取被切实体的被切部分，这是默认选项，可选多个实体进行切除。

（2）如果剪切边和被剪切实体没有相交，按着 Shift 键的同时，选择某个实体，则将该实体延伸到前面选好的剪切边。

（3）输入字母 F，表示以栏选的方式选择被切实体的被切部分。

（4）输入字母 C，表示以窗交的方式选择被切实体的被切部分。

（5）输入字母 P，出现后续提示：

输入投影选项［无（N）/UCS（U）/视图（V）］<UCS>：//输入字母 N，按三维方式修剪，这只对空间相交的实体有效；输入字母 U，在当前用户坐标系 UCS 的 *XOY* 平面上修剪在三维空间中没有相交的实体；输入字母 V，表示在当前视图平面上修剪。

（6）输入字母 E，出现后续提示：输入隐含边延伸模式［延伸（E）/不延伸（N）］<不延伸>：//输入字母 E，按延伸方式修剪，此时如果剪切边短，没有与被剪切对象相交，系统将按剪切边延长后与被剪切对象相交的状态进行修剪；输入字母 N，按剪切边的情况修剪，如果剪切边与被剪切对象不相交，则不进行修剪。

（7）输入字母 R，则按后续提示选择要删除的实体对象或回车退出删除操作。

（8）输入字母 U，取消前一次的操作。

第十三节　延伸对象（EXTEND）

在编辑图形过程中，可以使某图形对象延伸，让其在其他对象定义的边界处结束，包括隐含的边界，即如果延伸则可能相交的某条边界对象。操作方式如下：

命令：EXTEND

下拉菜单：【修改】➤延伸

工具栏：【修改】➤ ---/

系统将提示如下：

当前设置：投影=UCS，边=无

选择剪切边… // 显示当前设置所采用的投影模式与边界模式

选择对象或 <全部选择>： // 选择用来做边界的实体或直接回车表示图上全部对象均选

选择对象： // 继续选择用来做边界的实体或结束选择

选择要延伸的对象，或按住 Shift 键选择要修剪的对象，或

[栏选（F）/窗交（C）/投影（P）/边（E）/放弃（U）]：

此时，有多种选项可操作：

（1）直接点取要延伸的对象，这是默认选项。选择各个需延伸的对象延伸到所选定的边界处。

（2）按住 Shift 键选择要修剪的对象，这个选项主要用来提供修剪的功能。只要选择了与所选定的边界对象相交的某个对象，则该对象在拾取端的部分所选边界处被修剪。

（3）输入字母 F，表示以栏选的方式选择需延伸实体的延伸部分。

（4）输入字母 C，表示以窗交的方式选择需延伸实体的延伸部分。

（5）输入字母 P，出现后续提示：

输入投影选项 [无（N）/UCS（U）/视图（V）] <UCS>： // 选项的具体内容与修剪命令相同

（6）输入字母 E，出现后续提示：

输入隐含边延伸模式 [延伸（E）/不延伸（N）] <不延伸>： // 选项的具体内容与修剪命令相似

（7）输入字母 U，取消前一次的操作。

第十四节　拉伸对象（STRETCH）

该命令能将所选择的图形对象进行部分移动，同时保持与未移动的部分相连接，即与其相连接的图形被拉长或缩短。操作方式如下：

命令：STRETCH

菜单：【修改】➤拉伸

工具栏：【修改】➤ ◫

系统将提示如下：

以交叉窗口或交叉多边形选择要拉伸的对象…

选择对象：//选择要拉伸的对象

选择对象：//选择要拉伸的对象或结束选择

指定基点或 [位移（D）]<位移>：//确定基点，出现提示

指定位移的第二个点<或用第一个点作位移>：//确定第二个点则把对象拉伸至该点位置，或直接回车，将第一点的矢量作为位移量进行拉伸

输入字母 D，则按提示输入的坐标数值来进行各坐标方向的拉伸长度。

第十五节　拉长对象（LENGTHEN）

用该命令可以修改某图形对象的长度，或者圆弧的包含角。操作方式如下：

命令：LENGTHEN

菜单：【修改】➤拉长

系统将提示如下：

选择对象或 [增量（DE）/百分数（P）/全部（T）/动态（DY）]：//直接选取要拉长的对象，此为默认选项。也可输入字母确定拉长的方式，如：

（1）输入字母 DE，以增量方式修改选择对象的长度，接着出现后续提示：

输入长度增量或 [角度（A）]<0.0000>：//直接输入直线或圆弧的增量值。系统接着提示：

选择要修改的对象或 [放弃（U）]：//在该提示下选择直线或圆弧后，所选的图形对象会按指定的长度增量在拾取点靠近的一端变长或变短。当输入数值为正时变长，为负值时变短。而输入角度的选项只适用于圆弧，它根据圆弧的包含角增量来修改圆弧的长度，后续的操作与选择直线或圆弧相似。

（2）输入字母 P，则以相对原长度的百分比来修改直线或圆弧的长度。选择该

选项，出现后续提示：

输入长度百分数<100.0000>： //输入拉长或缩短的百分比，接着系统提示：

选择要修改的对象或［放弃（U）］： //选择了要修改的对象后，被选中的圆弧或直线在靠近拾取点一端按指定的百分数变长或变短。如果输入的数大于 100 则拉长所选图形对象，小于 100 则缩短。

● 提示：百分数不能为零和负数。

（3）输入字母 T，以给定直线新的总长度或圆弧的新包含角来改变原有长度。选择该选项后，出现后续提示：

指定总的长度或［角度（A）］<1.0000>： //输入直线或圆弧新的长度值后，按要求进行对象选择，即可把所选的直线或圆弧的长度变为新的数值。如指定圆弧的新包含角，该选项只适用于圆弧，出现的后续提示为：

指定总角度<57>： //用户可依次指定圆弧的新的包含角和要修改的圆弧即可。

（4）输入字母 DY，则让用户通过拖动鼠标，动态地改变直线或圆弧的长度，比较直观，效果明显，属于非准确性改变长度。此时出现提示：

选择要修改的对象或［放弃（U）］： //用户选择了要修改的图形对象后，作图区出现一条"橡皮筋"，动态地显示所选对象长度的变化情况，只要按提示给出新的端点，圆弧或直线的长度就发生相应的改变。

下面举例说明拉长（LENGTHEN）命令的使用情况。

如图 7-16 所示的包含角为 90°的圆弧，对其进行拉长处理，使其拉长的长度为原来的 1.5 倍，可以通过以下 3 种方式来实现。

图 7-16　要拉长的圆弧

方式一：利用长度拉长。操作如下：

命令：LENGTHEN✓

选择对象或［增量（DE）/百分数（P）/全部（T）/动态（DY）］：P✓

输入长度百分数<100.0000>：150✓

选择要修改的对象或［放弃］： //选择图 7-16 中的圆弧

选择要修改的对象或［放弃］： ✓

最终拉长后的结果见图 7-17。

图 7-17　拉长后的圆弧

方式二：利用角度来改变其长度。

命令：LENGTHEN↙

选择对象或［增量（DE）/百分数（P）/全部（T）/动态（DY）］：T↙

指定总的长度或［角度（A）］<1.0000>：A↙

指定总角度<57>：135↙

选择要修改的对象或［放弃］：//选择图 7-16 中的圆弧

选择要修改的对象或［放弃］：↙

最终拉长后的结果见图 7-17。

方式三：利用角度增量来拉长。

命令：LENGTHEN↙

选择对象或［增量（DE）/百分数（P）/全部（T）/动态（DY）］：DE↙

输入长度增量或［角度（A）］<0.0000>：A↙

输入角度增量<0>：45↙

选择要修改的对象或［放弃］：//选择图 7-16 中的圆弧

选择要修改的对象或［放弃］：↙

最终拉长后的结果见图 7-17。

第十六节　倒角（CHAMFER）

对两个非平行的图形对象倒角，可以通过延伸或修剪，使得它们相交或利用斜线连接，如图 7-18 所示。操作方式如下：

命令：CHAMFER

菜单：【修改】➤倒角

工具栏：【修改】➤

初始对象　　　　零距离倒角　　　　非零距离倒角

图 7-18　倒角示例

命令启动后，将提示如下：

（"修剪"模式）当前倒角距离 1 = 0.000 0，距离 2 = 0.000 0　//说明当前的

倒角模式

选择第一条直线或［放弃（U）/多线段（P）/距离（D）/角度（A）/修剪（T）/方式（M）/多个（M）］：

各选项含义如下：

（1）选择第一条直线，此为默认选项。直接拾取要倒角的第一条直线后，按系统提示选择一条与第一条直线相邻的直线，则系统自动按照当前的倒角模式对这两条直线进行倒角处理。

（2）输入字母P，则对整条多段线进行倒角，接着出现后续提示：*选择二维多段线*，在此提示下选择了多段线后，系统即自动按照当前模式对该多段线的各个顶点进行倒角处理。

（3）输入字母D，则设置第一个和第二个的倒角距离，而后出现后续提示：

指定第一倒角距离<0.0000>：//输入一个位于第一直线方向上的倒角数值，如10↙

指定第二倒角距离<10.0000>：//输入一个位于第二直线方向上的倒角数值，如10↙

选择第一条直线或［多线段（P）/距离（D）/角度（A）/修剪（T）/方式（M）/多个（U）］：

此时，可按（1）的方式进行倒角处理。

（4）输入字母A，用户可根据第一个倒角距离和角度来设置倒角尺寸。选择该选项后，出现后续提示：

指定第一条直线的倒角长度<0.0000>：//输入一个位于第一直线方向上的倒角长度数值，如10↙

指定第一条直线的倒角角度<0.0000>：//输入一个角度值

选择第一条直线或［放弃（U）/多线段（P）/距离（D）/角度（A）/修剪（T）/方式（M）/多个（M）］：

这时的操作同（1）。

（5）输入字母T，该选项可确定倒角后是否将相应的倒角边进行修剪，选择该选项后，出现后续提示：

输入修剪模式选项［修剪（T）/不修剪（N）］<修剪>：//输入不同字母，倒角后的效果不同，如图7-19所示。

（6）输入字母M，可设置倒角的方法。选择了该选项，出现后续提示：

输入修剪方法［距离（D）/角度（A）］<距离>：//选择D或A，即按（3）或（4）的步骤进行倒角

（7）输入字母M，该选项可在同一个倒角命令中按设置好的模式进行多次的倒角处理。

原图 倒角后修剪 倒角后不修剪

图 7-19 倒角后修剪与不修剪的模式效果比较

（8）输入字母 U，即放弃前一选项设定。

第十七节　圆角（FILLET）

该命令是用指定的半径，对所选定的两个相交图形对象或对整条多段线进行光滑的圆弧连接。操作方式为：

命令：FILLET

菜单：【修改】➤圆角

工具栏：【修改】➤

命令启动后，将提示如下：

当前模式：模式 = 修剪，半径 = 0.000 0　//说明当前的圆角模式

选择第一个对象或 [放弃（U）/多段线（P）/半径（R）/修剪（T）/多个（M）]：

各选项含义如下：

（1）选择第一条直线，此为默认选项。直接拾取要圆角的第一条直线后，按系统提示选择一条与第一条直线相邻的直线，则系统自动按照当前的圆角模式对这两条直线进行圆角处理。

（2）输入字母 P，则对整条多段线进行圆角，接着出现后续提示：*选择二维多段线*，在此提示下选择了多段线后，系统即自动按照当前模式对该多段线的各个顶点进行圆角处理。

（3）输入字母 R，即进行圆角半径的设置。后续提示为：

指定圆角半径<0.0000>：　//输入一个半径数值

选择第一个对象或 [放弃（U）/多段线（P）/半径（R）/修剪（T）/多个（M）]：

//此时可按（1）的方式进行

（4）输入字母 T，该选项可确定圆角后是否将相应的圆角边进行修剪，选择该

选项后，出现后续提示：

输入修剪模式选项［修剪（T）/不修剪（N）］<修剪>：//输入不同字母，圆角后的效果不同，如图 7-20 所示。

（5）输入字母 M，该选项可在同一个圆角命令中按设置好的模式进行多次的倒角处理。

原图　　　　　　　　　圆角后修剪　　　　　　　　圆角后不修剪

图 7-20　圆角后修剪与圆角后不修剪的模式效果比较

（6）输入字母 U，即放弃前一选项设定。

● 　提示：对于平行的两条直线，系统将自动把圆角半径定为平行线间距的一半来进行圆角处理，如图 7-21 所示。

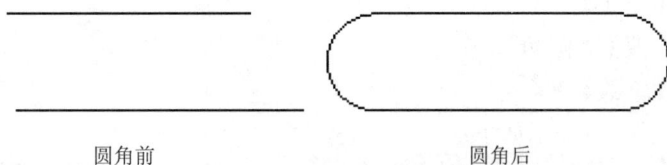

圆角前　　　　　　　　　　　　　　　　圆角后

图 7-21　平行线倒圆角

第十八节　合并（JOIN）

该命令用以将多个对象合并为一个对象。操作方式如下：

命令：JOIN

菜单：【修改】➤合并

工具栏：【合并】➤ ✦

根据选定的源对象，显示以下提示之一：

① 直线

选择要合并到源的直线：//选择一条或多条直线

直线对象必须共线（位于同一无限长的直线上），但是它们之间可以有间隙。

② 多段线

选择要合并到源的对象：//选择一个或多个对象 ✓

对象可以是直线、多段线或圆弧。对象之间不能有间隙，并且必须位于与 UCS 的 XY 平面平行的同一平面上。

③ 圆弧

选择圆弧，以合并到源或进行 [闭合（L）]：//选择一个或多个圆弧✓，或输入 L

圆弧对象必须位于同一假想的圆上，但是它们之间可以有间隙。"闭合"选项可将源圆弧转换成圆。

注意合并两条或多条圆弧时，将从源对象开始按逆时针方向合并圆弧。

④ 椭圆弧

选择椭圆弧，以合并到源或进行 [闭合（L）]：//选择一个或多个椭圆弧✓，或输入 L

椭圆弧必须位于同一椭圆上，但是它们之间可以有间隙。"闭合"选项可将源椭圆弧闭合成完整的椭圆。

注意合并两条或多条椭圆弧时，将从源对象开始按逆时针方向合并椭圆弧。

⑤ 样条曲线

选择要合并到源的样条曲线或螺旋：//选择一条或多条样条曲线或螺旋✓

样条曲线和螺旋对象必须相接（端点对端点）。结果对象是单个样条曲线。

⑥ 螺旋

选择要合并到源的样条曲线或螺旋：//选择一条或多条样条曲线或螺旋✓

螺旋对象必须相接（端点对端点）。结果对象是单个样条曲线。

第十九节 多线编辑（MLEDIT）

此命令可对多线进行编辑修改。操作方式如下：

命令：MLEDIT

菜单：【修改】➤对象➤多线

这时，弹出多线编辑工具对话框，如图 7-22 所示。

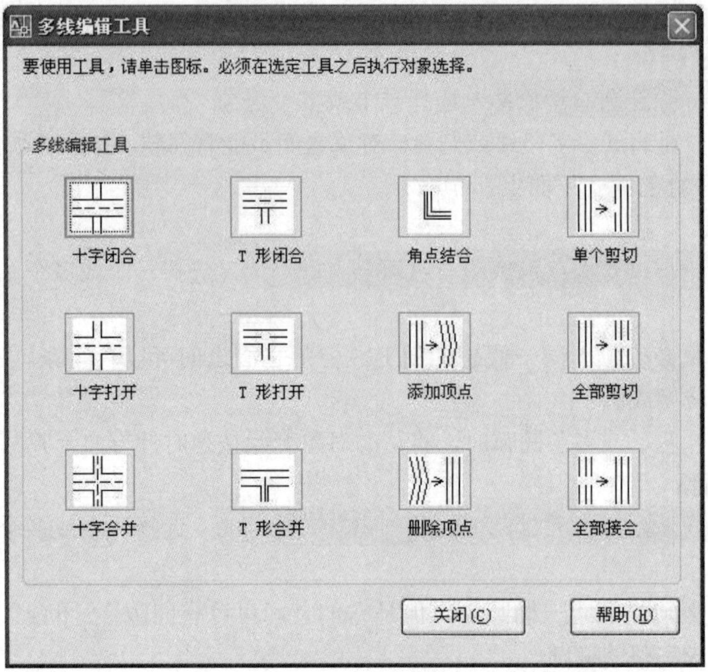

图 7-22　多线编辑对话框

单击相应的图标并确定后，可完成多线的编辑。各图标的名称及功能见表 7-1。

表 7-1　多线编辑工具

序　号	选　项	功　　能
1	十字闭合	闭合多线中的十字交叉点
2	十字打开	打开多线中的十字交叉点
3	十字合并	合并多线中的十字交叉点
4	T 形闭合	闭合 T 形多线的相交点
5	T 形打开	打开 T 形多线的相交点
6	T 形合并	合并 T 形多线的相交点
7	角点结合	将两条拐角的多线剪切成 L 形的形状
8	添加顶点	将某多线加上一个顶点，形成拐弯形状
9	删除顶点	将某多线删除一个顶点，形成直线形状
10	单个剪切	删除某条多线上的某个元素上的一段
11	全部剪切	删除某条多线上的所有元素上的一段
12	全部接合	恢复被删除的多线

● 提示：点中对话框中的某个图标，根据提示选择要编辑的多线，系统即可

把要编辑的多线编辑成图标所示的形状。

第二十节　多段线编辑（PEDIT）

该命令可以编辑由多段线（PLINE）命令绘制的多段线。操作方式如下：

命令：PEDIT

菜单：【修改】➤对象➤多段线

工具栏：【修改Ⅱ】➤

命令启动后，将提示如下：

选择多段线或［多条（M）］：//直接选取要编辑的多段线或输入字母 M，可根据后续提示选择多条多段线进行编辑

输入选项［闭合（C）/合并（J）/宽度（W）/编辑顶点（E）/拟合（F）/样条曲线（S）/非曲线化（D）/线型生成（L）/放弃（U）］：

此时，各选项的含义如下：

（1）输入字母 C，即封闭所编辑的多段线，出现后续提示：

［打开（O）/合并（J）/宽度（W）/编辑顶点（E）/拟合（F）/样条曲线（S）/非曲线化（D）/线型生成（L）/放弃（U）］：//此时输入字母 O，系统即把多段线从封闭处打开，如图 7-23 所示。

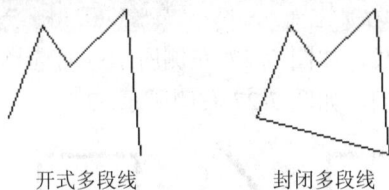

开式多段线　　　　　封闭多段线

图 7-23　封闭多段线

（2）输入字母 J，可将选择的多个相连的线段、圆弧及多段线转换并连接到当前多段线上。

（3）输入字母 W，可设置整条多段线的宽度，后续提示为：

指定所有线段新宽度：//此时所编辑的多段线将变成用户所指定的宽度，如图 7-24 所示（新的宽度为 0）。

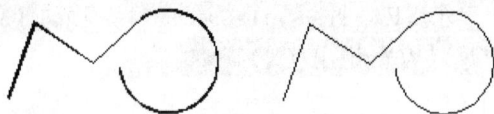

图 7-24　赋予多段线新的宽度

（4）输入字母 F，可将所选择的折线形多段线进行曲线拟合，如图 7-25 所示。

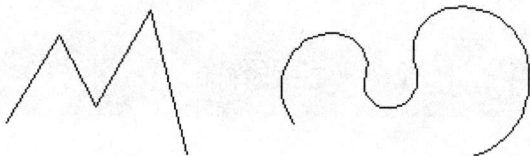

图 7-25　对多段线进行曲线拟合

（5）输入字母 S，所选择的折线形多段线进行样条曲线拟合，如图 7-26 所示。

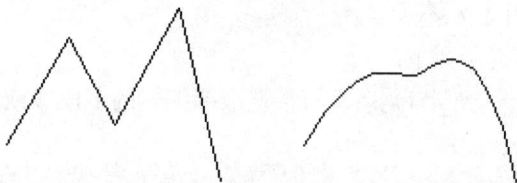

图 7-26　多段线变样条曲线

（6）输入字母 D，可将用（4）和（5）产生的多段线恢复成原来的折线形多段线，即拉直多段线中的所有线段，同时保留多段线顶点的所有信息。

（7）输入字母 L，可规定非连续型多段线在顶点处的绘线方式。执行该选项时，出现后续提示：

输入多段线线型生成选项［开（ON）/关（OFF）］<关>：// 如选择"关"，则多段线在各顶点处均为折线，如图 7-27 左侧所示；而选择"开"，多段线在各顶点处的绘线方式由原线型控制，如图 7-27 右侧所示。

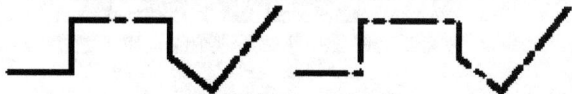

图 7-27　控制多段线的顶点方式

（8）输入字母 U，取消本命令的上一次操作，可重复使用。

（9）输入字母 E，可编辑多段线的顶点。执行该选项时，系统自动在屏幕上用小叉标记出多段线的第一个顶点，且以该顶点作为当前的编辑顶点，同时后续提示为：

［下一个（N）/上一个（P）/打断（B）/插入（I）/移动（M）/重生成（R）/拉直（S）/切向（T）/宽度（W）/退出（X）］<N>：

各选项的含义如下：

① 输入字母 N，系统把小叉标记移到多段线的下一个顶点，即当前点后移。

② 输入字母 P，系统把小叉标记移到多段线的前一个顶点，即当前点前移。

③ 输入字母 B，可删除多段线中的部分线段，此时系统把当前的编辑顶点作为断点，接着提示：

输入选项［下一个（N）/上一个（P）/执行（G）/退出（X）］<N>：//"下一个""上一个"分别用来选择第二断点；"执行"则对多段线从用户确定的第一断点到确定的第一断点到确定的第二断点的部分删除；"退出"即表示退出删除的操作，返回上一级提示。

④ 输入字母 I，可在多段线的当前编辑顶点的后面插入一个新的顶点。执行该选项时，出现提示：

指定新的顶点位置：

⑤ 输入字母 M，可移动当前编辑顶点的位置。执行该选项时，出现提示：

指定标记顶点的新位置：

⑥ 输入字母 R，重新生成多段线，常与"宽度"选项连用。

⑦ 输入字母 S，可拉直多段线中的部分线段。执行该选项时，系统把当前编辑的顶点作为第一拉直点，并提示：

［下一个（N）/上一个（P）/执行（G）/退出（X）］<N>：//选择第二拉直点后再"执行"即可。

⑧ 输入字母 T，指定当前所编辑顶点的切线方向。执行该选项时，出现提示：

指定顶点切向：//用户可直接输入切线方向，也可输入一点。输入一点后，系统以该点与多段线上的当前点的连线作为切线方向，同时用箭头表示出当前点的切线方向。

⑨ 输入字母 W，可改变多段线中当前编辑顶点后的那一条线段的起始和终止宽度。执行该选项时，出现提示：

输入起始宽度<0.0000>：

输入终止宽度<0.0000>：

执行完此步骤后，图形不会立即改变，只有在"重生成"选项执行后图形才会发生相应的变化。

⑩ 输入字母 X，退回编辑顶点（E）的操作，返回多段线编辑命令的提示。

第二十一节　样条曲线编辑（SPLINEDIT）

该命令可对由样条曲线命令（SPLINE）绘制的曲线进行编辑。操作方式如下：

命令：SPLINEDIT

菜单：【修改】▶对象▶样条曲线

工具栏：【修改Ⅱ】➤✐

命令启动后，将提示如下：

选择样条曲线：//选择了样条曲线，则其控制点回以界标点的形式显示出来，如图 7-28 左侧所示。控制点是决定样条曲线如何画的，但控制点不一定在样条曲线上。

输入选项［拟合数据（F）/闭合（C）/移动顶点（M）/精度（R）/反转（E）/放弃（U）］：

如果所选样条曲线是闭合的，则"打开"将代替"闭合"出现在上面的提示中。

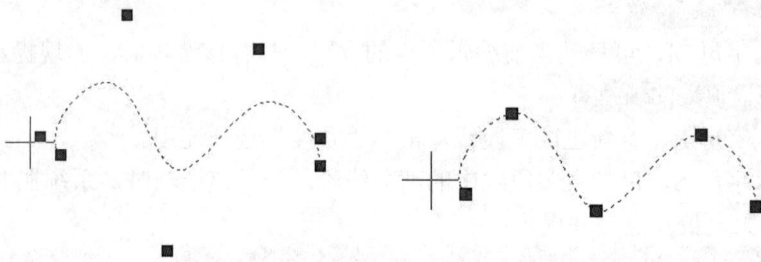

各选项的含义如下：

图 7-28　编辑样条曲线的控制点显示及调整点显示

（1）输入字母 F，可将样条曲线的控制点显示变为编辑调整点显示。执行此选项后，调整点均处于样条曲线上，如图 7-28 右侧所示。后续提示为：

［添加（A）/闭合（C）/删除（D）/移动（M）/清理（P）/相切（T）/公差（L）/退出（X）］<退出>：

各选项说明如下：

①A 为增加编辑调整点，后续提示：

指定控制点<退出>：//选取图中以小方格形式出现的某个端点，接着提示：

指定新点或<退出>：//选择的新的控制点，则图形对象发生变化，如图 7-29 所示。

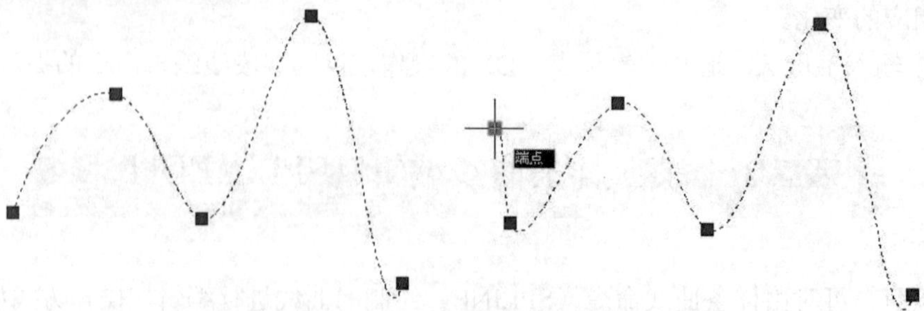

图 7-29　在样条曲线上增加新点

②C 为封闭样条曲线。执行该项选项后，系统用"打开"项代替"封闭"项，则封闭的样条曲线可以再次被打开。

③D 为删除样条曲线所通过的点集中的点。执行该选项时，将提示：

指定控制点<退出>：//选取了某个控制点后，系统会根据其余的点生成新的样条曲线。

④M 可把某个控制点移动到新的位置，执行该选项时，将提示：

指定新位置或 [下一个（N）/上一个（P）/选择点（S）/退出（X）] <下一个>：

此时，默认项是输入编辑点的新位置，"下一个""上一个""选择点"选项是选择编辑点，"退出"选项是退回到上一级的命令操作。

⑤P 可删除样条曲线上的编辑调整点，样条曲线以控制显示，回到上一级命令行，但不显示"拟合数据"项。

⑥T 可修改样条曲线起始点和终止点的切线方向，执行该选项时，将提示：

指定起点切向或 [系统默认值（S）]：//可以拾取一点，可以确定起始点的切线方向；S 为默认选项。如果所选的样条曲线是闭合的，则根据提示进而确定起始点和终止点的切线方向。

⑦L 可改变样条曲线的允许公差值。如公差值为零，则画的曲线严格通过每一个编辑调整点；如公差值大于零，则画出的曲线与编辑调整点的距离在公差范围内即可。

⑧X 表示退回上一级命令的操作。

（2）输入字母 C，即闭合样条曲线。如样条曲线为闭合的，此选项为"打开"，则输入字母 O，可将闭合的样条曲线打开。

（3）输入字母 M，可移动样条曲线的控制点，同时清除编辑调整点，与"拟合数据"中的移动操作类似，但二者的操作对象不同，分别是控制点和编辑调整点。

（4）输入字母 R，可对控制点进行操作，从而进一步调整样条曲线的形状。执行此选项后，出现提示：

输入精度选项或 [添加控制点（A）/提高阶数（E）] /权值（W）/退出（X）] <退出>：

①A 为增加控制点的数量，改变样条曲线的形状。执行此选项，后续提示为：

在样条曲线上指定点<退出>：//在样条曲线上拾取一点，即在该点附近增加一个新的控制点，如直接回车则退回上一级的命令操作。

②E 可增加样条曲线的阶数。执行此选项，后续提示为：

输入新阶数<4>：//输入一个整数，如果此数大于当前的数值，将增加控制点的数量。可输入的最大数为 26，按下回车键回到上一级的命令操作。

③W 可以改变各控制点的加权系数。执行此选项，后续提示为：

输入新权值（当前值=1.000 0）或 [下一个（N）/上一个（P）/选择点（S）/

退出（X）] <下一个>：//输入 N、P、S，选定要加权系数的控制点；缺省项为输入选定点的新加权系数。一个控制点的加权系数越大，曲线就越靠近它。故改变加权系数，就可以改变每一个控制点对样条曲线的影响程度。

④ 直接回车选择或选择 X 回到上一级命令的操作。

（5）输入字母 E，可使曲线反转方向。

（6）输入字母 U，放弃全部的命令操作。

第二十二节　修改命令（CHANGE）

此命令可修改特殊点和图形实体的性质。操作方式如下：

命令：CHANGE

系统提示如下：

选择对象：//选择要修改的对象

选择对象：//选择要修改的对象或回车结束选择

指定修改点或［下一个（P）]：

（1）指定修改点，此为默认选项，用于修改所选图形对象的特殊点。特殊点一般是指直线的端点、圆及圆弧的圆心、文本的定位点、块的插入点等。执行该选项，直接输入一点，系统将把所选图形对象的特殊点修改至此位置，如图 7-30 所示分别为改变前后的形象。

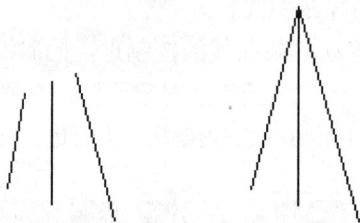

图 7-30　修改图形实体的特殊点

（2）输入字母 P，可改变所选图形对象的性质，执行此选项，后续提示为：

输入要改变的特性［颜色（C）/标高（E）/图层（LA）/线型（LT）/线型比例（S）/线宽（LW）/厚度（T）/材质（M）/注释性（A）]：

① C 可改变所选图形对象的颜色，选取该选项，继续提示：

新颜色［真色彩（T）/配色系统（CO）] <默认项>：//根据选项输入相应的颜色即可

② E 可修改所选图形对象的高度，此项用于三维绘图，选取该选项，继续提示：

指定新标高<0.0000>： //输入新的标高值

③LA 可将所选图形对象从原来的所在层改变到其他某一层，选取该选项，继续提示：

输入新图层名<0>： //输入要改变到的已存在的某图层名

④LT 可将所选图形对象改变为指定的线型，选取该选项，继续提示：

输入新线型名<默认项>： //输入新线型名

⑤S 可改变所选图形对象的线型比例，选取该选项，继续提示：

指定新线型比例<1.0000>： //输入新的线型比例值

⑥LW 可改变所选图形对象的线宽，选取该选项，继续提示：

输入新线宽<默认项>： //输入新的线宽数值

⑦T 可改变所选图形对象的厚度，选取该选项，继续提示：

指定新厚度<1.0000>： //输入新的厚度值

⑧ M 可按需要改变材料种类，选取该选项，继续提示：

输入新材料名称<Bylayer>： //输入新的材料名称

⑨ A 可定义所选图形对象的注释性，选取该选项，继续提示：

是否使其为注释性的？[是（Y）/否（N）] <是>： //按需要选择是与否

第二十三节　编辑修改图案（HATCHEDIT）

该命令可编辑填充过的图案。操作方式如下：

命令：HATCHEDIT

菜单：【修改】➤对象➤图案填充

工具栏：【修改Ⅱ】➤

系统提示如下：

选择关联填充对象： //选择了某填充对象后，出现图 7-31 所示的对话框。该对话框与"边界图案填充"对话框基本相同（不同之处是可使用的按钮减少了）。利用该对话框，用户可以对已填充的图案进行编辑修改。

当然，用户除了使用"编辑图案填充（HATCHEDIT）"命令编辑填充图案外，也可以使用"特性（PROPERTIES）"命令修改填充图案，详见本章后续内容。

● 提示：在未选中如图 7-9 中"关联填充"的情况下，直接双击待编辑的填充图案也能启动图 7-31 所示的对话框。

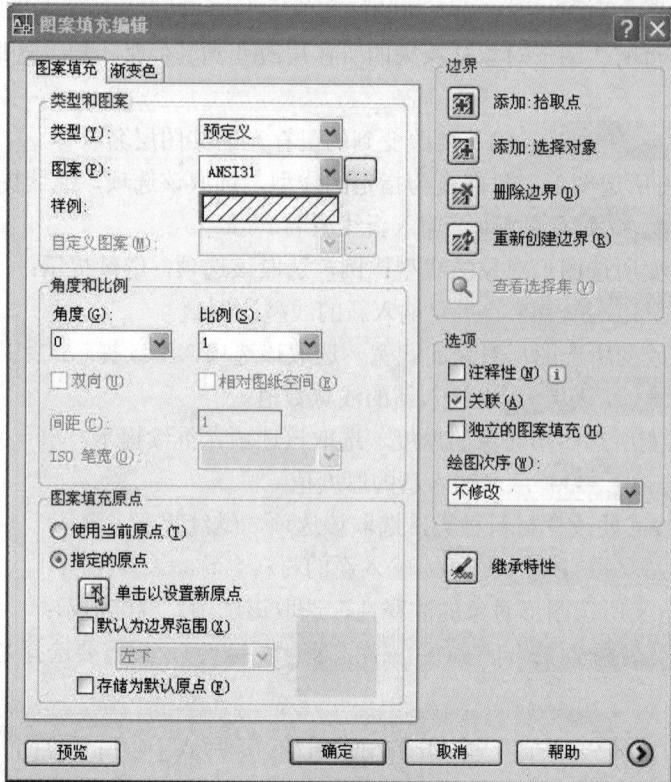

图 7-31 "图案填充编辑"对话框

*第二十四节 利用夹点编辑图形对象

　　夹点实际上就是图形对象的控制点。用夹点编辑图形对象是 AutoCAD 另一种编辑图形对象的方法，它与传统的用修改命令编辑图形对象的方法不同，用夹点可以移动、拉伸、旋转、复制、比例缩放和镜像选定的某图形对象，而不需要调用任何一个前面介绍过的修改命令。

　　点取要编辑的图形对象，被点取的图形对象上会出现若干个我们称之为夹持点的蓝色小方框。夹持点分为冷态和热态两种状态，点取后出现的蓝色夹持点为冷态夹持点。此时，如用鼠标左键单击某夹持点，该夹持点呈现为红色，称为热态夹持点。冷态夹持点与热态夹持点的显示状态如图 7-32 所示。

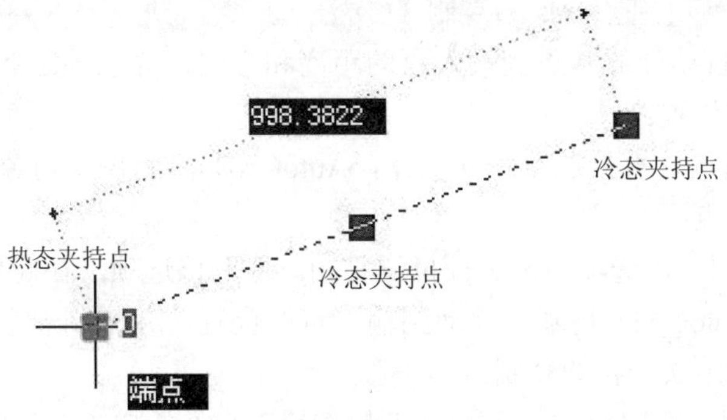

图 7-32　冷态、热态夹持点的区别

AutoCAD 允许用户根据自己的喜好和要求来设置夹点的显示。操作方式如下：

菜单：【工具】➤选项…➤选择集

此时，弹出"选择"对话框如图 7-7 所示。在此对话框中，用户可很方便地改变夹点的大小及颜色等。

当所选的图形对象处于热态夹持状态时，系统出现提示：

拉伸

指定拉伸点或［基点（B）/复制（C）/放弃（U）/退出（X）]：//此为默认模式。通过下面的三种方式可改变操作模式。

（1）按回车键，各操作模式依次显示。

（2）按空格键，各操作模式也可依次显示。

（3）键入各命令的前两个字母，可实现拉伸（STRETCH）、移动（MOVE）、旋转（ROTATE）、比例缩放（SCALE）和镜像（MIRROR）等操作。

（4）单击鼠标的右键，在绘图区出现快捷菜单，可依编辑的需要选择拉伸（STRETCH）、移动（MOVE）、旋转（ROTATE）、比例缩放（SCALE）和镜像（MIRROR）、复制（COPY）等操作。

下面详细说明各种操作。

（1）拉伸图形对象，操作方式如下：

拉伸

指定拉伸点或［基点（B）/复制（C）/放弃（U）/退出（X）]：

①指定拉伸点，此为默认选项，选取该选项，直接输入一点，即确定了热态夹持点拉伸后的新位置，AutoCAD 将所选图形对象中的热态夹持点拉伸到新的位置。

②B 为基点，该选项用于确定基点。选取该选项，后续提示为：

指定基点：//输入一点，接着提示：

拉伸

指定拉伸点或 [基点（B）/复制（C）/放弃（U）/退出（X）]：//输入一点。

AutoCAD 自动计算基点到输入点的距离和方向，并以该距离和方向将热态夹持点拉伸到新的位置。

如不输入基点，直接进行拉伸操作，AutoCAD 则将图形对象中处于热态的夹持点作为默认基点。

③ C 为复制，该选项用于进行拉伸复制。选取该选项，在此后的拉伸操作中，输入一点时，AutoCAD 将基点移动到输入点的位置，并复制一个拉伸后的图形对象，且可以进行多次的拉伸复制。

④ U 为放弃，即取消上一次的"基点（B）"或"复制（C）"操作。

⑤ X 为退出，选取该选项，AutoCAD 退出夹持功能的操作，返回"命令："操作状态。

● 提示：并非所有的图形对象都能拉伸。如选择不支持拉伸操作的夹持点（如直线的中点、圆心、文本插入点、图块的插入点等）时，这个操作就不是"拉伸"，而是"移动"。

（2）移动图形对象，操作方式如下：

移动

指定移动点或 [基点（B）/复制（C）/放弃（U）/退出（X）]：

① 指定移动点，此为默认选项，选取该选项，直接输入一点，即确定了热态夹持点移动后的新位置，AutoCAD 将所选图形对象中的热态夹持点移动到新的位置。

② B 为基点，该选项用于确定基点。选取该选项，后续提示为：

移动

指定移动点或 [基点（B）/复制（C）/放弃（U）/退出（X）]：//输入一点。

AutoCAD 自动计算基点到输入点的距离和方向，并以该距离和方向将热态夹持点移动到新的位置。

如不输入基点，直接进行移动操作，AutoCAD 则将图形对象中处于热态的夹持点作为默认基点。

③ C 为复制，该选项用于进行移动复制。选取该选项，在此后的移动操作中，输入一点时，AutoCAD 将基点移动到输入点的位置，并复制一个移动后的图形对象，且可以进行多次的移动复制。

④ U 为放弃，即取消上一次的"基点（B）"或"复制（C）"操作。

⑤ X 为退出，选取该选项，AutoCAD 退出夹持功能的操作，返回"命令："操作状态。

（3）旋转图形对象，操作方式如下：

旋转

指定旋转角度或 [基点（B）/复制（C）/放弃（U）/参照（R）/退出（X）]：

① 指定旋转角度，此为默认选项，选取该选项，直接输入要旋转的角度值，也可以采取拖动的方式确定旋转角，AutoCAD 则将所选的图形对象绕基点旋转相应的角度。

② B 为基点，该选项用于确定新基点。选取该选项，后续提示为：

旋转

指定旋转角度或 [基点（B）/复制（C）/放弃（U）/参照（R）/退出（X）]：//继续进行旋转操作。

③ C 为复制，该选项用于进行旋转复制。选取该选项，在此后的旋转操作中，可进行多次的旋转复制操作。

④ U 为放弃，即取消上一次的"基点（B）"或"复制（C）"操作。

⑤ R 为参照，该选项用于以相对角度方式旋转图形对象。选取该选项，接着提示：

指定参考角<0>：//输入参考角度，继续提示：

旋转

指定旋转角度或 [基点（B）/复制（C）/放弃（U）/参照（R）/退出（X）]：//输入新的旋转角度。

⑥ X 为退出，选取该选项，AutoCAD 退出夹持功能的操作，返回"命令："操作状态。

（4）缩放图形对象，操作方式如下：

比例缩放

指定比例因子或 [基点（B）/复制（C）/放弃（U）/参照（R）/退出（X）]：

① 指定比例因子，此为默认选项，选取该选项，即可确定新的比例缩放系数。选取该选项，直接输入比例系数，也可采用拖动的方式确定相应的比例系数，AutoCAD 则将所选的图形对象以基点为原点，以新的比例系数进行缩放。

② B 为基点，该选项用于确定新的比例缩放基点。选取该选项，后续提示为：

指定基点：//输入新的缩放基点，接着提示：

比例缩放

指定比例因子或 [基点（B）/复制（C）/放弃（U）/参照（R）/退出（X）]：//继续进行缩放操作。

③ C 为复制，该选项用于进行缩放复制。选取该选项，在此后的缩放操作中，可以新的比例系数，进行多次的缩放复制操作。

④ U 为放弃，即取消上一次的"基点（B）"或"复制（C）"操作。

⑤ R 为参照，该选项用于以相对比例系数进行缩放。选取该选项，接着提示：

指定参考长度<1.000 0>：//输入相对参考长度，接着提示：

比例缩放

指定比例因子或［基点（B）/复制（C）/放弃（U）/参照（R）/退出（X）］: //输入新的长度。

AutoCAD 根据这两个长度的比值来确定相对参考比例系数缩放图形对象。

⑥ X 为退出，选取该选项，AutoCAD 退出夹持功能的操作，返回"命令:"操作状态。

（5）镜像图形对象，操作方式如下:

镜像

指定第二点或［基点（B）/复制（C）/放弃（U）/退出（X）］:

① 指定第二点，此为默认选项，选取该选项，直接输入一点作为镜像线上的第二端点，AutoCAD 将热态夹持点作为镜像线的第一端点，以这两端点所确定的直线作为镜像线，镜像所选的图形对象。

② B 为基点，该选项用于确定新的第一端点。选取该选项，后续提示为:

指定基点: //输入镜像线上的第一端点，接着提示:

镜像

指定第二点或［基点（B）/复制（C）/放弃（U）/退出（X）］: //继续进行镜像操作。

③ C 为复制，该选项用于进行镜像复制。选取该选项，在此后的镜像操作中，可进行多次的镜像复制操作。

④ U 为放弃，即取消上一次的"基点（B）"或"复制（C）"操作。

⑤ X 为退出，选取该选项，AutoCAD 退出夹持功能的操作，返回"命令:"操作状态。

*第二十五节　对齐对象（ALIGN）

在 AutoCAD 中，使用对齐命令（ALIGN）移动、旋转某图形对象，并可随意调整其大小，使之与另一个图形对象对齐。这个命令经常用于三维空间的图形对象的对齐，但在二维空间也一样可以使用，操作方式如下:

命令: ALIGN

菜单:【修改】➤三维操作➤对齐

命令启动后，将提示如下:

选择对象: //选择要对齐的图形对象，如图 7-33 中的长方形。

选择对象: //选择要对齐的图形对象或回车结束选择。

指定第一个源点: //选择要改变位置的图形对象上一点（第一源点）。

指定第一个目标点: //选择第一目的点。

指定第二个源点：// 选择要改变方向的图形对象上一点（第二源点）。

指定第二个目标点：// 选择第二目的点。

指定第三个源点或<继续>：// 在三维状态下继续选择第三点，二维状态下直接回车结束。

是否基于对齐点缩放对象？［是（Y）/否（N）］<否>：// 是否根据修正点的尺寸比例缩放所选的图形对象，选择 Y 或 N。

此时，AutoCAD 将所选的图形对象改变位置与方向，图形对象上的第一点与第一目的点重合，对象上的第二点位于第一目的点与第二目的点的连线上。

图 7-33 左侧的长方形修正位置后与直线 AB 重合的结果如图 7-33 右侧所示。

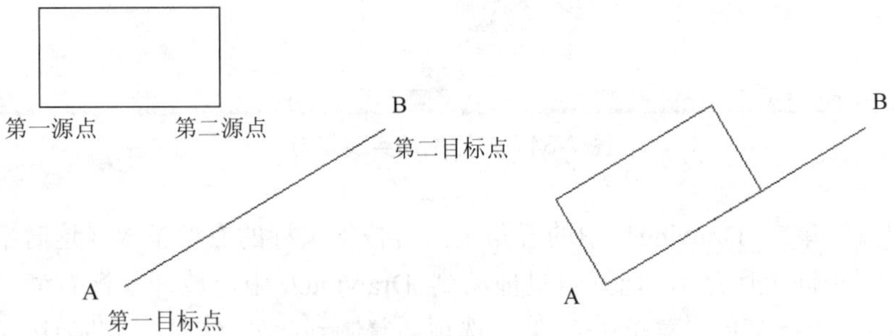

图 7-33　对齐操作

*第二十六节　多文档环境中的编辑操作

AutoCAD 从 2000 版开始支持多文档操作，并允许用户在不中断当前编辑命令的情况下切换到同一 AutoCAD 环境下的另一绘图环境中进行编辑操作。当同时打开多个图形文件时，允许用鼠标单击和拖动在"图纸"间复制图形对象。如在图 7-34 中，同时打开了 Drawing1 和 Drawing2 的图形文件，用鼠标单击 Drawing1 中的五角星，则显示出五角星上的冷态夹点，此时再按下鼠标的左键不放（这时拾取框压住图形，可不在冷态夹点上，如图 7-34 Drawing1 所示），把五角星拖动到 Drawing2 中，放开鼠标左键，则 Drawing1 中的五角星就被复制到 Drawing2 中了。

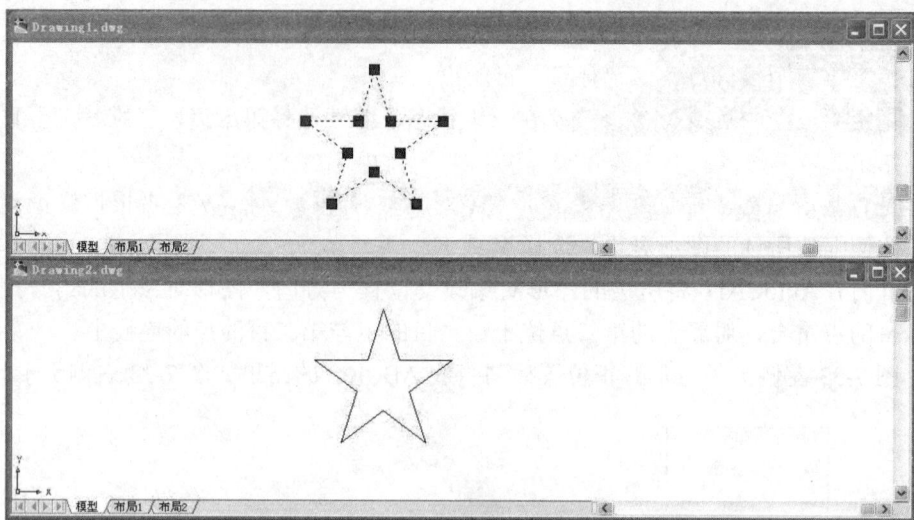

图 7-34　左键拖动实现复制

　　如用鼠标单击 Drawing1 中的五角星，再按下鼠标的右键不放（这时拾取框压住图形，要求同上所述），把五角星拖动到 Drawing2 中，放开鼠标右键，则弹出图 7-35 中的快捷菜单。菜单中有 4 个选项：复制到此处（C）、粘贴为块（P）、粘贴到原坐标（O）及取消（A），用户可根据需要选择其一的选项。

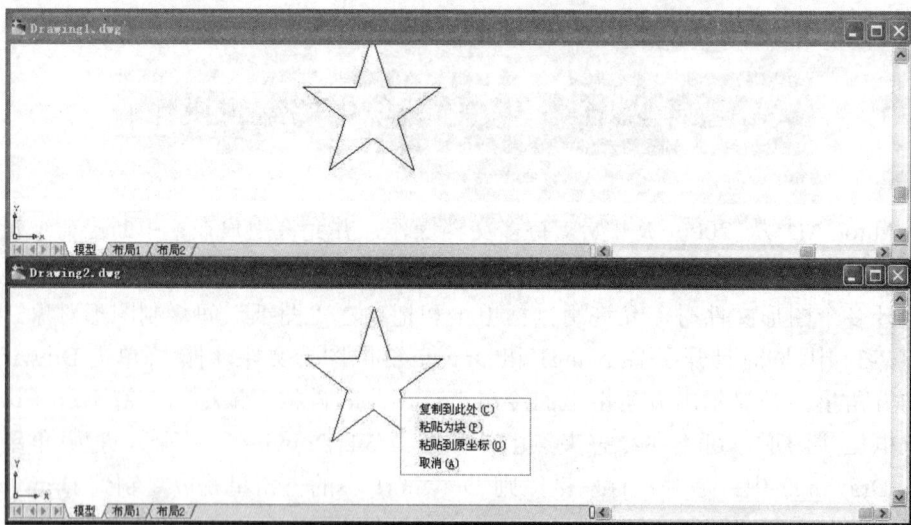

图 7-35　右键拖动

　　从以上的介绍中可知道，使用 AutoCAD 的多文档编辑操作，能够较大程度地提高编辑图形的效率，特别在图形文件具有一定相似性时，这样的操作更具技巧性。

*第二十七节　删除不用的块、层等

该命令能清除已定义过但在文件中未使用过的图块、图层、线型、尺寸标注样式、文字样式、多线样式、形及打印样式，进而减少图形的存储空间。操作方式如下：

命令：PURGE

菜单：【文件】➤图形实用程序➤清理…

AutoCAD 弹出图 7-36 所示的"清理"对话框，各选项的含义如下：

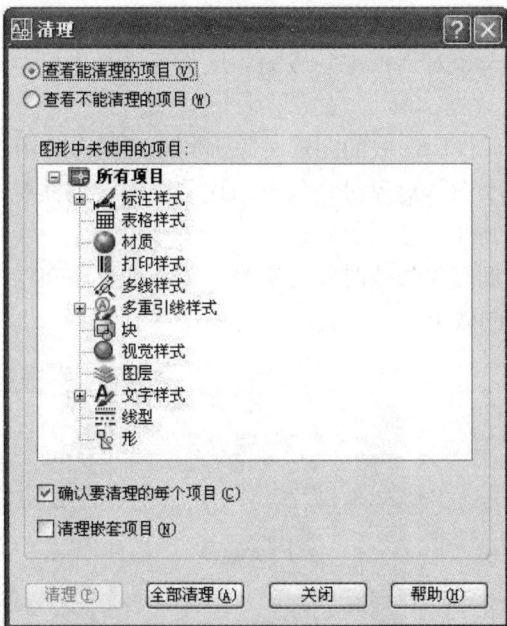

图 7-36　"清理"对话框

（1）"查看能清理的项目"单选框，在其列表框中列出的是能清理的项目。

（2）"查看不能清理的项目"单选框，在其列表框中列出的是不能清理的项目。

（3）"图形中未使用的项目"列表框，列出所有在本图形文件中已定义过但未被使用过的项目：图块、图层、线型、尺寸标注样式、文字样式、多线样式、形及打印样式。如在该项目中有未被使用的项，则该项的前面显示："+"号。单击"+"号展开该项目，"+"号变为"−"号，选中要清理的项，单击"清理"按钮即可。

（4）"全部清理"按钮，单击该按钮，清理所有能清理的而未被使用的项目。

第二十八节　图形对象的查询与修改

一、"特性"命令（PROPERTIES）

在 AutoCAD 中，每一个图形对象都被赋予了属性，如颜色、线型、线型比例、高度、厚度、层、文本样式等。单独的相关命令当然也能修改这些属性（如可用 LINETYPE 命令修改线型属性），但这些命令的操作较繁多，更不直观，不便操作。而 AutoCAD2000 开始增加了"特性"（PROPERTIES）命令，可让用户非常方便地浏览、查询和修改图形对象的这些属性。

整个过程是通过一个对话框来完成的，这类可进行人机对话的操作十分便捷和直观。其特点是：

（1）窗口显示的属性因选取的图形对象不同而不同，如图 7-37 所示。

（2）当选取了多个图形对象时，只显示这些图形对象共有的属性以供修改。而对那些具有不同值的属性，将不予显示。

（3）在窗口对图形对象修改时，可实时、动态地反映在绘图区域内，使用户能实时地观察到修改后的效果。

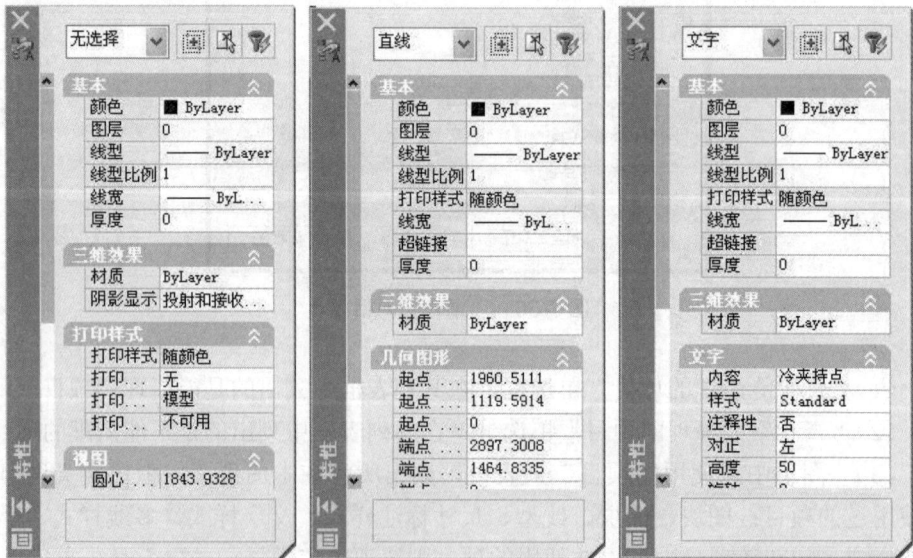

图 7-37　"特性"面板的不同形态

操作方式如下：

命令：PROPERTIES

菜单：【修改】➤特性

工具栏：【标准】➤ 🔧

此时，系统将显示如图 7-37 所示的"特性"窗口，列出选中图形对象的属性供用户修改。需要说明的是：

（1）选中的图形对象不同，在"特性"窗口中显示的属性也不同。如在打开窗口时没有选中任何对象，则在窗口中显示当前状态（如绘图设置、UCS 等），如图 7-37 所示。

（2）不管选中什么图形对象，窗口通常具有八种基本属性：颜色、图层、线型、线型比例、线宽、打印样式、厚度和超级链接。

（3）各个属性的修改方法是：把鼠标光标移动到要修改的属性，单击左键，光标会变成"Ｉ"形，此时可对属性进行修改（用 BackSpace 键删除原参数，输入新的参数），修改后按回车键，修改即生效；如果在属性框的右面出现一个下拉箭头按钮，表示该属性为选项，单击该按钮会出现一个下拉列表，可选择其中某一选项；如果在属性框的右面出现"…"的按钮，则单击此按钮，可打开一对话框，进行属性修改。单击"特性"窗口左上角的"关闭"按钮，可关闭"特性"窗口；按 Esc 键，则退出选择集。单击窗口右上角下方的"切换 PICKADD 系统变量的值"按钮，可以改变选择对象的模式。

（4）如果在某个属性的前面有一个小的"+"号，表示该属性还没打开。单击该"+"号，则可打开该项属性，原来的"+"变"-"号。

（5）该命令还可以对文本（TEXT、DTEXT）、尺寸标注及块等实体进行修改，这部分的内容在相应的章节中介绍。

*二、特性匹配

由 AutoCAD 绘制的图形对象都具有一些属性，如颜色、线型、图层、尺寸标注格式、文本格式等。AutoCAD 提供了一个特性匹配命令，可把某个图形对象的属性全部复制给一个或一组的图形对象，从而使这些图形对象的某些或全部属性与源图形对象相同。操作方式如下：

命令：MATCHPROP 或 PAINTER

菜单：【修改】➤特性匹配

工具栏：【标准】➤ ✏️

命令启动后，将提示如下：

选择源对象： //选择源图形对象

当前活动设置：颜色 图层 线型 线型比例 线宽 厚度 打印样式 文字 标注 填

充图案多段线 视口 //这些就是特性匹配时可复制的属性

选择目标对象或［设置（S）］：

选项说明：

（1）选取目标对象，此为默认选项。选取该选项，可直接选取要复制属性的目标图形对象，则被选中的目标图形对象的属性"变"得与源图形对象的属性一致。

（2）输入字母 S，系统弹出图 7-38 所示的"特性设置"对话框。该对话框列出了可复制的各属性项供用户选择激活（必须激活才可复制）。完毕后单击"确定"按钮，退出对话框，系统回到原来的状态，即可按（1）的方式进行"匹配"。

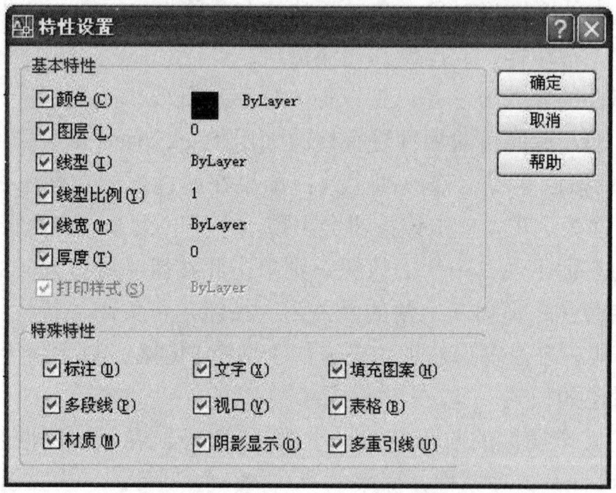

图 7-38 "特性设置"对话框

*第二十九节 制革废水处理流程图的设计

图 7-39 是制革废水处理流程图，用到的是图层、图形界限、直线、多段线、修剪、复制、文字样式、文本标注、块、插入、样条曲线、圆、镜像及阵列等。

绘图步骤：（图框不在图中显示）

（1）创建图层、线型、颜色。打开图层对话框，点击"新建"按钮，分别建立层、颜色、线型。具体要求为：① L1 层 红色 Center；② L2 层 黄色 Dashed；③ L3 层 白色 Continuous。

1—均质池；2—药箱；3—反应池；4—沉淀池；5—浓缩池；6—储气罐；7—板框压滤机；8—风压机

(a)

1—沉砂池；2—预曝调节池；3—竖流沉淀池；4—生物转盘；5—竖流二沉池

(b)

1—调节池；2—溶气罐；3—气浮池；4—氧化塔；5—空压机；6—二沉池

(c)

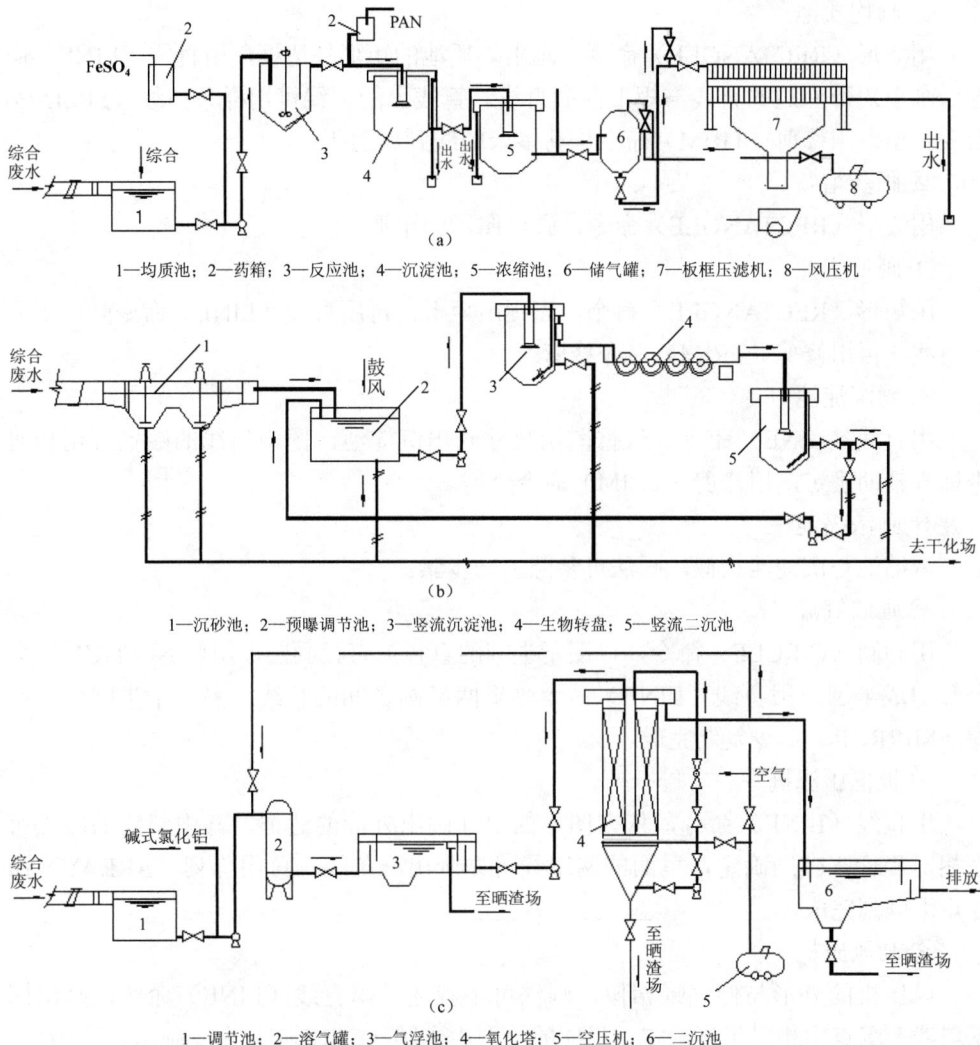

图 7-39　制革废水处理流程（综合废水）

（2）创建图框（图框不在图中显示）：

①（打开正交 ORTHO，切换至 L3 层），用直线（LINE）命令，依据尺寸画边框线。

②用多段线（PLINE）命令，用相对坐标（@X，Y），依据尺寸画出边框线，线宽 0.5。

（3）本图分 3 个小图，现着重叙述图 7-39（a）所示的绘图过程，其余两个相似的可参照（a）的过程，不同的将另叙述。

① 画均质池

用矩形（RECTANGLE）命令，画出均质池的矩形外边框，用直线（LINE）命令，画出矩形左边的直线与矩形内的直线。直线上的曲线可用样条曲线（SPLINE）命令画出。用修剪（TRIM）命令修剪多余的线到如图所示。

② 画药箱

用矩形（RECTANGLE）命令，画出图示的矩形。

③ 画反应池

用矩形（RECTANGLE）命令，先画出矩形，再用直线（LINE）命令画出下面的斜线，再用修剪（TRIM）命令修剪。

④ 画沉淀池

用直线（LINE）命令，依据图示尺寸画出沉淀池。图中斜线的端点可用相对坐标来辅助确定，用修剪（TRIM）命令修剪。

⑤ 画浓缩池

浓缩池与沉淀池相似，画法可参照上一步骤。

⑥ 画储气罐

用画圆（CIRCLE）命令，以图示半圆的直径为直径画圆，用修剪（TRIM）命令修剪成半圆，用直线（LINE）命令画出两半圆之间的直线，另一个半圆可用镜像（MIRROR）命令复制完成。

⑦ 板框压滤机

用直线（LINE）命令，依据图示的尺寸画出外面的边框，其中斜线的端点可由相对坐标来辅助确定，里面的网络线可先画出一条线，再用阵列（ARRAY）命令矩形阵列完成。

⑧ 画风压机

风压机的外形与储气罐相似，画法可不叙述。用直线（LINE）命令，画出图示斜线，端点由相对坐标确定，下面的小圆由画圆（CIRCLE）命令画出。

图 7-39（b）、（c）图中相似的部分，这里不再叙述。下面叙述不同的部分。

（4）画沉砂池。用直线（LINE）命令，依据图示的尺寸画出沉砂池，可以先画出一个矩形，再对它进行修剪，斜线的端点可用相对坐标（@X，Y）来确定。

（5）画生物转盘。用直线（LINE）命令，画出生物转盘内的直线，再用画圆（CIRCLE）命令依据尺寸做出三个同心圆，后用阵列（ARRAY）命令进行矩形阵列，最后用修剪（TRIM）命令修剪至如图所示。

（6）画氧化塔。用矩形（RECTANGLE）命令，画出氧化塔中的矩形部分，接着用直线（LINE）命令，画出其余的直线部分。可先做出水平和垂直的直线，再做斜线。

（7）布图。用移动（MOVE）命令，按图示尺寸各个零件移到图示位置。

（8）管道线、阀门及泵。用多段线（PLINE）命令，设置线宽为 0.7，按图示把各个零件用粗线连接起来。接着用直线（LINE）命令，依据图示尺寸画出阀门，再用块（WBLOCK）命令将其认定为一个块，插入点自定，用插入（INSERT）命令将其插入到图示位置。用画圆（CIRCLE）命令，画出泵上的圆，用直线（LINE）命令画出下面的直线，再用修剪（TRIM）命令修剪到图示的样子，最后用块（WBLOCK）命令将其认定为一个块，插入点自定，用插入（INSERT）命令将其插入到图示位置。

（9）设置字体，进行标注：

① 文字样式（STYLE）进行字体设置。设定 SHX 字体（X）为 gbenor.shx，大字体（B）为 gbcbig.shx， 高度（H） 0.0000 宽度因子（W） 0.8 倾斜角度（O） 0。

② 用直线（LINE）命令画出箭头的细线，再用多段线（PLINE）命令，设置不同的线宽，画出箭头，用块（WBLOCK）命令将其认定为一个块，插入点自定，用插入（INSERT）命令将其插入到图示位置。

③ 用文本标注（DTEXT）命令进行文字标注。

经过以上 9 个步骤的工作过程，完成的"制革废水处理流程图"如图 7-39 所示。

185

第三十节 外部集气罩的设计

外部集气罩是局部集气罩的一种形式。局部集气罩是烟气净化系统污染源的控制系统，它可控制粉尘及气态污染源，并将其导入净化系统，防止向车间及大气扩散，造成污染，同时使烟尘进入净化装置加以去除。

外部集气罩是通过罩的作用，在污染源附近把污染物全部吸收起来的集气罩。它结构简单，制造方便，吸气方向与污染气流方向往往不一致；一般需要较大的排风量才能控制污染气流的扩散，而且容易受到横向气流的干扰，所以捕集效率较低。外部集气罩适用于因工艺条件的限制，无法对污染源进行密闭的地方。外部集气罩的形式很多，按集气罩与污染源的相对位置可分为：上部集气罩、下部集气罩、侧吸罩、槽边集气罩，如图 7-40 所示。

绘图步骤：（图框不在图中显示）

（1）创建图层、线型、颜色。打开图层对话框，点击新建按钮，分别建立层、颜色、线型。具体要求为：① 1 层 黄色 Hidden ② 2 层 白色 Continuous

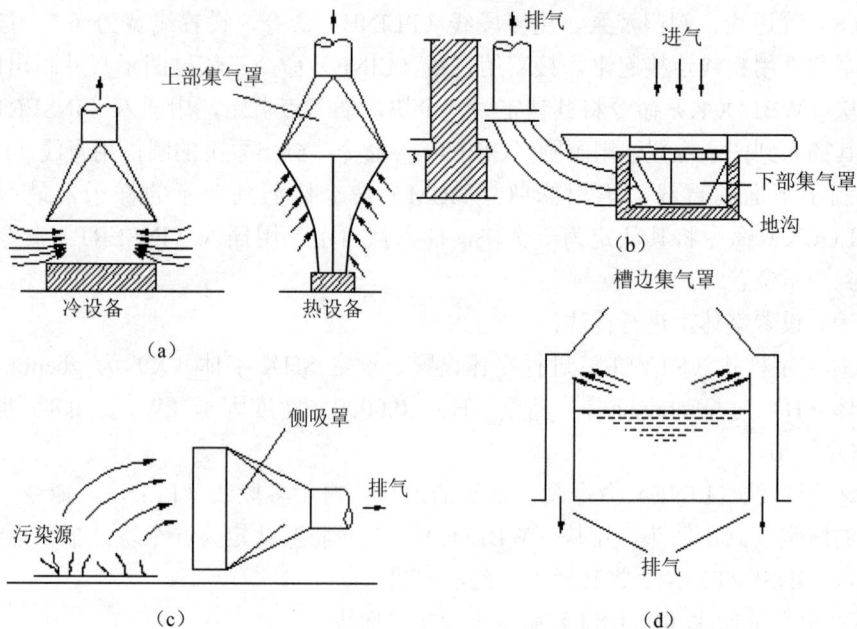

(a) 上部集气罩；(b) 下部集气罩；(c) 侧吸罩；(d) 槽边集气罩

图 7-40　外部集气罩

（2）创建图框：

① （打开正交 ORTHO，切换至 2 层），用直线（LINE）命令，依据尺寸画边框线。

② 用多段线（PLINE）命令，用相对坐标（@X，Y），依据尺寸画出边框线，线宽 0.5。

（3）本图分 4 组小图，现着重叙述图 7-40（a）所示的绘图过程，其余三组相似的可参照（a）的过程，不同的将另叙述。

① 画集气罩

用直线（LINE）命令，依据图示尺寸画出集气罩及上部出口管，斜线部分可借助于目标捕捉（端点及中点）来辅助完成。再用样条曲线（SPLINE）命令画管道的断口。

② 画设备部分

先用直线（LINE）命令，画一直线。在此基础上，用矩形（RECTANGLE）命令，画出图示的矩形，并用图案填充（BHATCH）命令填充矩形内部，填充图案选 ANSI31。

③ 气流部分

（将图层切换至 1 层）对于热设备而言，用直线（LINE）命令，画一垂直线，在其左侧用弧（ACE）命令画图示中的弧线，再用镜像（MIRROR）命令，以刚画的垂直线为镜像线进行镜像复制。

（将图层切换至 2 层）用多段线（PLINE）命令，设置不同的线宽，画出一个带"尾巴"的箭头，"安放"于管道口；同样的操作，再画几个带"尾巴"和弧度的箭头，而后用镜像（MIRROR）命令，以画好的垂直线（对于冷设备，可借助目标捕捉中点和正交 ORTHO 功能来确定镜像线）为镜像线进行镜像复制。

图 7-40（b）、（c）、（d）图中与（a）相似的部分不再叙述，这里仅叙述不同的地方。

（4）画（b）中的弯管与平行线间的弧线。（将图层切换至 2 层）用弧（ACE）命令画图示的小弧，再用偏移（OFFSET）命令按图中的位置复制另外两弧线。

用画圆（CIRCLE）命令，以平行线间的距离值为直径画圆，再用修剪（TRIM）命令修剪掉圆的左半边。

（5）画（c）中的热污染。用徒手画（SKETCH）命令画如图所示的不规则曲线。

（6）画（d）图中的水波纹。（将图层切换至 1 层）先用直线（LINE）命令，按图示画水波纹的边界形成一个三角形，用图案填充（BHATCH）命令填充其内部（非关联），填充图案选 DASH，用删除（ERASE）命令删除三角形的两斜边。

（7）布图。用移动（MOVE）命令，按图示尺寸各个零件移到图示位置。

（8）设置字体，进行标注：

① 文件样式（STYLE）进行字体设置。设定 SHX 字体（X）为 gbenor.shx，大字体（B）为 gbcbig.shx，高度（H）为 0.0000，宽度因子（W）为 0.8，倾斜角度（O）为 0。

② 用文本标注（DTEXT）命令进行文字标注。

经过以上 8 个步骤的工作过程，可完成"外部集气罩"的设计图，如图 7-40 所示。当然，不同的人来画会有不同的操作过程，结果都是相同的。

第三十一节　盘式消声器的设计

噪声对人们的正常生产和生活有很大的影响，强烈的噪声对人的健康有不同的危害，除能引起人体生理机能产生病状外，严重的会使人耳聋。消声器是一种能有效减弱气流噪声的设备，其中 Pz 型盘式消声器主要用于工业锅炉鼓风机的消声，其型号和相关尺寸见表 7-2，外形如图 7-41 所示。

表 7-2　Pz 型盘式消声器型号和相关尺寸

型号	适用锅炉/(t/h)	风压/Pa	风量/(m³/h)	阻力损失/Pa	中心标高 A/mm	基础尺寸/mm		外型尺寸/mm		法兰尺寸/mm				地脚螺钉	消声量/dB（A）
						B	C	L	D	d_1	d_2	d_3	$n-\phi$		
Pz-1	2	2 000	3 500	≤50	525	222	640	486	866	476	390	450	8－φ12	M16	≥14
Pz-2	4	2 500	7 000	≤80	610	291	800	591	1 026	538	450	403	16－φ10	M12	≥15
Pz-3	6	2 000	9 000	≤100	800	395	1 100	745	1 500	788	700	755	12－φ14	M16	≥16
Pz-4	8	2 100	12 000	≤100	830	395	1 100	745	1 500	790	700	755	12－φ14	M16	≥16
Pz-5	10	2 500	15 400	≤100	920	395	1 100	745	1 500	790	700	755	12－φ14	M16	≥17

图 7-41　Pz 型盘式消声器

下面叙述该系列消声器的绘制过程。

（1）创建图层、线型、颜色。打开图层对话框，点击新建按钮，分别建立层、颜色、线型。具体要求为：①1 层　红色　Center　②2 层　绿色　Continuous　线宽　0.6（0 层　黑色　Continuous）。

（2）（将图层切换至 1 层）用直线（LINE）命令，画两视图的定位线及螺栓孔定位线。

（3）画左图。（将图层切换至 2 层）用直线（LINE）命令，按图表所示的尺寸及位置画消声器的轮廓线，再用样条曲线（SPLINE）命令，画内部填料部分，超出部分可修剪（TRIM）命令修剪。

（4）画右图。用画圆（CIRCLE）命令，按图表所示的尺寸及位置画消声器及法兰盘内外轮廓线，接着再继续在螺栓孔定位线上画一小圆，最后用阵列（APPAY）命令在螺栓孔定位线上环形复制10个小圆。

（5）布图。用移动（MOVE）命令，按图示尺寸各个零件移到图示位置。

（6）设置字体，进行标注：

① 文字样式（STYLE）进行字体设置。设定 SHX 字体（X）为 gbenor.shx，大字体（B）为 gbcbig.shx，高度（H）0.000 0　宽度因子（W）　0.8　倾斜角度（O）　0

② 将图层切换至 0 层，用尺寸标注（DIMLIENAR、DIMDIAMETER、LEADER）命令进行尺寸标注。

经过以上 6 个步骤的工作过程，可完成"Pz 型盘式消声器"的设计图绘制。

第三十二节　控制室墙和平顶的吸声结构

图 7-42 是控制室墙和平顶的吸声结构图，主要由墙体、隔声材料剖面及各种标注组成。本图用到的命令主要有：图层、对象捕捉、直线、矩形、样条曲线、图案填充、修剪、圆角、切角、尺寸标注、文本标注等。

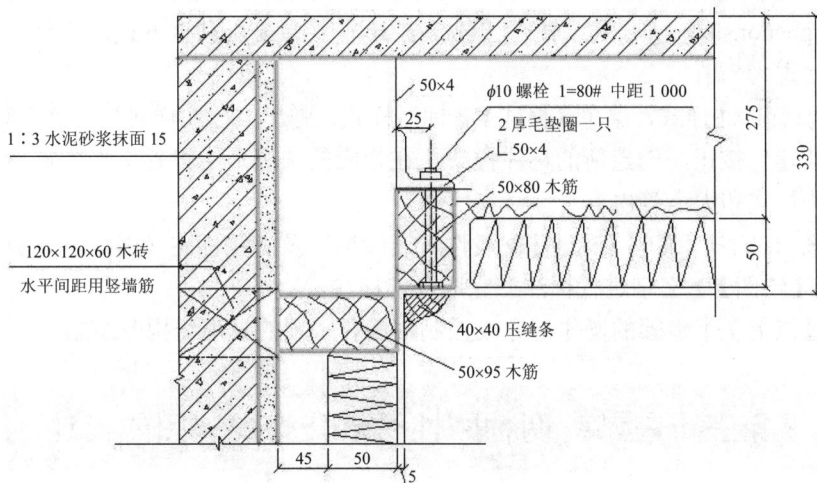

图 7-42　控制室墙和评定的吸声结构

绘图步骤：

（1）创建图层、线型、颜色。打开图层对话框，点击新建按钮，分别建立层、颜色、线型。具体要求是：①1 层　红色　Center ②2 层　绿色　Continuous　线宽 0.6 ③3 层　蓝色　Hidden（0 层　黑色　Continuous）。

（2）设置捕捉功能，菜单【工具】➤草图设置…➤对象捕捉，选中端点、中点、交点、最近点等自动捕捉功能。

（3）绘制墙体（将图层切换到 2 层），用直线（LINE）按图画有宽度的墙体部分，（将图层切换到 0 层）再画细实线的部分，用图案填充命令，在对话框中选择图案 ANSI31，➤"预览"按钮观察填充效果，调整填充比例以达到最佳效果，再选择图案 AR-CONC 进行二次填充，注意调整填充比例；有宽度的墙体部分填充可选择图案 AR-SAND。

（4）绘制 50 mm×95 mm 木筋（将图层切换到 2 层），用矩形（RECTANG）绘出 50 mm×95 mm 的矩形，（将图层切换到 0 层）选择图案 ANSI35 进行填充，再用样条曲线（SPLINE）绘制木筋内曲线。

（5）绘毛垫圈（即角钢），用矩形（RECTANG）绘出两个相互垂直的等尺寸矩形，再用圆角（FILLET）和修剪（TRIM）进行适当的编辑。

（6）绘制矩形细实线框及框中曲线部分，用矩形（RECTANG）绘出外框，再用倒角（CHAMFER）命令选择"修剪"模式当前倒角距离 1=2.000 0，距离 2=1.000 0进行倒角编辑，最后用样条曲线（SPLINE）绘制框内曲线。

（7）标注：

① 设置文字样式，用（STYLE）首先在"文字样式"对话框中设定 SHX 字体（X）为 gbenor.shx，大字体（B）为 gbcbig.shx，其余采用默认方式，并且把设定好的字体"置为当前"。

② 设置标注样式，菜单【格式】➤标注样式，弹出"标注样式管理器"对话框，单击"新建"按钮，创建新的标注样式，在相应的选项卡中设置文字样式字体、字高、箭头样式和大小等内容。

③ 标注方法，菜单【标注】➤线性、连续标注及引线标注（引线下方的文字可用菜单：【绘图】➤文字进行标注）完成全部标注。

进过以上 7 个步骤的操作，完成控制室墙和平顶的吸声结构图绘制。

*第三十三节　两种刚性防水套管安装图的设计

图 7-43 是Ⅲ、Ⅳ型刚性防水套管安装图，本图用到的命令主要有：图层、多段线、直线、样条曲线、图案填充、尺寸标注、修剪、文本标注等。

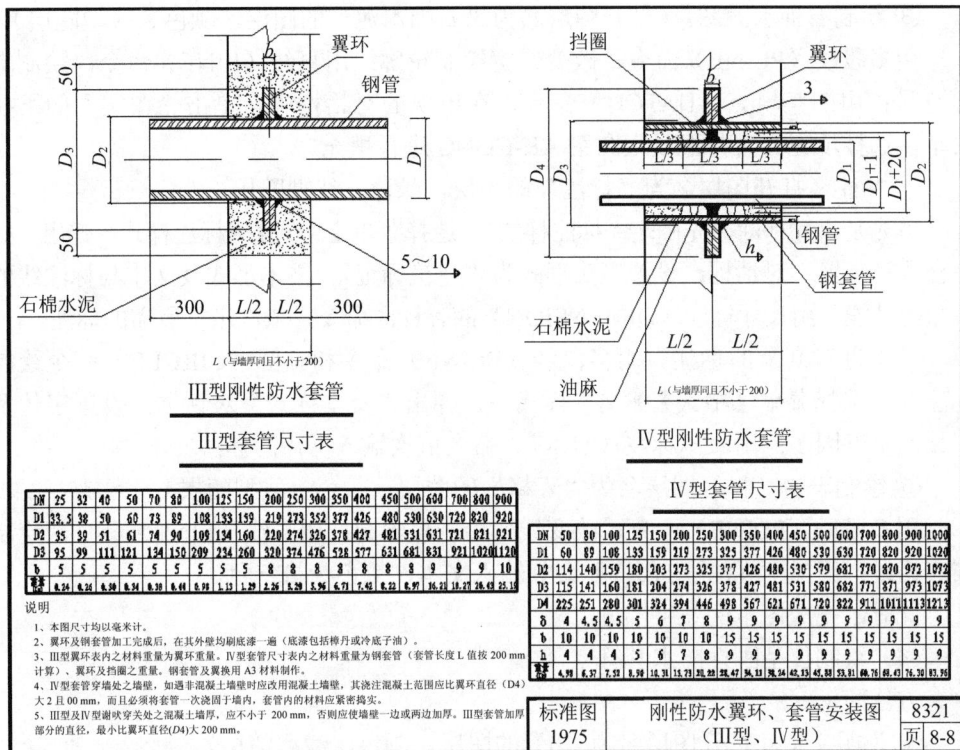

图 7-43　Ⅲ、Ⅳ型刚性防水套管安装

绘图步骤：

（1）创建图层。选择标准工具栏中的图层命令按钮，或在命令行中输入 LAYER 命令，创建图层；单击"新建"按钮，创建新图层并显示在大文本框中。新建图层名分别为"管道""中心线""石棉水泥""标注""表格""标题栏"；颜色分别为白色、白色、绿色、黄色、白色、白色；线型分别为"Continuous""Center""Continuous""Continuous""Continuous""Continuous"。

（2）设置捕捉功能。选择菜单【工具】➤草图设置…，弹出"对象捕捉"对话框，选择端点、中点、交点、最近点的捕捉功能。

（3）绘制Ⅲ型刚性防水翼环：

①绘制钢管：（打开图层名为"管道"的图层，颜色、线型随层）。

用多段线（PLINE）命令，改变线宽绘制钢管轮廓；用样条曲线（SPLINE）命令，绘制钢管断面线；用图案填充（HATCH）命令，在出现的对话框中，单击"图案"的下拉菜单，选择填充图案为 ANSI32，注意填充角度及比例，再单击"确定"按钮，完成填充任务。

②绘制翼环。方法同上。

③ 绘制石棉水泥图。（打开图层名为"石棉水泥"的图层，颜色、线型随层）。

用多段线（PLINE）命令，改变线宽绘制轮廓；用直线（LINE）命令，绘制端面符号；用图案填充（HATCH）命令，在出现的对话框中，单击"图案"的下拉菜单，选择填充图案为混凝土图案 AR-CONC 进行填充。

④ 标注（打开图层名为"标注"的图层，颜色、线型随层）。

首先是尺寸标注。先确定"标注样式"，选择菜单【格式】▶标注样式，弹出"标注样式管理器"对话框，设置箭头形式为"建筑标记"、文本形式及文本与标注线的关系等功能；用尺寸标注（DIMENSION）的各标注命令，依次进行所需的标注。

其次进行其余的标注。用多段线（PLINE）命令和画圆（CIRCLE）命令绘制标注线；选择菜单【格式】▶文本样式…，弹出"文本样式"对话框，设置字体及字体的宽度因子；用文本标注（TEXT）命令依次输入所需的标注文本。

⑤ 绘制表格（打开图层名为"表格"的图层，颜色、线型随层）

用多段线（PLINE）命令，改变线宽绘制粗轮廓；用直线（LINE）命令，绘制细表格线；用文本标注（TEXT）命令输入文本，颜色为橙红色。

此时，完成图示的左半部分。

（4）绘制Ⅳ型刚性防水套管。

方法同上。

① 说明文本（打开图层名为"0"的图层，颜色、线型随层）。

② 用多段线（PLINE）命令，注意线宽，用相对坐标（@X，Y），绘制粗边线宽。

③ 用多段线（PLINE）命令，绘制标题栏的粗边框；用直线（LINE）命令，绘制标题栏内的细线。

④ 用修剪（TRIM）命令进行合适的修剪。

⑤ 用文本标注（TEXT）命令进行标注说明。

经过以上 4 个步骤的绘制过程，完成Ⅲ、Ⅳ型刚性防水套管安装图的绘制。

复习与思考练习题

1. 在选择图形对象的各种方式中，应如何决定使用哪一种选择方法？

2. 修剪命令与打断命令有何不同？

3. 偏移复制与其他的复制方法的不同之处在哪里？

4. 简述拉伸、拉长、延伸的区别。

5. 简述圆角与倒角的区别，什么情况下效果一样？

6. 什么是夹点，如何激活夹点？冷态夹持点与热态夹持点有何不同？在哪些操作中使用夹持点可有效提高作图效率？

7. 图形对象有哪些特性？如何方便地修改这些特性？

8. 用本章学过的编辑命令把习题图 7-8 所示左边的五角星变为空心的五角星，进而填充。

习题图 7-8

解题要点：

（1）借助捕捉功能用实体打断命令（BREAK）断开每条线段的中间部分，或者用实体点打断命令（BREAK　AT　POINT）打断每条线段中需去除的那部分，然后用修剪命令（TRIM）修剪即可。也可直接用修剪命令完成，只要在提示："选择剪切边"时，选中所有的线段，然后再提示"选择要修剪的对象"时，依次选择要去掉的部分即可完成。

（2）选择图案 SOLID 进行填充。

9. 用复制和镜像等方法绘制习题图 7-9（可不进行标注）。

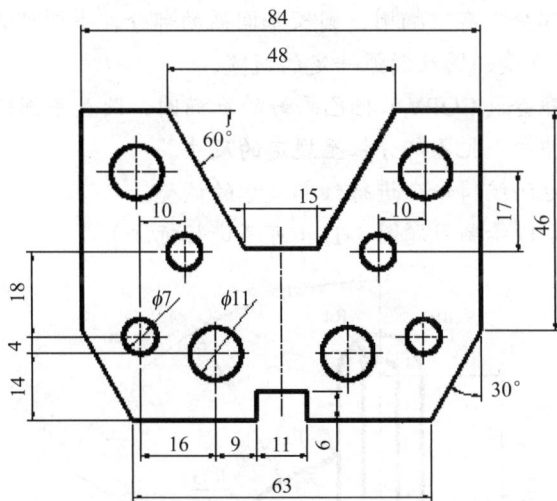

习题图 7-9

解题要点：

（1）先绘左边，相同大小的圆使用复制命令，画直线和圆心的定位使用相对坐标，注意赋予直线和圆一定的线宽。

（2）使用镜像命令（MIRROR）时，把点划线作为镜像线。

10. 用拉伸等方法绘制习题图 7-10（可不进行标注）。

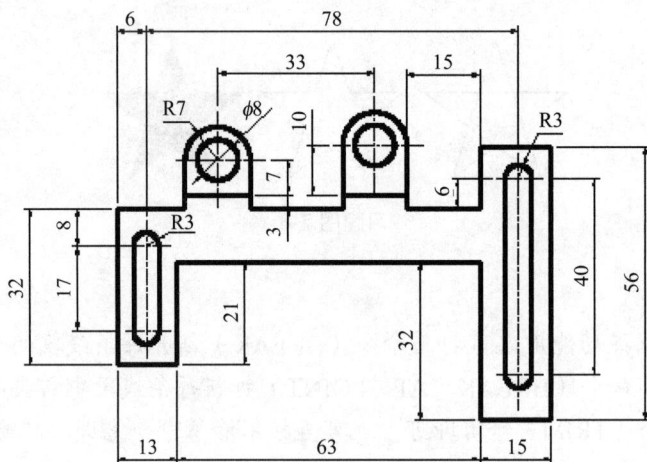

习题图 7-10

解题要点：

（1）先画左边部分（有准椭圆、圆及半圆弧的部分，半圆可先画圆，再修剪为半圆弧），注意赋予直线、圆及圆弧一定的线宽。

（2）再用复制命令（COPY）把已画好的准椭圆、圆及半圆弧复制到相应的各位置，进而使用拉伸命令把各部分拉至规定的尺寸。

（3）最后用其他的编辑命令进行细部尺寸的调整。

11. 运用编辑手段绘制习题图 7-11（可不进行标注）。

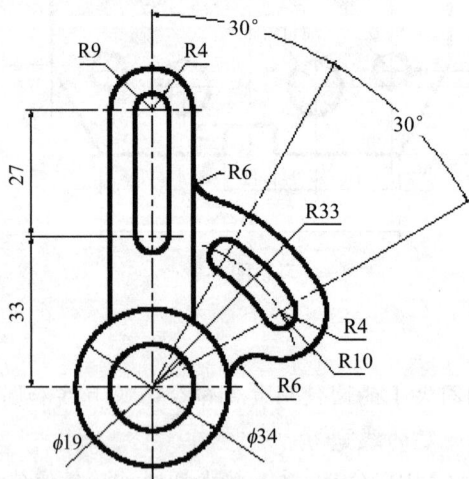

习题图 7-11

解题要点:

所有的圆弧均用圆获得,然后使用修剪命令(TRIM)修剪即可。

12. 运用画图及编辑命令绘制练习题图 7-12 所示的喷淋塔示意图。

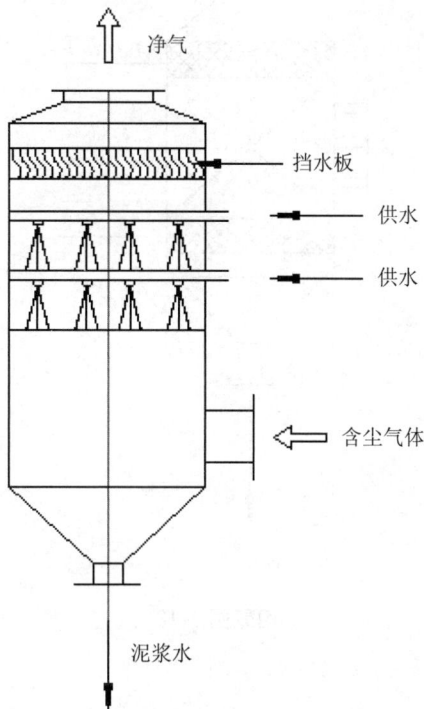

习题图 7-12

解题要点:

(1)该图形为对称图形,可考虑运用镜像命令。

(2)在画好轮廓线后运用多段线命令画出一挡水板,再利用阵列命令得到全部,多余部分可删除。

(3)在画图过程中,可充分运用修剪命令,提高画图速度。

13. 运用画图及编辑命令绘制练习题图 7-13 所示的单段式绝热反应器示意图。

解题要点:

(1)该图形大部分为对称图形,可考虑运用镜像命令。

(2)相同的部分运用复制命令完成。

(3)平行线可复制得到,间距需准确时也还可用偏移复制命令完成。

(4)适时打开正交、捕捉功能,结合其他编辑命令(如修剪)可很快完成全图。

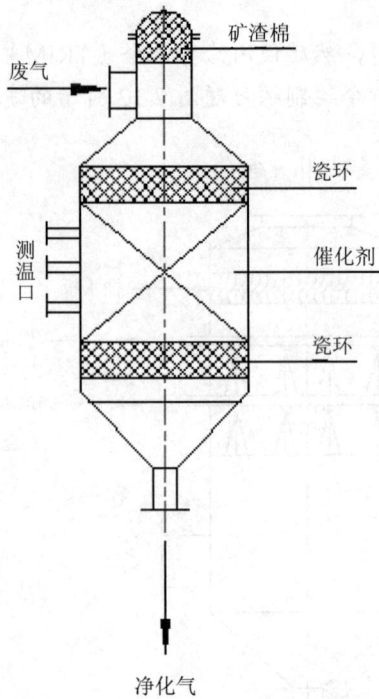

习题图 7-13

第八章 块、属性、外部参照及环境工程设计与应用

使用 CAD 绘图最有用的功能之一就是可以重复使用一些绘制好的图形。在绘制机械图、建筑图、电器图时，都会遇到大量重复的零件，如螺钉、电阻、电容等。这些零件图形基本相同，只是尺寸和放置的角度有所不同。如果每个零件都单独绘制，会浪费大量的时间，占用大量储存空间，效率很低。但是把这些零件定义为一个整体，插入到图形中的不同位置上，既可以减少工作量，又可以节省硬盘空间。利用 AutoCAD 提供的块及属性功能，可以完成上述任务，大大提高了绘图效率。使用外部参照是不同于使用块的另外一种将其他图形引到当前图形的方法，使用该方法能使插入的图形随着原图形的修改而更新。

本章主要介绍块的定义、块的插入、块的存储、块和图形的关系、块属性的定义、修改、显示、编辑、数据提取和块的重定义以及外部参照等有关的内容。

第一节 块操作

一、块定义

块在绘图设计中具有许多独特的优点，但在块应用之前必须先定义块。块可以包含有一个或多个对象。要定义块，组成块的对象在屏幕上必须是可见的，即进行块定义的对象必须已经被画出。块定义的方式：

命令：BLOCK

菜单：【绘图】➤块➤创建

工具栏：【绘图】➤🔲

命令启动后，屏幕弹出如图 8-1 所示"块定义"对话框。下面对"块定义"对话框进行介绍：

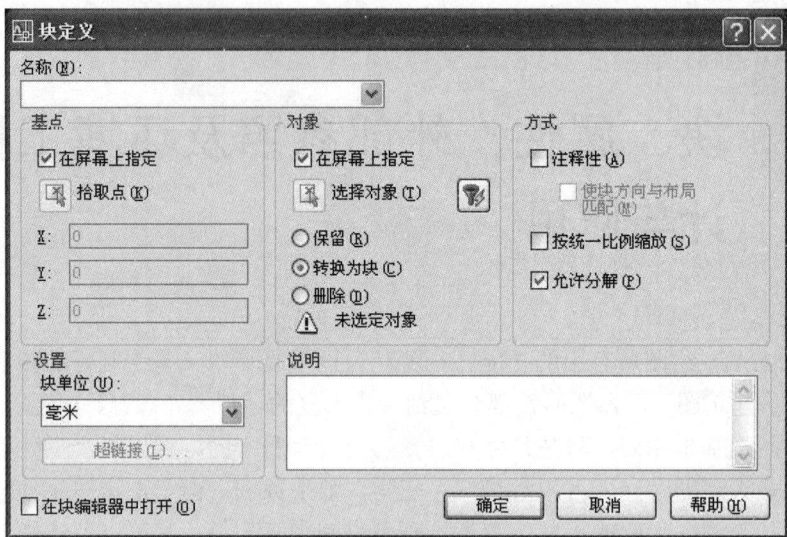

图 8-1　块定义对话框

（1）"名称"下拉列表

在此输入一个块名来定义新的块；块名可以使用任意字符（不包括空格），但最好用能表示块内容的名字。单击其右侧的"▼"，可列出当前主图形中所有块名。

（2）"基点"栏

基点（或叫插入基点）即块被插入时的基准点，它也是块在插入过程中旋转或缩放的基点。从理论上讲，可以选择块上的任意一点或图形区中的一点作为基点，但为了作图方便，应根据块的结构选择基点，一般将基点选择在块的中心、左下角或其他特征点。AutoCAD 默认的基点是坐标原点。

用户可在屏幕上指定插入点，或在对话框中的"X：""Y：""Z："文字框中输入插入点的坐标值。如要在屏幕上指定插入点，可单击该区域中的"拾取点"按钮，AutoCAD 将暂时关闭对话框并提示用户：

*指定插入基点：*在指定了基点后，又重新显示"块定义"对话框。

如果选中"在屏幕上指定"复选框，"拾取点"按钮和"X：""Y：""Z："文字框不可用，而是直接在屏幕上指定插入点。

（3）"对象"栏

定义块中的对象，以及块定义之后如何处理选择的对象。

①"选择对象"按钮：单击此按钮后，将暂时关闭对话框，AutoCAD 提示：

选择对象：//用选择对象方式选择要定义为块的对象，回车结束选择。

对象选择完成后回车，返回"块定义"对话框。

②"快速选择"按钮：单击此按钮后，AutoCAD 将显示出"快速选择"对

话框并通过该对话框来构造一个选择集。

③"保留"单选按钮：选中此选项后，AutoCAD 在完成块定义后，仍在图形中保留构成块的对象。

④"转换为块"单选按钮：选中此选项，在完成块定义后，AutoCAD 将把原构成块的对象做成图形中的一个块，且仍保留在图形中。

⑤"删除"单选按钮：选中此选项后，在完成块定义后，AutoCAD 将把原构成块的对象从图形中删除。

在该栏的下方，若还没有选择要做成块的对象，有一个感叹号提示"未选定对象"，一旦选择了对象，会提示"已选择×个对象"。

⑥ 如果选中"在屏幕上指定"复选框，"选择对象"按钮 不可用，而是直接在屏幕上选择对象。

（4）"方式"栏

①"注释性"复选框：选中该框，创建的块具有注释性。单击信息图标 ，打开"AutoCAD 2008 帮助"窗口，可了解有关注释性的信息。

②"使块方向与布局匹配"复选框：选中该框，指定在图纸空间视口中的块参照的方向与布局的方向匹配。如果未选中"注释性"复选框，则该选项不可用。

③"按统一比例缩放"复选框：选中该框，插入块时，块的 X、Y、Z 方向只能采用相同的比例缩放。

④"允许分解"复选框：选中该框，插入块后，块可以被分解为单个图形对象。

（5）"设置"栏

①"块单位"下拉列表：从该下拉列表框中选择把块插入到图形中时，块的缩放单位。

②"超链接"按钮：打开"插入超链接"对话框，可以使用该对话框将某个超链接与块定义相关联。

（6）"说明"编辑区

在该编辑区中，可以键入与块定义相关的描述信息。

完成所有的设置后，单击"确定"按钮将关闭对话框，块定义的操作完成。如果选中"在块编辑器中打开"复选框，单击"确定"按钮后，关闭对话框后在块编辑器中打开当前的块，可以继续在块编辑器中进行块的编辑。

如果新的块名与已有的块名重名，则 AutoCAD 将显示警告对话框。

如果需要，可以重新定义块。一旦图块已经重新定义，且使用了图形重生成命令，图形中所有该块的块参照都将使用新定义。

二、块嵌套

块可包含其他的块，即当使用 BLOCK 命令将若干个对象组合成一个单一对象时，一个或多个被选定的对象本身可能就是块对象。而且，所选定的块可以包含有嵌套在它们之内的块。对于嵌套的层数没有限制，然而，用户不可以用任何嵌套块的名称作为定义块的名称。

第二节　块的插入

一、INSERT 命令

定义块的目的是为了使用块，使用 INSERT 命令可以将先前定义好的图块插入到当前主图形中，也可以将磁盘上的图形文件作为一个块插入。插入块操作就是将已定义的块按照用户指定的位置、图形比例和旋转角度插入到图中。

命令的启动方式：

命令：INSERT

菜单：【插入】▶块

工具栏：【绘图】▶

命令启动后显示图 8-2 所示的"插入"对话框。下面对"插入"对话框进行介绍：

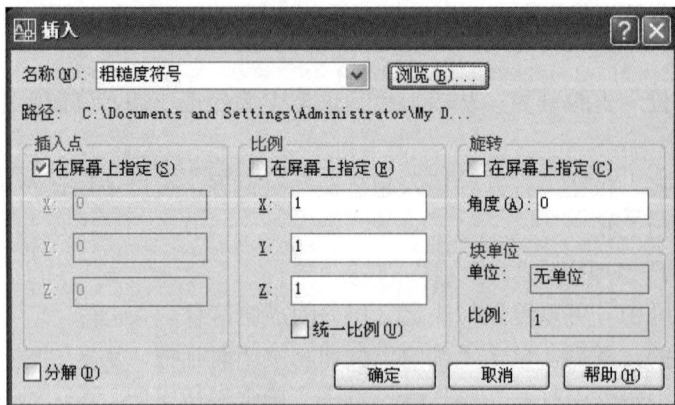

图 8-2　插入对话框

（1）"名称"下拉列表。在"名称"下拉列表框中，指定要插入的块名或图形文件名。用户可以从列表框中选择要插入的块。

（2）"浏览"按钮。如果要插入的不是当前图形中的块，而是图形文件，则要单击"浏览"按钮，打开"选择图形文件"对话框，从中选择文件。文件的路径显示在"名称"下拉列表框下面的"路径"后边。

（3）"插入点"栏。该栏用于指定块插入的基点。可以在"X:""Y:"和"Z:"文字框中，输入插入点的 X、Y 和 Z 坐标值，从而确定插入点。也可以选中"在屏幕上指定"复选框，这时是用鼠标直接在图形区域中指取一点作为插入点。选择了此复选框后，就不能再用指定坐标值的方法来确定插入点。

（4）"比例"栏。该栏用于确定块插入时的缩放比例。在三个坐标轴方向可以采用不同的缩放比例，也可以采用相同的缩放比例。如果选择了"统一比例"复选框，则强制在三个方向上采用同样的比例缩放。

默认的比例因子是 1。指定一个在 0 和 1 之间的比例因子，则插入的块比原块要小；指定一个大于 1 的比例因子，则放大原块。另外，还可以输入一个负值的比例因子，这样就会插入一个关于插入点的块的镜像。如果两个方向上比例因子都取为–1，则会"双镜像"对象，等同于将插入的图块旋转 180°。图 8-3 说明了插入图块时，不同的比例因子的效果。

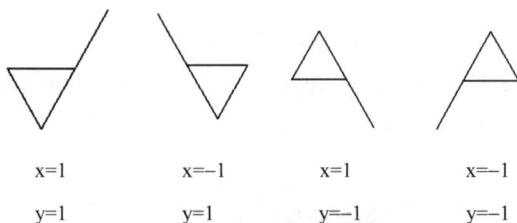

| x=1 | x=−1 | x=1 | x=−1 |
| y=1 | y=1 | y=−1 | y=−1 |

图 8-3　块插入时不同比例因子的效果

如果选择了"在屏幕上指定"复选框，是在命令行输入缩放比例，或用鼠标直接在图形区域中来指定缩放比例。应注意的是，用指定两个点来确定缩放比例时，第二点应位于插入点右上方，否则，所确定的缩放比例将是负数而插入了原始图形的镜像图。

（5）"旋转"栏。该栏用于确定块插入时的块旋转角度。可以在"角度"文字框输入一个正或负的角度值。按逆时针方向旋转的角度是正角度。0°角的方向为当前 UCS 的 X 轴方向。

如果选择了该区域中的"在屏幕上指定"复选框，则是在命令行输入旋转角度或用鼠标直接在图形区拖动块旋转到合适的角度后按鼠标左键。

（6）"块单位"栏。"单位"文字框（只读）：显示定义块时的"块单位"。

"比例"文字框（只读）：显示单位比例因子，该比例因子是根据定义块时的"块单位"和当前图形单位计算得出的。

（7）"分解"复选框。"分解"复选框用于将构成块的对象分解开，而不是作为一个整体来插入。选择了该复选框后，"统一比例"复选框也自动被选中，用户只能指定统一的比例因子。

二、直接拖动文件名到当前作图窗口

如果要在当前图形中插入存在磁盘上的图形，除在"插入"对话框中单击"浏览"按钮，打开"选择图形文件"对话框，从中选择文件外，还可以打开 Windows 的资源管理器，找到欲插入的图形文件，然后按住鼠标左键拖动文件名到当前的作图窗口并按提示进行操作来实现。

命令：INSERT 输入块名 [?] <默认块名>："（图形文件的路径和文件名）"
指定插入点或[基点（B）/比例（S）/X/Y/Z/旋转（R）： // （输入一个点作为插入点或键入一个选项的关键字后回车）。

三、块插入时块 0 层上对象特性的变化

如果块中包含 0 层上的对象，且这些 0 层上的对象的颜色特性和线型特性都是"随层"，当块被插入到非 0 层上时，它将显示该非 0 层的颜色和线型。例如，用户在 0 层上绘制了一个圆，其颜色特性和线型特性都是"随层"，它被结合到名称为 TK1 的块中。将块 TK1 插入到颜色为红色、线型为 CENTER 的"LAYER1"的图层上，则该圆就接受了"LAYER1"图层的颜色和线型（即是一个红色的点划线圆）。

第三节　块存盘

用 BLOCK 命令定义的块不能直接被其他图形调用，如果要使当前主图形中定义的块能被其他图形调用，应该将其存盘。在 AutoCAD 中，可以用 WBLOCK 命令将对象或图块保存到一个图形文件中。

用 WBLOCK 命令存储的文件，其后缀也是".dwg"，这与 SAVE 命令存储的文件格式相同。两个命令的不同之处是：WBLOCK 只存储图形中已用到的信息，比如，一个图形建立了 6 个图层，而只用到了 3 个，没用到的 3 个将不被保存；而 SAVE 命令则存储图形中所有信息，不管其是否有用。所以，同一个图形，用 WBLOCK 存储比用 SAVE 存储的文件容量要小。

命令的启动方式：

命令：WBLOCK

命令输入后，AutoCAD 将显示如图 8-4 所示的"写块"对话框。下面予以说明。

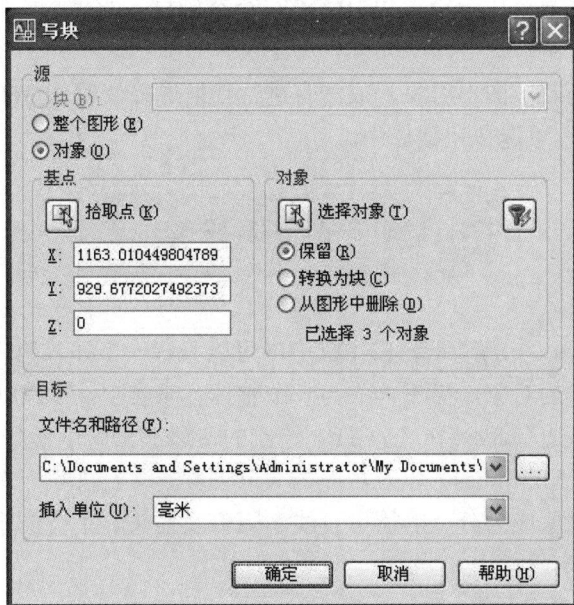

图 8-4　写块对话框

（1）"源"栏。在该栏中，用户可以指定要存盘的对象或图块以及插入点。其主要选项的功能如下：

①"块"单选按钮：选中该按钮是把当前主图形中已定义的块保存到磁盘文件中。可从其右边的下拉列表中选择一个图块名，这时"基点"和"对象"栏都不可用。

②"整个图形"单选按钮：选中该按钮是把整个当前主图形作为一个图块存盘。这时"块"右边的下拉列表"基点"和"对象"栏都不可用。

③"对象"单选按钮：从当前主图形中选择图形对象定义成块，并将其保存到磁盘文件中。这时"块"右边的下拉列表不可用，而"基点"和"对象"栏都可用。

（2）"目标"栏。该栏是用于指定输出的文件的名称、路径以及文件的单位。

①"文件名和路径"下拉列表：从该下拉列表中指定文件保存的路径及要存盘的文件名单击其右侧的按钮"□"，显示"浏览文件夹"对话框，从中选择另外的文件保存路径。

②"插入单位"下拉列表：指定块插入时的单位。

在必要的项目设置完成后，单击"确定"按钮，即在磁盘上存储了一个图形块。

以上是先输入命令，再确定块图形。也可以先选图形，再输入 WBLOCK 命令存储块：

如果选中的是一个块，输入 WBLOCK 命令后显示的"写块"对话框的"源"栏的"块"单选按钮被选中。

如果选中的是若干图形对象，或没有进行任何选择，输入 WBLOCK 命令后，"源"栏的"对象"单选按钮被选中。

第四节　块分解

在 AutoCAD 中，分解命令 EXPLODE 可以分解一个插入的块，即使组成块的各个对象成为独立的对象，而不再成为一个整体。事实上，EXPLODE 命令还可以分解多段线、用多边形命令 POLYGON 绘制的多边形、用矩形命令 RECTANG 绘制的矩形、多线（Multilines）以及填充的关联图案、多行文字、关联尺寸标注等，被分解后的这些对象成为分离的简单直线、圆弧及箭头、单行文字、尺寸文字等。命令的输入方式：

命令：EXPLODE↙ 或 X↙

菜单：【修改】➤分解

工具栏：【修改】➤ 🗷

命令输入后，AutoCAD 提示"选择对象:"，用任何一种选择对象的方法选择要分解的对象，选择完成后回车，所选对象即被分解。

使用 EXPLODE 命令对块可能引起如下变化：

（1）如果块中包含 0 层上的对象，且这些 0 层上的对象的颜色特性和线型特性都是"随层"，如果块被插入到了与 0 层颜色和线型不相同的非 0 层上，当块被分解后，0 层上的对象变回到 0 层的颜色和线型。

（2）分解嵌套块：一次 EXPLODE 命令只能分解最高层次的块，嵌套的块或多段线仍将保持为块或多段线。可连续使用 EXPLODE 命令将嵌套的块或多段线分解。

（3）有宽度的多段线（包括用 RECTANG 绘制的边有宽度的矩形）在分解后将被转变为零宽度的直线或圆弧，与单独的线段相关的切线信息也会丢失。此时，命令行会有丢失宽度信息。

● 提示：用块阵列命令 MINSERT 插入的块或外部参照及其从属的块不能被分解。

*第五节 块属性

一、块属性概念

属性是特定的且可包含在块定义中的文字对象，它可以作为图形的一部分显示，也可以隐藏起来，但这些属性所包含的信息总是可用的。在 AutoCAD 中，可在图形中加入属性以显示相关的信息。属性可以给块附加上文本，当插入带属性的块时，AutoCAD 会要求用户输入属性的数据。属性可以包含各种与图形相关的信息。例如，部件型号、材料、用途、特殊要求、编号等。存储在属性中的信息为属性的值。图形值的属性可以提取出来，在电子表格或数据库软件中使用。

属性在被定义进块内之前必须先创建属性定义。

二、属性定义

使用 ATTDEF 命令创建属性定义，属性定义描述了属性的特性，包括标记、提示、值的信息、文字格式、位置以及可选模式。命令启动方式：

命令：ATTDEF

菜单：【绘图】▶块▶定义属性

命令启动后弹出如图 8-5 所示"属性定义"对话框。对话框的各项说明如下：

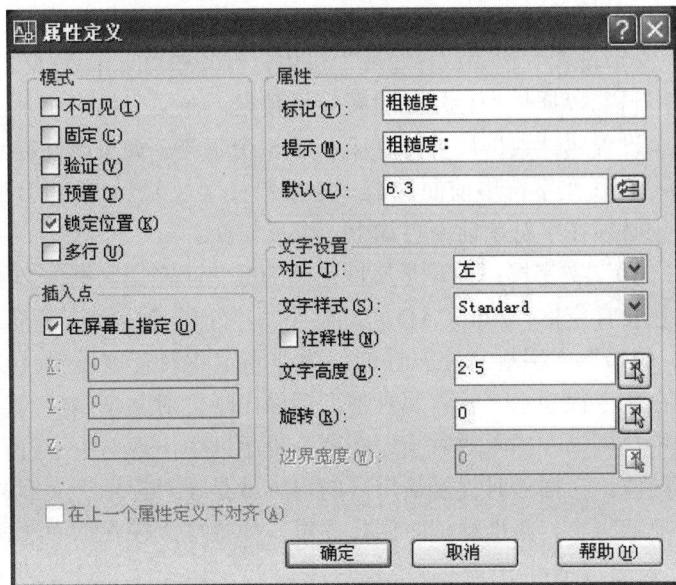

图 8-5 "属性定义"对话框

（1）"模式"栏。"模式"栏有以下几个复选框，可选中一个或多个：

不可见：选中此模式将使属性值在块插入完成以后不被显示也不被打印出来。当用户只想把数据库存储在图形数据库中，而不想显示数据时，可选中该模式。

固定：选中该模式，属性值为一固定文本。如果用户定义的属性值为一固定字符串时，该模式比较合适。

验证：该模式让用户在把属性插入图形文件前检验可变属性的值。在插入属性文本前，AutoCAD 显示可变属性的值，等待用户按回车键。这样可看到键入内容、检验错误，在插入属性前校正属性值。

预置：该模式让用户创建自动接受缺省值的属性。插入属性时，不再提示输入属性值。与常数模式不同，在预置模式下，属性插入后可以进行编辑。

"锁定位置"：设定是否锁定块参照中属性的位置。如果选中此复选框，则插入块后，插入的块只有一个夹点，属性的位置不可更改，即锁定属性在块中的位置（图 8-6）；否则，插入块后，图形和属性都具有夹点，属性可以移动位置（图 8-7）。

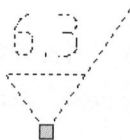

图 8-6　锁定属性位置的块　　　图 8-7　未锁定属性位置的块

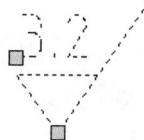

"多行"：选中此复选框后，在插入块时属性值可以包含多行文字（否则只有一行），并且在"文字设置"栏"边界宽度"可用，在其中可以输入属性值的宽度。

（2）"属性"栏。"属性"栏用于设置属性数据，在文字框中输入属性的标签、提示和默认值。设置属性数据最多可以输入 256 个字符。如果属性提示或属性值需要以空格开始，必须在字符串前面加上一个反斜杠（＼）。如果其第一个字符本身就是反斜杠，则必须在字符串前面再加上一个反斜杠。

①"标记（T）"文字框：标记是属性定义的标签。在文字框内必须输入属性标记，标记不能包含有空格。AutoCAD 自动将小写字符转换为大写字符。

②"提示（M）"文字框：在属性的值为非固定或没有预设置时，当插入带有属性的块时，在命令行显示"输入属性值"后面出现针对某个属性的提示。在属性定义过程中，用户可以在插入块时指定在命令提示区中出现一串字符，用以提示用户去输入适当的值。在插入时提示给用户的内容就是在"提示"文字框中输入的内容。如果属性提示为空，属性标记将用作提示。如果在"模式"中选择了"固定"模式，"提示"选项将不可用。

③"默认（L）"文字框：用户在属性定义过程中可以为属性指定一个默认值。

然后，在插入块的过程中，它将以括号的形式显示在提示后面，即为"<默认值>"形式。在按<Enter>键响应输入属性值的提示时，它会自动地成为属性值。在"值"文字框输入的值就是这个"默认值"。如果为空白，则在命令行输入属性值。

④"插入字段" 按钮：显示"字段"对话框。可以插入一个字段作为属性的全部或部分值。

（3）"插入点"栏。插入点用于为属性指定坐标位置，其方法是既可以通过单击"拾取点"按钮（对话框暂时关闭）在屏幕上指定其位置，也可通过在 X、Y、Z 文字框中输入坐标值来指定点。

（4）"文字选项"栏。文字选项栏用于设置属性文字的对正、样式、高度和旋转。

① 对正下拉列表：在下拉列表中指定属性文字的对正方式。

② 文字样式下拉列表：在下拉列表中指定属性文字的预定样式。

③"注释性"复选框：选中该框，使属性具有注释性。单击信息图标，打开"AutoCAD 2008 帮助"窗口，可了解有关注释性的信息。

④ 文字高度：指定属性文字的高度。在文字框中输入文字高度值或通过单击![]"高度"按钮（对话框暂时关闭）在屏幕上指定两点，两点间的距离为文字高度。如果选择了有固定高度（任何非 0 值）的文字样式，或者在"对正"列表中选择了"对齐"，"高度"选项不可用。

⑤ 旋转：指定属性文字的旋转角度。在文字框中输入角度值或通过单击![]"旋转"按钮（对话框暂时关闭）在屏幕上指定两点，两点连线与正向 X 轴的夹角为文字旋转角度。如果在"对正"列表中选择了"对齐"或"调整"，"旋转"选项不可用。

⑥"边界宽度"文字框和按钮：仅在"模式"栏选中"多行"时才可用。在文字框中输入属性文字行的最大宽度（值 0 表示对文字行的长度没有限制），或通过单击按钮![]，在屏幕上指定两点，两点间的距离为属性文字的宽度。

（5）"在上一个属性定义下对齐"复选框。此复选框用于在前面所定义的属性下面直接放置属性标记。若没有预先定义一个属性，那么这个选项不可用。

设置好各个选项后，单击"确定"按钮，关闭"属性定义"对话框，此时属性标记就出现在图形中。重复有关过程可以定义其他属性。

三、创建一个具有属性的块举例

如图 8-8 所示，创建具有属性的粗糙度块的步骤如下：

（1）用直线（LINE）命令画图形部分。

（2）用属性定义命令创建属性"粗糙度"。如图 8-5 所示，在"属性定义"对话框中输入属性标记"粗糙度"，输入属性提示："输入粗糙度数值："，输入属性默认值为 CCD；选择文字的对正方式为："左"，文字样式为"仿宋"，文字高度为"3.5"，单击"拾取点"按钮，在图形中指定属性的插入点。单击"确定"按钮，属性创建完成。至此，图形和属性如图 8-8 左侧所示。

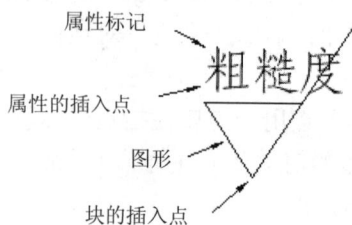

属性标记
属性的插入点
图形
块的插入点

粗糙度

图 8-8　块属性的应用

（3）用 BLOCK 命令创建具有属性的块。在"块定义"对话框中，输入块名称"粗糙度"，单击"拾取点"按钮，在图形中指定块的插入点。单击"选择对象"按钮，在屏幕上把图形和属性都选中。单击"确定"按钮，名称为"粗糙度"，具有属性"粗糙度"的块创建完成。

四、插入一个带有属性的块

插入一个带有属性的块与插入一个一般块的方法是一样的。如果块中包含非固定值的属性，那么在插入块时，命令行将提示为每一个属性输入一个值。例如，用 INSERT 命令插入前面定义的"粗糙度"块时，除原有的提示外，将增加提示。

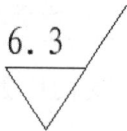

图 8-9　属性值为 6.3（默认值）　　　图 8-10　属性值为 3.2

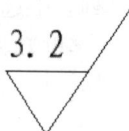

输入属性值
粗糙度：<6.3>: ∥（可键入另外的值或直接回车）

图 8-9 是默认属性值为 6.3 插入后的块，图 8-10 是属性值为 3.2 插入后的块。

● 提示：如果块中有多个非固定值的属性，则在插入块时会依次有多个要求输入属性值的提示。若将系统变量 ATTDIA 的值设定为 1，则在命令行不再出现为属性输入值的提示，而是在屏幕上出现"输入属性"对话框，在对话框中输入属性值。

五、属性显示控制命令

尽管在属性定义命令中可以设置属性的可见与不可见，但随时控制属性的可见性还是必要的。ATTDISP 命令控制着当前图形中所有属性的可见性。命令执行方式：

命令：ATTDISP

菜单：【视图】➤显示➤属性显示➤普通（或开或关）

执行命令后提示如下：

输入属性的可见性设置［普通（N）/开（ON）/关（OFF）］<普通>： // 键入选项的关键字后回车。

各选项的意义是：

开（ON）：使所有的属性都可见。

关（OFF）：使所有的属性都不可见。

普通（N）：该选项将属性以用户创建它们的形式显示。

*第六节　修改块属性

在绘图过程中，为了让用户随时修改属性，AutoCAD 提供了属性编辑功能。

一、EATTEDIT 命令

用 EATTEDIT 命令可以修改块属性。命令启动方式：

命令：EATTEDIT

菜单：【修改】➤对象➤属性➤单个

工具栏：【修改Ⅱ】➤

命令启动后提示：

选择块： // （选择带有属性的块）

在选择带有属性的块后，将显示如图 8-11 所示的"增强属性编辑器"。如果选择的块不包含属性，或者所选的不是块，将显示一条错误信息，提示选择另一个块。下面对"增强属性编辑器"进行解释。

（1）"选择块"按钮。单击"选择块"按钮"□"，对话框将暂时关闭，用户可使用定点设备从图形区域选择块。当选择了块或按<ESC>键，返回对话框。如果修改了块的属性，并且未保存所作的更改就单击"选择块"按钮，系统将提示在选择其他块之前先保存更改。

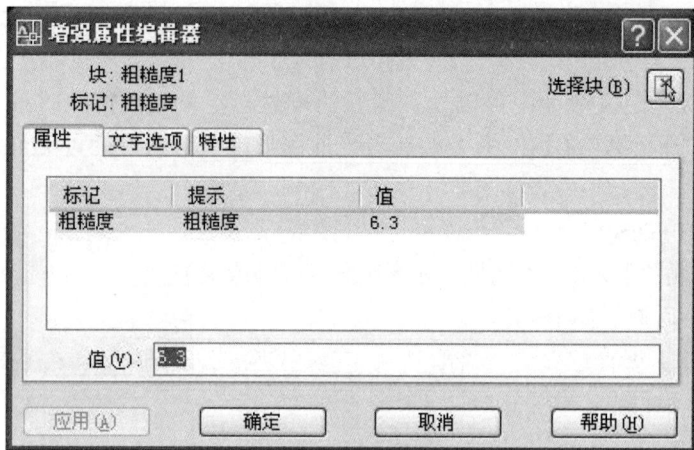

图 8-11　增强属性编辑器属性选项卡

（2）"属性"选项卡。如图 8-11 所示，显示每个属性的标记、提示和值。只能在"值"文字框修改属性的值。

（3）"应用"按钮。在修改了属性的值、文字选项、特性后，单击该按钮，更新属性的图形，并保持"增强属性编辑器"打开。

（4）"文字选项"选项卡。如图 8-12 所示，修改属性文字在图形中的显示方式。各项说明如下：

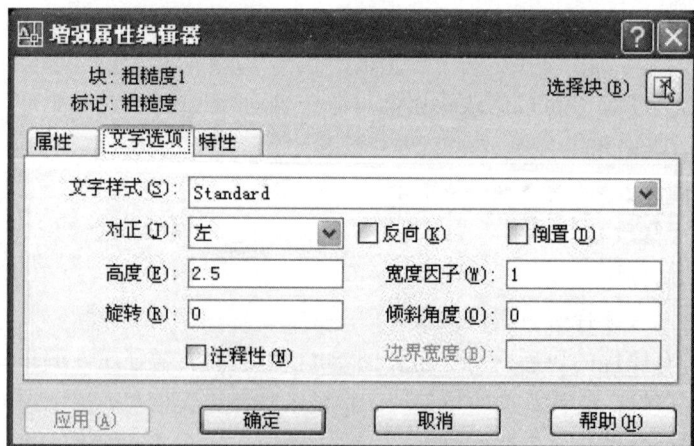

图 8-12　增强属性编辑器文字选项卡

"文字样式"下拉列表：单击该下拉列表，从中选择属性文字的文字样式。

"对正"下拉列表：单击该下拉列表，选择属性文字的对正方式。

"高度"文字框：指定属性文字的高度。

"旋转"文字框：指定属性文字的旋转角度。

"反向"复选框、"颠倒"复选框、"宽度比例"文字框、"倾斜角度"文字框的意义与"文字样式"对话框（STYLE 命令）中的意义完全一样。

（5）"特性"选项卡。如图 8-13 所示，在"特性"选项卡上可以通过"图层""线型""颜色"和"线宽"下拉列表修改属性文字的图层、颜色、线型、线宽。如果图形使用打印样式，还可以使用"打印样式"下拉列表为属性指定打印样式。如果当前图形使用颜色相关打印样式，则"打印样式"下拉列表不可用。

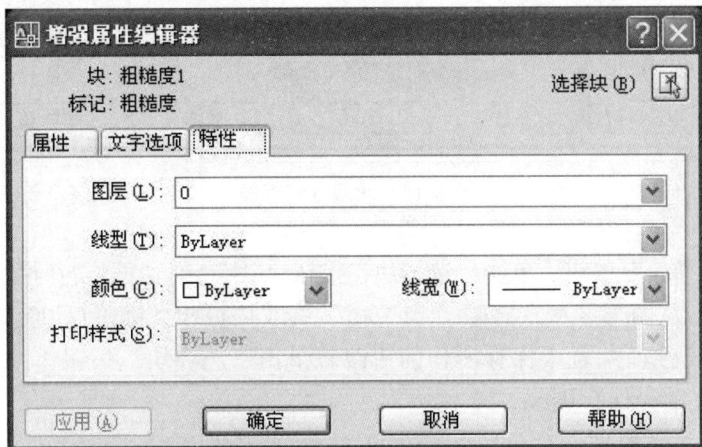

图 8-13　增强属性编辑器特性选项卡

二、块属性管理器

BATTMAN 命令管理当前图形中块的属性定义。可以在块中编辑属性定义、从块中删除属性以及更改插入块时系统提示用户属性值的顺序，因而它的功能更强。命令输入方式：

命令：BATTMAN

菜单：【修改】➤对象➤属性➤块属性管理器

工具栏：【修改Ⅱ】➤

命令输入后，如果当前图形未包含任何具有属性的块，系统将显示信息"此图形不包含带属性的块"后结束命令。如果当前图形包含具有属性的块，将显示如图 8-14 所示的"块属性管理器"。

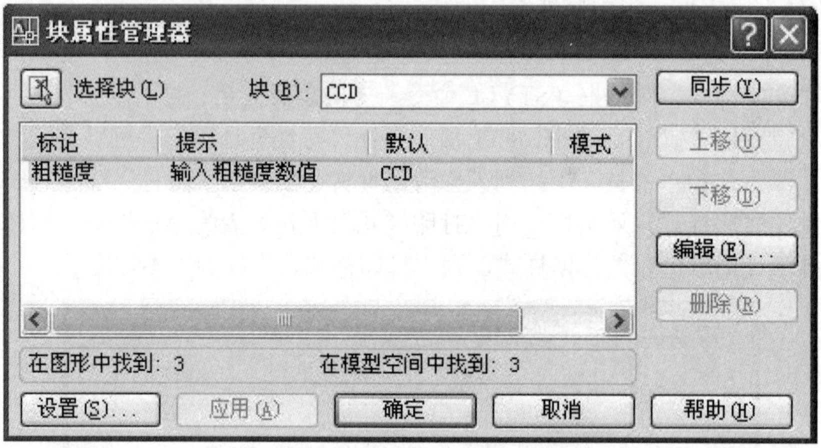

图 8-14　块属性管理器

（1）"选择块"按钮。单击"选择块"按钮""，对话框将暂时关闭，用户可使用定点设备从图形区域选择块。当选择了块或按<ESC>键，返回对话框。如果修改了块的属性，并且未保存所作的更改就单击"选择块"按钮，系统将提示在选择其他块之前先保存更改。

（2）"块"下拉列表。在具有属性的当前图形中列出全部块定义。单击下拉列表可选择要修改其属性的块。

（3）属性列表区域。选定块的属性显示在属性列表中。默认情况下，标记、提示、默认和模式四种属性特性显示在属性列表中。单击"设置"按钮，可以指定要在列表中显示属性的哪些特性。

对于每一个选定块，属性列表下的说明都会标识在当前图形和在当前布局中相应块的引用数目。

（4）"同步"按钮。根据当前定义的属性特性，更新选定块的全部引用。这不会影响在每个块中指定给属性的值。

（5）"上移/下移"按钮。单击该按钮，在属性列表区域中上移（下移）选定的属性标签。选定固定属性时，"上移（下移）"按钮不可使用。

（6）"编辑"按钮。单击该按钮，打开"编辑属性"对话框（图 8-15），可在其中修改属性特性。对话框中各选项卡的内容可参看属性定义 ATTDEF 命令和块属性修改 EATTEDIT 命令。

图 8-15　编辑属性对话框

（7）"删除"按钮。从属性序列区域中选定一个属性，单击该按钮，该属性将从块定义中删除。如果在选择"删除"之前已选中了"设置"对话框中的"将修改应用到现有的参照"，则该属性将从当前图形中该块的所有引用中删除。对于仅具有一个属性的块，"删除"按钮不可使用。

（8）"设置"按钮。单击该按钮，打开"设置"对话框（图 8-16），可在其中自定义"块属性管理器"中属性列表区域中属性信息的列出方式。

（9）"应用"按钮。单击该按钮，使用所做的属性更改更新图形，同时保持"块属性管理器"为打开状态。

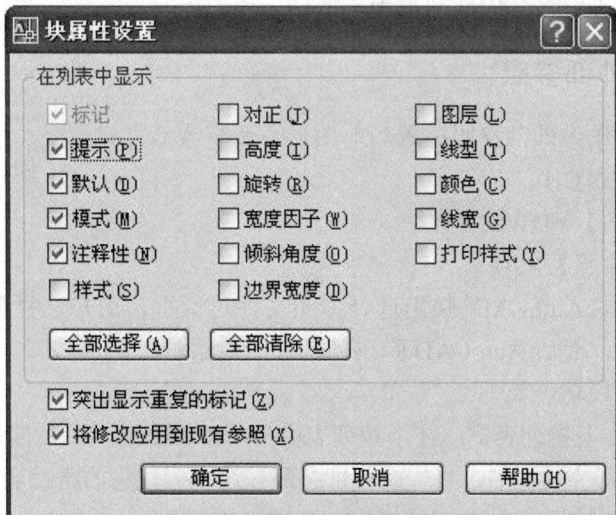

图 8-16　设置对话框

*第七节　外部参照及外部参照在位编辑

一、外部参照的概念

外部参照是类似于块的图形对象的几何，可包含多个对象。用户可以像插入块一样在图形中插入外部参照，并且外部参照也是作为单个对象来处理。块是在图形数据库中的块表里保存了组成块的多个对象数据。而外部参照和块不同，它不需要在图形数据库中存储外部参照中各个对象的数据，只需存储外部图形文件的位置。外部参照是指向另一个图形的指针，就像插入的块是指向块定义的指针一样。当用户插入一个外部参照时，只在图形数据库中保存了一个外部图形文件的名字和其他一些与外部参照相关的信息。组成外部参照的对象仍保留在被参照的图形文件中，因此被参照图形文件的修改能及时反映到插入参照的图形中。虽然图形文件也可作为块插入，但与外部参照不同的是，图形文件插入后就和原文件脱离了关系，修改被插入的图形文件不影响当前图形。外部参照不能像块一样用 EXPLODE 打碎。外部参照的图形对象数据保存在其他图形文件中，所以节省了当前图形存储空间。外部参照的一个很普通的用处是作为标题块或样板，拥有 10 kB 磁盘空间的标题块插入到 10 个图形后，可显著增加每个图形的字节数，当使用外部参照观察每个图形中的标题块时，只在每个图形中存放外部参照插入点和指针。该指针比几何图形中的所有指针都要小得多，因此图形大小比使用块引用时要小。

二、创建外部参照

将一组图形作为外部参照插入当前图形。命令激活方式：

命令：XATTACH

菜单：【插入】➤DWG 参照

工具栏：【参照】➤

命令启动后，AutoCAD 弹出选择参照文件对话框，用户选择要作为外部参照插入的图形文件，而后 AutoCAD 弹出外部参照对话框（图 8-17）。

对话框中各项功能如下：

（1）"名称"下拉列表框：在下拉列表中显示外部参照名。一般来讲，外部参照名与被参照的图形文件同名。当一个外部参照被选中后，它的路径显示在 Path 中。

（2）"浏览"按钮：单击该按钮，弹出文件对话框，可选择一个要参照的图形文件。

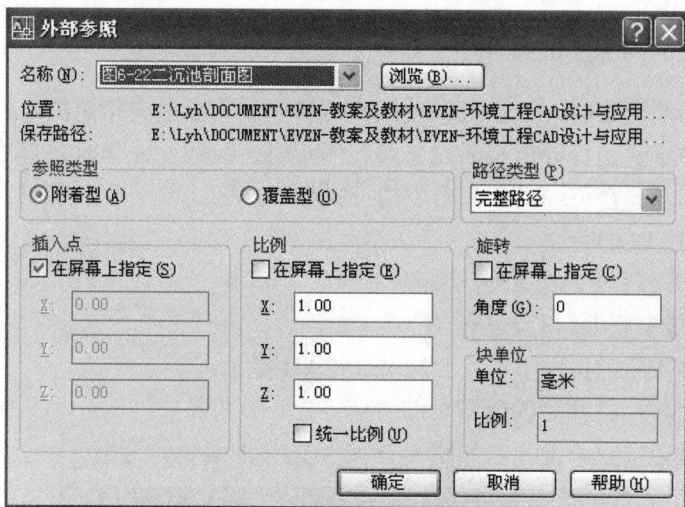

图 8-17 外部参照对话框

（3）"路径类型"下拉列表框：决定保存参照文件的路径类型，有完整路径、相对路径、无路径。如果选择无路径，AutoCAD 只存储外部参照名，不保存路径，读取该文件时，AutoCAD 在其搜索路径和当前图形文件所在的目录中搜寻。

（4）"参照类型"选项组：AutoCAD 的参照类型有两种：附加型和覆盖型。附加型和覆盖型的参照区别主要在于嵌套关系。附加型的参照允许嵌套参照，即如果 A 文件为 B 文件中的附加型外部参照，则当 B 作为外部参照插入 C 文件中时，在 C 图形中既可以看到 B 图形，也可以看到 A 图形。而覆盖型参照不允许嵌套参照，如果 A 文件作为覆盖型外部参照插入 B 文件，则在 C 文件的图形中只能观察到 B 图形。

（5）"插入点"选项组：定义外部参照的插入点，用户可以在对话框中设定该参数，也可选择在屏幕上指定的选项中选择，选中该选项后，退出该对话框后，AutoCAD 在命令行中提示用户输入插入点。

（6）"比例"选项组：定义外部参照的插入时在 X、Y、Z 轴上的缩放比例和插入点相同，该参照也可以在对话框中设定，或者选择在屏幕上指定的选项。选中该选项，退出该对话框后，AutoCAD 在命令行中提示用户，其操作与插入命令相同。

（7）"旋转"选项组：定义外部参照插入的旋转角度，用户也可以在对话框中设定该参数，或是选择在屏幕上指定的选项。选中该选项后，退出该对话框后，AutoCAD 在命令行中提示用户输入该角度。

设定完所有参数后，单击确定按钮，如果选中了"在屏幕上指定"选项，则在命令行提示用户输入未确定的参数，否则外部参照按对话框中的设定插入到图形中，命令结束。

三、外部参照在位编辑

在处理参照图形时，用户可以使用直接参照编辑功能向指定的工作集添加或删除对象。工作集是由提取出来的对象组成的集合。执行此操作时，每次只能选择一个参照进行编辑。在位编辑外部参照的方式如下：

命令：REFEDIT

菜单：【修改】➤对象➤外部参照

工具栏：【参照编辑】➤

命令行输入后，按回车键，此时 AutoCAD 提示：

选择参照： // 选择要编辑的外部参照。

选择完成后按回车键弹出如图 8-18 所示的参照编辑对话框。

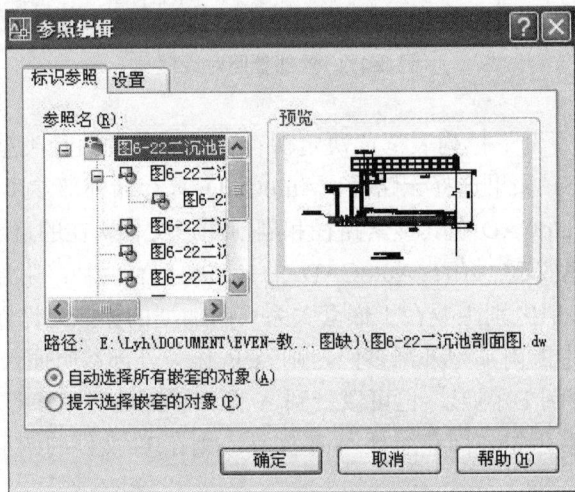

图 8-18　参照编辑对话框

如果用户选择了嵌套的参照，则在参照名中显示所有可被编辑的参照及其层次结构，同时在浏览框中显示选定外部参照的预览图像。

在参照名列表中直接选择要编辑的参照名称，单击确定按钮，则启动编辑参照工具栏（图 8-19）。工具栏中显示了正被编辑的外部参照的名称。

图 8-19　编辑参照工具栏

工具栏中各选项按钮说明如下：

（1）编辑块或外部参照 ：单击此按钮可编辑外部参照。但如果当前已经处于参照编辑状态，则提示：

** 不允许使用该命令，图 8-19 二沉池剖面图已经提取用于编辑 **

（2）向工作集添加对象：单击此按钮后，AutoCAD 提示用户选择要添加到工作集中的对象。

（3）从工作集中删除对象：单击此按钮将提示用户选择要从工作集中删除的对象。

有效的选择对象包括外部参照、块或独立的对象，被选中的对象将褪色显示。

（4）放弃对参照的修改：单击此按钮将弹出提示对话框，询问是否放弃修改。如果单击"确定"按钮，则放弃修改并退出直接编辑操作，选定的外部参照也将恢复原状态。

（5）将修改保存到参照：单击此按钮后也将弹出提示对话框，提示是否保存所做的修改。单击"确定"按钮，则保存所有修改并退出直接编辑操作，选定的外部参照也将保持被修改后的状态。

第八节　室内排水系统的设计

217

图 8-20 是室内排水系统，下面以此为例来说明块的创建、插入和块属性的应用。

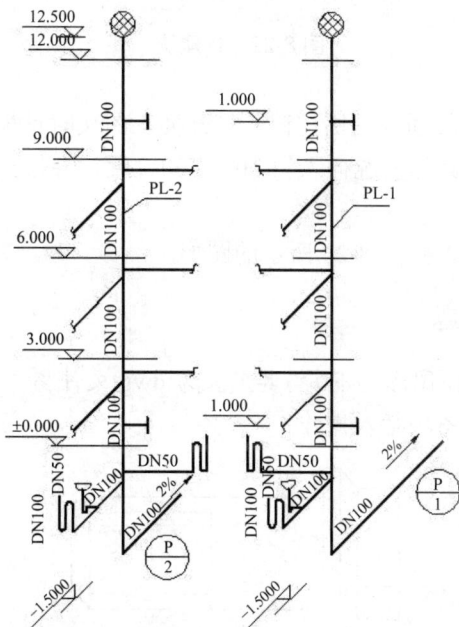

图 8-20　室内排水系统

（1）先绘制图形中除标高符号以外的部分。

（2）绘制如图 8-21 图形中的标高符号图。打开属性定义对话框，在标记文本框中输入标高；在提示文本框中输入：输入标高数值；在数值文本框中输入：BG，在高度文本框输入字体高度 7。

（3）单击选取点按钮，对话框关闭，在水平线左上方选取一点，使其和水平线保持一定距离。返回对话框，单击确定按钮，此时在绘图区内看到图 8-21 所示图形。

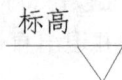

图 8-21　属性定义

（4）单击工具条上创建块按钮，打开块定义对话框，在名称后输入：BG。单击拾取点，关闭对话框，拾取三角形顶点为块的基点，返回对话框；单击选取对象，拾取整个图形，单击确定按钮。弹出编辑属性对话框，单击确定，此时在绘图区出现如图 8-22 所示的图形。

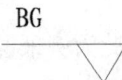

图 8-22　创建块

（5）单击工具条上的插入图块按钮。打开插入图块对话框。在名称下拉列表框中选择图块 BG，根据具体情况插入块到所需的位置，并根据提示输入标高所需要的数值，例如 3.000。

重复（5），最后可得到图 8-20 所示的图形。

复习与思考练习题

1. 自定义一个图块，图形如下，将其定义为 dwg 文件格式，文件名称为 1d.dwg，并在另外的文件中实现图块插入操作。

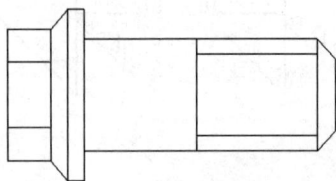

习题图 8-1

2. 自定义粗糙度的图块，图形如习题图 8-2a 所示，要求将属性附着在图块上，并将图块定义为.dwg 格式的单独文件，文件名为 ccd.dwg。定义好图块后，绘制如习题图 8-2b 所示图形，将刚才定义好的图块插入到图形中。

粗糙度

习题图 8-2a

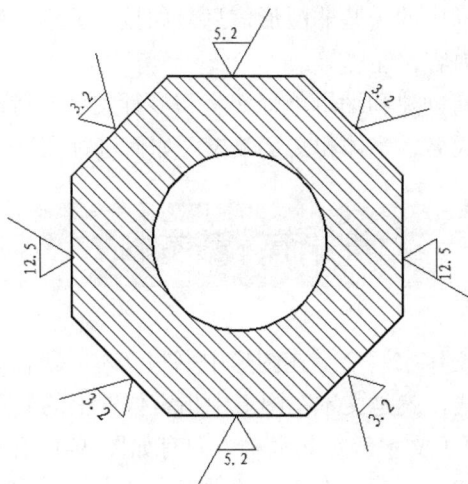

习题图 8-2b

解题要点：
（1）参照本章第八节中的例题的方法绘制如习题图 8-2a 所示的粗糙度符号。
（2）绘制习题图 8-2b 中除粗糙度之外的其他部分，然后多次利用块插入的命令得到最终的图形。
（3）利用 WBLOCK 命令将块存盘。
3. 绘制如图 8-20 所示的室内排水系统图。

第九章

文字注释与编辑及环境工程设计与应用

文字对象是工程图样中很重要的元素，是环境工程设计图形中不可缺少的组成部分，常用于表达图样中的一些非图形信息，如技术要求、装配说明、材料说明、标题栏内容、明细栏内容、注释等。

本章主要介绍如何创建和编辑单行文字和多行文字，特殊字符的输入；如何创建文字样式，设置样式名、字体和文字效果；如何进行文字注释编辑。

第一节 基本概念

使用 AutoCAD 文字书写命令在图形中书写文本时，需要对文本的对正方式进行选择。所谓对正方式，就是文本在图形中指定位置上的显示方式。

AutoCAD 中，对于文本，在其水平方向有如图 9-1 所示的四条线，分别是顶线、中线、基线和底线。同时，在文本的垂直方向有左、中、右三条线。水平方向的四条线、垂直方向的三条线以及文本的中心点共同确定了如图 9-2 所示的 AutoCAD 中的 13 种文本对正方式。

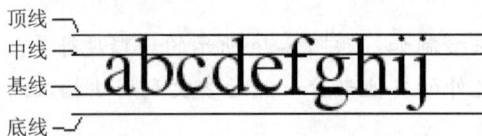

图 9-1 文本水平方向的四条线

图 9-2 文本的 13 种对正方式

第二节 单行文字注释（DTEXT）

在 AutoCAD 2008 中，TEXT 和 DTEXT 命令功能相同，均可以输入单行文本。

命令：TEXT 或 DTEXT

菜单：【绘图】➤文字➤单行文字

工具栏：【文字】➤**A**

在命令提示区输入命令后，出现单行文字命令的提示信息如下。

命令：dtext✓

当前文字样式："Standard" 文字高度：2.5000 注释性：否

指定文字的起点或 [对正（J）/样式（S）]：s✓

输入样式名或 [？] <Standard>：✓

当前文字样式："Standard" 文字高度：2.5000 注释性：否

指定文字的起点或 [对正（J）/样式（S）]：j✓

输入选项

[对齐（A）/调整（F）/中心（C）/中间（M）/右（R）/左上（TL）/中上（TC）/右上（TR）/左中（ML）/正中（MC）/右中（MR）/左下（BL）/中下（BC）/右下（BR）]：

上述命令提示中的各参数的意义说明如下。

（1）起点：定义文本输入的起点，缺省情况下对正点为左对齐。如果前面已经输入过文本，此处可以直接回车响应起点提示，则跳过随后的高度和旋转角度的提示，直接提示输入文字，此时使用前面设定好的参数，同时起点自动定义为最后绘制的文本的下一行。

（2）样式（S）：选择该选项，默认使用 Standard 文字样式，也可以通过输入文字样式名称使用其他已定义文字样式。

输入样式名——输入将要使用的文字样式名称。

？——如果不清楚已经设定的样式，键入"？"则在命令窗口显示已经设定的样式名称。

（3）对正（J）：输入对正参数，出现以下不同的对正类型供选择使用。

对齐（A）——确定文本的起点和终点，AutoCAD 自动调整文本的高度和宽度，使文本放置在两点之间，即保持字体的高度和宽度之比不变。

调整（F）——确定文本的起点和终点，AutoCAD 调整文字的宽度以便将文本放置在两点之间，此时文字的高度不变。

中心（C）——确定文本基线的水平中点。

中间（M）——确定文本基线的水平和垂直中点。

右（R）——确定文本基线的右侧终点。

左上（TL）——文本以第一个字符的左上角为对齐点。

中上（TC）——文本以字符串的顶部中间为对齐点。

右上（TR）——文本以最后一个字符的右上角为对齐点。

左中（ML）——文本以第一个字符的左侧垂直中点为对齐点。

正中（MC）——文本以字符串的水平和垂直中点为对齐点。

右中（MR）——文本以最后一个字符的右侧中点为对齐点。

左下（BL）——文本以第一个字符的左下角为对齐点。

中下（BC）——文本以字符串的底部中间为对齐点。

右下（BR）——文本以最后一个字符的右下角为对齐点。

在上述各种对正方式中，对齐和调整两种格式比较容易混淆，它们的示例和比较如图 9-3 所示，左边的是对齐格式的，右边的则是调整格式的。

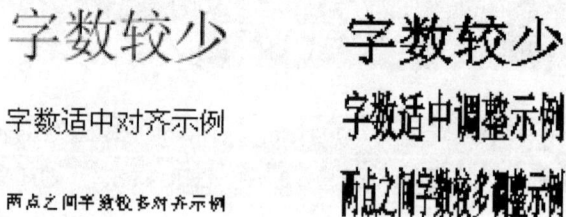

图 9-3　对齐和调整格式示例和比较

另外，在 AutoCAD 2008 中有些字符是无法通过标准键盘直接键入的特殊字符。这些特殊字符主要包括：上划线、下划线、度符号（°）、直径符号（Φ）、正负号（±）等。为解决这样的问题，AutoCAD 2008 提供了专门的控制符（又称转义符）的方式输入，以实现特殊标注的要求。AutoCAD 的控制符由两个百分号（%）和一个字符构成，表 9-1 列出了以上几种常见特殊字符输入时的控制符。

表 9-1　常用特殊字符的控制符

控 制 符	功　　能
%%O	打开或关闭上划线功能
%%U	打开或关闭下划线功能
%%D	标注度符号（°）
%%P	标注正负号（±）
%%C	标注直径符号（Φ）
%%%	输入百分号（%）
%%nnn	标注 ASCIInnn 码对应的字符

● 提示：对于特殊字符的输入，以下几点在使用时要注意。

（1）特殊字符在输入时并不显示实际字符，而是显示控制符，必须等到该行输入完毕，按回车键后才能显示实际的特殊字符。

（2）%%O 与%%U 是两个切换开关，第一次键入时表示打开此功能，第二次键入时表示关闭此功能。

（3） 控制符所在的文本如果被定义为 TrueType 字体，则无法显示出相应的特殊字体，只能出现乱码或问号，因此使用控制符时要将字体样式设为非 TrueType 字体。

第三节　多行文字注释（MTEXT）

"多行文字"对象又称为段落文字，是一种更易于管理的文字对象，可以由两行以上的文字组成，而且各行文字可以设定具有不同的字体或样式、颜色、高度等特性，可以实现一些特殊字符的输入、堆叠式分数使用、设置不同行距、文本的查找与替换、导入外部文件等功能。在实际应用中，经常使用多行文字功能创建较为复杂的文字说明，如图样的技术要求等。其命令启动方式如下。

命令：MTEXT
菜单：【绘图】➤文字➤多行文字
工具栏：【绘图】➤**A** 或【文字】➤**A**
多行文字命令输入执行后提示如下。

命令：mtext✓
当前文字样式："Standard"　　文字高度：2.5　注释性：否
指定第一角点：
指定对角点或 [高度（H）/对正（J）/行距（L）/旋转（R）/样式（S）/宽度（W）/栏（C）]：h✓
指定高度 <2.5>：
指定对角点或 [高度（H）/对正（J）/行距（L）/旋转（R）/样式（S）/宽度（W）/栏（C）]：j✓
输入对正方式 [左上（TL）/中上（TC）/右上（TR）/左中（ML）/正中（MC）/右中（MR）/左下（BL）/中下（BC）/右下（BR）] <左上（TL）>：
指定对角点或 [高度（H）/对正（J）/行距（L）/旋转（R）/样式（S）/宽度（W）/栏（C）]：l✓
输入行距类型 [至少（A）/精确（E）] <至少（A）>：
输入行距比例或行距 <lx>：
指定对角点或 [高度（H）/对正（J）/行距（L）/旋转（R）/样式（S）/宽度（W）/栏（C）]：r✓
指定旋转角度 <0>：
指定对角点或 [高度（H）/对正（J）/行距（L）/旋转（R）/样式（S）/宽度（W）/栏（C）]：s✓

输入样式名或 [？] <Standard>：

指定对角点或 [高度（H）/对正（J）/行距（L）/旋转（R）/样式（S）/宽度（W）/栏（C）]：w↙

指定宽度：

指定对角点或 [高度（H）/对正（J）/行距（L）/旋转（R）/样式（S）/宽度（W）/栏（C）]：c↙

输入栏类型 [动态（D）/静态（S）/不分栏（N）] <动态（D）>：n↙

指定对角点或 [高度（H）/对正（J）/行距（L）/旋转（R）/样式（S）/宽度（W）/栏（C）]：c↙

输入栏类型 [动态（D）/静态（S）/不分栏（N）] <动态（D）>：d↙

指定栏宽：<75>：

指定栏间距宽度：<12.5>：

指定栏高：<25>：

指定对角点或 [高度（H）/对正（J）/行距（L）/旋转（R）/样式（S）/宽度（W）/栏（C）]：c↙

输入栏类型 [动态（D）/静态（S）/不分栏（N）] <动态（D）>：s↙

指定总宽度：<200>：

指定栏数：<2>：

指定栏间距宽度：<12.5>：

指定栏高：<25>：

上述命令提示中的各参数的意义说明如下。

（1）指定第一角点：指定多行文本输入范围的第一个角点。

（2）指定对角点：指定多行文本输入范围的另一个角点。

（3）高度（H）：用于指定输入文本的高度，随后出现如下提示：

指定高度 <>——定义文本高度。

（4）对正（J）：输入对正参数 J，出现如前所述的对正类型供用户进行选择。

（5）行距（L）：设置文本行间距类型，随后有如下提示：

至少（A）——确定行间距的最小值。

精确（E）——精确确定行间距：

输入行距比例或行距 <lx>：——输入行距比例或行间距。

（6）旋转（R）：用于设置文本旋转角度，输入 R 后，出现如下提示：

指定旋转角度 <0>——输入旋转角度。

（7）样式（S）：设置文字样式，输入 S 后，随后出现如下提示：

输入样式名或 [？] <Standard>——输入已经定义的文字样式名称，"？"表示列出所有已经定义的文字样式。

（8）宽度（W）：设置多行文本输入范围的宽度，输入 W 后，随后出现如下提示：

指定宽度——设置多行文本输入范围的宽度。

（9）栏（C）：设置多行文本的栏数，输入 C 后，随后出现如下提示：

动态——需要指定栏宽、栏间距和栏高。

静态——需要指定总宽度、栏数、栏间距和栏高。

不分栏——多行文字在一栏内显示，即不分栏。

在执行多行文字命令时，如果响应默认选项，即在指定第一角点后指定另一角点的位置，AutoCAD 2008 弹出如图 9-4 所示的"在位文字编辑器"。

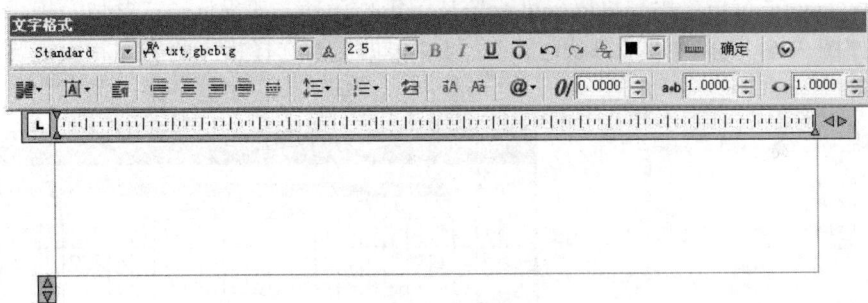

图 9-4　多行文字编辑器

"在位文字编辑器"具有较强的文本编辑功能，其主要由"文字格式"工具栏、水平标尺和位于标尺下方的文字输入框组成。其中，文字输入框的大小可以通过拖动输入框右侧的水平箭头和左下角的垂直箭头来调整大小，或者在命令对话区使用交互方式选择栏参数后设置栏宽度和栏高来实现。

"文字格式"工具栏可以实现对文字的样式、字体、字号、粗体、斜体、下划线、上划线、颜色、分栏、段落对齐等基本编辑功能，具体使用方法与常见的办公软件 Word 基本相似，这些功能在此处不再叙述。此处详细说明"在位文字编辑器"的堆叠功能按钮 和插入符号功能按钮 。

堆叠功能，就是利用"/""^"和"#"三种符号来分别实现不同的文字堆叠方式，从而可以标注出分数、上下偏差等。其具体的实现方法是：在文字编辑器内输入要堆叠的两部分文字，同时在两部分文字中间根据需要输入上述三种符号中的一种，选择文字及符号后，点击堆叠按钮，即可实现相应的堆叠标注。堆叠输入的形式及标注显示效果如表 9-2 所示。

表 9-2　三种堆叠方式的输入形式及显示效果示例

输入形式示例	显示效果示例
10/90	10/90
10^90	10/90
10#90	10/90

　　插入符号功能，用于在光标处插入特殊符号或不间断空格，单击符号按钮，AutoCAD 2008 弹出如图 9-5 所示的符号列表。列表中列出了常用符号及其控制符或 Unicode 字符串，用户可以根据需要从中进行选择，如果选择"其他"项，则会弹出如图 9-6 所示的"字符映射表"，可以根据需要选择相应的字体和所需的特殊字符。

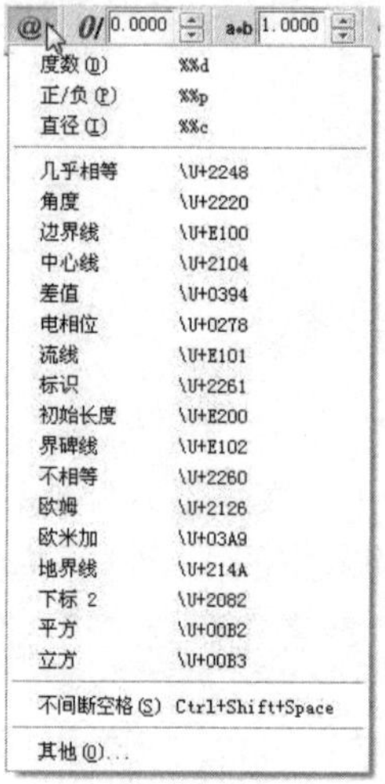

图 9-5　符号列表

图 9-6　字符映射表

第四节　设置文字样式（STYLE）

　　文字样式是一组可随图形保存的文字设置的集合，这些设置可包括字体、文字高度以及特殊效果等。在 AutoCAD 中所有的文字，包括图块和标注中的文字，都是同一定的文字样式相关联的。通常，在 AutoCAD 中新建一个图形文件后，系统将自动建立一个缺省的文字样式"Standard"，并且该样式被文字命令、标注命令等缺省引用。更多的情况下，一个图形中需要使用不同的字体，即使同样的字体也可能需要不同的显示效果，因此仅有一个"Standard"样式显然是不够的，用户可以通过文字样式命令来创建或修改文字样式。调用该命令的方式如下。

命令：STYLE

菜单：【格式】➤文字样式

工具栏：【文字】➤

启动后，系统弹出"文字样式"对话框，如图 9-7 所示。

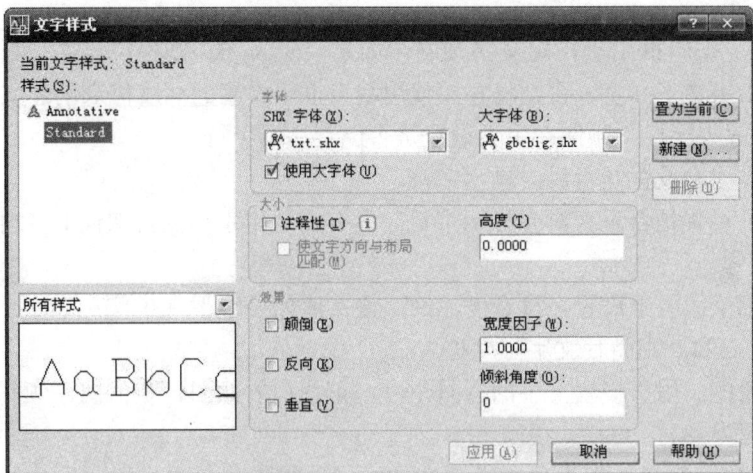

图 9-7 "文字样式"对话框

该对话框主要分为六个区域，下面分别进行说明。

（1）"样式"栏。在该栏的列表中包括了所有已建立的文字样式，并显示当前的文字样式。系统默认提供了名称为"Standard"和"Annotative"的两个文字样式，其中"Annotative"文字样式是注释性文字样式（样式名称前有注释性图标）。

用户可单击"新建"按钮新建一个文字样式；或者单击"删除"按钮对当前的文字样式进行删除操作；也可以在自建样式名称上单击右键弹出的快捷键中选取"重命名"来修改样式名称。

需要注意的是，"Standard"样式不能被重命名或删除。而对于当前的文字样式和已经被引用的文字样式则不能被删除，但可以重命名。

（2）"样式列表过滤器"栏。位于"样式"列表框下方的下拉列表框是"样式列表过滤器"，用于确定将在"样式"列表框中显示那些文字样式，列表中有"所有样式"和"正在使用的样式"两种选择。

（3）"字体"栏。在"字体名"列表中显示所有 AutoCAD 可支持的字体，这些字体有两种类型：一种是扩展名为".shx"的字体，该字体是利用形技术创建的，由 AutoCAD 系统所提供。另一种是扩展名为".ttf"的字体，该字体为 TrueType 字体，通常为 Windows 系统所提供。

对于某些 TrueType 字体，则可能会具有不同的字体样式，如加黑、斜体等，用户可通过"字体样式"列表进行查看和选择。而对于 shx 字体，"使用大字体"项将被激活。选中该项后，"字体样式"列表将变为"大字体"列表。大字体是一种特殊类型的形文件，可以定义数千个非 ASCII 字符的文本文件，如汉字等。

（4）"大小"栏。"注释性"复选框用于决定新定义的样式是否属于注释性文字样式。

"高度"编辑框用于指定文字高度。如果设置为 0，则引用该文字样式创建文字时需要指定文字高度。否则将直接使用编辑框中设置的高度值来创建文本。

（5）"效果"栏。颠倒：用于设置是否倒置显示字符。

反向：用于设置是否反向显示字符。

垂直：设置是否垂直对齐显示字符。只有在选定字体支持双向对齐时该选项才被激活。

宽度因子：用于设置字符宽度比例。输入值如果小于 1.0 将压缩文字宽度，输入值如果大于 1.0 则将使文字宽度扩大。

倾斜角度：用于设置文字的倾斜角度，正值向右倾斜，负值向左倾斜，倾斜角度取值范围为-84°～84°。

（6）"预览"栏。用于预览当前文字样式的字体和效果设置，用户的改变（文字高度的改变除外）将会引起预览字母图像的更新。

当用户完成对文字样式的设置后，可单击"应用"按钮将所做的修改应用到图形中使用当前样式的所有文字。

第五节　文字注释编辑（DDEDIT）

图形中文字的修改可以采用文字编辑修改命令或通过对象特征对话框两种方法进行编辑。现分述如下。

一、文字的编辑修改

用户可对图形中已经存在的文字进行编辑修改，以改变文字的某些属性，此时可利用"单行文字编辑"对话框或"多行文字编辑"对话框进行操作。

命令：DDEDIT

菜单：【修改】➤对象➤文字➤编辑

工具栏：【文字】➤ A⁄

命令执行后，显示如下提示：

选择注释对象或 [放弃（U）]：

在此提示下选择要编辑的文字，即可进入文字编辑模式。根据被选择文字对象的标注方法不同，AutoCAD 2008 的响应也不同。

若被选文字对象是单行文字，选择文字对象后，AutoCAD 2008 会在所选择文字对象的四周显示出一个方框，此时用户可以直接修改对应的文字。

若被选对象是多行文字，则 AutoCAD 2008 会弹出"在位文字编辑器"对话框，用户可以在此对话框进行多行文字内容的编辑、修改以及通过"文字格式"工具栏和快捷菜单进行文本格式的修改。

二、对象特征命令

同其他对象一样，文字对象也可以通过"特性"窗口进行编辑操作，在其中可以更改文字内容、插入点、样式、对正、尺寸和其他特性。

命令：PROPERTIES

菜单：【修改】➤特性

工具栏：【标准】➤

执行命令后，出现实体"特性"对话框后，指定需要编辑的文字，此时"特性"对话框如图 9-8 所示。

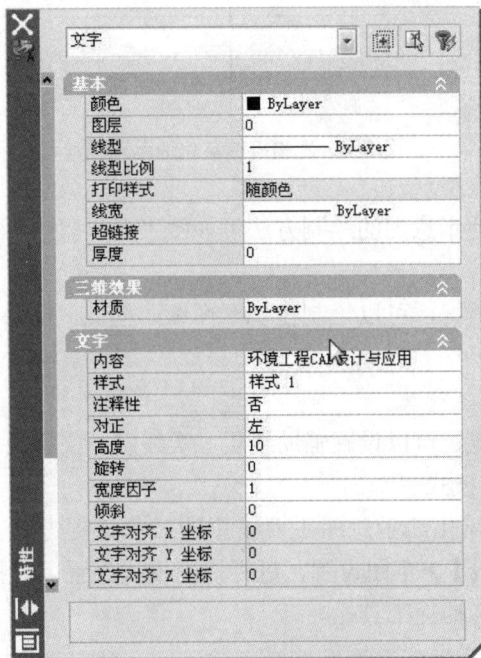

图 9-8　文字"特性"对话框

在对话框内，显示了选择文本各方面的详细信息，用户根据需要选择需要修改的选项，而后在相对应的内容区域进行编辑修改。

第六节　生物接触氧化池的绘制

图 9-9 所示为生物接触氧化池示意图。通过这一实例的介绍，读者可以掌握绘图环境设置的使用、结构示意图的绘制方法和技巧及文字样式的设置和文字注写。

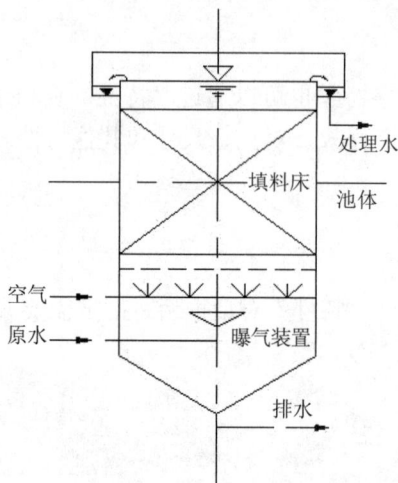

图 9-9　生物接触氧化池示意图

该生物接触氧化池示意图的绘制方法可参照下面步骤进行。

1. 设置绘图界限

按照该图的具体情况，可以绘制在 A4 图纸，横放。图形界限以 A4 横放进行设置。

2. 设置图层

根据示意图的特点，可以设置辅助线层、实线层、文字层和虚线层 4 个图层。

3. 设置对象捕捉模式

绘制本生物接触氧化池示意图主要采用的对象捕捉方式为交点模式和端点模式，可选择菜单【工具】➤草图设置，进行捕捉模式设置，并打开对象捕捉模式。同时打开临时目标捕捉工具栏。

4. 绘制基准线

在辅助线层绘制水平和垂直方向的基准线。

5．绘制图形

根据图形中不同部分间的关系进行图形绘制。

对图形中的需填充部分进行填充时，填充图案应选择"其他预定义"中的"SOLID"选项，可以得到如图中的实填充。

图纸中的箭头采用多段线 PLINE 命令进行绘制。亦可以在绘制一个箭头后使用复制命令复制得到其他箭头。

6．文字样式设置

由于图中注释为汉字，所以应进行字形设定。在"文字样式"对话框中，通过"新建"命令设置样式名为宋体，并在字体名下拉框内选择"宋体"。

7．文字注写

使用单行文本命令进行文字注写。

8．保存文件

将绘制好的图形以"生物接触氧化池"为名保存。

复习与思考练习题

1．定义"宋体"字体，并注写如习题图 9-1 所示的内容。

技术要求
未注圆角均为R8

习题图 9-1

解题要点：

首先执行 style 命令，在"文字样式"对话框中进行"宋体"文字样式设置并应用。然后执行 dtext 命令进行文本输入。

2．复习特殊字符的输入方法，并输入如习题图 9-2 所示的内容。

AutoCADtextexample:65° ,diameterØ40,tolerance± 0.01

习题图 9-2

解题要点：

执行 dtext 命令，在要求输入文本时输入 "%%UAutoCAD%%Otext%%Uexample%%O:65%%D,diameter%%c40,tolerance%%P0.01"。

3．绘制图 9-9 所示的生物接触氧化池。

第十章

尺寸标注与编辑及环境工程设计与应用

尺寸标注是绘图设计工作中一项非常重要的内容，一张完整的图样中除了需要用图形和文字来表示对象之外，还需要用尺寸标注来表达有关设计元素的尺寸和材料等重要信息。AutoCAD 2008 提供了多种类型的尺寸和对标注样式进行设置的方法，基本可以满足不同应用领域的要求。

本章主要介绍尺寸标注的组成、不同类型尺寸的标注方法、尺寸样式的设置以及已标注尺寸的编辑等内容。

第一节　尺寸标注概述

AutoCAD 2008 虽然提供了多种类型的尺寸标注，但是，不同类型的尺寸标注基本上是由图 10-1 所示的几种基本元素所组成的，图中各基本元素的含义如下。

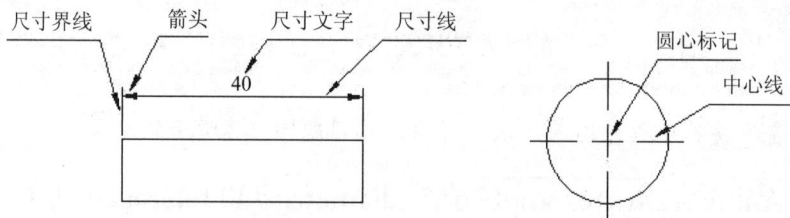

图 10-1　尺寸标注的基本组成

尺寸文字：表明了标注对象尺寸的实际测量值或其他说明。可以使用由 AutoCAD 自动计算出的测量值，并可附加公差、前缀和后缀等。也可以由用户自行指定文字或取消文字。

尺寸线：表明尺寸标注的范围，通常使用箭头指示尺寸线的起点和终点位置。

箭头：表明测量的开始和结束位置。AutoCAD 提供了多种符号可供选择，用户也可以使用自定义符号。

尺寸界线：从被标注的对象延伸到尺寸线。尺寸界线一般与尺寸线垂直，但在特殊情况下也可以将尺寸界线倾斜。

圆心标记和中心线：用于标记圆或者圆弧的圆心。

第二节　线性尺寸标注（DIMLINEAR）

线性尺寸标注用于标注图形对象的线性距离或长度，其中包括水平标注、垂直标注和旋转标注。水平标注用于标注对象上的两点在水平方向的距离，尺寸线沿水平方向放置。垂直标注用于标注对象上的两点在垂直方向的距离，尺寸线沿垂直方向放置。旋转标注用于标注对象上的两点在指定方向上的距离，尺寸线沿旋转角度方向放置。

命令：DIMLINEAR

菜单：【标注】➤线性

工具栏：【标注】➤

执行线性标注命令后，提示如下。

命令：dimlinear✓

指定第一条尺寸界线原点或 <选择对象>：　　　//指定第一条尺寸界线

指定第二条尺寸界线原点：

指定尺寸线位置或[多行文字（M）/文字（T）/角度（A）/水平（H）/垂直（V）/旋转（R）]：

命令：dimlinear✓

指定第一条尺寸界线原点或 <选择对象>：✓　　　//直接回车，进入选择标注对象操作

选择标注对象：

指定尺寸线位置或[多行文字（M）/文字（T）/角度（A）/水平（H）/垂直（V）/旋转（R）]：m✓

//进入在位文字编辑器

指定尺寸线位置或[多行文字（M）/文字（T）/角度（A）/水平（H）/垂直（V）/旋转（R）]：t✓

输入标注文字 <>：

指定尺寸线位置或[多行文字（M）/文字（T）/角度（A）/水平（H）/垂直（V）/旋转（R）]：a✓

指定标注文字的角度：

指定尺寸线位置或[多行文字（M）/文字（T）/角度（A）/水平（H）/垂直（V）/旋转（R）]：h✓

指定尺寸线位置或 [多行文字（M）/文字（T）/角度（A）]:

指定尺寸线位置或[多行文字（M）/文字（T）/角度（A）/水平（H）/垂直（V）/旋转（R）]: v✓

指定尺寸线位置或 [多行文字（M）/文字（T）/角度（A）]:

指定尺寸线位置或[多行文字（M）/文字（T）/角度（A）/水平（H）/垂直（V）/旋转（R）]: r✓

指定尺寸线的角度 <>:

上述命令提示中的各个参数的意义如下。

（1）指定第一条尺寸界线起点：定义尺寸的第一条尺寸界线位置，如果直接回车，则出现选择对象的提示。

（2）指定第二条尺寸界线起点：在定义了第一条尺寸界线起点后，定义第二条尺寸界线的位置。

（3）选择对象：选择需要标注的对象，由计算机自动测量对象的尺寸。

（4）指定尺寸线位置：定义尺寸线的标注位置，一般选择在对象的外侧。

（5）多行文字（M）：打开在位文字编辑器，用户可以通过在位文字编辑器来编辑注写的文字。系统测量的尺寸数值由"<>"表示，用户可以将其删除也可以在其前后增加其他文字。

（6）文字（T）：单行文字输入，系统测量值同样在"<>"中。

（7）角度（A）：设定尺寸文字的倾斜角度。

（8）水平（H）：强制标注两点间的水平尺寸。否则，AutoCAD 通过尺寸线的位置来决定标注水平尺寸或垂直尺寸。

（9）垂直（V）：强制标注两点间的垂直尺寸。否则，由 AutoCAD 根据尺寸线的位置来决定标注水平尺寸或垂直尺寸。

（10）旋转（R）：设定一个旋转角度来标注该方向的尺寸。

第三节　基线尺寸标注（DIMBASELINE）

在进行多个尺寸标注时，有时往往选取图形对象的一个边界线或面作为基准，而尺寸则都以该基准进行定位标注，这种标注方法就是基线尺寸标注。在进行基线尺寸标注之前要先标注出一个尺寸，AutoCAD 把该尺寸的第一条尺寸界线作为基线，然后再进行基线标注。

命令：DIMBASELINE

菜单：【标注】➤基线

工具栏：【标注】➤ ▯

输入命令后，命令提示区的提示信息如下。

命令：dimbaseline✓

选择基准标注：

指定第二条尺寸界线原点或 [放弃（U）/选择（S）] <选择>：

上述提示信息的意义如下。

（1）选择基准标注：选择一个已经标注的线性标注为基线标注的基准标注，随后的标注尺寸均以此基准标注进行标注。如果最近的上一个命令为线性尺寸标注，则不出现此提示，自动以上一个线形标注为基准标注。

（2）指定第二条尺寸界线原点：指定基线标注的第二条尺寸界线的位置。

（3）放弃（U）：放弃上一个基线尺寸标注。

（4）选择（S）：重新选择基线标注基准。

第四节　连续尺寸标注（DIMCONTINUE）

连续尺寸标注是指多个尺寸首尾相接的标注方法，即相邻两个尺寸共用一个尺寸界线。进行连续尺寸标注之前应先标出一个线性尺寸，再用连续标注命令标注与其相邻的若干尺寸。

命令：DIMCONTINUE

菜单：【标注】➤连续

工具栏：【标注】➤╫╫

连续尺寸标注命令执行后，命令提示区的提示信息如下：

命令：dimcontinue✓

选择连续标注：

指定第二条尺寸界线原点或 [放弃（U）/选择（S）] <选择>：

提示信息中的各个参数意义说明如下。

（1）选择连续标注：选择已经标注的一个线性标注为连续标注的基准标注，随后的标注尺寸均以此基准标注进行标注。如果最近的上一个命令为线性尺寸标注，则不出现此提示，自动以上一个线形标注为基准标注。

（2）指定第二条尺寸界线原点：指定连续标注的第二条尺寸界线的位置。

（3）放弃（U）：放弃上一个连续尺寸标注。

（4）选择（S）：重新选择连续标注的基准。

第五节　对齐尺寸标注（DIMALIGNED）

对齐尺寸主要用于两点间的距离标注，特别是当两点不在同一水平线或垂直线时，可以利用对齐尺寸标注命令进行平行于两点间连线的尺寸标注。其调用方式如下。

命令：DIMALIGNED

菜单：【标注】➤对齐

工具栏：【标注】➤

命令执行后，在命令提示区的提示信息如下。

命令：dimaligned ✓

指定第一条尺寸界线原点或 <选择对象>：

指定第二条尺寸界线原点：

指定尺寸线位置或[多行文字（M）/文字（T）/角度（A）]：

上述提示信息中的各个参数的意义解释如下。

（1）指定第一条尺寸界线原点：定义第一条尺寸界线的起点。

（2）选择对象：如果不定义第一条尺寸界线起点，则选择需要尺寸标注的对象确定两条尺寸界线的起点。

（3）指定第二条尺寸界线原点：定义第二条尺寸界线的起点。

（4）指定尺寸线位置：定义标注尺寸线的显示位置。

（5）多行文字（M）：通过在位文字编辑器输入文字。

（6）文字（T）：输入单行文字。

（7）角度（A）：输入文字的旋转角度。

第六节　直径尺寸标注（DIMDIAMETER）

直径尺寸标注用于对圆或圆弧进行直径标注，在标注时，系统自动在测量值前增加直径符号。命令调用方式如下。

命令：DIMDIAMETER

菜单：【标注】➤直径

工具栏：【标注】➤

执行命令后，命令提示区的提示信息如下。

命令：dimdiameter✓

选择圆弧或圆：

指定尺寸线位置或 [多行文字（M）/文字（T）/角度（A）]：

上述命令提示区提示信息中各个参数的意义说明如下。

（1）选择圆弧或圆：选择需要进行直径标注的圆弧或圆。

（2）指定尺寸线的位置：尺寸线位置可以在圆（圆弧）的内部或者外部进行放置。

（3）多行文字（M）：通过多行文字编辑器输入文字。

（4）文字（T）：输入单行文字。

（5）角度（A）：定义尺寸文字的旋转角度。

第七节 半径尺寸标注（DIMRADIUS）

半径尺寸，主要用于对圆、圆弧进行半径标注。系统可以自动计算选择对象的半径值，并且在标注时自动在测量值前增加半径符号。半径标注命令的调用方式如下。

命令：DIMRADIUS

菜单：【标注】➤半径

工具栏：【标注】➤🕗

命令执行后，在系统的命令提示区出现的提示信息如下。

命令：dimradius✓

选择圆弧或圆：

指定尺寸线位置或 [多行文字（M）/文字（T）/角度（A）]：

上述命令提示信息中的各个参数的意义说明如下。

（1）选择圆弧或圆：选择需要标注的圆弧或圆。

（2）指定尺寸线位置：尺寸线的位置可以在圆、圆弧的内部或者外部。

（3）多行文字（M）：通过在位文字编辑器输入文字。

（4）文字（T）：输入单行文字。

（5）角度（A）：输入尺寸文字的旋转角度。

第八节 角度尺寸标注（DIMANGULAR）

对于不平行的两条直线、圆弧、圆和指定的三个点，系统可以自动测量它们间的角度值并进行角度标注。

命令：DIMANGULAR

菜单：【标注】➤角度

工具栏：【标注】➤

命令执行后，在命令提示区的提示信息如下。

命令：dimangular✓

选择圆弧、圆、直线或 <指定顶点>：

选择第二条直线：

指定标注弧线位置或 [多行文字（M）/文字（T）/角度（A）/象限点（Q）]：

上述提示信息中各个参数的意义说明如下：

（1）选择圆弧、圆、直线或 <指定顶点>：选择角度标注的对象。如果直接回车，则为指定顶点确定标注角度。

（2）指定顶点：指定角度的顶点和两个端点来确定角度。

（3）选择第二条直线：选择需要角度标注的第二条直线。

（4）指定标注弧线位置：指定尺寸弧线的位置。

（5）多行文字（M）：通过多行文字编辑器输入文字，用户通过编辑器来编辑注写文字。系统测量值用"< >"表示，用户可以将其删除或者在其前后增加其他文字。

（6）文字（T）：输入单行文字。系统测量值用"<>"表示。

（7）角度（A）：定义文字的旋转角度。

（8）象限点（Q）：AutoCAD 2008 新增的选项，用于使角度尺寸文字位于尺寸界限之外。

第九节　快速引线标注（QLEADER）

当需要对图形对象的某一部分加以注释重点说明时，可采用引线标注。指引线一般由箭头、一条直线或样条曲线、一条水平线组成。指引线不测量尺寸。命令调用方式如下。

命令：QLEADER

命令执行后，在命令提示区的提示信息如下。

命令：qleader✓

指定第一个引线点或 [设置（S）] <设置>：

指定下一点：

指定文字宽度 <>：

输入注释文字的第一行 <多行文字（M）>：

上述提示信息中各个参数的意义说明如下。

（1）指定第一个引线点：指定引线的起始点。

（2）指定下一点：指定引线的另一点。

（3）指定文字宽度 <>：键入文字的宽度。

（4）输入注释文字的第一行 <多行文字（M）>：输入注释说明文字。若直接回车接受默认值，系统自动弹出"在位文字编辑器"对话框用于对注释文字进行编辑。

（5）设置：设置引线。弹出"引线设置"对话框，该对话框包含注释、引线和箭头、附着三个选项卡，分述如下。

① 注释选项卡。"注释"选项卡如图 10-2 所示。该选项卡中包含注释类型、多行文字选项和重复使用注释三个区域。

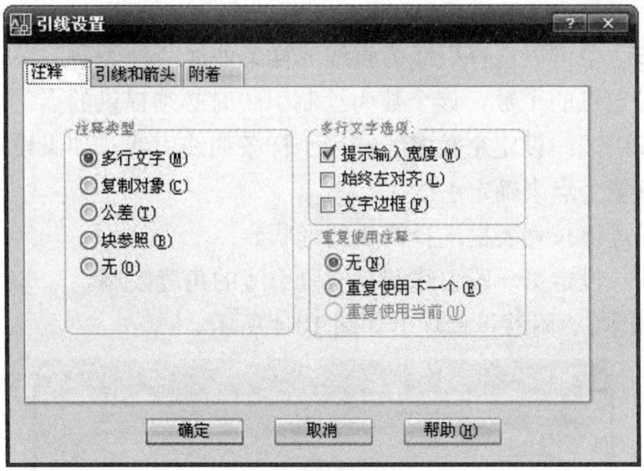

图 10-2　注释选项卡

注释类型：注释的类型为"多行文字""复制对象""公差""块参照""无"。

多行文字选项：设定多行文字的格式。

提示输入宽度——在命令提示行提示多行文字的宽度。

始终左对齐——多行文字左对齐。

文字边框——给文字增加边框。

重复使用注释：设定重复使用哪个注释。

② 引线和箭头选项卡。"引线和箭头"选项卡如图 10-3 所示。该选项卡中包含引线、点数、箭头和角度约束四个区域。

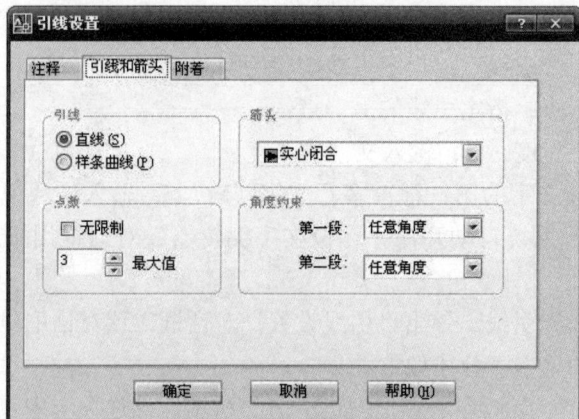

图 10-3　引线和箭头选项卡

引线区：该区中可以选择引线为直线或样条曲线两种类型。

点数区：设定点的个数，该个数为绘制引线时必须提供的点。一般情况下设定为 3，用于直线引线；设定个数多一些用于样条曲线引线。如果设定成"无限制"，则可以输入任意多个点来确定引线。

箭头区：通过下拉列表框选择箭头的形状。

角度约束区：设定第一段引线和第二段引线的角度限制。

③ 附着选项卡。"附着"选项卡如图 10-4 所示。

图 10-4　附着选项卡

该选项卡中设定多行文字附着在引线上的对齐格式。分为文字在引线左边和右边两种情况，并可以设置在最后一行是否加下划线。

第十节　坐标尺寸标注（DIMORDINATE）

坐标尺寸是从一个公共基点出发，标注指定点相对于基点的 X 坐标或 Y 坐标的相对偏移量。坐标标注不带尺寸线，但有一条尺寸界线和文字引线。AutoCAD 在缺省条件下默认当前的 UCS 原点为标注基点，所以一般在进行坐标标注前，需要指定相应的标注基点。命令的调用方式如下。

命令：DIMORDINATE

菜单：【标注】➤坐标

工具栏：【标注】➤

命令执行后，命令提示区的提示信息如下。

命令：dimordinate✓

指定点坐标：

指定引线端点或 [X 基准（X）/Y 基准（Y）/多行文字（M）/文字（T）/角度（A）]：

标注文字 =0.0

上述提示信息中各个参数的意义说明如下。

（1）指定点坐标：指定需要标注坐标的点。

（2）指定引线端点：指定坐标标注中引线的端点。

（3）X 基准（X）：强制标注 X 坐标。

（4）Y 基准（Y）：强制标注 Y 坐标。

（5）多行文字（M）：通过多行文字编辑器输入文字。

（6）文字（T）：输入单行文字。

（7）角度（A）：定义文字的旋转角度。

第十一节　圆心标记（DIMCENTER）

圆心标记主要是对圆或者圆弧进行圆心标记。

命令：DIMCENTER

菜单：【标注】➤圆心标记

工具栏：【标注】➤

命令执行后，命令提示区的提示信息如下。

命令：dimcenter✓

选择圆弧或圆：

上述提示信息中参数的意义说明如下。

选择圆弧或圆：选择需要进行圆心标注的圆弧或圆。需要说明的是，圆心标注的方式有"标记"和"直线"两种，在进行圆心标注前，需要通过标志样式设置对标记方式进行设置。具体设置方式请参考本章的尺寸标注样式设置部分。

第十二节　形位公差标注（TOLERANCE）

公差标注是在标注文字的后面附加数值文字的误差限。公差可自动附加在文字之后，用户也可根据实际需要而指定公差的正负值。公差的正负值可以相等，也可以不相等。若公差的正负相等，则在公差前面放置"±"号；若公差的正负值不相等，则上"+"下"–"排列。公差的标注一般可通过标注样式来设置。而形位公差与普通公差有所不同，它用来表示形状、轮廓、方向、位置和跳动的允许偏差，命令调用方式如下。

命令：TOLERANCE

菜单：【标注】➤公差

工具栏：【标注】➤▣▣

执行命令后，AutoCAD 弹出如图 10-5 所示的"形位公差"对话框。该对话框中各项的意义详述如下。

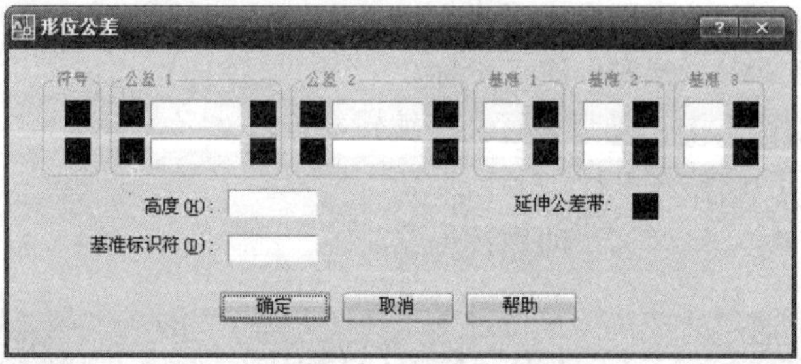

图 10-5　形位公差对话框

符号区：点取符号下的小黑框，弹出如图 10-6 所示的"符号"对话框，用户可以在其中进行符号选择。

公差区：公差区左侧的小黑框为直径符号是否打开的开关。点取右侧的小黑框，弹出如图 10-7 所示的"附加符号"对话框，用于设置被测要素的附加符号。

基准区：点取基准区的小黑框，亦弹出"附加符号"对话框，用于设置基准的附加符号。

高度：用于设置最小的投影公差带。

延伸公差带：点取其后的小黑框，除指定位置公差外，可以设定延伸公差。

基准标示符：设置该公差的基准标示符号。

图 10-6 "特征符号"对话框

图 10-7 "附加符号"对话框

第十三节 快速标注（QDIM）

快速标注可以同时对多个同样的尺寸（如基线、连续、并列、坐标、直径、半径等）进行标注。命令的启动方式如下。

命令：QDIM

菜单：【标注】➤快速标注

工具栏：【标注】➤

快速标注命令执行后，命令提示区的提示信息如下。

命令：qdim✓

关联标注优先级 = 端点

选择要标注的几何图形：

指定尺寸线位置或[连续（C）/并列（S）/基线（B）/坐标（O）/半径（R）/直径（D）/基准点（P）/编辑（E）/设置（T）]<基线>：e✓

指定要删除的标注点或 [添加（A）/退出（X）]<退出>：

指定尺寸线位置或[连续（C）/并列（S）/基线（B）/坐标（O）/半径（R）/直径（D）/基准点（P）/编辑（E）/设置（T）]<基线>：t✓

关联标注优先级 [端点（E）/交点（I）]<端点>：

提示信息中的各个参数的意义说明如下。

（1）选择要标注的几何图形：选择对象用于快速标注尺寸。如果选择的对象不单一，在标注某种尺寸时，将忽略不可标注的对象。例如同时选择了直线和圆，标注直径时，将忽略直线对象。

（2）指定尺寸线位置：定义尺寸线的显示位置。

（3）连续（C）：采用连续方式标注所选图形。

（4）并列（S）：采用并列方式标注所选图形。

（5）基线（B）：采用基线方式标注所选图形。

（6）坐标（O）：采用坐标方式标注所选图形。

（7）半径（R）：对所选圆或圆弧标注半径。

（8）直径（D）：对所选圆或圆弧标注直径。

（9）基准点（P）：设定坐标标注或基线标注的基准点。

（10）编辑（E）：对标注点进行编辑，出现以下提示：

指定要删除的标注点——删除标注点，否则由 AutoCAD 自动设定标注点。

添加（A）——添加标注点，否则由 AutoCAD 自动设定标注点。

退出（X）——退出编辑提示，返回上一级提示。

（11）设置（T）：对关联标注优先级的类型进行设置，出现以下提示：

端点（E）：指定关联标注优先级为端点模式。

交点（I）：指定关联标注优先级为交点模式。

第十四节　设置尺寸标注样式（DIMSTYLE)

标注样式用于控制标注的格式和外观，AutoCAD 中的标注均与一定的标注样式相关联。通过标注样式，用户可进行如下定义：① 尺寸线、尺寸界线、箭头和圆心标记的格式和位置；② 标注文字的外观、位置和行为；③ AutoCAD 放置文字和尺寸线的管理规则；④ 全局标注比例；⑤ 主单位、换算单位和角度标注单位的格式和精度；⑥ 公差值的格式和精度。尺寸标注样式设置命令的调用方式如下。

命令：DIMSTYLE

菜单：【标注】➤标注样式…

　　　【格式】➤标注样式

工具栏：【标注】➤　

执行命令后，AutoCAD 2008 弹出如图 10-8 所示的"标注样式管理器"对话框。

在标注样式管理器对话框内，各项含义如下：

（1）在"样式"列表中显示标注样式。可通过"列出"设置显示条件，可用的选项包括"所有样式"和"正在使用的样式"。如果用户选择"不列出外部参照中的样式"选择框，则在样式列表中不显示外部参照图形中的标注样式。

在样式列表中选择样式并单击右键，可对选定样式进行"置为当前""重命名"和"删除"等操作。

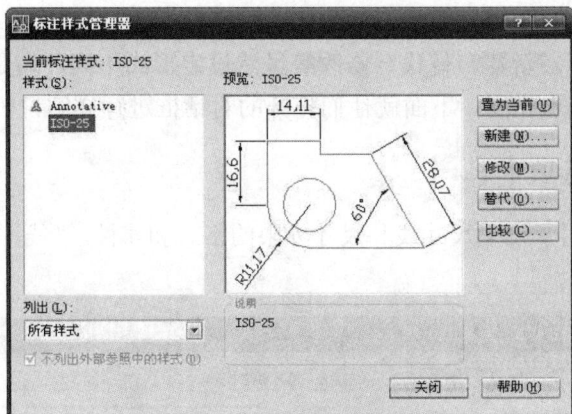

图 10-8　标注样式管理器

（2）在"预览"和"说明"栏中显示指定标注样式的预览图像和说明文字。

（3）置为当前：可将选定的标注样式设置为当前样式。

（4）新建：用于创建新标注样式，单击后弹出如图 10-9 所示的"创建新标注样式"对话框。

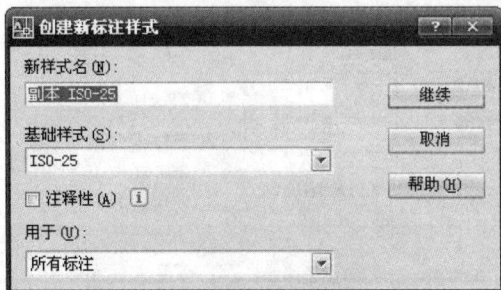

图 10-9　"创建新标注样式"对话框

在该对话框中，各项意义如下：① 新样式名称：指定新样式的名称。② 基础样式：即新样式在指定样式的基础上创建。③ 用于：如果选择"所有标注"项，则创建一个与基础样式相对独立的新样式。而选择其他各项时，则创建基础样式相应的子样式。用户可对该子样式进行单独设置而不影响其他标注类型。④ 单击"继续"按钮弹出"新建标注样式"对话框，用于对新样式进行详细设置。

（5）修改：修改选定的标注样式。

（6）替代：为当前的样式创建样式替代。样式替代可以在不改变原样式设置的情况下，暂时采用新的设置来控制标注样式。如果删除了样式替代，则可继续使用原样式设置。

（7）比较：列表显示两种样式设定的区别。如果没有区别，则显示尺寸变量值，否则显示两变量间的区别。

在上述功能中，新建、替代、修改等虽然设定形式不同，但是对话框形式却是相同的，操作方式也相同，下面就他们打开的对话框进行详细说明。

一、"线"选项卡

"线"选项卡用于设置尺寸线和尺寸界限的格式和属性。"线"选项卡如图 10-10 所示。

图 10-10　"线"选项卡

在"线"选项卡和下面将要介绍的"符号和箭头"选项卡中可以对尺寸标注进行尺寸线、尺寸界线、箭头和圆心标记的格式和特性等进行设置。为便于读者理解，尺寸标注中各部分元素的含义如图 10-11 所示。

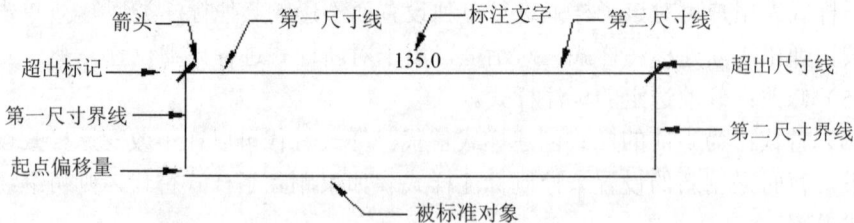

图 10-11　尺寸标注各元素含义示意

（1）"尺寸线"区。颜色：设置尺寸线的颜色。线型：设置尺寸线的线型。线宽：设置尺寸线的线宽。超出标记：设置尺寸线超出尺寸界线的大小。该选项仅在用"斜线""建筑标记""小点"等选项作尺寸终端时可用。

基线间距：设置在基线标注方式下尺寸线之间的间距大小。

隐藏：分别指定第一条尺寸线或第二条尺寸线是否被隐藏。

（2）"尺寸界线"区。颜色：设置尺寸界线的颜色。

尺寸界线 1 的线型：设置第一条尺寸界线的线型。

尺寸界线 2 的线型：设置第二条尺寸界线的线型。

线宽：设置尺寸界线的线宽。

超出尺寸线：指定尺寸界线在尺寸线上方伸出的距离。

起点偏移量：指定尺寸界线到定义该标注的原点的偏移距离。

固定长度的尺寸界线：标注的尺寸是否采用相同长度的尺寸界线，如果采用这种标注方式，可以通过"长度"文本框输入尺寸界线的长度。

隐藏：分别指定第一条尺寸界线、第二条尺寸界线是否被隐藏。

（3）预览窗口。位于右上角的预览窗口内的标注示例可以根据当前的标注样式设置显示出对应的标注显示效果。

二、"符号和箭头"选项卡

"符号和箭头"选项卡用于设置尺寸箭头、圆心标记、折断标注、弧长符号、半径折弯和线性折弯等方面的标注属性。"符号和箭头"选项卡如图 10-12 所示。

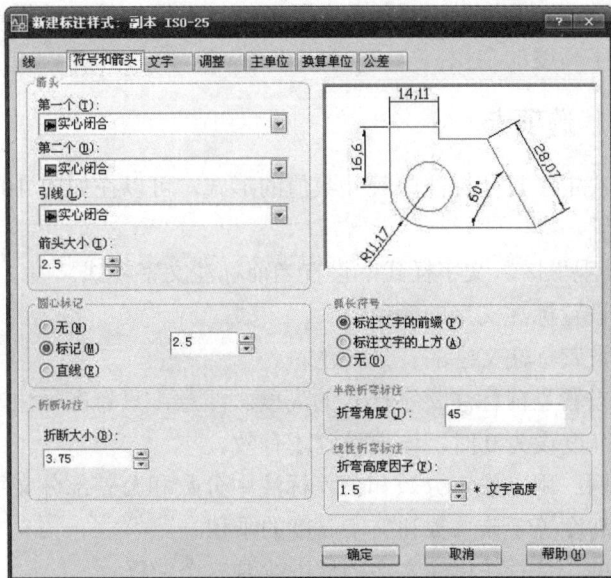

图 10-12　"符号和箭头"选项卡

（1）"箭头"区。第一个：设置第一条尺寸线的箭头类型；当改变第一个箭头的类型时，第二个箭头自动改变以匹配第一个箭头。

第二个：设置第二条尺寸线的箭头类型。改变第二个箭头类型不影响第一个箭头的类型。

引线：设置引线的箭头类型。

箭头大小：设置箭头的大小。

（2）"圆心标记"区。用于确定当对圆或圆弧执行圆心标记操作时圆心标记的类型和大小，用户可以选择圆心标记类型为"无""标记"和"直线"三种情况之一，当选择"标记"类型时可以在其后的文本组合框内输入圆心标记的大小。

（3）"折断标注"区。AutoCAD 2008 允许在标注或尺寸界线与其他线重叠处打断标注或尺寸界线，用户可以在"折断大小"组合框内设置折断尺寸的间隔距离。

（4）"弧长符号"区。控制为圆弧标注长度时圆弧符号的显示与否或显示位置。

标注文字的前缀：将弧长符号放在标注文字的前面。

标注文字的上方：将弧长符号放在标注文字的上方。

无：不标注弧长符号。

（5）"半径折弯标注"区。半径折弯标注通常用在所标注圆弧的中心点位于较远位置时。"折弯角度"文本框确定连接半径标注的尺寸界线与尺寸线之间的横向直线的角度。

（6）"线性折弯标注"区。AutoCAD 2008 允许采用线性折弯标注，用户可以在"折弯高度因子"组合框内输入折弯高度因子值。而最终的线性折弯高度为折弯高度因子与尺寸文字高度的乘积。

三、"文字"选项卡

文字的设定决定了尺寸标注中尺寸数值的形式，可以在如图 10-13 所示的"文字"选项卡中设置。

（1）"文字外观"区。文字样式：设置当前标注文字样式。

文字颜色：设置标注文字的颜色。

填充颜色：设置标注文字的背景颜色。

文字高度：设置当前标注文字样式的高度。注意，只有在标注文字所使用的文字样式中的文字高度设为 0 时，该项设置才有效。

分数高度比例：用来设定分数和公差标注中分数和公差部分文字的高度。该值为一系数，具体高度等于该系数和文字高度的乘积。

绘制文字边框：是否在标注文字的周围绘制一个边框。

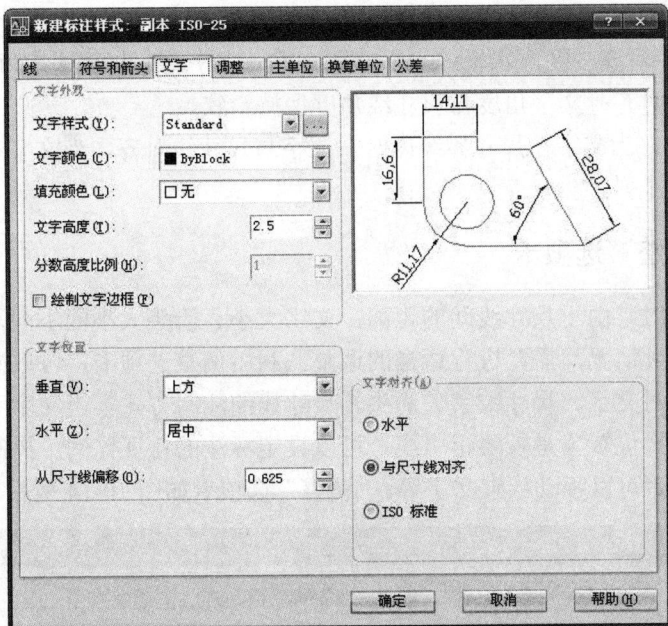

图 10-13 "文字"选项卡

（2）"文字位置"区。垂直：设置文字相对尺寸线的垂直位置，各选项的含义详见表 10-1。

表 10-1 垂直位置各选项的含义

置中	放在两条尺寸线中间
上方	放在尺寸线的上面
外部	放在距离标注定义点最远的尺寸线一侧
JIS	按照日本工业标准放置

水平：设置文字相对于尺寸线和尺寸界线的水平位置，各选项的含义详见表 10-2。

表 10-2 水平位置各选项的含义

置中	沿尺寸线放在两条尺寸界线中间
第一条尺寸界线	沿尺寸线与第一条尺寸界线左对齐
第二条尺寸界线	沿尺寸线与第二条尺寸界线右对齐
第一条尺寸界线上方	沿着第一条尺寸界线放置标注文字或放在第一条尺寸界线之上
第二条尺寸界线上方	沿着第二条尺寸界线放置标注文字或放在第二条尺寸界线之上

从尺寸线偏移：设置文字与尺寸线之间的距离。

（3）"文字对齐"区。水平：水平放置文字，文字角度与尺寸线角度无关。

与尺寸线对齐：文字角度与尺寸线角度保持一致。

ISO 标准：当文字在尺寸界线内时，文字与尺寸线对齐。当文字在尺寸界线外时，文字水平排列。

四、"调整"选项卡

标注尺寸时，由于尺寸线间的距离、文字大小、箭头大小的不同，标注尺寸的形式要适应各种情况，需要进行适当的调整。利用调整选项卡，可以确定在尺寸线间距较小时，对文字、尺寸数字、箭头、尺寸线的注写方式。当文字不在缺省位置时，注写在什么位置，是否要指引线。可以设定标注的特征比例。控制是否强制绘制尺寸线，是否可以手动放置文字等。"调整"选项卡如图 10-14 所示。

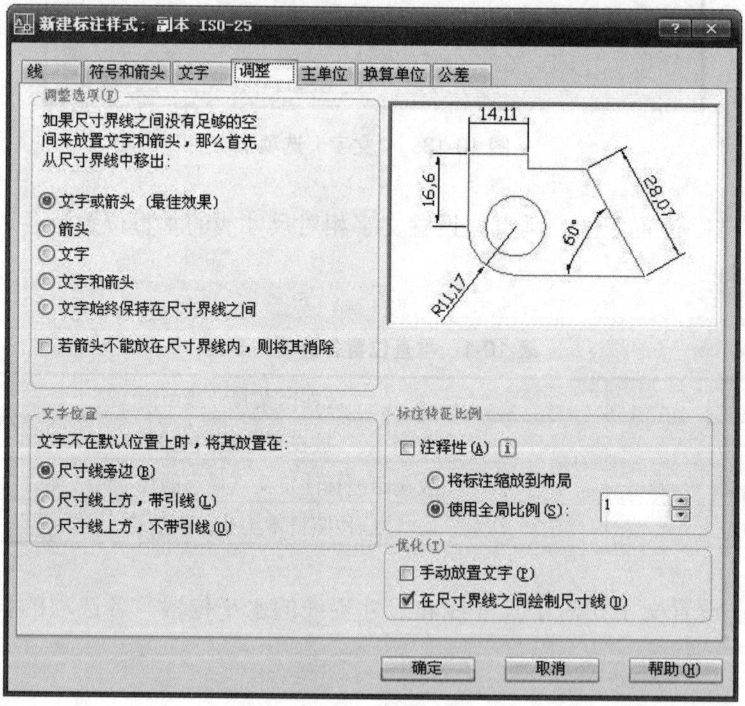

图 10-14   "调整"选项卡

（1）"调整选项"区。根据两条尺寸界线间的距离确定文字和箭头的位置。如果两条尺寸界线间的距离够大时，AutoCAD 总是把文字和箭头放在尺寸界线之间。否则，按如下规则进行放置。

文字或箭头，取最佳效果：尽可能地将文字和箭头都放在尺寸界线中，容纳不下的元素将放在尺寸界线外。

箭头：尺寸界线间距离仅够放下箭头时，箭头放在尺寸界线内而文字放在尺寸界线外。否则文字和箭头都放在尺寸界线外。

文字：尺寸界线间距离仅够放下文字时，文字放在尺寸界线内而箭头放在尺寸界线外。否则文字和箭头都放在尺寸界线外。

文字和箭头：当尺寸界线间距离不足以放下文字和箭头时，文字和箭头都放在尺寸界线外。

文字始终保持在尺寸界线之间：强制文字放在尺寸界线之间。

若箭头不能放在尺寸界线内，则将其隐藏：如果尺寸界线内没有足够的空间，则隐藏箭头。

（2）"文字位置"区。设置标注文字非缺省的位置。

尺寸线旁边：把文字放在尺寸线旁边。

尺寸线上方，带引线：如果文字移动到距尺寸线较远的地方，则创建文字到尺寸线的引线。

尺寸线上方，不带引线：移动文字时不改变尺寸线的位置，也不创建引线。

（3）"标注特征比例"区。注释性：确定标注样式是否为注释性样式。

将标注缩放到布局：将根据当前模型空间视口和图纸空间的比例确定比例因子。

使用全局比例：为所有标注样式设置一个固定的缩放比例。

（4）"优化"区。手动放置文字：忽略所有水平对正设置，并把文字放在指定位置。

在尺寸界线之间绘制尺寸线：无论 AutoCAD 是否把箭头放在测量点之外，都在测量点之间绘制尺寸线。

五、"主单位"选项卡

"主单位"选项卡用于设置主标注单位的格式和精度，设置标注文字的前缀和后缀，如图 10-15 所示。

（1）"线性标注"区。设置线性标注的格式和精度。

单位格式：设置标注类型的当前单位格式（角度除外）。

精度：设置标注的小数点位数。

分数格式：设置分数的格式。

小数分隔符：设置十进制格式的分隔符。

舍入：设置标注测量值的四舍五入规则（角度除外）。

前缀：设置文字前缀，可以输入文字或用控制代码显示特殊符号。如果指定了公差，AutoCAD 2008 也给公差添加前缀。

后缀：设置文字后缀。可以输入文字或用控制代码显示特殊符号。如果指定了公差，AutoCAD 也给公差添加后缀。

测量单位比例：设置线性标注测量值的比例因子（角度除外）。如果选择"仅应用到布局标注"项，则仅对在布局里创建的标注应用线性比例值。

消零：设置前导零和后续零是否输出。

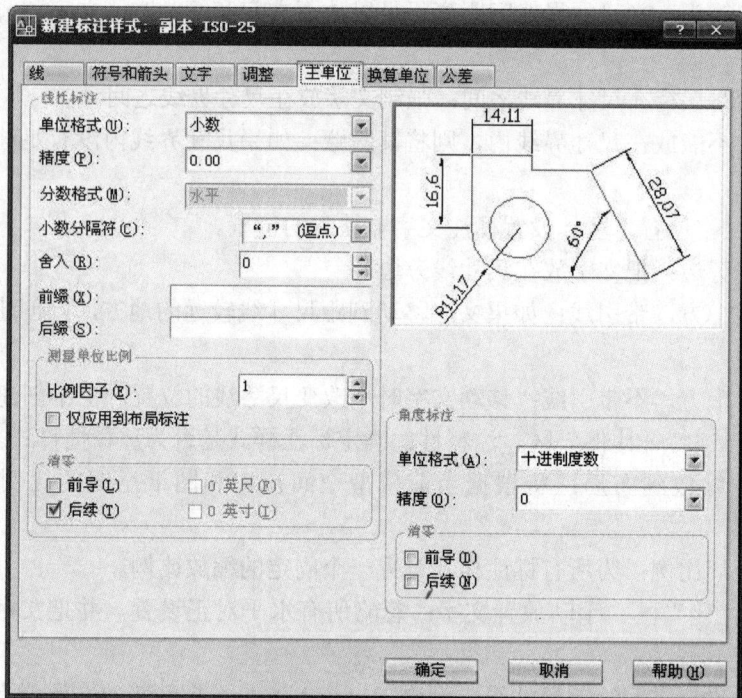

图 10-15 "主单位"选项卡

（2）"角度标注"区。显示和设置角度标注的格式和精度。

单位格式：设置角度单位格式。

精度：设置角度标注的小数点位数。

消零：设置前导零和后续零是否输出。

六、"换算单位"选项卡

设置换算测量单位的格式和比例，选项卡如图 10-16 所示。

（1）"显示换算单位"区。控制是否显示经换算后标注文字的值，只有选中了该复选框，下列各项设置才有效。

（2）"换算单位"区。单位格式：设置标注类型的当前单位格式（角度除外）。

精度：设置标注的小数位数。

换算单位倍数：设置主单位和换算单位之间的换算系数。

含入精度：设置标注测量值的小数点位数。

前缀：设置文字前缀，可以输入文字或用控制代码显示特殊符号。如果指定了公差，AutoCAD 也给公差添加前缀。

后缀：设置文字后缀。可以输入文字或用控制代码显示特殊符号。如果指定了公差，AutoCAD 也给公差添加后缀。

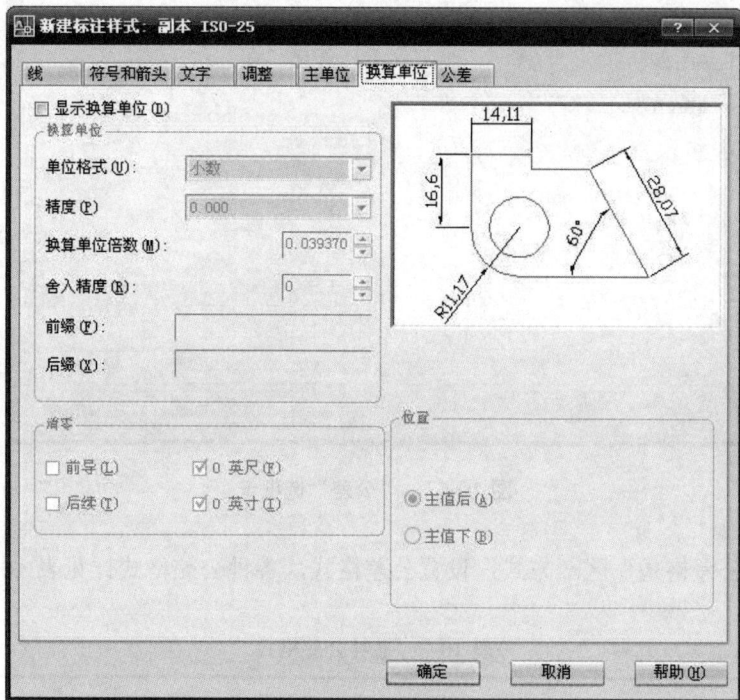

图 10-16 "换算单位"选项卡

（3）"消零"区。设置前导零和后续零是否输出。

（4）"位置"区。设置换算单位的位置，放置单位主要有以下两种方式。

主值后：放在主值之后。

主值下：放在主值下方。

七、"公差"选项卡

"公差"选项卡如图 10-17 所示，用于控制标注文字中公差的格式。

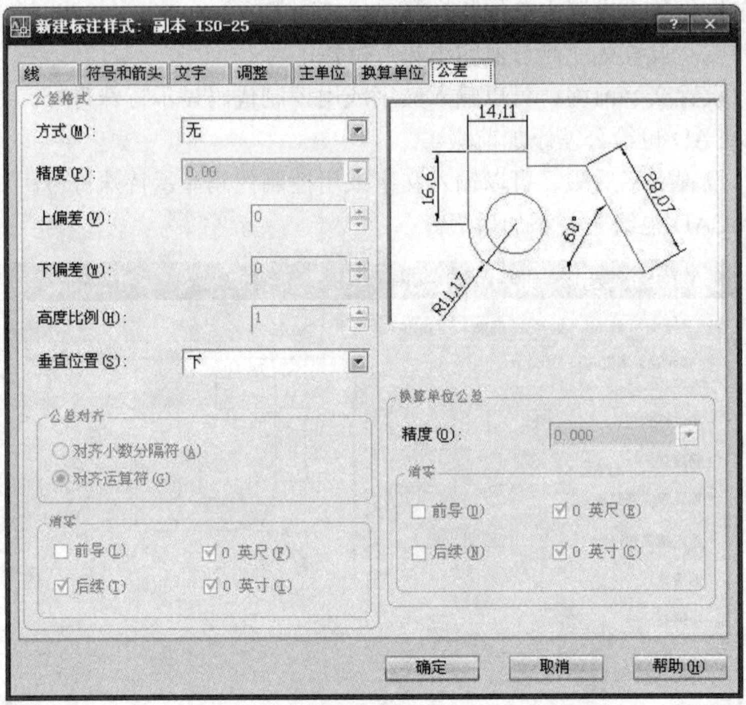

图 10-17 "公差"选项卡

（1）"公差格式"区。方式：设置公差格式，各种公差格式详见表 10-3。

表 10-3 各种公差格式

无	无公差
对称	添加公差的加/减表达式，把同一个变量值应用到标注测量值
极限偏差	添加加/减公差表达式，把不同的变量值应用到标注测量值
极限尺寸	创建有上下限的标注，显示一个最大值和一个最小值
基本尺寸	创建基本尺寸，AutoCAD 在整个标注范围四周绘制一个框

精度：设置小数位数。

上偏差：显示和设置最大公差值或上偏差值。

下偏差：显示和设置最小公差值或下偏差值。

高度比例：显示和设置公差文字的当前高度。

垂直位置：控制对称公差和极限公差的文字对齐方式。

公差对齐：用于控制公差堆叠时的对齐方式。其中，"对齐小数分隔符"表示使小数分隔符对齐；"对齐运算符"表示使运算符对齐。

消零：设置前导零和后续零是否输出。

（2）"换算单位公差"区。精度：设置标注的小数位数。

消零：设置前导零和后续零是否输出。

*第十五节 尺寸标注编辑

当用户想修改已存在的尺寸标注格式时，可以使用多种方法，如倾斜尺寸界线、更新尺寸、替代尺寸、对齐文字等。

一、尺寸文本编辑（DIMEDIT）

尺寸文本编辑命令提供了对尺寸指定新文本、调整文本到缺省位置、旋转文本和倾斜尺寸界线的功能，它影响尺寸文本和尺寸界线。其命令调用方式如下。

命令：DIMEDIT

菜单：【标注】➤倾斜　　//相当于命令行中的"倾斜"选项。

　　　【标注】➤对齐文字➤默认　　//相当于命令行中的"默认"选项。

　　　【标注】➤对齐文字➤角度　　//相当于命令行中的"旋转"选项。

工具栏：【标注】➤🅰

命令执行后，在命令提示区的提示信息如下。

命令：dimedit✓

输入标注编辑类型 [默认（H）/新建（N）/旋转（R）/倾斜（O）] <默认>：

选择对象：

提示信息中的各个参数的意义说明如下。

（1）默认（H）：执行该选项后，系统提示"选择对象："，在用户选取目标对象后，系统将选中的标注文字移回到默认位置，即移回到由标注样式指定的位置和旋转角。

（2）新建（N）：执行该选项后，将打开"在位文字编辑器"对话框，对标注文字进行修改。

（3）旋转（R）：执行该选项后，系统提示"指定标注文字的角度："，用户可在此输入所需的旋转角度；然后，系统提示"选择对象："，选取对象后，系统将选中的标注文字按输入的角度放置。

（4）倾斜（O）：执行该选项后，系统提示"选择对象："，在用户选取目标对象后，系统提示"输入倾斜角度（按 ENTER 表示无）："，在此输入倾斜角度或按回车键（不倾斜），系统将按指定的角度调整线性标注尺寸界线的倾斜角度。

二、尺寸文本位置编辑（DIMTEDIT）

尺寸文本位置编辑命令用于改变尺寸文本的位置和角度。其调用方式如下。

命令：DIMTEDIT

菜单：【标注】➤对齐文字

工具栏：【标注】➤

命令执行后，在命令提示区的提示信息如下。

命令：dimtedit ✓

选择标注：

指定标注文字的新位置或 [左（L）/右（R）/中心（C）/默认（H）/角度（A）]：

提示信息中的各个参数意义说明如下。

（1）指定标注文字的新位置：指定标注文字的新位置。

（2）左（L）：调整尺寸文本为左对齐。

（3）右（R）：调整尺寸文本为右对齐。

（4）中心（C）：将尺寸文本放在尺寸线中间。

（5）默认（H）：将尺寸文本调整到尺寸样式中设置的位置。

（6）角度（A）：改变尺寸文本的角度。

三、替代编辑命令（DIMMOVERRIDE）

替代标注用于替代和某一尺寸对象有关的尺寸系统变量设置，但不影响当前尺寸类型。用户若要使用替代标注，应知道欲修改的尺寸变量名。用户既可输入尺寸变量名来为某一尺寸对象指定覆盖，也可输入参数 C 清除尺寸对象上的任何覆盖。

命令：DIMMOVERRIDE

菜单：【标注】➤替代

命令执行后，在命令提示区的提示信息如下。

命令：dimoverride ✓

输入要替代的标注变量名或 [清除替代（C）]：

输入标注变量的新值 <6.00>：

输入要替代的标注变量名：

选择对象：

上述提示信息中的各个参数的意义说明如下。

（1）输入要替代的标注变量名：输入要替代的标注变量名，如尺寸文本高度变量名为 DIMTXT，圆心标注为 DIMCEN 等。

（2）清除替代（C）：清除替代，恢复原来的变量值。

（3）选择对象：选择修改的尺寸对象。

四、其他编辑标注的方法

可以使用 AutoCAD 2008 的编辑命令或夹点编辑命令来编辑标注的位置，如可以使用夹点或者"拉伸"命令拉伸标注。此外，还通过"特性"窗口来编辑包括标注文字在内的任何标注特性。这些编辑命令的具体使用方法请参见本书的有关部分，此处不再详述。

第十六节　CJMA（B）型高压静电管式除尘器外形设计

静电除尘器是应用越来越广泛的一种高效除尘器，我们介绍 CJMA（B）型高压静电管式除尘器的外形设计，读者可以此掌握绘图环境的设置、设备示意图的绘制方法和技巧、文字样式的设置、文字注写和标注样式的设置与标注。

图 10-18 所示为"CJMA（B）型高压静电管式除尘器外形"示意图。

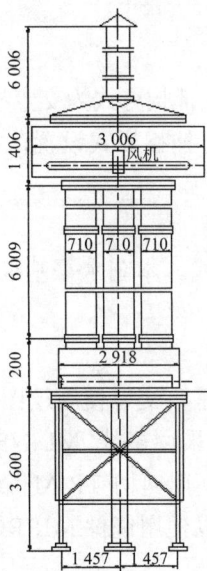

图 10-18　CJMA（B）型高压静电管式除尘器外形示意

其参考操作步骤如下：

1. 设置绘图界限

按照该图的具体情况，可以绘制在 A4 图纸，竖放。图形界限以 A4 竖放进行设置。

2．设置图层

按照图 10-19 进行图层设置。

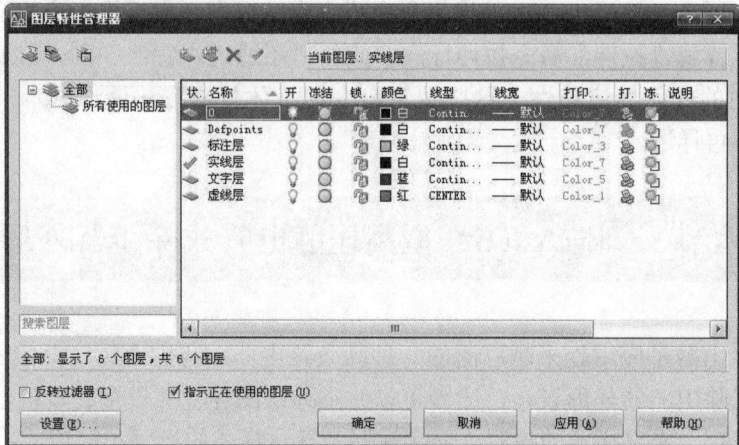

图 10-19　图层设置

3．设置对象捕捉模式

绘制本示意图主要采用的对象捕捉方式为交点模式和端点模式，可通过菜单【工具】➤草图设置，打开对话框进行捕捉模式设置，并打开对象捕捉模式。

同时打开临时目标捕捉工具栏。

4．绘制基准线

绘制水平和垂直方向的基准线。本图水平基准线为基座的上端面，垂直基准线为图形中的中线。

5．绘制图形

根据图形中不同部分间的关系，交替使用绘图命令和修改命令进行绘制。

图形中基座部分的双交叉线采用多线 MLINE 命令进行绘制，然后使用分解 EXPLODE 命令进行分解，最后使用剪切 TRIM 命令进行剪切，得到一条对角线上的双线。另一对角线上的双线可以使用镜像 MIRROR 命令得到。

6．文字样式设置和注写

由于图中注释为汉字，所以选择菜单【格式】➤文字样式，进行字形设定，文字样式应设置为中文字体，如宋体。

选择菜单【绘图】➤单行文本，进行文字注写。

7．标注样式设定

利用菜单【格式】➤标注样式，打开"标注样式管理器"对话框，选择 ISO-25 样式后单击"修改"按钮，分别进行"符号和箭头""文字""调整""主单位"设置，其他选项卡内设置采用默认设置。

图 10-20　设置符号和箭头

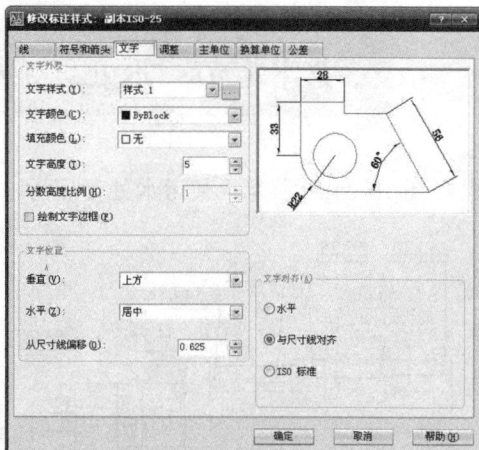

图 10-21　设置文字

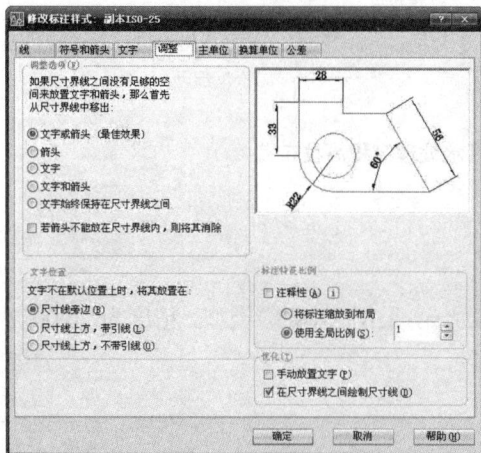

图 10-22　设置调整项

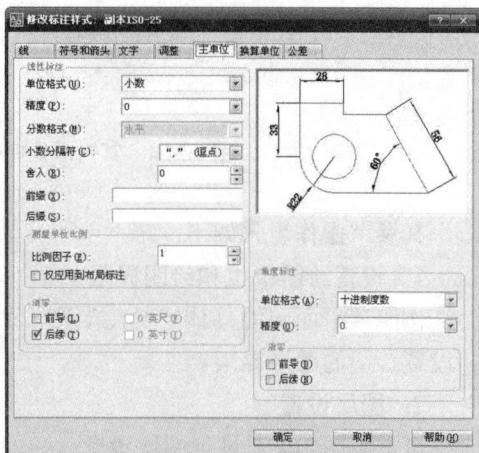

图 10-23　设置主单位

8．尺寸标注

使用【标注】➤【线性】进行标注，而后使用【标注】➤【连续】进行连续标注。注意：由于本图例为设备示意图，各部分绘图尺寸与实际尺寸可能有一定的差异，需要进行尺寸数字修改。

9．保存文件

将绘制好的图形以"CJMA（B）型高压静电管式除尘器外形"为名保存。

第十七节　水处理工程设计高程布置图设计

图 10-24 所示为"某污水处理厂污水处理流程高程布置图"。

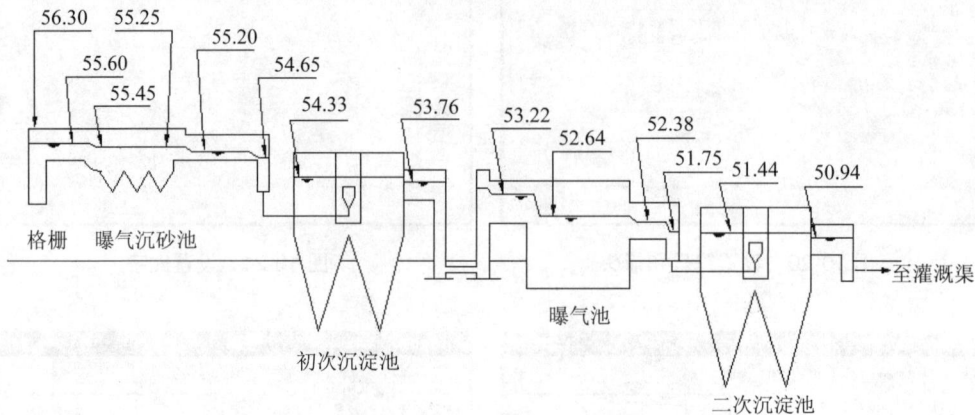

图 10-24　某污水处理厂污水处理流程高程布置

其参考操作步骤如下：

1．设置绘图单位和绘图界限

按照该平面图的具体情况，绘图单位应为 m，采用"小数"类型，精度为"0.00"。并设置合适的图形界限。

2．图层设置

可按照图 10-25 进行图层设置。

图 10-25　图层设置

3．设置对象捕捉模式

绘制本示意图主要采用的对象捕捉模式为交点模式、端点模式，可通过菜单【工具】➤草图设置，进行捕捉模式设置，并打开对象捕捉模式。

同时打开临时目标捕捉工具栏。

4．绘制基准线

在辅助线层上绘制水平和垂直方向的基准线。本图水平基准线高程为 50.00 的线，垂直基准线为图形最左侧线。

5．绘制图形

根据本图的基本特点，可按照"自左向右"的原则逐个绘制"格栅""曝气沉砂池""初次沉淀池"等。

在绘图过程中，注意相类似部分的复制操作，如本高程布置图中的"初次沉淀池"和"二次沉砂池"；也要注意使用块操作，加快绘图速度。

6．文字样式设置和注写

由于图中注释为汉字，所以应进行字形设定，文字样式设置为"宋体"并应用。

使用文本命令进行文字注写。

7．标注样式设定和尺寸标注

利用菜单【格式】➤标注样式，打开"标注样式管理器"对话框，选择 ISO-25 样式后单击"修改"按钮，分别进行"符号和箭头""文字""调整""主单位"设置，其他选项卡内设置采用默认设置。

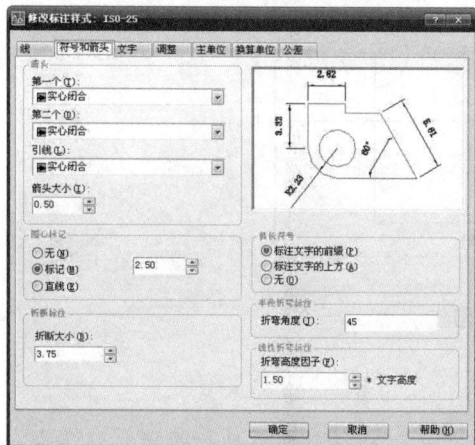

图 10-26　符号和箭头设置

图 10-27　文字设置

图 10-28　调整设置

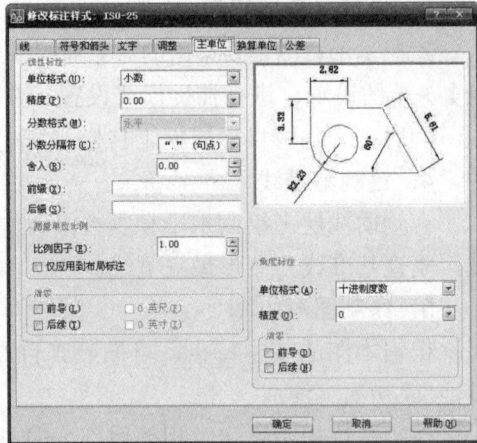

图 10-29　主单位设置

使用相应标注命令进行标注。

8. 保存文件

将绘制好的图形以"某市污水处理厂污水处理流程高程布置图"为名保存。

复习与思考练习题

1. 绘制习题图 10-1 所示的图形，并进行基线标注。

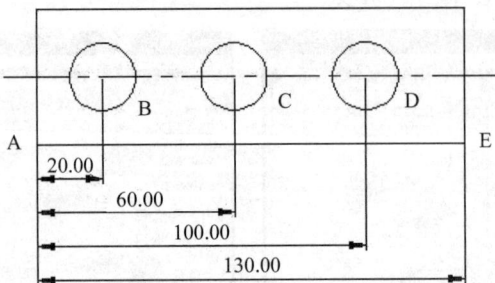

习题图 10-1

解题要点：

首先在圆 A 圆心、圆 B 圆心两点间进行线性标注。然后执行基线标注命令，在提示"指定第二条尺寸界线原点"时依次选择圆 C 圆心、圆 D 圆心和 E 点。

2. 绘制习题图 10-2 所示的图形，并进行连续标注。

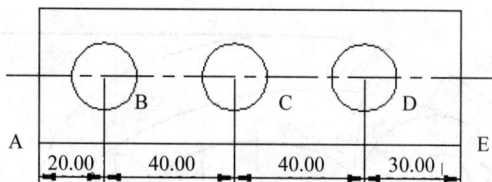

习题图 10-2

解题要点：

首先在圆 A 圆心、圆 B 圆心两点间进行线性标注。然后执行连续标注命令，在提示"指定第二条尺寸界线原点"时依次选择圆 C 圆心、圆 D 圆心和 E 点。

3. 绘制如习题图 10-3 所示的图形，并进行坐标标注。

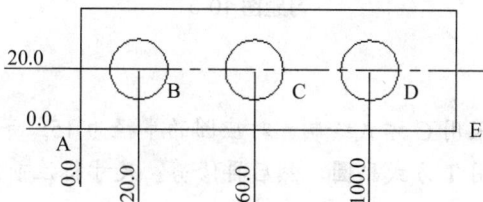

习题图 10-3

解题要点：

首先执行 ucs 命令，指定 A 点为坐标原点（即坐标标注基点）。然后执行坐标标注命令，依次对 B、C、D 三点进行坐标标注。

4. 绘制习题图 10-4 所示的图形，并进行快速标注。

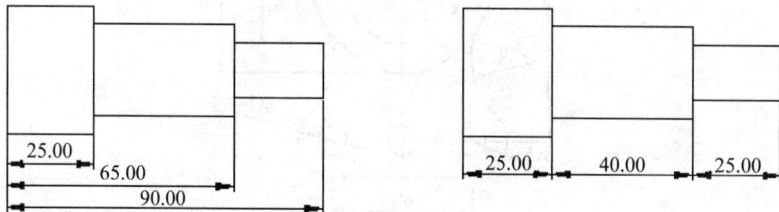

习题图 10-4

解题要点：

执行快速标注命令，选择需要标注的 3 条直线。在选择标注模式时，左图选择"基线"模式进行标注，右图选择"连续"模式进行标注。

5. 绘制习题图 10-5 所示的图形并标注尺寸。

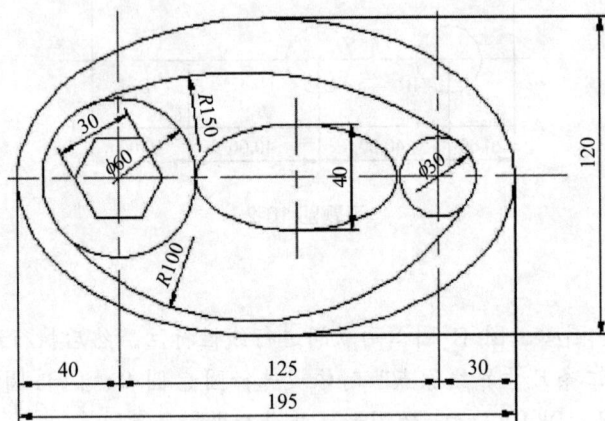

习题图 10-5

解题要点：

图中正六边形可采用 C 方式绘制，对应圆的半径为 15；半径分别为 150 与 100 的两连接圆弧可先采用 T 方式画圆，然后再修剪。尺寸标注前应先创建尺寸样式。

6. 绘制习题图 10-6 所示的图形并标注尺寸。

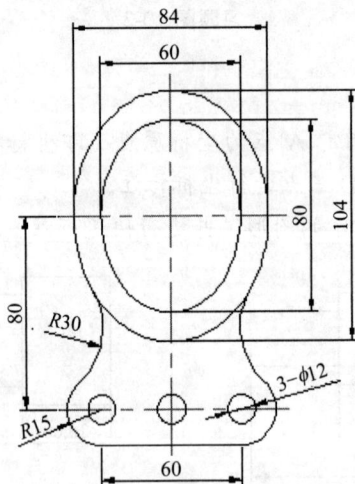

习题图 10-6

解题要点：

R15 的圆弧宜先画圆再修剪；R30 的连接圆弧可采用圆角命令完成。尺寸标注前应先创建尺寸样式。

7. 绘制习题图 10-7 所示的图形并标注尺寸与文字注释。

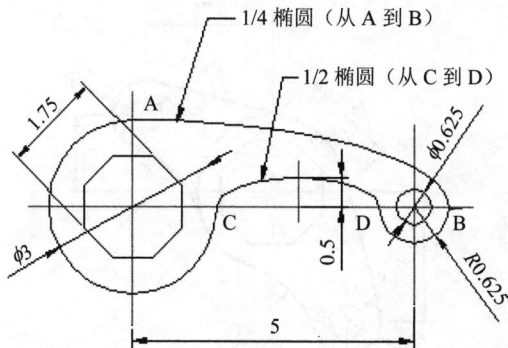

习题图 10-7

解题要点：

椭圆弧均可先画完整椭圆再修剪得到，当然也可直接画椭圆弧。尺寸标注前应先创建尺寸样式。

8. 绘制习题图 10-8 所示的图形并标注尺寸及文字注释，其中外轮廓线连接平滑，线宽 0.5。

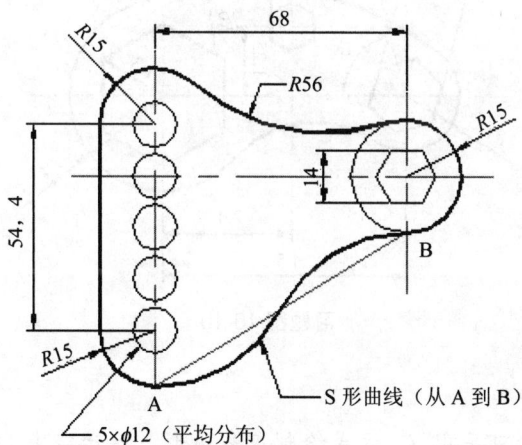

习题图 10-8

解题要点：

S 形曲线可采用"起点，端点，方向"方式画圆弧得到。尺寸标注前应先创建尺寸样式。

9. 绘制习题图 10-9 所示的图形并标注尺寸，其中外轮廓线连接平滑，除两小圆外，其余轮廓线线宽 0.05。

习题图 10-9

10. 绘制习题图 10-10 所示的图形并标注尺寸，其中外轮廓线连接平滑，轮廓线线宽 0.02。

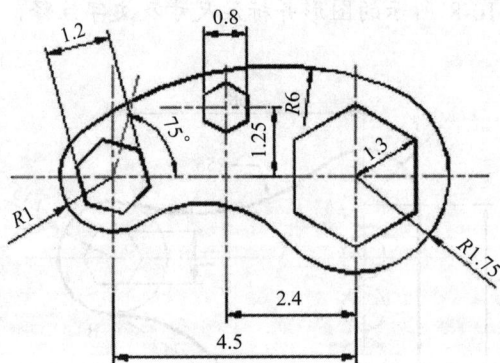

习题图 10-10

解题要点：

左侧的正六边形可采用 C 方式绘制正多边形，然后绕中心点旋转得到；右侧的正六边形则可采用 I 方式绘制正多边形得到。尺寸标注前应先创建尺寸样式。

第十一章

三维图形绘制与编辑

第一节　三维模型绘制前的准备

一、三维模型的分类

AutoCAD 2008 不仅有丰富的二维绘图功能，而且还具有强大的三维绘图功能。利用 AutoCAD 2008 用户可以创建三维线框模型、网格模型和实体模型，可以对三维模型进行各种编辑，对实体模型进行着色和渲染等操作。利用 AutoCAD 2008 可以绘出形象逼真的立体图形，使一些在二维平面图中无法表达的东西清晰而形象地展现在屏幕上，仿佛一幅逼真的照片。

要创建三维模型，首先就应分清需要创建哪种类型的三维模型。各类模型的含义和特征如下述。

线框模型：线框模型通过线来描绘三维对象的框架。它没有实际意义上的面，而是用描绘对象边界的点、直线和曲线来表示面的存在。由于构成线框模型的每个对象都必须单独绘制和定位，因此它能很好地表现出三维对象的内部结构和外部形状，但该模型方式在绘制时比较费时，且不支持隐藏、着色和渲染等操作。

网格模型：该模型不仅包括对象的边界，还包括对象的表面。它有实际意义上的面。该模型具有面的特性，因此可对网格模型进行隐藏、着色和渲染等操作。网格对象是使用多边形网格来定义的，它只能近似于曲面。

实体模型：实体模型是三种模型中最高级且较常用的一种，它包括一般实体模型、实体图元模型和曲面模型。该模型除了包括模型的边界和表面外，还包括对象的体积，因此具有质量、体积和质心等质量特性。AutoCAD 2008 为用户提供了多种默认的三维实体模型供用户进行简单的实体模型的创建。

二、创建并设置用户坐标系

用 AutoCAD 2008 绘制二维图形时，一般使用世界坐标系（WCS），对于绘图平面不变的二维图形来说，世界坐标系已经可以满足其要求。但对于三维图形，由于每个点都可能有互不相同的 X、Y、Z 坐标值，此时仍用原点和各坐标轴方向固定不变的世界坐标系，会给用户绘制三维图形带来很大的不便。如在二维图形上绘制一个圆是很容易的操作，但要在世界坐标系中给图 11-1 所示长方体的任意某个面中绘制一个圆，则是很困难的操作，这时如果直接执行绘圆命令，则往往得不到所需的结果。因为在 AutoCAD 三维状态中绘出的平面图形，总是在与当前坐标系 XY 平面平行的平面上。

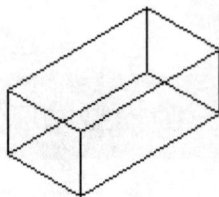

图 11-1　三维图形

在 AutoCAD 中，可以根据用户的需要来定制坐标系，即用户坐标系（User Coordinate System，UCS）。定制适合用户需要的坐标系，可以比较方便绘制用户所需的图形。

建立用户坐标系可用如下方式：

命令：UCS

工具栏：【UCS】▶ 或【UCS】及【UCS Ⅱ】▶相应按钮

UCS 工具栏及 UCS Ⅱ 工具栏的外形可参见图 11-2。

图 11-2　UCS 工具栏及 UCS Ⅱ 工具栏

启动 UCS 命令后，出现提示：

指定 UCS 的原点或[面（F）/命名（NA）/对象（OB）/上一个（P）/视图（V）/世界（W）/X/Y/Z/Z 轴（ZA）]<世界>：

（1）指定新 UCS 的原点（或工具栏上 ）：缺省选项，为新的用户坐标系统指定新的原点，但 X、Y、Z 轴的方向不变。可以直接用鼠标在屏幕上选取一点作为新的原点；也可以键入 X、Y、Z 坐标值作为新的原点，如果只键入 X、Y 坐标值，则 Z 坐标值将保持不变。

（2）面（或工具栏上 ）：根据三维实体表面创建新的 UCS。将新 UCS 的 XOY 平面对齐在所选三维实体的一面，且新原点为位于实体被选面且离拾取点最近的一个角点。选择后出现提示：

选择实体对象的面： // 选取三维实体的表面。

输入选项[下一个（N）/X 轴反向（X）/Y 轴反向（Y）]<接受>：

同时绘图区出现：（可用鼠标直接点取）

接受：表示接受当前所创建的 UCS。

下一个：表示将 UCS 移动到下一个相邻的表面或移动到所选面的后面。

X 轴反向：表示新的 UCS 绕 X 轴旋转 180°。

Y 轴反向：表示新的 UCS 绕 Y 轴旋转 180°。

（3）命名（或工具栏上 ）：进入命令后有如下选项：

恢复：选用命名保存过的 UCS，使其成为新的 UCS。

保存：命名保存当前的 UCS 设置。

删除：删除以前保存的用户坐标系。

？：列出当前图形文件中所有已命名的用户坐标系。

（4）对象（或工具栏上 ）：根据用户指定的对象来创建新的 UCS。新 UCS 与所选对象具有相同的 Z 轴方向，原点和 X 轴正方向由表 11-1 的规则确定，Y 轴方向则由右手规则确定。选择后出现提示：

选择对齐 UCS 的对象： // 选择用来确定新 UCS 的对象。

表 11-1　根据对象确定 UCS

对象类型	确定原点及 X 轴正方向的规则
直线（Line）	离拾取点较近的直线端点为新原点，直线方向为新 UCS X 轴的正方向
圆弧（Arc）	圆心为新原点，X 轴正方向通过离拾取点最近的端点
圆（Circle）	圆心为新原点，X 轴正方向通过拾取点
点（Point）	拾取点即为新原点，X 轴正方向可任意确定
二维多线段（Polyline）	多线段的起点为新原点，X 轴位于起点到下一个顶点的连线上
尺寸标注（Dimension）	尺寸标注文本的中点为新原点，X 轴正方向与尺寸标注所属 UCS 系统的 X 轴正方向相同
三维面（3Dface）	创建三维面时确定的第一点为新原点，第一点至第二点的方向为 X 轴正方向，第一点至第四点的方向为 Y 轴正方向，Z 轴正方向由右手规则确定

（5）上一个（或工具栏上 ）：选择后，将返回上一次的坐标系统，此命令最多可重复使用 10 次。

（6）视图（或工具栏上 ）：选择后将新 UCS 的 *XOY* 平面设为与当前视图平行，即是新的 UCS 平行于计算机屏幕，且 *X* 轴指向当前视图中的水平方向，原点保持不变。

（7）世界（或工具栏上 ）：此选项是默认项，将当前 UCS 重置成世界坐标系（WCS）。

（8）X/Y/Z（或工具栏上 ）：将原 UCS 绕 *X*（或 *Y*、或 *Z*）轴旋转指定的角度生成新的 UCS。以"X"为例，选择后出现提示：

指定绕 *X* 轴的旋转角度<90>： // 用户可在此提示符下输入旋转角度，正负值由右手规则确定（假想用右手握住轴，拇指方向就是正方向，弯曲手指的方向是该轴正向旋转角度的方向）。

（9）Z 轴（或工具栏上 ）：确定新的原点和 *Z* 轴的正方向（*X* 轴和 *Y* 轴方向不变）来创建新的 UCS。选择后出现提示：

指定新原点[对象（O）]<0，0，0>： // 和前面"指定新 UCS 的原点"操作一样。

在正 *Z* 轴范围上指定点<当前点坐标>： // 输入或指定某一点，新原点和此点的连线方向为 *Z* 轴的正方向。直接按回车则新坐标系统的 *Z* 轴通过新原点且和原坐标系统的 *Z* 轴平行同向。

三、三维视点的设置

用 AutoCAD 2008 创建出的三维模型，单单从一个视点往往不能满足观察模型各个部位的需要，用户经常需要变化视点，从不同的角度来观察三维物体。这一部分将介绍如何利用 AutoCAD 2008 来设置视点。

1．平面投影显示（VPOINT）

打开平面投影显示的方式：

命令：VPOINT（或-VP）

菜单：【视图】➤三维视图➤视点

工具栏：【视图】➤相应按钮

不过，使用命令方式或菜单方式启动 VPOINT 命令时，能够实现的功能要比使用工具栏时要多一些，如输入命令 VPOINT 时将出现提示信息：

当前视图方向：VIEWDIR=0.0000，0.0000，1.0000

指定视点或[旋转（R）]<显示坐标球和三轴架>：

（1）指定视点：用户可以输入 *X*、*Y*、*Z* 坐标来指定查看图形的视点，新视点即是用户输入的坐标点看向原点（0，0，0）的视点。如（0，0，1）视点是沿着 *Z* 轴向下看，即是俯视图。坐标点和视图及工具栏上按钮的对应关系见表 11-2：

表 11-2　坐标点和视图的对应表

坐标点	视图	工具栏上按钮
（0，0，1）	俯视图	
（0，0，−1）	仰视图	
（−1，0，0）	左视图	
（1，0，0）	右视图	
（0，−1，0）	主视图	
（0，1，0）	后视图	
（−1，−1，1）	西南等轴测	
（1，−1，1）	东南等轴测	
（1，1，1）	东北等轴测	
（−1，1，1）	西北等轴测	

（2）旋转：将当前视点旋转一定角度，从而形成新的视点。键入 R 后出现提示：

输入 XY 平面中与 X 轴的夹角<当前值>：//确定新视点在 XY 平面内的投影与 X 轴正方向之间的夹角

输入与 XY 平面的夹角<当前值>：//确定新视点方向与其在 XY 平面上投影之间的夹角

（3）显示坐标球和三轴架：是缺省项，在提示符下直接回车，则在屏幕上出现如图 11-3 所示的坐标球和三轴架，利用它可以直观地设置新的视点。拖动鼠标使光标在坐标球范围内移动时，三轴架的 X、Y 轴也会绕着 Z 轴转动，三轴架转动的角度与光标在坐标球上的位置对应，光标位于坐标球的不同位置，相应的视点也不相同。可以将坐标球假想为地球的 2D 表现，中心点代表北极，内环代表赤道，外环代表南极。当光标在中心点，相当于视点位于 Z 轴正方向；当光标位于内环之内时，相当于视点在球体的上半球，即在 Z 轴正方向一侧；当光标位于内环与外环之间，表示视点在球体的下半球。确定视点位置后单击，AutoCAD 则按该视点显示对象。

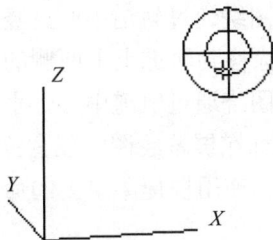

图 11-3　坐标球和三轴架

2. 三维动态观察器（3DORBIT）

通过三维动态观察器可以在当前视口中以交互方式控制三维对象的视图，从而得到一个最佳的观察点。

启动三维动态观察器的方式：

命令：3DORBIT↙（或 3DO）

菜单：【视图】➤动态观察➤受约束的动态观察/自由动态观察/连续动态观察

工具栏：【三维动态观察器】➤相应按钮

现就最常用的自由动态观察进行介绍：

执行 3Dorbit 命令后，AutoCAD 激活三维动态观察器（图 11-4）。

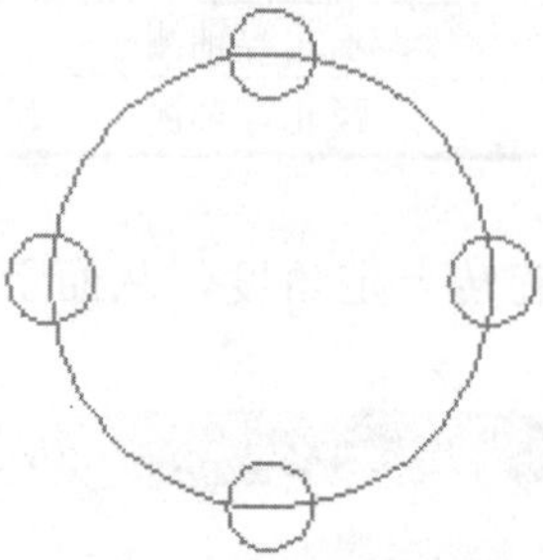

图 11-4 三维动态观察器

三维动态观察器用一大圆表示，且圆的各象限点处有一个小圆。在三维动态观察器中旋转视图只能靠鼠标拖动，将光标移至绘图区，将会发现光标在不同位置会以不同的形状出现，功能分别如下：

⬦（两个圆组成的球体）：当光标位于旋转轨道内时，光标以球体方式显示。此时按下左键并拖动鼠标移动，视点就会绕对象转动。通过拖动可使视点随球绕目标点作任意方向的旋转。用户可以水平拖动、垂直拖动或沿任意方向拖动。

⊙（箭头圆环）：当光标位于旋转轨道外时，光标以一带箭头的小圆环显示，此时可以拖动视图绕垂直于屏幕且通过轨道中心的轴移动。

⬠（水平椭圆环）：当光标移到轨道左右两侧的小圆内时，光标将显示为水平椭圆环，此时可以拖动当前视图绕通过轨道中心、竖直方向的轴旋转。

⬡（垂直椭圆环）：当光标移到轨道上下两侧的小圆内时，光标将显示为垂直椭圆环，此时可以拖动当前视图绕通过轨道中心、水平方向的轴旋转。

在三维动态观察器中，光标在屏幕绘图区任意位置右击鼠标，将会打开三维动态观察器快捷菜单（图 11-5）。使用快捷菜单上的命令进行观察操作，将更加方便快捷。

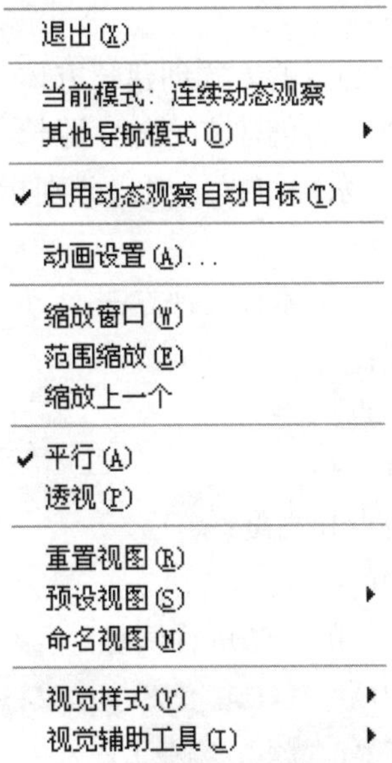

退出 (X)

当前模式：连续动态观察
其他导航模式 (O) ▶

✓ 启用动态观察自动目标 (T)

动画设置 (A)...

缩放窗口 (W)
范围缩放 (E)
缩放上一个

✓ 平行 (A)
透视 (P)

重置视图 (R)
预设视图 (S) ▶
命名视图 (N)

视觉样式 (V) ▶
视觉辅助工具 (I) ▶

图 11-5 "三维动态观察器"快捷菜单

第二节 绘制三维模型

一、绘制简单实体模型和三维多段体

实体模型是简单的三维模型，AutoCAD 2008 提供了绘制长方体、球体、圆柱体、圆锥体、楔体和圆环体等基本几何实体的命令，通过这些命令可绘制出简单的三维实体模型。除此之外，也可单击"建模"工具栏中的相应按钮进行创建。

1. 绘制长方体

启动长方体命令的方式：

命令：BOX

菜单：【绘图】➤建模➤长方体

工具栏：【建模】➤ 🔲

进入命令后，命令栏提示如下：

命令：box

指定第一个角点或 [中心点（CE）]：

指定其他角点或 [立方体（C）/长度（L）]：

指定高度或[两点（2P）]：

命令行中各选项含义如下：

中心点（C）：使用指定中心点的方式创建长方体。

立方体（C）：选择该选项后将创建立方体，即长、宽、高同等大小的长方体。

长度（L）：选择该选项，系统将提示用户分别指定长方体的长度、宽度和高度值。

因此使用本命令创建长方体实体有五种方法：

（1）指定底面对角和高度；

（2）指定长方体的对角顶点；

（3）指定长方体的长、宽、高；

（4）指定底面中心点、角点和高度；

（5）生成正方体。

现就第三种创建长方体实体的方法进行演练：

指定长方体的角点或 [中心点（CE）] <0，0，0>：　　// 确定长方体的一个顶点

指定角点或 [立方体（C）/长度（L）]：L✓

指定长度：150✓

指定宽度：100✓

指定高度：80✓

生成图 11-6 的长方体：

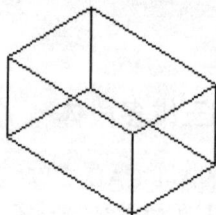

图 11-6　长方体

2. 绘制楔体

楔体实际上是一个三角形的实体模型，常用来绘制垫块、装饰品等。由于楔体是沿长方体对角线切成两半后的结果（图 11-7），因此绘制楔体的操作方法与绘制长方体的操作相同，该命令的调用方法有如下几种：

命令：WEDGE

菜单：【绘图】➤建模➤楔体

工具栏：【建模】➤

图 11-7　楔形体

使用本命令创建楔形体有四种方法：

（1）根据楔形体底面两对角角点和高度创建楔形体；

（2）根据楔形体底面一个角点和长、宽、高创建楔形体；

（3）根据楔形体斜面中心点和底面角点创建楔形体；

（4）根据楔形体斜面中心点和长、宽、高创建楔形体。

以上创建楔形体有四种方法，因和前面讲解的长方体的绘制方法类似，这里不再复述，仅以第三种方法加以演示：

命令：WEDGE

指定楔体的第一个角点或 [中心点（CE）] <0，0，0>：CE✓

指定楔体的中心点 <0，0，0>：200，200✓　// 输入或指定斜面中心点

指定对角点或 [立方体（C）/长度（L）]：100，100✓

指定高度：80✓

选择合适的视点，得到如图 11-8 所示的楔形体。

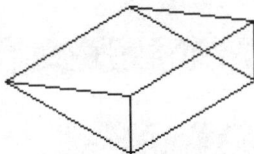

图 11-8　由中心点创建的楔形体

3．绘制球体

创建实心球体。启动球体命令的方式：

命令：SPHERE

菜单：【绘图】➤实体➤球体

工具栏：【实体】➤🔵

启动绘制球体命令后，出现如下提示：

命令：_sphere

指定中心点或 [三点（3P）/两点（2P）/相切、相切、半径（T）]：

指定半径或 [直径（D）]：

生成如图 11-9 左边所示的球体。变量 ISOLINES 是控制球体线框密度的，初始设置值为 4，其值越大，线框越密，变量 ISOLINES 对后面介绍的圆柱体、圆锥体、圆环等实体也有同样的影响。当把变量 ISOLINES 改成 30 后生成如图 11-9 右边所示球体。

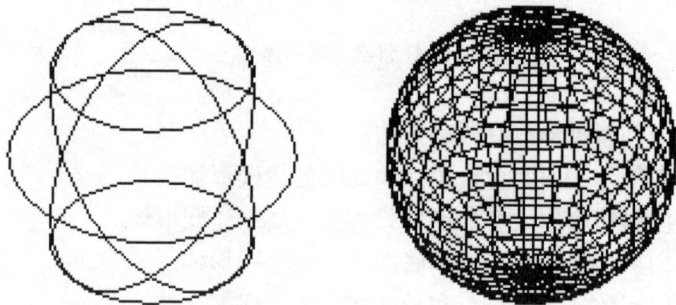

图 11-9　ISOLINES 值为 4 和 30 时的球体

4．绘制圆柱体

创建圆柱体或椭圆柱体。启动圆柱体命令的方式：

命令：CYLINDER

菜单：【绘图】➤建模➤圆柱体

工具栏：【建模】➤▯

执行上述任意一种操作后，命令行提示及操作如下：

命令：_cylinder

指定底面的中心点或 [三点（3P）/两点（2P）/相切、相切、半径（T）/椭圆（E）]：

指定底面半径或 [直径（D）] <84.3990>：

指定高度或 [两点（2P）/轴端点（A）] <200.6522>：

（1）使用本命令创建圆柱实体有两种方法：

① 根据圆柱体底面中心点、半径（直径）和高度生成圆柱体

指定底面的中心点或 [三点（3P）/两点（2P）/相切、相切、半径（T）/椭圆（E）]：//输入或屏幕上指定圆柱体底面的中心点

指定底面半径或 [直径（D）]：//输入或指定圆柱体底面的半径或直径

指定高度或 [两点（2P）/轴端点（A）]：//输入或指定圆柱体的高度

生成如图 11-10 左侧所示的圆柱体。

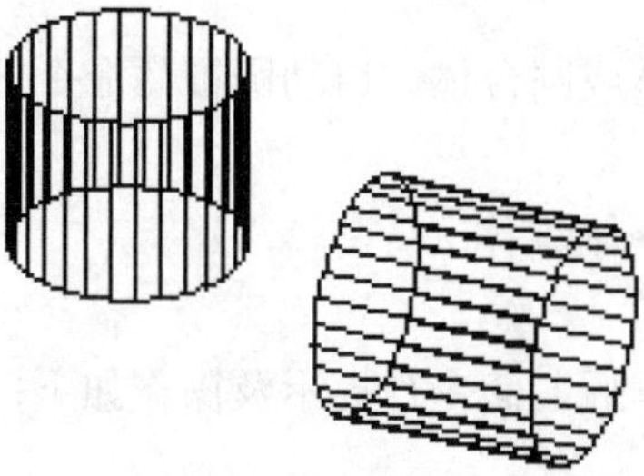

图 11-10　圆柱体

② 根据圆柱体两个端面的中心点和半径（直径）创建圆柱体

利用此方法，可以创建在任意方向放置的圆柱体。操作如下：

指定底面的中心点或 [三点（3P）/两点（2P）/相切、相切、半径（T）/椭圆（E）]：// 输入或屏幕上指定圆柱体底面的中心点

指定底面半径或 [直径（D）]：//输入或指定圆柱体底面的半径或直径

指定高度或 [两点（2P）/轴端点（A）]：A✓ //进入指定圆柱体中心轴另一个端点的模式

指定轴端点：//指定圆柱体中心轴另一个端点

则生成如图 11-10 右侧所示的圆柱体。

（2）使用本命令创建椭圆柱体也有两种方法，和创建圆柱体的操作类似，这里讲解第一种方法。

指定底面的中心点或 [三点（3P）/两点（2P）/相切、相切、半径（T）/椭圆（E）]：E✓ //进入绘制椭圆柱体状态

指定第一个轴的端点或 [中心（C）]：//屏幕上确定一点

指定第一个轴的其他端点：@200，0✓

指定第二个轴的端点：50✓

指定高度或 [两点（2P）/轴端点（A）] <128.1599>：150✓ //确定椭圆柱体的高度

则生成如图 11-11 所示的椭圆柱体。

图 11-11　椭圆柱体

5．圆锥体

创建圆锥体、椭圆锥体或圆台体。启动圆锥体命令的方式：

命令：CONE

菜单：【绘图】➤建模➤圆锥体

工具栏：【建模】➤ 🔺

执行上述任意一种操作后，命令行提示及操作如下：

命令：_cone

指定底面的中心点或 [三点（3P）/两点（2P）/相切、相切、半径（T）/椭圆（E）]：

指定底面半径或 [直径（D）]<148.0385>：

指定高度或 [两点（2P）/轴端点（A）/顶面半径（T）]<174.2377>：

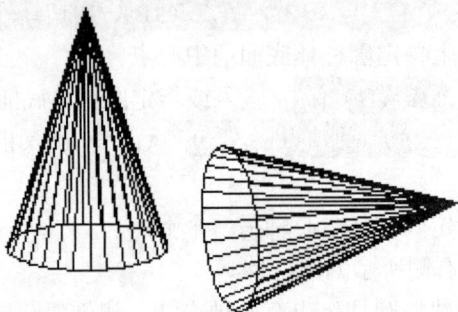

图 11-12　圆锥体

圆锥体和椭圆锥体的绘制方法与上述圆柱体和椭圆柱体绘制方法相似，故不再赘述。现就圆台体的绘制进行演示：

指定底面的中心点或 [三点（3P）/两点（2P）/相切、相切、半径（T）/椭圆（E）]：//输入或屏幕上指定圆台体底面的中心点

指定底面半径或 [直径（D）] <116.9053>：//输入或指定圆台体底面的半径或直径

指定高度或 [两点（2P）/轴端点（A）/顶面半径（T）] <196.7705>：T✓

指定顶面半径 <0.0000>：//输入或屏幕上指定圆台体顶面的半径

指定高度或 [两点（2P）/轴端点（A）] <196.7705>：//指定圆台体顶面的高度

则生成如图 11-13 所示的椭圆台体。

图 11-13　圆台体

6．圆环体

创建圆环实体。启动绘制圆环体命令的方式：

命令：TORUS

菜单：【绘图】▶建模▶圆环体

工具栏：【建模】▶

执行上述任意一种操作后，命令行提示及操作如下：

命令：_torus

指定中心点或 [三点（3P）/两点（2P）/相切、相切、半径（T）]：　//输入或指定圆环体中心点的位置

指定半径或 [直径（D）] <531.3143>：100✓　//确定圆环的半径或直径

指定圆管半径或 [两点（2P）/直径（D）]：30✓　//确定圆管的半径或直径

如果圆管半径比圆环半径大，则得到图 11-14B 所示的圆环体。如果圆环半径是负值，而圆管半径大于圆环半径的绝对值，则得到图 11-14C 所示的圆环体。

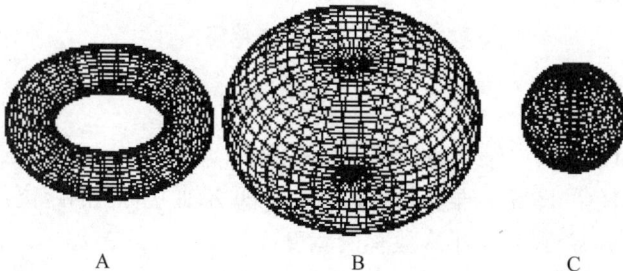

A　　　　　　　　B　　　　　　　C

图 11-14　圆环体

7．绘制三维多段体

与二维图形中多段线相对应的是三维图形中的多段体，它能快速完成一个实体的创建。在默认情况下，多段体始终带有一个矩形的轮廓，用户可在执行多段体命

令后，根据提示信息设置多段体的高度和宽度。

启动命令的方式：

命令：POLYSPLID

菜单：【绘图】➤建模➤多段体

工具栏：【建模】➤

执行上述任意一种操作后，命令行提示及操作如下：

命令：_Polysplid　　　//启动绘制三维多段体命令

高度 = 80.0000，宽度 = 20.0000，对正 = 居中　　//系统提示参数设置

指定起点或 [对象（O）/高度（H）/宽度（W）/对正（J）] <对象>：//确定第一点或进行设置

指定下一个点或 [圆弧（A）/放弃（U）]：　　//指定下一点或切换到圆弧绘制模式

指定下一个点或 [圆弧（A）/闭合（C）/放弃（U）]：　　//指定下一点或回车结束

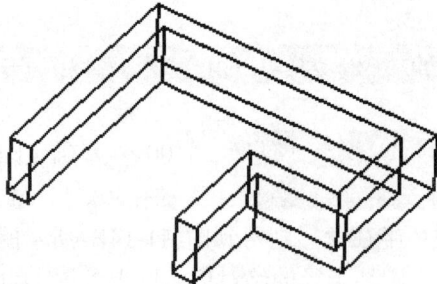

图 11-15　三维多段体

选项说明：

（1）对象（O）：将二维多段线转换为三维多段体；

（2）高度（H）：设置三维多段体的高度，即 Z 轴方向上的距离；

（3）宽度（W）：设置三维多段体的宽度；

（4）对正（J）：设置对齐方式，包括："左对正（L）、居中（C）、右对正（R）"。

二、由二维对象创建三维实体

1. 通过拉伸创建实体

拉伸生成实体是指通过将二维封闭对象按指定的高度或路径进行拉伸而创建的三维实体。用于拉伸的对象可以是圆、椭圆、二维多段线、样条曲线、面域等对象，

但必须是封闭的。启动 EXTRUDE 命令的方式：

命令：EXTRUDE

菜单：【绘图】➤建模➤拉伸

工具栏：【实体】➤⌷

执行上述任意一种操作后，其命令行提示及操作如下：

命令：_extrude

当前线框密度：ISOLINES=4　　　//系统提示当前线框密度

选择要拉伸的对象：　//选择需要拉伸的二维图形

指定拉伸的高度或 [方向（D）/路径（P）/倾斜角（T）] <30.0000>：//指定拉伸的高度并完成三维实体的创建。

在命令的执行过程中，命令行中的选项含义如下。

方向（D）：默认情况下，对象可以沿 Z 轴方向拉伸，如拉伸高度为正值，则拉伸方向与 Z 轴的正方向相同；如拉伸高度为负值，则拉伸方向与 Z 轴的负方向相同。

路径（P）：通过指定拉伸路径将对象拉伸为三维实体。

倾斜角（T）：通过指定的倾斜角拉伸对象。倾斜角度允许的范围是−90°～+90°，为正值时是向内倾斜，为负值时是向外倾斜。

（1）根据拉伸高度和倾斜角度生成实体。

先启动正多边形命令绘制一个正六边形，再启动拉伸命令：

选择要拉伸的对象：找到 1 个　//　选取绘制的正六边形

选择要拉伸的对象：✓　//　回车结束选择

指定拉伸的高度或 [方向（D）/路径（P）/倾斜角（T）] <30.0000>：100✓　//指定拉伸的高度

选取合适的视点，得到如图 11-16 所示的实体。如果在"指定拉伸的高度或 [方向（D）/路径（P）/倾斜角（T）]"中输入"T"后，再输入一定的角度（如 20），则生成如图 11-17 所示的实体。

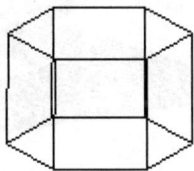

图 11-16　拉伸生成的实体

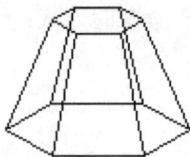

图 11-17　有倾斜角度的拉伸实体

（2）根据指定路径生成实体。

先绘制一个椭圆，再绘制一条直线，起点为椭圆圆心，终点为@0，0，300。

启动拉伸命令：

选择要拉伸的对象：找到 1 个 // 选择椭圆

选择要拉伸的对象：↙ // 继续选择取或回车结束选择

指定拉伸的高度或 [方向（D）/路径（P）/倾斜角（T）] <30.0000>：P↙

选择拉伸路径或 [倾斜角（T）]： // 选择直线

选择合适的视点，得到如图 11-18 所示的实体。

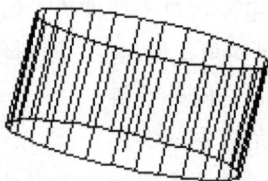

图 11-18　沿路径拉伸生成的实体

思考：想一想并动手试一试，看看如何生成如图 11-19 所示的实体？

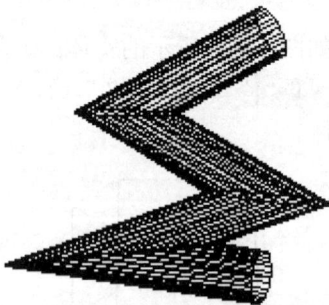

图 11-19　拉伸实体

2. 通过旋转创建实体

旋转生成实体是指通过将二维封闭对象绕指定的轴旋转而创建的三维实体。用于旋转的对象可以是圆、椭圆、二维多段线、面域等对象，且必须是封闭的。旋转对象必须至少有 3 个顶点，但要少于 500 个顶点，不能旋转一个块。启动 REVOLVE 命令的方式：

命令：REVOLVE

菜单：【绘图】➤建模➤旋转

工具栏：【实体】➤

启动命令后，出现如下提示：

命令：_revolve

当前线框密度：ISOLINES=4

选择要旋转的对象：

指定轴起点或根据以下选项之一定义轴 [对象（O）/X/Y/Z] <对象>：

指定旋转角度或 [起点角度（ST）] <360>：

可以用不同的方式来定义旋转轴，分别介绍如下：

（1）指定旋转轴的起点：此为缺省项，指通过两个端点来确定旋转轴，确定旋转轴的起点后，将出现如下提示：

指定轴端点： // 确定旋转轴的另一个端点

（2）对象：用户指定一个对象作为旋转轴。作为旋转轴的对象只能选择用 LINE 命令绘制的直线或用 PLINE 命令绘制的多线段。用多线段作为旋转轴时，如果选取的多线段是直线，对象将绕该线段旋转，如果选择的是圆弧，则以该圆弧两端点的连线作为旋转轴。

（3）X 轴/Y 轴/Z 轴：以 X 轴、Y 轴或 Z 轴作为旋转轴。

确定了旋转轴后，AutoCAD 出现如下提示：

指定旋转角度或 [起点角度（ST）] <360>： // 输入旋转角度，默认值为 360 度

试一试：绘制如图 11-20 所示的三维实体。

① 先用 PLINE 命令绘制如图 11-21 所示的多线段。

② 设置线框密度

命令：ISOLINES↙

输入 ISOLINES 的新值 <4>：30↙

③ 启动旋转命令：

选择要旋转的对象： // 选取多线段

选择要旋转的对象： ↙ // 结束选择

指定轴起点或根据以下选项之一定义轴 [对象（O）/X/Y/Z] <对象>： // 选取右边直线的一个端点

指定轴端点： // 选取另一个端点

指定旋转角度 <360>： ↙

选择合适的视点并消隐后，得到如图 11-20 所示的三维实体。

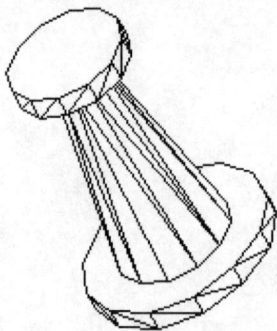

图 11-20　旋转生成的三维实体

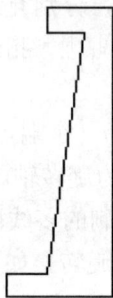

图 11-21　用于旋转的二维多线段

三、绘制三维网格模型

三维模型除了规则的几何形体外，还有许多非规则的形体，如曲面等。使用三维网格命令即可绘制带有曲面的三维模型。这些三维网格模型包括对象的边界和表面，用户可以创建的网格模型有三维面、三维网格、旋转网格、平移网格和直纹网格的类型。

1．绘制平面曲面

启动平面曲面命令的方式：

命令：PLANESURE

菜单：【绘图】➤建模➤平面曲面

执行上述任意一种操作后，其命令行提示如下：

命令：_Planesure

指定第一个角点或 [对象（O）] <对象>：

指定其他角点：

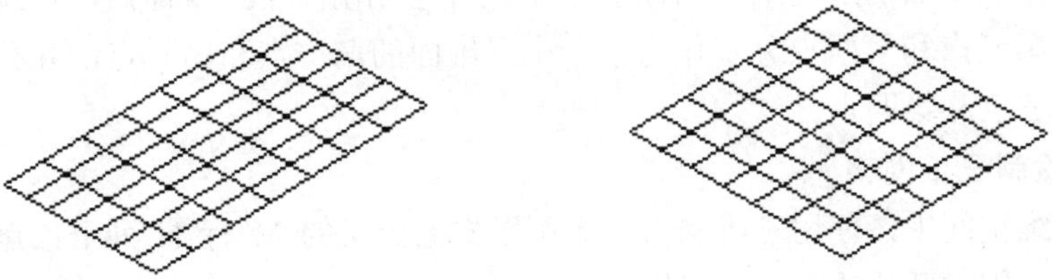

图 11-22　绘制的平面曲面

在命令提示中执行了 PLANESURE 命令后，在出现的"指定第一个角点或 [对象（O）] <对象>:"提示信息中选择"对象"选项，即可选择需要转换为平面对象的对象并将其转换。

2．绘制三维面

三维面是三维空间的表面，不仅没有厚度，也没有质量属性（图 11-23）。由 3DFACE 命令创建的每个面的各顶点可以有不同的 Z 坐标，但构成各个面的顶点最多不能超过 4 个。

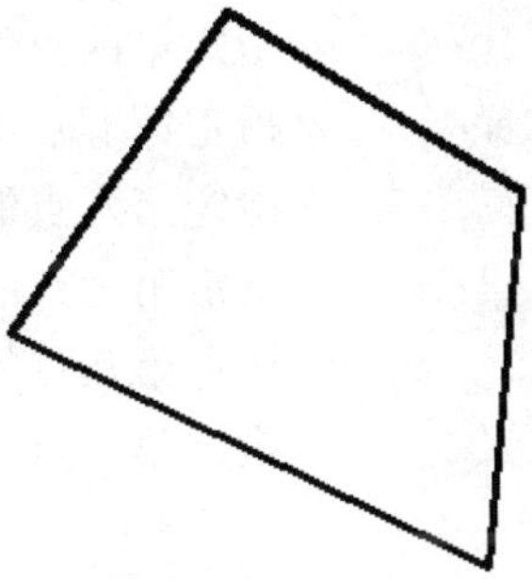

图 11-23　三维面

启动 3DFACE 命令的方式：

命令：3DFACE

菜单：【绘图】➤建模➤网格➤三维面

执行上述任意一种操作后，其命令行提示如下：

命令：_3dface	// 执行 3DFACE 命令
指定第一点或 [不可见（I）]:	// 在绘图区中指定第一点
指定第二点或 [不可见（I）]:	// 在绘图区中指定第二点
指定第三点或 [不可见（I）] <退出>:	// 在绘图区中指定第三点
指定第四点或 [不可见（I）] <创建三侧面>:	// 在绘图区中指定第四点

在绘制三维面的过程中，制订了 4 个点并绘制出一个三维面后，系统默认将之前指定的第三点和第四点分别作为下一个三维面的第一点和第二点，并继续提示用户输入第三点和第四点。

3. 绘制三维网格

在三维空间中，使用三维网格命令可以根据定义的 M 行 N 列个顶点和每一个顶点的位置创建开放的多边形网格。

启动 3MESH 命令的方式：

命令：3MESH

菜单：【绘图】➤建模➤网格➤三维网格

执行上述任意一种操作后，其命令行提示如下：

命令：_3dmesh   //执行 3MESH 命令

输入 M 方向上的网格数量：3✓   //指定 M 方向上的网格数量

输入 N 方向上的网格数量：3✓   //指定 N 方向上的网格数量

指定顶点（0，0）的位置：   //指定第一点的位置

指定顶点（0，1）的位置：   //指定第二点的位置

指定顶点（0，2）的位置：   //指定第三点的位置

指定顶点（1，0）的位置：   //指定第四点的位置

指定顶点（1，1）的位置：   //指定第五点的位置

指定顶点（1，2）的位置：   //指定第六点的位置

指定顶点（2，0）的位置：   //指定第七点的位置

指定顶点（2，1）的位置：   //指定第八点的位置

指定顶点（2，2）的位置：   //指定第九点的位置，完成三维网格的绘制

（图 11-24）。

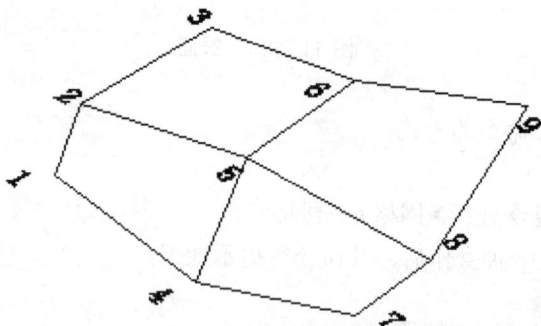

图 11-24　三维网格

4．绘制旋转网格

将曲线围绕某一个轴旋转一定角度，可以产生一个光滑的旋转网格曲面，若旋转一周，则可生成一个封闭的回转网格面。旋转对象可以是直线段、圆弧、圆、样条曲线、二维多段线、三维多段线等。旋转轴可以是直线段、二维多段线、三维多段线等对象，但如果将多段线作为旋转轴，它的首尾端点连线为旋转轴。

启动旋转曲面命令的方式：

命令：REVSURF

菜单：【绘图】➤建模➤网格➤旋转网格

执行上述任意一种操作后，出现如下提示：

选择要旋转的对象： // 选择要旋转的曲线

选择定义旋转轴的对象： // 选择旋转轴

指定起点角度<0>： // 输入旋转起始角度，缺省角度为 0°

指定包含角（+=逆时针，-=顺时针）<360>： // 输入要旋转的角度，逆时针为正，顺时针为负，缺省角度为 360°

提示：① AutoCAD 通常将曲线的旋转方向称为 M 向，旋转所围绕的轴线方向称为 N 向，M 向的网格密度由系统变量 Surftab1 确定，N 向的网格密度由 Surftab2 确定，这两个系统变量的设置方法相同。

② 旋转的方向在旋转轴选定后依赖于选择点，用右手法则来决定方向。轴的正方向定义是从离选择点最近的端点到另一端点，如果右手握着旋转轴，拇指指向离选择点最远的点，其他手指的方向指定了正向旋转角的方向。

试一试：绘制旋转曲面。

① 用 Line 在正交状态下画出一条垂直方向的直线，用 Spline 画出如图 11-25 所示的样条曲线。

② 用 Surftab1 和 Surftab2 命令将两个变量都设为 50。

命令：Surftab1✓

输入 SURFTAB1 的新值<当前值>：50✓

命令：Surftab2✓

输入 SURFTAB2 的新值<当前值>：50✓

③ 选择菜单【绘图】➤建模➤网格➤旋转网格，命令行出现提示：

选择要旋转的对象： // 用拾取框选取样条曲线

选择定义旋转轴的对象： // 选取直线

指定起点角度<0>： // 直接回车

指定包含角（+=逆时针，-=顺时针）<360>： // 直接回车

④ 选择菜单【视图】➤三维视图➤东南等轴测，可以看到如图 11-26 所示的旋转曲面。

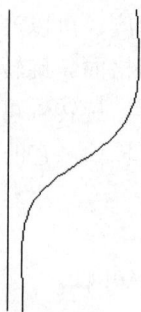

图 11-25　旋转曲线和旋转轴

图 11-26　旋转曲面

当 Surftab1=50，Surftab2=6 时，如图 11-27 所示。当 Surftab1=6，Surftab2=50 时（图 11-28）。

图 11-27　Surftab1=50 时的旋转曲面

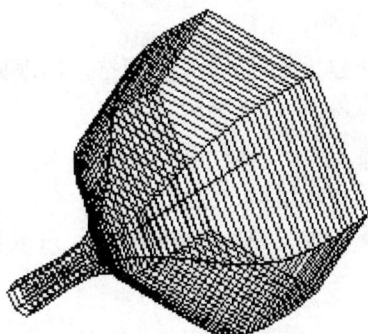

图 11-28　Surftab2=50 时的旋转曲面

5．绘制平移网格

平移网格是指由一条初始轨迹线沿指定的矢量方向平移而成的曲面。

作为初始轨迹线的对象可以是直线段、圆弧、圆、样条曲线、二维多段线、三维多段线等。作为方向矢量的对象可以是直线段或非闭合的二维多段线、三维多段线等对象，但如果将多段线作为方向矢量，它的拉伸方向是指首尾端点的连线。

曲面平移的方向是从矢量对象上靠近拾取点的端点指向远离拾取点端点的方向。

平移曲面的网格密度由系统变量 Surftab1 确定。

启动平移网格的方式：

命令：TABSURF

菜单：【绘图】➤建模➤网格➤平移网格

执行上述任意一种操作后，出现如下提示：

选择用作轮廓曲线的对象：// 选择轨迹线

选择用作方向矢量的对象：// 选择方向矢量，即轨迹线的伸展方向

提示：① 曲面平移的方向是从矢量对象上靠近拾取点的端点指向远离拾取点端点的方向。

② 平移曲面的网格密度由系统变量 Surftab1 确定。

试一试：绘制平移曲面

① 在屏幕上用 Arc、Circle、Polygon 分别绘出如图 11-29 所示的圆弧、圆和六边形。再用 Line 绘一条直线，起始点为圆的圆心，终点为@0，0，100。

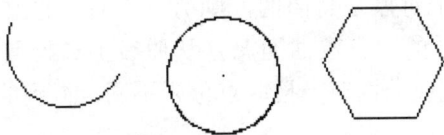

图 11-29　要平移的图形

② 将 Surftab1 变量设为 50。

③ 选择菜单【绘图】➤建模➤网格➤平移网格，出现如下提示：

选择用作轮廓曲线的对象： // 选择圆

选择用作方向矢量的对象： // 选择圆心上的直线

用同样的方法拉伸圆弧和六边形。

④ 选择菜单【视图】➤三维视图➤东南等轴测，可以看到如图 11-30 所示的平移曲面。

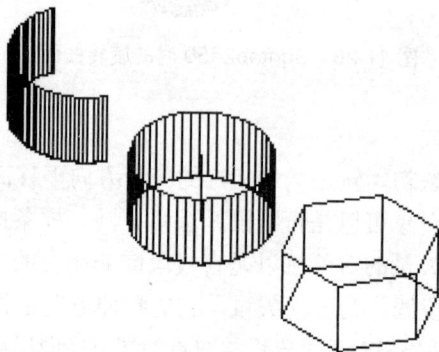

图 11-30 平移曲面

6. 绘制直纹网格

用直线连接两个指定的对象而形成的曲面，叫直纹曲面。对象可以是直线、点、弧、圆、2D 多义线和 3D 多义线。

启动直纹曲面命令的方式：

命令：RULESURF

菜单：【绘图】➤建模➤网格➤直纹网格

执行上述任意一种操作后，出现如下提示：

选择第一条定义曲线： // 选择第一个对象

选择第二条定义曲线： // 选择第二个对象

用户分别选择了两个对象后，AutoCAD 会自动在两个对象间生成一个直纹曲面。

提示：① 如果一个对象是封闭的，则另一个对象也必须是封闭的或为一个点。如果曲线是非闭合的，直纹曲面总是从曲线上离拾取点近的一端画出，因此用同两个对象创建直纹曲面时，拾取点位置不同，得到的直纹曲面也不同（图 11-31）。

用于创建直纹曲面的对象　　拾取点位于同侧　　拾取点位于异侧

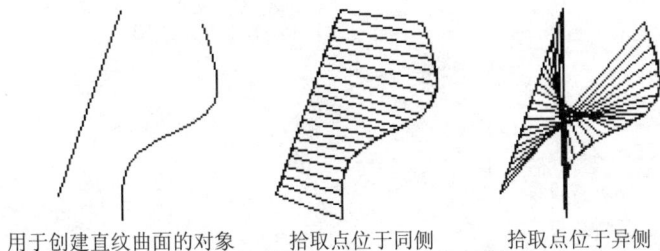

图 11-31　不同拾取点得到的直纹曲面

② 直纹曲面的网格密度由系统变量 Surftab1 确定，其初始缺省值为 6，网格密度越大，即系统变量 Surftab1 的值越大，直纹曲面显示便越光滑（图 11-32）。

SURFTAB1=6　　　SURFTAB1=20

图 11-32　用不同 Surftab1 值绘出的直纹曲面

7. 绘制边界网格

边界网格是用四条首尾连接的边创建三维多边形网格。用于创建边界的对象可以是直线段、圆弧、圆、样条曲线、二维多段线、三维多段线等。

用户选择的第一条边的方向为边界曲面的 M 方向，第二条边的方向为边界曲面的 N 方向。系统变量 Surftab1 和 Surftab2 分别控制 M 方向和 N 方向的网格密度。

启动边界曲面的方式：

命令：EDGESURF

菜单：【绘图】▶建模▶网格▶边界网格

执行上述任意一种操作后，出现如下提示：

选择用作曲面边界的对象 1：　//　选择第一条边

选择用作曲面边界的对象 2：　//　选择第二条边

选择用作曲面边界的对象 3：　//　选择第三条边

选择用作曲面边界的对象 4：　//　选择第四条边

4 条边选择完毕后，AutoCAD 会自动生成边界曲面。

试一试：绘制边界曲面。

（1）绘制四条边。出现如图 11-33 所示的四条边。

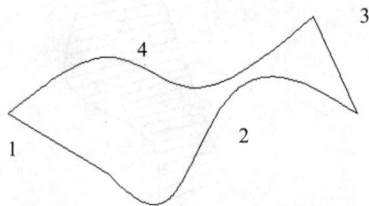

图 11-33　绘制边界曲面的四条边

（2）分别设置系统变量 Surftab1 和 Surftab2 的值为 20。

（3）选择菜单【绘图】▶曲面▶边界曲面，出现如下提示：

选择用作曲面边界的对象 1：　// 选择第一条直线

选择用作曲面边界的对象 2：　// 选择第二条曲线

选择用作曲面边界的对象 3：　// 选择第三条边

选择用作曲面边界的对象 4：　// 选择第四条边

（4）选择菜单【视图】▶三维动态观察器，调整合适的角度，可以看到如图 11-34 所示的边界曲面。

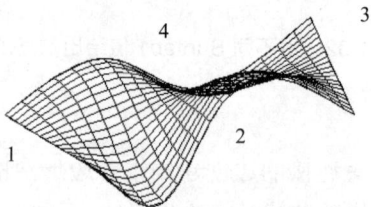

图 11-34　创建边界曲面

第三节　编辑三维模型

当创建好三维模型后，用户还可以根据需要，对其进行旋转、移动、对齐、阵列、镜像等操作，以创建出更加复杂的三维对象。

一、编辑三维对象

1. 三维模型的移动

三维模型的移动是指调整模型在三维空间中的位置，其操作方法与二维空间移动对象的方法类似，区别在于前者是在三维空间中进行操作，而后者则是在二维空间中完成。

三维模型移动的命令启动方法有如下几种：

命令：3DMOVE

菜单：【修改】➤三维操作➤三维移动

工具栏：【建模】➤ ⟐

以图 11-35 为例，进行三维移动的操作。

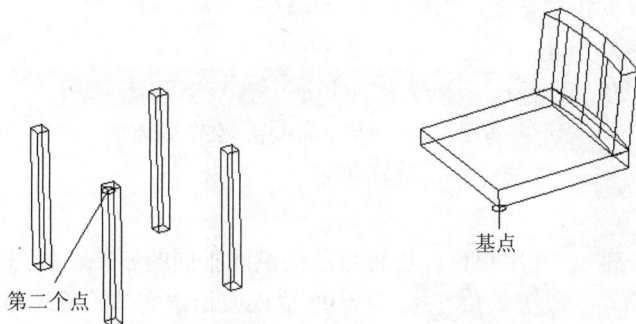

图 11-35　椅子分解

启动剖切命令后出现提示：

命令：3dmove　　//启动三维模型移动命令

选择对象：指定对角点：找到 3 个　　//选择要移动的对象

选择对象：✓　　//选择对象完毕，回车

指定基点或 [位移（D）] <位移>：//选择要移动对象的基点

指定第二个点或 <使用第一个点作为位移>：//选择第二个点

正在重生成模型。//得到如图 11-36 显示。

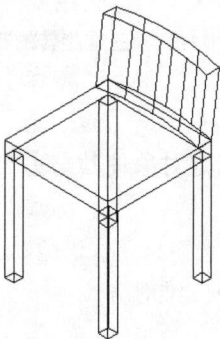

图 11-36　椅子

2．三维模型的旋转

三维旋转是将三维对象在空间绕指定轴旋转指定的角度。启动三维旋转命令的方式：

命令：3DRotate

菜单：【修改】➤三维操作➤三维旋转

工具栏：【建模】➤⊕

启动三维旋转命令后，出现如下提示：

命令：_3drotate

UCS 当前的正角方向：ANGDIR=逆时针 ANGBASE=0

选择对象：找到 1 个   // 选择需要旋转的实体

选择对象： // 选择完毕，回车确定

指定基点：

拾取旋转轴： //用户可以旋转系统提供的不同的旋转轴如图 11-37

指定角的起点或键入角度：   //90 输入或指定实体的旋转角度

正在重生成模型。

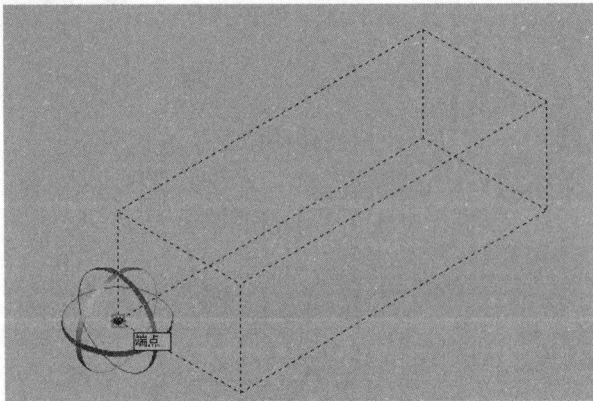

图 11-37　三维旋转的实体

3．三维模型的对齐

对齐是指通过移动并缩放指定对象使其与另一对象基于一些特殊点对齐位置。启动对齐命令的方式：

命令：align

菜单：【修改】➤三维操作➤三维对齐

工具栏：【建模】➤

当只需要对齐移动的时候可以用"3dalign"命令。启动三维对齐命令后，出现如下提示：

命令：3dalign   // 启动三维对齐命令

选择对象：指定对角点：找到 1 个   // 选择要移动对齐的对象，这里选择
圆锥体

选择对象：// 选择完毕，回车确定

指定源平面和方向 ...

指定基点或 [复制（C）]：// 捕捉圆锥体底面的中心以确定基点

指定第二个点或 [继续（C）] <C>：// 选择圆锥体的顶点为第二点

指定第三个点或 [继续（C）] <C>：// 选择绘图区的任意一点

指定目标平面和方向 ...

指定第一个目标点：// 捕捉圆柱体顶面的中心为第一个目标点

指定第二个目标点或 [退出（X）] <X>：// 选择圆柱体顶面的垂直方向上的
任意一点为第二目标点

指定第三个目标点或 [退出（X）] <X>：// 回车确定，得到如下右图的对象。

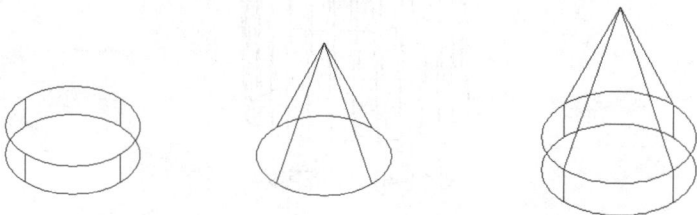

图 11-38　三维对齐

当遇到需要在对齐过程中进行缩放操作的情况是，我们可以直接用"align"命
令来完成。

如要将图 11-39 两个对象对齐，可做如下操作：

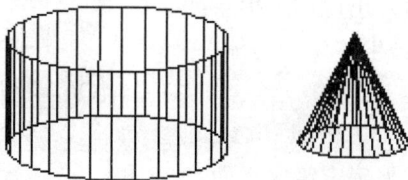

图 11-39　进行对齐的圆柱体和圆锥体

命令：align

选择对象：指定对角点：找到 1 个   // 选择要移动对齐的对象（注意：该
对象将被缩放），这里选择圆锥体

选择对象：// 选择完毕，回车确定

指定第一个源点：<对象捕捉 开>　　　//选择圆锥体底面的中心点

指定第一个目标点：//选择圆柱体顶面的中心点

指定第二个源点：//选择圆锥体底边上的任意一点

指定第二个目标点：//选择圆柱体顶面边上的任意一点

指定第三个源点或 <继续>：　　//回车确定

是否基于对齐点缩放对象？[是（Y）/否（N）] <否>：y　　　　// 输入 y，进行缩放操作。

得到如图 11-40 所示的图形。

图 11-40　对齐实体

4．三维模型的镜像

三维镜像是让三维实体在三维空间相对于某一平面产生一个镜像。启动三维镜像命令的方式：

命令：Mirror3D

菜单：【修改】➤三维操作➤三维镜像

启动三维镜像命令后，出现如下提示：

选择对象：// 确定产生镜像的实体

指定镜像平面（三点）的第一个点或[对象（O）/最近的（L）/Z 轴（Z）/视图（V）/XY 平面（XY）/YZ 平面（YZ）/ZX 平面（ZX）/三点（3）] <三点>：// 用户可以选择不同的方式来确定镜像平面

是否删除源对象？[是（Y）/否（N）] <否>：// 确定是否要保留产生镜像的源对象

（1）三点：是缺省项，通过输入或指定三点来确定镜像平面。选择该选项后出现提示：

（2）对象：指定一个二维图形作为镜像平面。二维图形可以是圆、圆弧或二维多线段。选择该选项后出现提示：

选择圆、圆弧或二维多段线线段： // 选择作为镜像平面的二维图形

（3）最近的：把本图形文件中最后一次指定的镜像平面作为本次命令的镜像平面。如本次操作是第一次，则本选项无效。

（4）Z 轴：通过指定镜像平面上一点和该平面法线上的一点来定义镜像平面。选择该选项后出现提示：

在镜像平面上指定点： // 确定法线与镜像平面的交点

在镜像平面的 Z 轴（法向）上指定点： // 输入或指定法线的另外一点以确定法线

（5）视图：以和当前视图平行的平面作为镜像平面。选择该选项后出现提示：

在视图平面上指定点 <0，0，0>： // 输入或指定镜像平面上的任一点，通过该点且和视图平行的平面即为镜像面

（6）XY 平面/YZ 平面/ZX 平面：此 3 项分别表示用和当前 UCS 的 XY、YZ、ZX 平面平行的平面作为镜像平面。如选取"XY 平面"选项后出现提示：

指定 XY 平面上的点 <0，0，0>： // 输入或指定镜像平面上的任一点，通过该点且和 XY 平面平行的面即为镜像面

试一试：圆锥体以其底面为镜像平面产生镜像实体

选择对象： // 选取圆锥体

指定镜像平面（三点）的第一个点或[对象（O）/最近的（L）/Z 轴（Z）/视图（V）/XY 平面（XY）/YZ 平面（YZ）/ZX 平面（ZX）/三点（3）]<三点>：Z↙

在镜像平面上指定点： // 指定圆锥体底面的圆心

在镜像平面的 Z 轴（法向）上指定点： // 指定圆锥体的顶点

是否删除源对象？[是（Y）/否（N）]<否>：N↙ // 保留源实体

选取合适的视点，得到如图 11-41 所示的镜像图形。

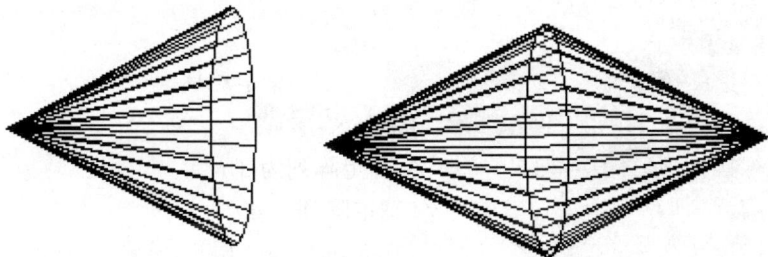

图 11-41　生成镜像前后的圆锥体

5．三维模型的阵列

三维阵列是将指定的对象在三维空间进行阵列。它不但在 X、Y 方向上实现阵列，而且在 Z 方向上也有相应的阵列数。启动三维阵列命令的方式如下：

命令：3DArray

菜单：【修改】➤三维操作➤三维阵列

启动三维阵列命令后，出现如下提示：

命令：_3darray

选择对象：   // 选择要进行阵列的对象

输入阵列类型 [矩形（R）/环形（P）] <矩形>：

（1）用户可选择要进行矩形阵列还是进行环形阵列，如选择矩形阵列，出现如下提示：

输入行数（---）<1>：   // 输入需要进行阵列的行数

输入列数（|||）<1>：   // 输入需要进行阵列的列数

输入层数（...）<1>：   // 输入需要进行阵列的层数

指定行间距（---）： // 确定行与行之间的距离

指定列间距（|||）： // 确定列与列之间的距离

指定层间距（...）： // 确定层与层之间的距离

矩形阵列中的行、列、层是分别沿着当前 UCS 的 X、Y、Z 轴方向。当提示输入某方向的间距值时，用户可以输入正值，也可以输入负值，正值是沿相应坐标轴的正方向阵列，负值则沿负方向阵列。

（2）如选择环形阵列，出现如下提示：

输入阵列中的项目数目： // 输入要生成阵列的个数

指定要填充的角度（+=逆时针，−=顺时针）<360>： // 确定要阵列的角度

旋转阵列对象？[是（Y）/否（N）] <是>： // 选择阵列时是否要旋转实体

指定阵列的中心点： // 确定阵列旋转轴的一个端点

指定旋转轴上的第二点：   // 确定阵列旋转轴的另一个端点

试一试：对球体进行阵列

命令：_3darray

选择对象：指定对角点：找到 1 个   // 指定球体

输入阵列类型 [矩形（R）/环形（P）] <矩形>：✓

输入行数（---）<1>：3✓   // 确定阵列为 3 行

输入列数（|||）<1>：4✓   // 确定阵列为 4 列

输入层数（...）<1>：2✓   // 确定阵列为 2 层

指定行间距（---）：80✓   // 确定阵列的行间距

指定列间距（|||）：80✓   // 确定阵列的列间距

指定层间距（...）：80✓   // 确定阵列的层间距

选择合适的视点，得到如图 11-42 所示的有 3 行、4 列、2 层的阵列球体。

图 11-42　矩形阵列图形

二、布尔运算的应用

创建复杂实体的方法有很多种，但通过布尔运算可以创建出不易直接绘出的三维实体。而布尔运算本质是：对多个三维实体进行求并、求差或求交的运算，使它们进行组合，最终形成用户需要的实体。下面分别进行解释。

1. 并集运算

并集运算是将多个实体组合成一个实体。对于不接触或不重叠的实体也可以进行并集运算，结果是生成一个组合实体。

启动并集运算命令的方式：

命令：UNION（或 UNI）

菜单：【修改】➤实体编辑➤并集

工具栏：【实体编辑】➤⑩

启动并集运算命令后，出现如下提示：

选择对象：// 选择要合并的实体

选择对象：// 继续选择或回车结束选择

试一试：绘制一个如图 11-43 所示的一个复杂三维实体

① 绘制一个圆柱体：设置 ISOLINES 的新值为 30；设置圆柱体底面的半径为：50；高度为 100。

② 绘制一个球心在圆柱体上底面圆心上的球体。指定球体半径为：50；选择合适的视点后得到如图 11-44 所示的三维实体。

选择合适的视点后得到如图 11-44 所示的三维实体。并将其保存为 123.dwg 文件。

③ 对两个实体进行并集运算

命令：union↙

选择对象：指定对角点：找到 2 个，总计 2 个　// 用窗口方式选择两个实体。

选择对象：✓ // 回车确定。

得到如图 11-44 所示的一个复杂三维实体。

图 11-43　布尔运算前的实体

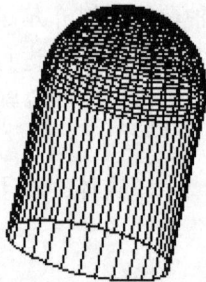

图 11-44　并集运算后的实体

2. 交集运算

交集运算就是得到参与运算的多个实体的公共部分而形成一个新实体，而每个实体的非公共部分将会被删除。需要注意的是，进行交集运算的各个实体必须有公共部分，否则提示运算错误。

启动交集运算命令的方式：

命令：INTERSECT（或 IN）

菜单：【修改】➤实体编辑➤交集

工具栏：【实体编辑】➤⊙

启动并集运算命令后，出现提示：

选择对象：// 选择要交集运算的实体

选择对象：// 继续选择或回车结束选择。

试一试：

① 打开上面建立的 123.dwg 文件，得到如图 11-45 所示的三维图形。

② 对两个实体进行交集运算：

命令：_intersect

选择对象：// 选择两个实体

选择对象：↙

③ 选择菜单【视图】➤消隐，得到如图 11-45 所示的三维实体。

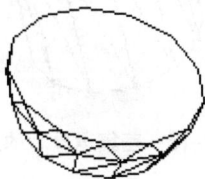

图 11-45　交集运算后的实体

3．差集运算

差集运算就是从一些实体中减去另一些实体，从而得到一个新的实体。在差集运算中，作为被减的实体和要减去的实体必须有公共部分，否则被减的实体不变，要减去的实体消失。

启动差集运算命令的方式：

命令：SUBTRACT（或 SU）

菜单：【修改】➤实体编辑➤差集

工具栏：【实体编辑】➤⊙

启动差集运算命令后，出现提示：

选择要从中减去的实体或面域...

选择对象：// 选择被减的实体

选择对象：// 继续选择或回车结束选择

选择要减去的实体或面域 ..

选择对象：// 选择要减去的实体

选择对象：// 继续选择或回车结束选择

试一试：

① 打开上节建立的 123.dwg 文件，得到如图 11-43 所示的三维图形。

② 对两个实体进行差集运算：

选择对象：找到 1 个 // 选择圆柱体

选择对象：↙

选择要减去的实体或面域 ..

选择对象：找到 1 个↙ // 选择球体

③ 选择菜单【视图】➤消隐，得到如图 11-46 所示的三维实体。

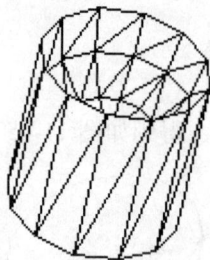

图 11-46　差集运算后的实体

三、扫掠和放样

在 AutoCAD 2008 中，除了可以使用之前讲解的方法创建实体外，还可以通过现有的直线和曲线创建出实体和曲面。

1. 使用扫掠进行绘制

使用扫掠命令不仅可以绘制三维实体，还可以绘制三维网格面。当扫掠的对象不是封闭的图形时，扫掠后便会得到网格面。

启动扫掠命令的方式：

命令：SWEEP

菜单：【绘图】➤建模➤扫掠

工具栏：【建模】➤

试一试：

① 绘制如图 11-47 所示的扫掠路径与要扫掠的对象。

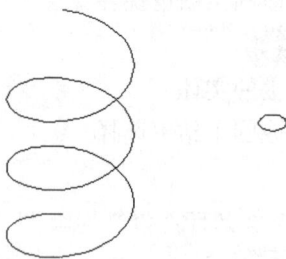

图 11-47　扫掠路径与要扫掠的对象

② 进行扫掠操作

命令：_sweep

当前线框密度：ISOLINES=4

选择要扫掠的对象：指定对角点：找到 1 个　　　　　　// 选择小圆

选择要扫掠的对象：　　// 回车确定

选择扫掠路径或 [对齐（A）/基点（B）/比例（S）/扭曲（T）]：// 选择螺旋线

③ 选择菜单【视图】➤消隐，得到如图 11-48 所示的三维实体。

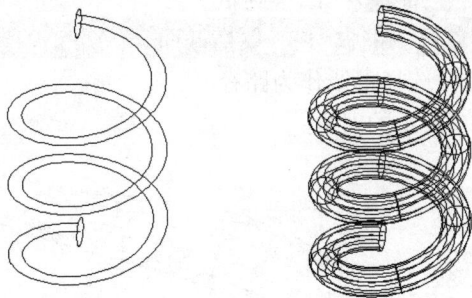

图 11-48　扫掠后的对象（右图为 ISOLINES 值为 15 时的效果）

2．使用放样进行绘制

如果说扫掠是通过一个路径创建三维实体的话，使用放样就可以通过两个或多个路径生成相对复杂的三维实体或曲面。

启动扫掠命令的方式：

命令：LOFT

菜单：【绘图】➤建模➤放样

工具栏：【建模】➤

试一试：

① 绘制如图 11-49 所示的放样路径与要放样的对象。

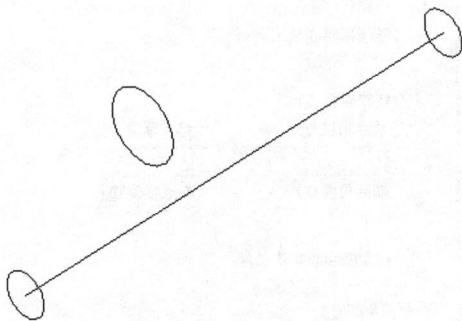

图 11-49　放样路径与要放样的对象

② 进行放样操作

命令：_loft

按放样次序选择横截面：找到 1 个　　　　　// 选择最下方的小圆
按放样次序选择横截面：找到 1 个，总计 2 个　　// 选择中间的大圆
按放样次序选择横截面：找到 1 个，总计 3 个　　// 选择最上面的小圆
按放样次序选择横截面：// 回车确定
输入选项 [导向（G）/路径（P）/仅横截面（C）]<仅横截面>：P↙
选择路径曲线：// 选择直线作为路径
③ 得到如图 11-50 所示的对象

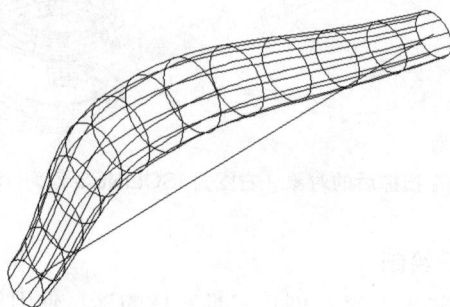

图 11-50　放样后的对象

　　在执行放样命令的过程中可以打开"放样设置"对话框（图 11-51）。在该对话框中可以对横截面上的曲面进行控制。

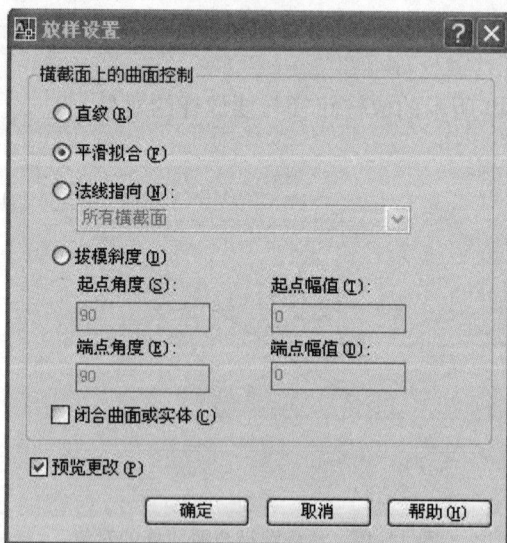

图 11-51　"放样设置"对话框

第四节　三维实体的高级编辑

一、编辑三维实体对象

1．剖切实体

利用 AutoCAD 2004 提供的剖割命令，用户可以方便地根据需要将实体切为两部分。用户可以保留其中的一部分，也可以全部保留。如图 11-52 所示是将图 11-46 的图形沿中间剖切后只保留左半部分产生的实体。

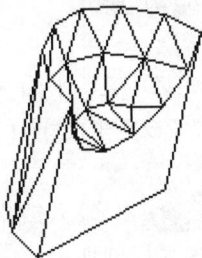

图 11-52　剖切图

启动剖切命令的方式：

命令：SLICE（或 SL）

菜单：【修改】➤三维操作➤剖切

启动剖切命令后出现提示：

命令：_slice

选择要剖切的对象：找到 1 个　　　// 选择要被剖切的实体

选择要剖切的对象：　// 继续选择或回车结束选择

指定 切面 的起点或 [平面对象（O）/曲面（S）/Z 轴（Z）/视图（V）/XY（XY）/YZ（YZ）/ZX（ZX）/三点（3）] <三点>：　// 可以用多种方式来确定剖切平面。

指定平面上的第二个点：//第一点和第二点必须具有不同的 X，Y 坐标。

在所需的侧面上指定点或 [保留两个侧面（B）] <保留两个侧面>：// 在剖切平面的一侧选取一点，则位于该侧的那部分被保留，另一部分被删除；选择"保留两侧（B）"则保留被切开的两部分实体。

在执行命令的过程中，各选项的含义如下：

① 三点：是缺省项，表示通过指定三点来确定剖切面。选择该选项后出现

提示：

② 对象：将指定对象所在的平面作为剖切面。选择该选项后出现提示：

选择圆、椭圆、圆弧、二维样条曲线或二维多段线： // 选择一个二维图形作为剖切面

③ Z 轴：通过确定剖切面上的任一点和垂直于该剖切面的直线上的任一点来确定剖切面。选择该选项后出现提示：

指定剖面上的点： // 指定剖切面上的一点

指定平面 Z 轴（法向） 上的点： // 指定一点，该点和剖切面上指定的点的连线垂直于剖切面

④ 视图：将与当前视图平面平行的平面作为剖切面。选择该选项后出现提示：

指定当前视图平面上的点 <0，0，0>： // 输入或在屏幕上指定一点以确定剖切面的位置

⑤ XY 平面（XY）/YZ 平面（YZ）/ZX 平面（ZX）：这三个选项分别将于当前 UCS 下的 XOY 平面、YOZ 平面、ZOX 平面平行的平面作为剖切面。如选择"XY 平面"出现提示：

指定 XY 平面上的点 <0，0，0>： // 输入或指定一点以确定剖切面的位置

⑥ 曲面：将剖切面与曲面对齐进行剖切。

试一试：

① 绘制长方体。

② 画一条直线 AB 作为辅助线（图 11-53）。

③ 选取合适的视点，剖切长方体。

命令：_slice

选择要剖切的对象：找到 1 个 // 选取长方体

选择要剖切的对象： ↙

指定切面的起点或[平面对象（O）/曲面（S）/Z 轴（Z）/视图（V）/XY（XY）/YZ（YZ）/ZX（ZX）/三点（3）]<三点>：Z↙

指定剖面上的点： // 指定 A 点

指定平面 Z 轴（法向） 上的点： // 指定 B 点

在所需的侧面上指定点或 [保留两个侧面（B）] <保留两个侧面>： // 在直线 AB 的一侧单击

得到如图 11-54 所示的图形，可以看出直线 AB 是垂直于剖切面的。

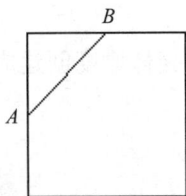

图 11-53　剖切前的俯视图

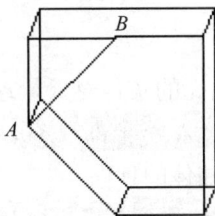

图 11-54　剖切后的长方体

2. 加厚

使用加厚命令可以为平面网格或三维网格的曲面添加厚度，该命令的调用方法有如下几种：

命令：THICKEN

菜单：【修改】➤三维操作➤加厚

试一试：

① 绘制平面网格，如图 11-55（a）所示。

② 进行加厚操作：

命令：_Thicken

选择要加厚的曲面：找到 1 个　　// 选取平面网格

选择要加厚的曲面：↙　　//回车确定

指定厚度 <91.5047>：50↙

③ 得到如图 11-55（b）所示的图形。

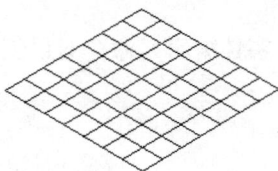

（a）

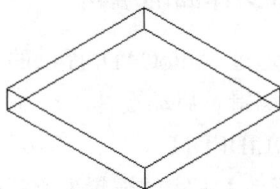

（b）

图 11-55　平面网格与加厚以后的效果

3．抽壳实体

抽壳是指将三维实体按指定的壳体厚度创建成中空的薄壁实体。该命令的调用方法有如下几种：

命令：SOLIDEDIT

菜单：【修改】➤实体编辑➤抽壳

工具栏：【实体编辑】➤⬚

试一试：

① 绘制圆柱体，如图 11-56。

② 进行抽壳操作：

选择三维实体： // 选择要抽壳的实体对象，这里选圆柱体

删除面或 [放弃（U）/添加（A）/全部（ALL）]： // 指定要删除的面，即抽壳后开口的方向，这里先选择圆柱体的顶面

删除面或 [放弃（U）/添加（A）/全部（ALL）]： // 继续选择删除面或回车结束选择，这里选择圆柱体的底面

输入抽壳偏移距离：10↙ // 输入抽壳后的壳体厚度

③ 选取合适的视点观察。

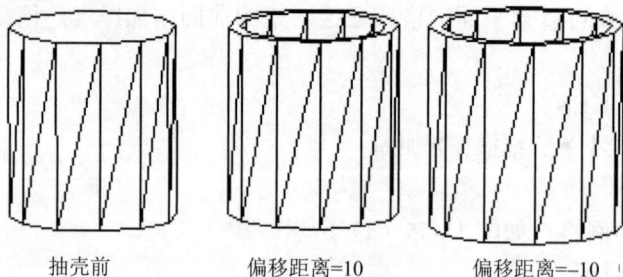

抽壳前　　　　　　偏移距离=10　　　　　　偏移距离=-10

图 11-56　实体抽壳示例

抽壳偏移距离可正可负，当偏移距离为正时，实体表面向内偏移形成壳体；当偏移距离为负时，实体表面向外偏移形成壳体（图 11-56）。

二、三维实体面的编辑

用户可以通过 AutoCAD 提供的 Solidedit（实体编辑）命令对已创建的三维实体进行复杂的编辑。启动实体编辑命令的方式：

命令：SOLIDEDIT

菜单：【修改】➤实体编辑➤子菜单中的相应命令

工具栏：【实体编辑】➤相应按钮。

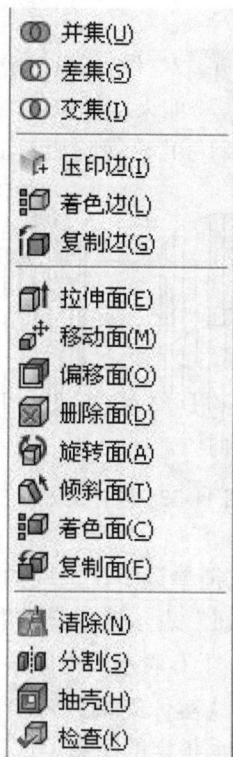

图 11-57　实体编辑子菜单

实体编辑命令可以对三维实体的表面进行编辑。

启动 Solidedit 命令后，出现提示：

SOLIDEDIT

实体编辑自动检查：SOLIDCHECK=1

输入实体编辑选项 [面（F）/边（E）/体（B）/放弃（U）/退出（X）] <退出>：

F✓　// 进入实体表面编辑方式

输入面编辑选项[拉伸（E）/移动（M）/旋转（R）/偏移（O）/倾斜（T）/删除（D）/复制（C）/着色（L）/放弃（U）/退出（X）] <退出>：　// 选择相应的编辑方法

下面就八种实体表面编辑方法分别介绍。

1. 拉伸表面（对应工具栏：【实体编辑】▶ 🗗）

拉伸表面是按指定的长度和角度或沿指定的路径拉伸实体上的指定平面。选择该选项后，出现如下提示：

选择面或 [放弃（U）/删除（R）]：　// 选择要拉伸的实体表面

选择面或 [放弃（U）/删除（R）/全部（ALL）]：　// 继续选择或回车结束

选择

指定拉伸高度或 [路径（P）]： // 确定拉伸高度或选择拉伸路径

指定拉伸的倾斜角度 <0>： // 如果选择拉伸高度就会提示要求输入倾斜角度

把圆柱体的上底面拉伸并倾斜30°，得到如图11-58所示的图形。

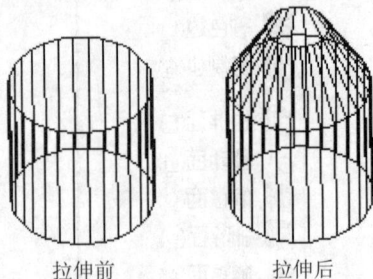

拉伸前　　　　　　　　　拉伸后

图 11-58　拉伸实体表面

提示符中的"放弃"表示取消最近一次选取的表面；"删除"表示用户可以有选择地取消已选取的表面；"全部"表示选择已选取实体的全面表面。拉伸的倾斜角度可以从–90°～+90°选择，小于0表示向内倾斜，大于0表示向外倾斜。

2．移动表面（对应工具栏：**【实体编辑】**▶ ⬚[⬚]）

移动表面是指将实体表面移动指定的距离。选择该选项后，出现如下提示：

选择面或 [放弃（U）/删除（R）]： // 选择实体表面

选择面或 [放弃（U）/删除（R）/全部（ALL）]： // 继续选择或回车结束选择

指定基点或位移： // 确定要移动表面的基点

指定位移的第二点： // 确定基点移动的终点

如果被移动的实体的外表面，则移动表面相当于拉伸表面。移动表面其实是一个实体重生的过程。如图11-59所示，内孔移动后，原来的内孔消失了，在新的位置生成了一个新的内孔。

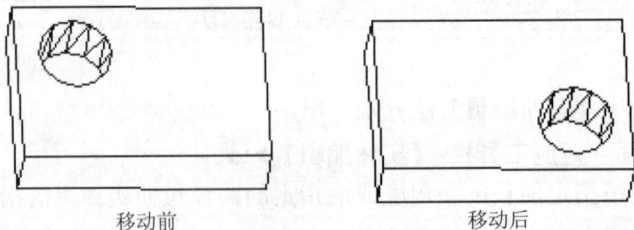

移动前　　　　　　　　　移动后

图 11-59　移动表面实体

3．旋转表面（对应工具栏：【实体编辑】➤ ⬡ ）

旋转表面是指绕指定轴旋转实体的指定面，从而生成新的实体。选择该选项后，出现如下提示：

选择面或 [放弃（U）/删除（R）]： // 选择实体表面

选择面或 [放弃（U）/删除（R）/全部（ALL）]： // 继续选择或回车结束选择

指定轴点或 [经过对象的轴（A）/视图（V）/X 轴（X）/Y 轴（Y）/Z 轴（Z）] <两点>： // 确定旋转轴，各选项的操作和三维旋转类似，不再重复

指定旋转角度或 [参照（R）]： // 确定旋转角度

旋转表面既可以旋转实体的内表面，又可以旋转实体的外表面。如图 11-60 所示，是以圆柱体上表面的象限点和圆心连线为轴旋转 30°生成的实体。

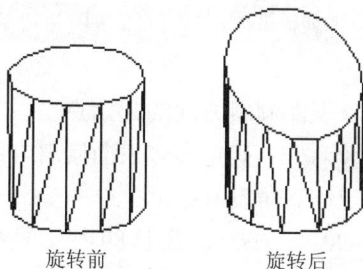

旋转前　　　　　　　旋转后

图 11-60　旋转实体表面

4．偏移表面（对应工具栏：【实体编辑】➤ ⬡ ）

偏移表面是指对实体表面进行等距离偏移。选择该选项后，出现如下提示：

选择面或 [放弃（U）/删除（R）]： // 选择实体表面

选择面或 [放弃（U）/删除（R）/全部（ALL）]： // 继续选择或回车结束选择

指定偏移距离： // 确定偏移的距离

偏移表面命令既可以对实体的内表面进行偏移，也可以对实体的外表面进行偏移。偏移距离可正可负，距离为正时，表面向着使实体体积增大的方向偏移；距离为负时，表面将向着使实体体积减小的方向偏移。

图 11-61 是内表面和外表面都偏移后的结果，内表面的偏移距离为正值，外表面的偏移距离为负值。

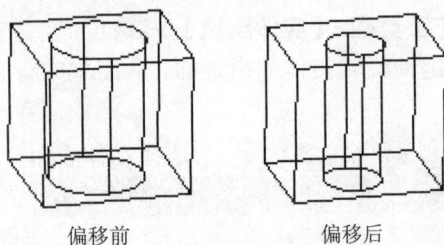

偏移前   偏移后

图 11-61   偏移实体表面

5. 倾斜表面（对应工具栏：【实体编辑】➤🖳）

倾斜表面是指将实体表面按照指定方向和一定角度进行倾斜。选择该选项后，出现如下提示：

选择面或 [放弃（U）/删除（R）]：// 选择实体表面

选择面或 [放弃（U）/删除（R）/全部（ALL）]：// 继续选择或回车结束选择

指定基点：// 确定实体表面倾斜方向的起始点

指定沿倾斜轴的另一个点：// 确定实体表面倾斜方向的终点

指定倾斜角度：// 确定倾斜角度

倾斜角度取值范围在–90°～+90°。实体的内表面和外表面都可以进行倾斜（图 11-62）。

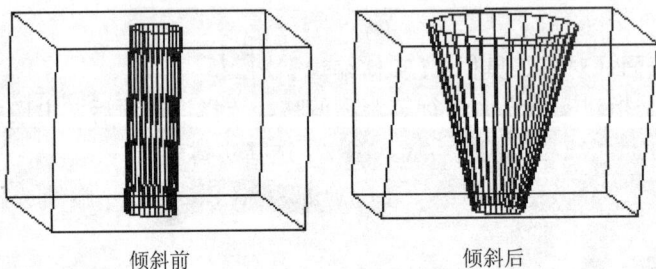

倾斜前   倾斜后

图 11-62   倾斜实体表面

6. 删除表面（对应工具栏：【实体编辑】➤🗙）

删除表面是指删除实体中指定的表面。选择该选项后，出现如下提示：

选择面或 [放弃（U）/删除（R）]：// 选择实体表面

选择面或 [放弃（U）/删除（R）/全部（ALL）]：// 继续选择或回车删除所选择的表面

并不是实体中所有的表面都被删除的，只有实体的内表面、倒圆角和倒直角可以被删除。如图 11-63 所示，长方体中的圆柱形内孔被删除，实质就是将长方体填实。

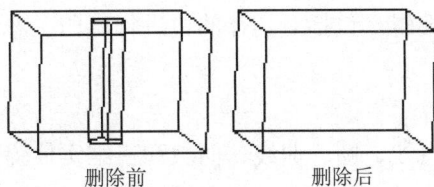

删除前　　　　　　　　　删除后

图 11-63　删除实体表面

7．复制表面（对应工具栏：【实体编辑】➤ 🔲）

复制表面是指复制实体的指定表面。选择该选项后，出现如下提示：

选择面或 [放弃（U）/删除（R）]：// 选择实体表面

选择面或 [放弃（U）/删除（R）/全部（ALL）]：// 继续选择或回车结束选择

指定基点或位移：// 确定复制的基点或位移

指定位移的第二点：// 确定位移的第二点

复制表面得到的是表面，而不是实体。如图 11-64 所示是复制长方体两个相邻面得到的图形。

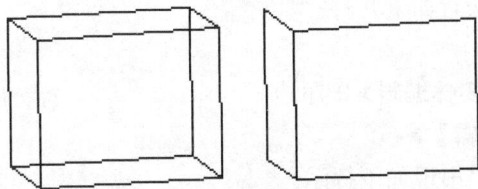

图 11-64　复制实体表面

8．着色表面（对应工具栏：【实体编辑】➤ 🔲）

着色表面是指修改实体表面的颜色。选择该选项后，出现如下提示：

选择面或 [放弃（U）/删除（R）]：// 选择实体表面

选择面或 [放弃（U）/删除（R）/全部（ALL）]：// 继续选择或回车结束选择

回车确定后弹出一个"选择颜色"对话框，选择合适的颜色后单击确定按钮。这时只看到所选择面的边框着色，要使面显色，可选择菜单【视图】➤着色➤相关选项。

三、三维实体边的编辑

在绘制三维实体的时候，不仅可以对整个的三维实体对象进行编辑，还可以单独对三维实体的边进行编辑。包括对实体的边进行压印、着色和复制等操作，下面分别对其方法进行讲解。

1. 压印边

压印边是指通过压直线、圆、曲线、面域和三维实体等对象来创建三维实体上的新面。要压印的几何图形必须与实体相交。如图 11-65 所示是将四边形压印在圆柱体的上表面。

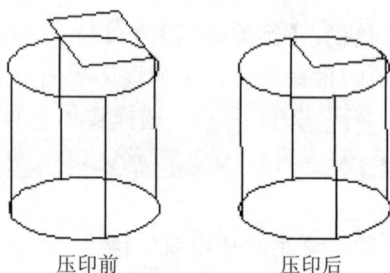

压印前　　　　　　压印后

图 11-65　压印示例

该命令的调用方法有如下几种：

命令：IMPRINT

菜单：【修改】➤实体编辑➤压印边

工具栏：【实体编辑】➤

进行上述操作后，出现如下提示：

选择三维实体： // 选择被压印的三维实体

选择要压印的对象： // 选取作为印记的几何图形

是否删除源对象 [是（Y）/否（N）] <N>： // 确定是否删除作为印记的几何图形

2. 着色边与复制边

在 Solidedit 命令中：

输入实体编辑选项 [面（F）/边（E）/体（B）/放弃（U）/退出（X）] <退出>：

E↙ // 进入实体边界编辑方式

输入编辑选项 [复制（C）/着色（L）/放弃（U）/退出（X）] <退出>：

编辑实体边界还有两种方式"复制" 和"着色" ，操作和实体表面相应命令类似，这里不再重复。

第五节　三维实体的后期处理

一、图形的消隐

在 AutoCAD 中绘制的三维模型看上去并不真实，为了符合人们的视觉效果，可使用消隐功能使三维模型在视觉上更加真实。消隐功能是暂时隐藏在实体背后而被遮挡的部分，启动消隐命令的方式如下：

命令：HIDE（或 HI）
菜单：【视图】➤消隐
工具栏：【渲染】➤ 🖼️

消隐后某些线条看不见，并不是被删除了，而是被隐藏起来了。因为消隐时要对图形进行再生，因此图形越复杂，消隐所用的时间就越长。图 11-66 就是消隐前后的效果对比。

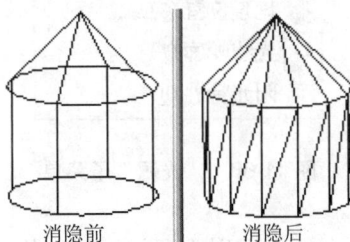

消隐前　　消隐后

图 11-66　实体消隐效果

二、光源的使用

光源是指在场景中设置合适的光源，以产生真实的光照效果（图 11-67）。

图 11-67　增加光源后的实体

1．光源的类型

点光源：就像家中的白炽灯一样由一点向周围各个方向发射光。根据点光源的位置，实体将产生明显的阴影效果。

平行光：就像太阳一样发射出强度相等的平行光。创建该光源的时候，需指定该光源的起始位置和发射方向。

聚光灯：就像机动车上的照明灯一样从圆形区域内发射出来的光线。其光线沿指定方向和范围发射出圆锥形的光束。

2．光源的创建

虽然光源的类型有多种，但方法都差不多。选择菜单栏"【视图】▶渲染▶光源"命令，在弹出图 11-68 所示的子菜单中选择相应的命令即可创建相应的光源。

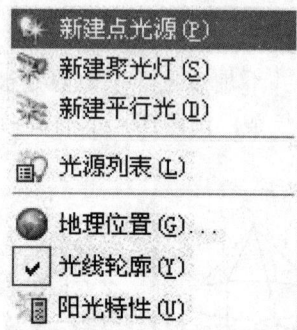

图 11-68 "光源"子菜单

执行相应的命令后，命令行会出现不同的提示。执行新建点光源并指定光源位置后，可以对光源的名称、强度因子、状态、光度、阴影、衰减和过滤颜色进行设置。

执行新建聚光灯并指定目标位置后，可以对光源的名称、强度因子、状态、光度、聚光角、照射角、阴影、衰减和过滤颜色进行设置。

执行新建平行光并指定矢量方向后，可以对光源的名称、强度因子、状态、光度、阴影和过滤颜色进行设置。

3．材质的使用

对物体进行渲染，除了需要设置光源外，为了能够更好的表现物体，还需要对材质进行设置。对物体使用材质后，不仅可以体现其表面的材料、纹理、颜色、透明度等显示效果，还可以增强物体的真实感。图 11-69 是附着了"Copper"后生成的实体。

图 11-69　附着了"Copper"后生成的实体

启动材质命令的方式：

命令：MART

菜单：【视图】➤渲染➤材质

工具栏：【渲染】➤

启动材质命令后出现图 11-70 所示的对话框。

用户可先对"样例几何体""参考底图的开关"和"预览样例光源模型"进行设置。还可在"材质编辑器"中调整材质的颜色、反光度、不透明度、折色率和亮度等。

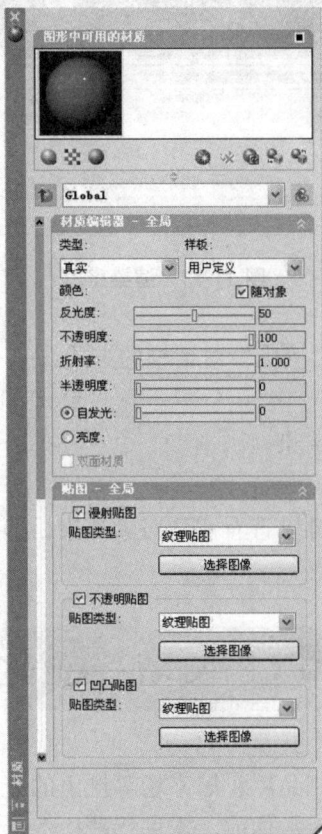

图 11-70　"材质"选项卡

4．实体模型的渲染

前面几个选项设置结束后，屏幕上的实体并不会发生变化，要通过渲染后前面的设置效果才能体现出来。

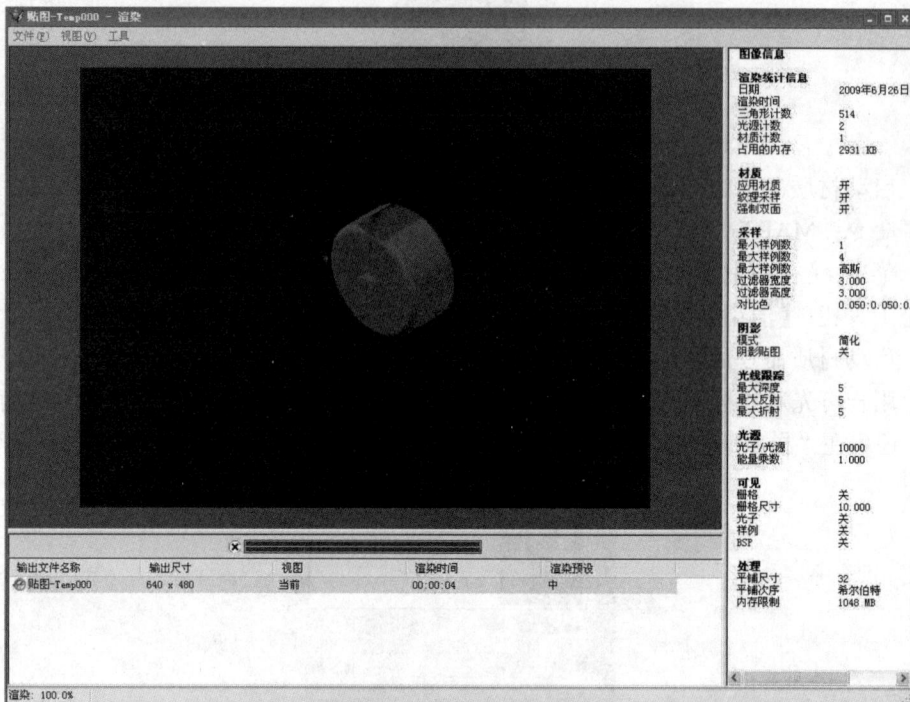

图 11-71　渲染窗口

打开如图 11-71 所示的"渲染"对话框的方式：

命令：RENDER

菜单：【视图】▶渲染▶渲染

工具栏：【渲染】▶

在渲染窗口的下方，还可以查看实体对象渲染后的文件名、输出尺寸、视图、渲染时间和渲染预设等参数。

第六节　隔板式混合池的设计

生活污水和医院、生物制品厂、屠宰场等排出的废水都含有致病菌。这些废水经物理、生物处理后，在排入水体前，需进行严格消毒。消毒剂与污水在混合池和接触池内混合反应。常用的混合池有隔板式和搅拌式两种。图 11-72 是隔板式混合池的结构示意图。

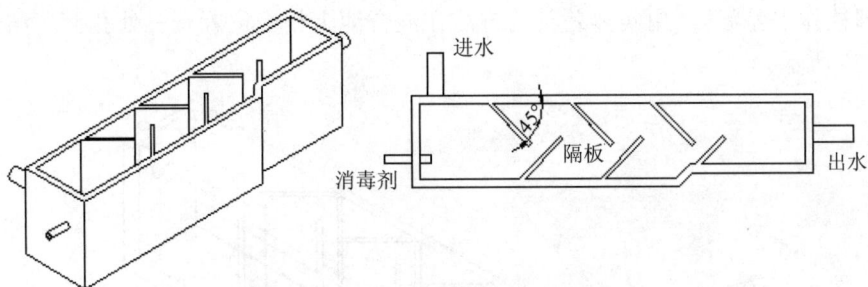

图 11-72　隔板式混合池结构示意

其三维造型的 CAD 过程可参照下面步骤进行。

（1）先按图 11-73 左侧所示分别创建代表隔板、混合池及池底的面域，然后用拉伸命令 EXTRUDE 拉伸相应高度得到右侧所示的三维实体。

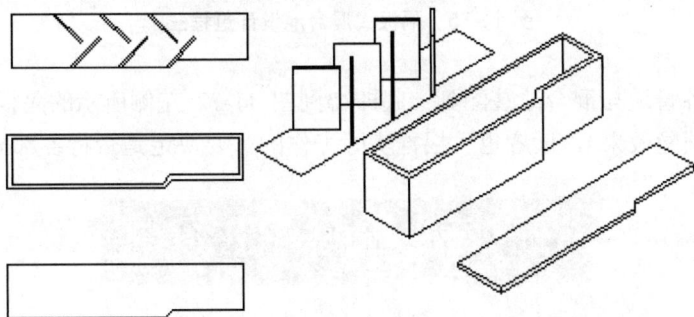

图 11-73　隔板式混合池设计过程一

（2）再将三部分实体装配到一起（直接用移动命令即可）就得到如图 11-74 所示的混合池。

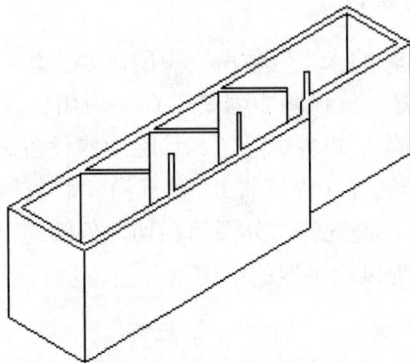

图 11-74　隔板式混合池设计过程二

（3）绘制进水管、出水管及消毒剂管（可以绘制圆柱体再抽壳，或者绘制两个同轴圆柱体求差集），用实体差集的方法在混合池上相应位置开三处孔洞，结果如图 11-75 所示。

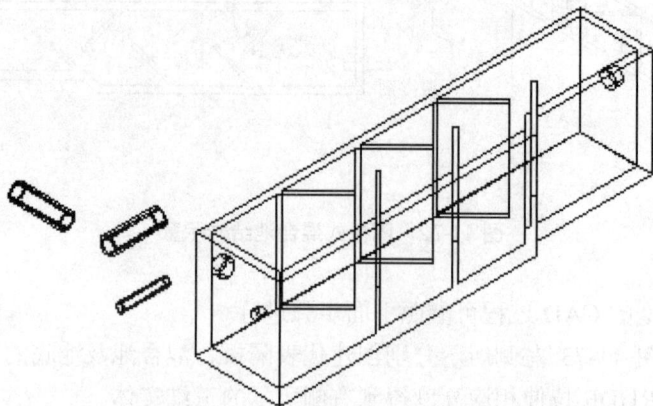

图 11-75　隔板式混合池设计过程三

（4）将各管道与混合池装配到一起即得到图 11-72 左侧所示的隔板式混合池三维效果图（消隐效果），读者也可根据实际工作的需要决定是否将各部分并集。

第七节　除尘器的设计

除尘器是用于气固分离的设备，工程中的除尘器种类较多，常用的有旋风除尘器、静电除尘器等，下面以这几种常见的种类来介绍除尘器在 CAD 中的三维实现过程。

一、旋风除尘器的设计

旋风除尘器是利用旋转的含尘气体所产生的离心力，将粉尘从气流中分离出来的一种干式气-固分离装置，旋风除尘器是工业中应用比较广泛的除尘设备之一，多用作小型燃煤锅炉消烟除尘和多级除尘、预除尘的设备。旋风除尘器主要由带锥形的外圆筒、进气管、排气管（内筒管）、圆锥筒和贮灰箱的排灰阀等组成。排气管插入外圆筒形成内圆筒，进气管与外圆筒相切，外圆筒下部是圆锥筒，圆锥筒下面是贮灰箱。图 11-76 是旋风除尘器的结构示意图。

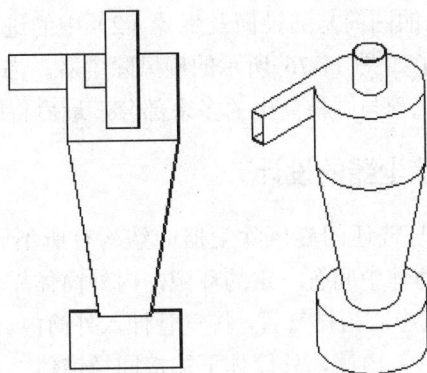

图 11-76　旋风除尘器结构示意

其三维造型的 CAD 过程可参照下面步骤进行。

（1）绘制图 11-77 左侧所示两个同心圆（其半径差别很小，半径差代表壁厚），通过拉伸后差集的方法得到右侧所示的圆柱筒和圆锥筒。

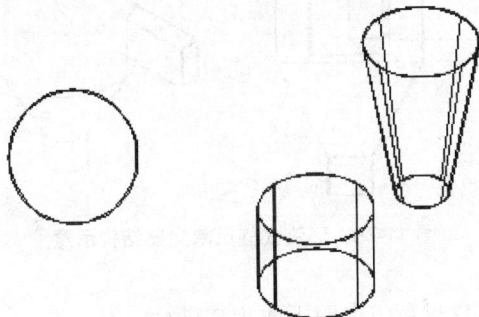

图 11-77　旋风除尘器设计过程一

（2）绘制进气管（可以画两个长方体然后差集，也可以画长方体并抽壳得到）图 11-78 左侧所示，绘制出气管及盖板（出气管亦为圆柱筒，盖板为高度很小的圆柱体）图 11-78 中间所示，绘制贮灰箱（类似一个烟灰缸，可以绘制一个圆柱体并抽壳，然后再用差集命令减去上部开孔处）图 11-78 右侧所示。

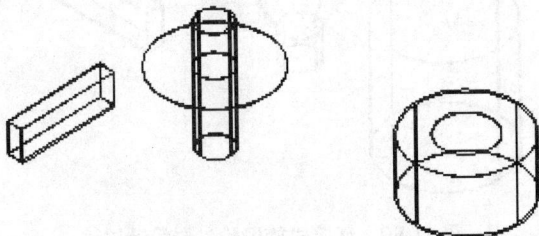

图 11-78　旋风除尘器设计过程二

（3）将步骤（1）中的圆筒与圆锥筒及步骤（2）中的进气管、出气管及盖板、贮灰箱装配起来就得到了如图 11-76 所示的旋风除尘器，当然，在装配进气管的时候要用差集分别去掉进气管与圆柱筒上的多余部分，最后将所有部件并集即可。

二、环流式旋风除尘器的设计

环流式旋风除尘器与普通的旋风除尘器的结构有所不同，它采用套筒锥体结构。处于同轴心的内外筒体中间有一定的环隙，内外筒体靠支架相连，内筒低于外筒一定距离，外筒段上部中心为排气管，排气管伸入外筒内一定距离但不插入内筒，进气管由外筒下端切向进入内筒，外筒体下端接同径锥体，其下部为灰斗。环流式旋风除尘器的分离效率高于普通的旋风除尘器，且能量损失较小。图 11-79 是其结构示意图（该图中没有画出灰斗）。

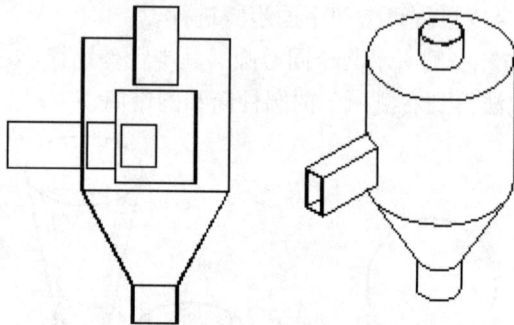

图 11-79　环流式旋风除尘器结构示意

其三维造型的 CAD 过程可参照下面步骤进行。

（1）绘制如图 11-80 所示的全部部件，具体有：出气管、盖板、外圆柱筒、圆锥筒（其下部为一较小的圆柱筒）、进气管、内圆柱筒。

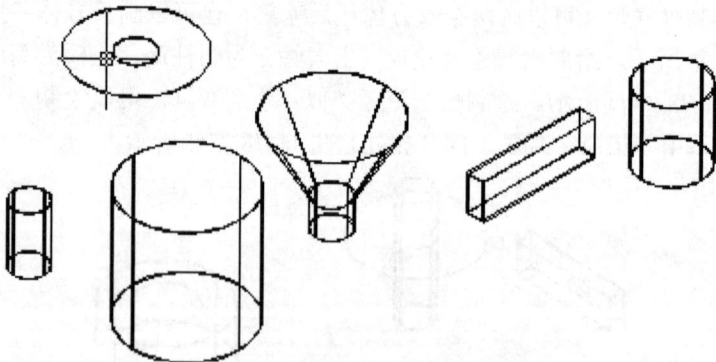

图 11-80　环流式旋风除尘器设计过程

（2）类似于前面介绍的普通旋风除尘器的设计，将以上部件装配起来就得到了如图 11-79 所示的环流式旋风除尘器（消隐效果）。

三、板式电除尘器的设计

电除尘器是利用高压电场产生的静电力并使粉尘尘粒荷电从气流中分离出来的一种除尘装置。它除尘效率高，阻力较低，结构较复杂。其中，板式电除尘器是目前应用最广泛的一种电除尘器，其结构示意图如图 11-81 所示。

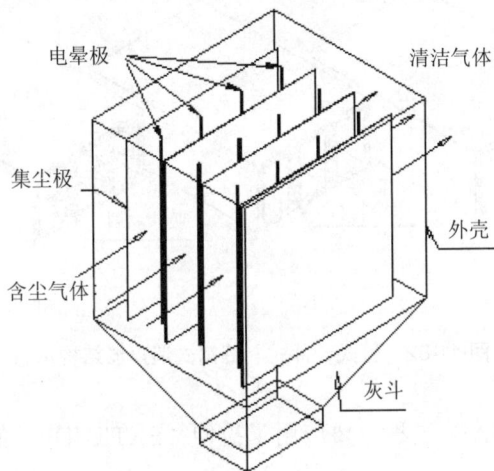

图 11-81　板式电除尘器结构示意

其三维造型的 CAD 过程主要应用了阵列操作，读者不难自行完成。

第八节　消声器的设计

消声器是一种能让气流通过而利用其特殊结构或材料来降低噪声的通道。工程中所用的消声器种类繁多，结构各异，但根据其消声原理不同主要可分为阻性、抗性、阻抗复合式及消声弯头等几种，下面分别介绍各种常见消声器三维造型的 CAD 方法。

一、阻性消声器的设计

阻性消声器是利用敷设在气流通道的内表面上的多孔吸声材料吸收声能来达到消声的目的。阻性消声器的种类有很多，常用的有管式、片式、蜂窝式、折板式、声流式、室式等，下面以最常用的几种为例来说明。

图 11-82 是管式、片式、蜂窝式消声器的结构示意图。

图 11-82　管式、片式、蜂窝式消声器结构示意

其三维造型的 CAD 过程主要应用了拉伸（EXTRUDE）的操作，读者可以自行完成。

折板式消声器是片式消声器的派生，但阻力损失比片式消声器大些，为了减少阻力，折角应小于 20°，以两端"不透光"为原则。图 11-83 是折板式消声器的结构示意图，其中左边是其内部结构示意，右边是其外形示意。

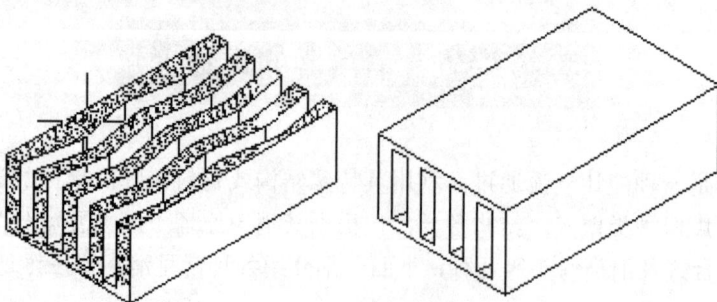

图 11-83　折板式消声器结构示意

其三维造型的 CAD 过程主要也是应用了拉伸（EXTRUDE）及差集的操作，读者可以先按图 11-84 完成左侧的长方体及右侧的气流通道的造型然后将两部分装配起来再进行差集即可得到如图 11-83 所示的折板式消声器。

图 11-84　折板式消声器设计过程

　　而声流式消声器又是折板式消声器的拓展，它是利用阻性吸声层厚度的变化，声波吸声片所构成的近似正弦波形的通道，以改善消声性能，当然，其结构远比其他的形式复杂，吸声片可以使用菱形、椭圆形、圆锥形、正弦形等，实际工作中使用得较多的是菱形吸声片。

　　图 11-85 是吸声片为菱形的声流式消声器，其中左边是其外形示意，右边是其内部结构示意。

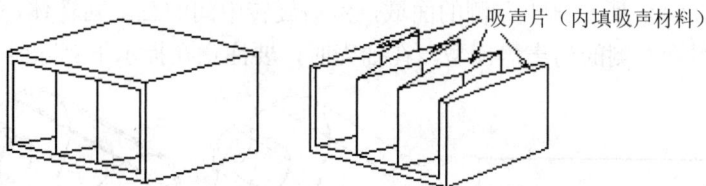

吸声片（内填吸声材料）

图 11-85　声流式消声器结构示意

　　其三维造型的 CAD 过程主要应用了拉伸（EXTRUDE）的操作，读者可以先按图 11-86 的提示完成左边的长方体中空外壳，然后将中间的菱形拉伸成右边所示的吸声片，最后将两部分装配起来即可得到如图 11-85 的声流式消声器。

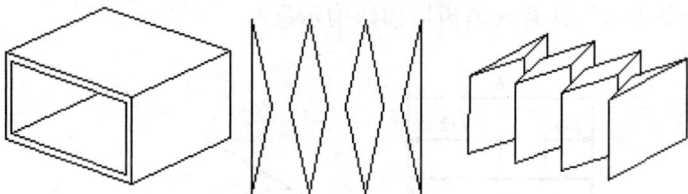

图 11-86　声流式消声器设计过程

二、抗性消声器的设计

抗性消声器与阻性消声器不同，它不需要吸声材料，而是靠自身结构的特点来达到消声的目的。扩张室式消声器是非常常用的抗性消声器，它一般由通道和扩张室组成。扩张室消声器种类也较多，按室的多寡分为单室式、双室式，按接管的形式分为外接管式、内接管式。在实际工作中，用得较多的是单（双）室外接管式、单（双）室内接管式、改良的内接管式等，而最常用的又是改良型内接管扩张室消声器。

图 11-87 是单室外接管式消声器的结构示意图。

图 11-87　单室外接管式消声器结构示意

其三维造型的 CAD 过程主要应用了旋转（REVOLVE）及抽壳的操作，读者可以先按图 11-88 所示画出左侧的面域，然后旋转中间的三维回转体，再对其进行抽壳操作即得到右侧的消声器模型，在抽壳时，要注意在提示下删除两个端面。

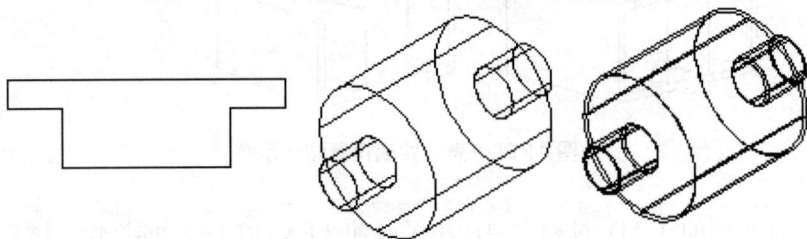

图 11-88　单室外接管式消声器设计过程

图 11-89 是单室内接管式消声器的结构示意图。

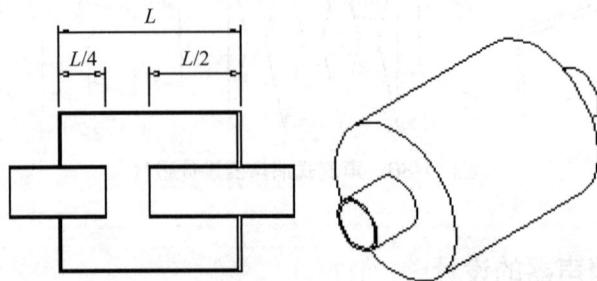

图 11-89　单室内接管式消声器结构示意

其三维造型的 CAD 过程主要可应用拉伸（EXTRUDE）及抽壳的操作，读者可以先按图 11-90 所示画出左侧的部件，然后装配即得到右侧的消声器模型。

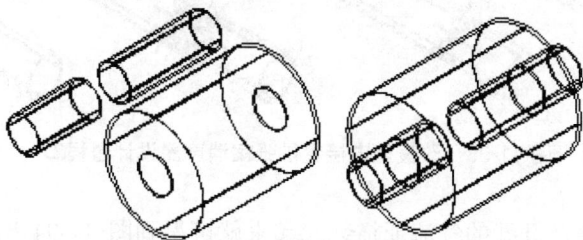

图 11-90　单室内接管式消声器设计过程

图 11-91 是改良型内接管扩张室消声器的结构示意图。为了减少阻力，改善空气动力性能，常用穿孔率 $p>30\%$、孔径 $d<8$ mm 的穿孔管将内接管连接起来。

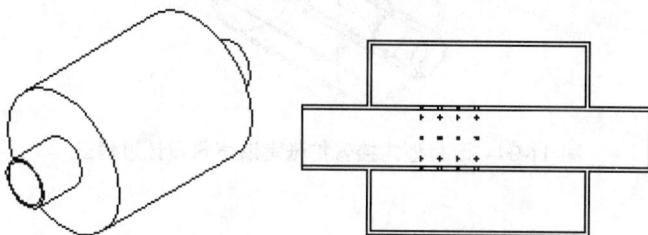

图 11-91　改良型内接管扩张室消声器结构示意

其三维造型的 CAD 过程可参照下面步骤进行。

（1）使用拉伸（EXTRUDE）操作得到图 11-92 左侧所示的空心圆柱与圆柱，然后通过抽壳的操作得到右侧所示的扩张室及气流通道。

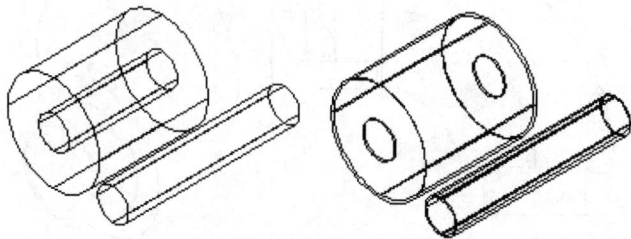

图 11-92　改良型内接管扩张室消声器设计过程一

（2）画一根用于开孔的小圆柱体，其直径为孔径，圆柱高度只要超过管壁厚度即可，如图 11-93 左侧所示并移到管道适当位置，然后应用环形阵列及矩形阵列操作得到中间两幅图，再通过差集操作得到右侧所示的开孔的气流通道，需要说明的是，此处开孔只是起到示意作用，其开孔率并不一定符合实际工作的要求。

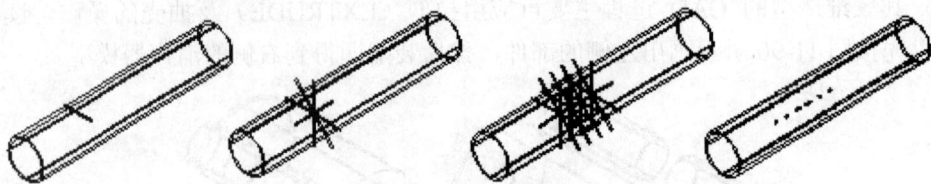

图 11-93　改良型内接管扩张室消声器设计过程二

（3）将扩张室及开孔的气流通道装配起来就可得到图 11-94 所示的消声器（图 11-91 是其消隐效果）。

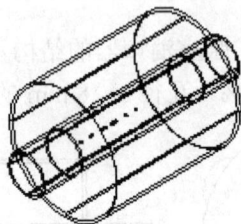

图 11-94　改良型内接管扩张室消声器设计过程三

三、D 型消声弯头的设计

D 型消声弯头是湖南大学环境工程系配套产品，用于降低罗茨鼓风机、叶氏鼓风机等管道拐弯处的辐射噪声，提高风道消声量。图 11-95 是它的结构示意图。

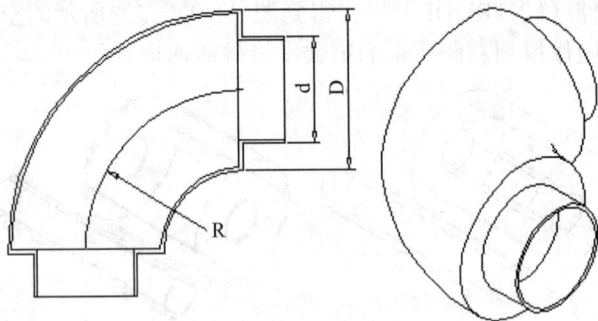

图 11-95　D 型消声弯头

其三维造型的 CAD 过程可参照如下步骤完成。

（1）如图 11-96 所示，先以直径 d 画出两个圆柱体，其方向如图中左侧所示。然后以直径 d 创建一圆，并绘制其拉伸路径，如图中间所示，再将该圆沿此路径拉伸得到右侧所示的弯头外形。

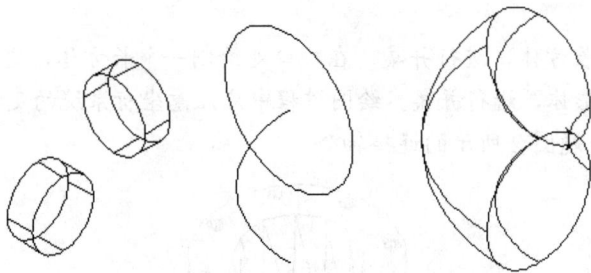

图 11-96　D 型消声弯头设计过程一

（2）将图 11-96 中的两个圆柱体及弯头外形装配起来后并集就得到如图 11-97 左侧所示的实体，对该实体抽壳即可得到如图 11-97 右侧所示的消声弯头，在抽壳时，要注意在提示下删除两个端面。

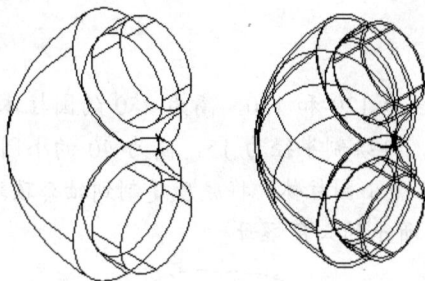

图 11-97　D 型消声弯头设计过程二

复习与思考练习题

1. 绘制如习题图 1 所示的三维体。

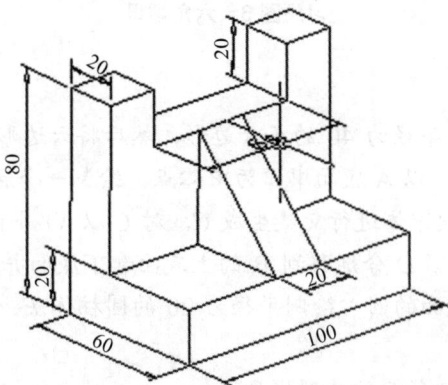

习题图 1　三维图形

解题要点:

先绘制两个长方体,进行并集,在缺口处绘制一个长方体,进行差集,再在支撑处绘制一个楔形体,进行并集。绘图过程中应注意坐标系统的变换以方便绘图。

2. 绘制如习题图 2 所示的连接轴套。

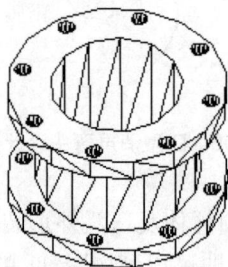

习题图 2　连接轴套

解题要点:

可分别绘制底面半径为 120 和 150,高为 250 的圆柱体,然后绘制底面半径为 200,高为 40 的圆柱体,再绘制半径为 15,高为 40 的小圆柱体,并用三维阵列产生 8 个小圆柱体。挖空 8 个小圆柱体,将底座复制到轴套顶端,再进行并集和差集。

3. 绘制如习题图 3 所示的六角螺母。

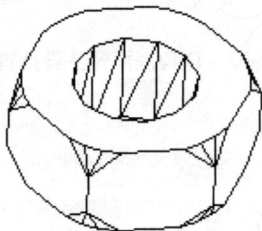

习题图 3　六角螺母

解题要点:

可绘制两个内接圆半径为 40 的正六边形,然后将六边形 A 拉伸 8 个单位,六边形 B 拉伸 14 个单位。以 A 底面中心为中心点,绘制一个底面半径为 40,高度为 80 的圆锥体。对 A 和圆锥体进行交集生成 C,对 C 以 XY 平面为镜像平面产生一个三维镜像实体 D。把 C、D 分别移到 B 的上底面和下底面并进行并集 E,以 C、D 圆面的圆心为上、下底面的圆心绘制半径为 20 的圆柱体 F。最后用 E 减去 F 得到六角螺母。

4. 绘制如习题图 4 所示的盖型螺母坯。

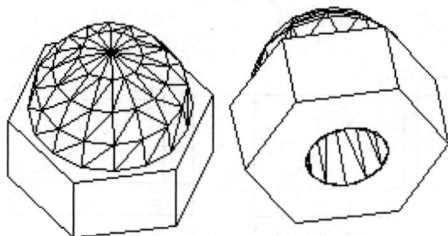

习题图 4 盖型螺母坯

解题要点：

可绘制内接圆半径为 50 的六边形，拉伸高度为 40。以六棱台上顶面中心为球心，绘制一个半径为 40 的球体，并和六棱台并集。以六棱台底面为底面，绘制半径为 20、高度为 60 的圆柱体。六棱台和球体并集体减去圆柱体，得到盖型螺母坯。

5. 绘制如习题图 5 所示的四通实体。

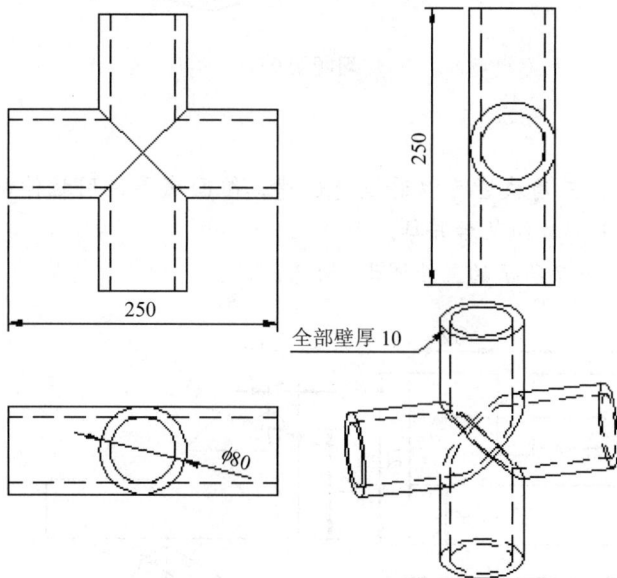

习题图 5 四通实体

解题要点：

先绘制两个半径不同的同心圆柱体，再绘制两个与其垂直相交的同心圆柱体，然后对两个大圆柱体进行并集，将并集后的实体分别减去两上小圆柱体，得到四通实体。

或先画两个实心圆柱，并集后再抽壳，但注意抽壳时应在相应提示下删除四个端面。

6. 绘制习题图 6 所示的三维图形。

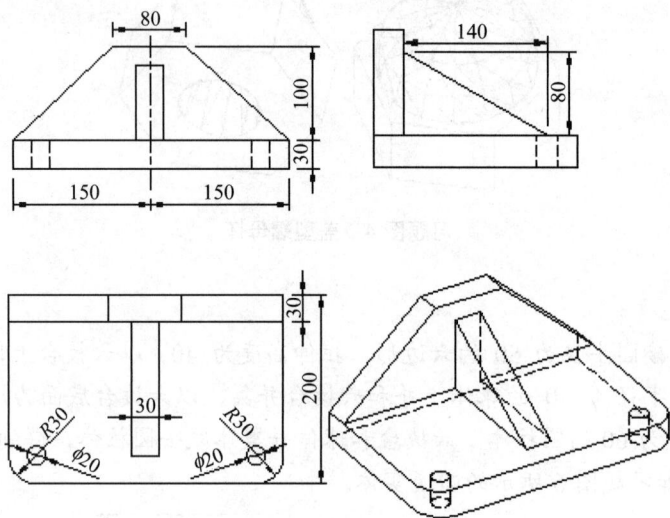

习题图 6

解题要点：

底板、背板、三角块皆可以通过先创建二维面域再使用拉伸命令 EXTRUDE 来得到，然后将三部分组装后并集。

7. 绘制习题图 7 所示的三维图形。

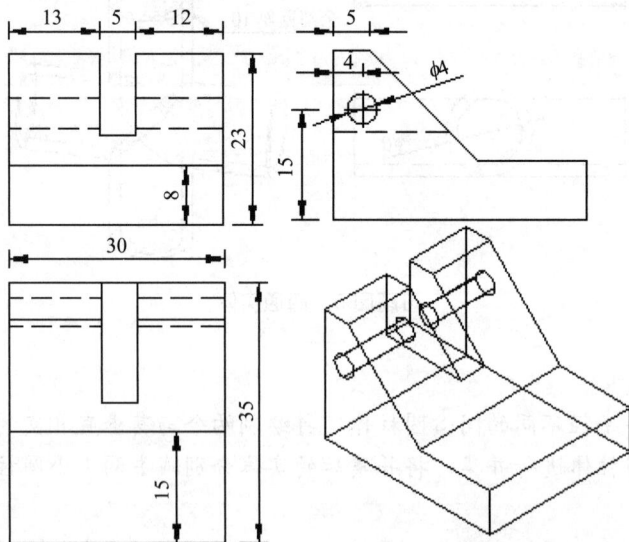

习题图 7

解题要点：

可以先创建如左视图所示的二维面域再使用拉伸命令 EXTRUDE 来生成没有缺口的实体，然后三次用剖切命令切除中间缺口部分，最后将剩余部分并集；或者用拉伸生成缺口实体，将两个实体相减。

8. 绘制习题图 8 所示的三维图形。

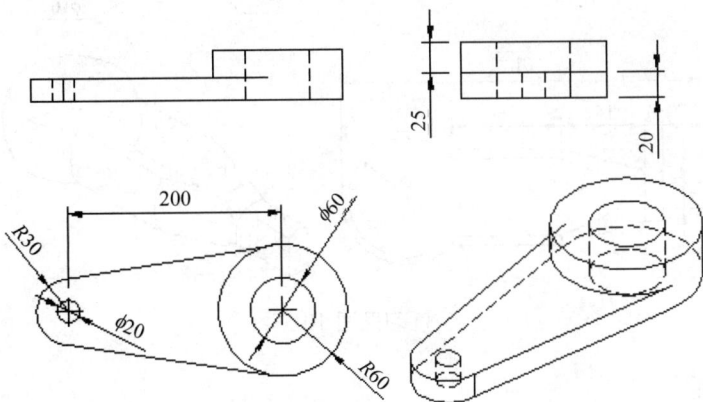

习题图 8

解题要点：

可用拉伸命令 EXTRUDE。

9. 绘制习题图 9 所示的三维图形。

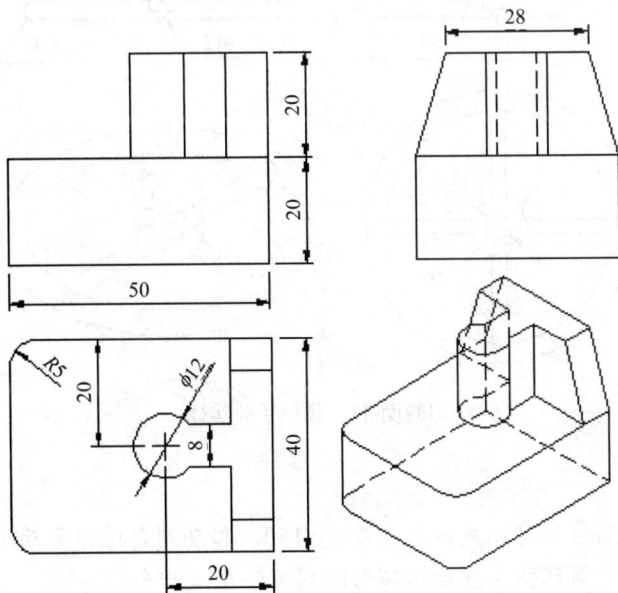

习题图 9

解题要点：

可用拉伸命令 EXTRUDE。

*10. 绘制习题图 10 所示的三维图形。

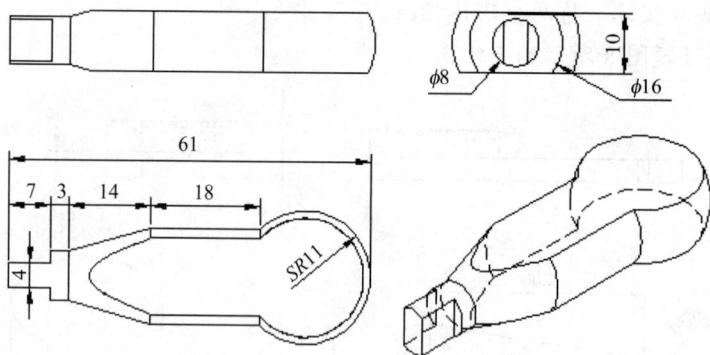

习题图 10

解题要点：

可以先创建二维面域再使用旋转命令 REVOLVE 生成基本实体，再用剖切命令切除上下两部分及前端缺口。

11. 绘制习题图 11 所示的阀门手轮实体。

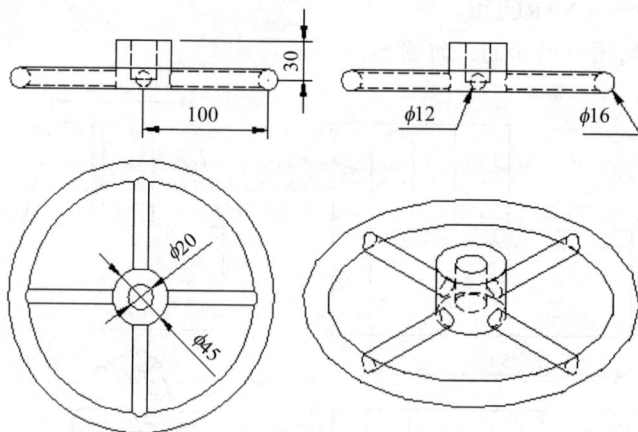

习题图 11   阀门手轮实体

解题要点：

直径 12 的圆柱体可以先画长一些如 150，移动到合适位置后用差集命令减去中间圆柱体及外圈圆环体，然后用环形阵列方法生成四个。

12. 绘制习题图 12 所示的隔油池中所用的撇油管三维结构示意图。

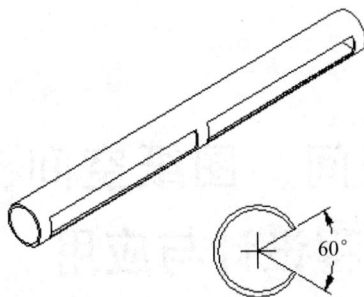

习题图12 隔油池中所用的撇油管

解题要点:

可以用空心圆柱与要挖去的部分差集。

13. 绘制习题图13所示的双室外接管式消声器的三维结构示意图。

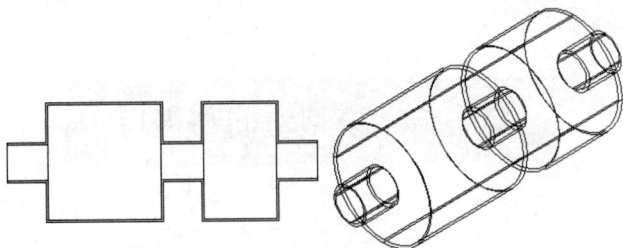

习题图13 双室外接管式消声器

解题要点:

其设计方法完全可参照前面介绍的单室外接管式消声器的设计方法,只不过是将两个单室组装成双室。

14. 绘制习题图14所示的双室内接管式消声器的三维结构示意图。

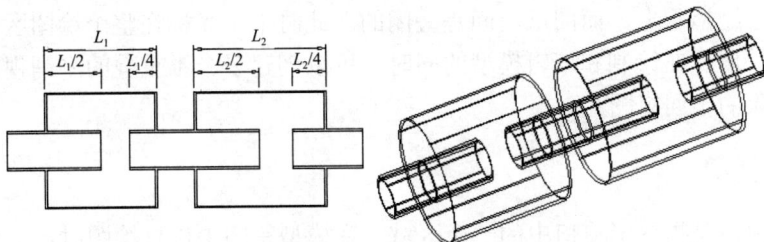

习题图14 双室内接管式消声器

解题要点:

可参照单室内接管式消声器的设计方法。

第十二章

模型空间、图纸空间、图形输出及环境工程设计与应用

AutoCAD 为用户提供了两种工作空间：模型空间和图纸空间。通常模型空间是完成绘图和设计工作的工作空间，用户可以绘制二维图形，并对其进行编辑，也可以进行三维实体造型。图纸空间创建打印图形时的完稿布局，布局选项卡提供了一个称为图纸空间的区域。在此空间中可放置标题栏、创建用于显示视图的布局视口，标注图形和添加注释。

第一节　模型空间与视口

一、模型空间

模型空间中的"模型"是指在 AutoCAD 用绘图和编辑命令生成的图形对象，而模型空间是指建立模型时所处的 AutoCAD 环境，它是由"模型"选项卡所提供的一个无限的绘图区域。在该空间里，用户可以直接创建二维和三维图形以及进行必要的尺寸标注和文字说明。

当启动 AutoCAD 后，系统默认处于模型空间，表现为绘图窗口下面的"模型"选项卡处于缴活状态，而图纸空间是关闭的。此时十字光标在整个绘图区域都处于激活状态，用户在绘制和编辑模型的同时，可以创建多个不重叠的平铺视口，以展示图形对象的不同视图。

二、视口

所谓视口是指图形窗口中的一个区域。在模型空间中进行绘图时，一般情况下都是在一个充满整个绘图区屏幕的单视口中进行操作的。为了方便绘图，在模型空间中可以将绘图区域分割成多个视口，如主视口、俯视口、左视口等。图 12-1 中定义了四个视口，它是通过三视图的方式观察同一物体。

在模型空间中定义的多个视口用于提供模型的不同视图。不同视口中所显示的

效果可能不同，但视口中所存在的对象其实是同一幅图形实体，而并不是重复新建多个图形文件，所以不管改变哪一个视口中的对象，其他视口中的对象也会随之改变。模型空间中这样的视口被称为平铺视口（或平铺视图）。创建视口操作方式如下：

命令：VPORTS

菜单：【视图】➤视口➤新建视口

工具栏：【视口】➤🖼

工具栏：【布局】➤🖼

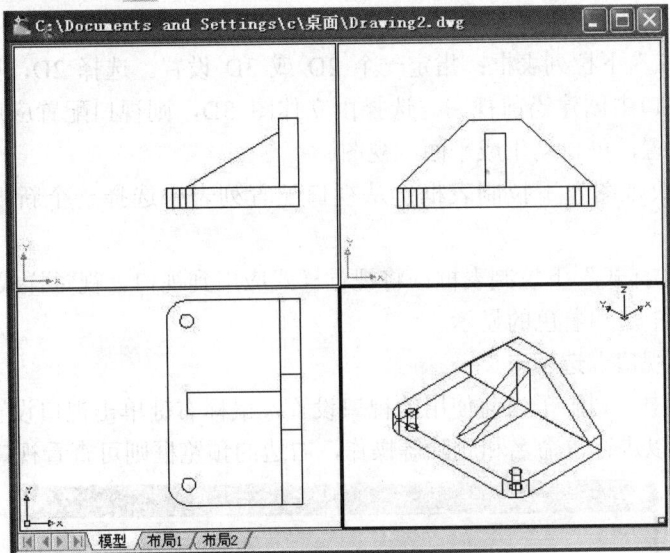

图 12-1　模型空间中的视口

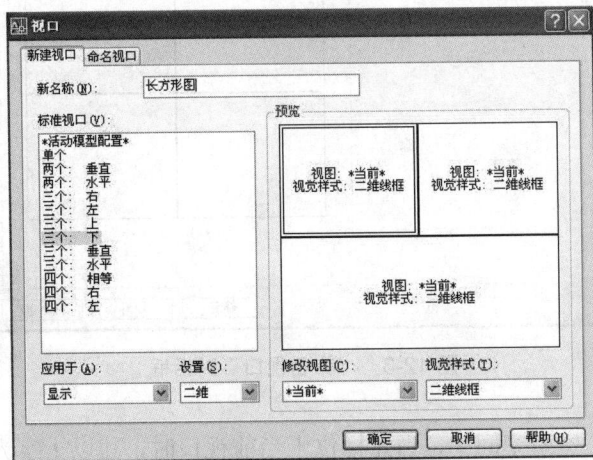

图 12-2　"视口"对话框

1. "新建视口"选项卡

（1）"新名称"文本框：给新建立的多个视口命名。

（2）"标准视口"列表框：给出一个可以利用的视口配置列表。

（3）"预览"显示框：预览已经选择的视口配置，以及指定给配置中每个独立视口的默认视图。

（4）"应用于"下拉列表框：指定将选定的视口配置在用于全部的平铺视口显示或当前视口显示。该下拉列表框有两个选项，分别是"显示"和"当前视口"。"显示"是将视口配置应用到整个"模型"选项卡显示窗口。一般此选项为默认设置；"当前视口"仅将视口配置应用到当前视口。

（5）"设置"下拉列表框：指定一个 2D 或 3D 设置。选择 2D，则新视口配置首先在所有视口中创建当前视图。选择由立体图 3D，则视口配置应用于标准的正交三维视图设置，可自动生成平面三视图。

（6）"修改视图"下拉制表框：从视口配置列表中选择一个新视图替代当前视图。

（7）"视觉样式"下拉制表框：将视觉样式应用到视口。视觉样式是一组设置，用来控制视口中边和着色的显示。

2. "命名视口"选项卡

在对话框中，列出了当前使用的视口设置，鼠标右键单击视口设置后弹出菜单选项，用户可以进行重命名和删除等操作，右边的预览框则可查看视口设置。

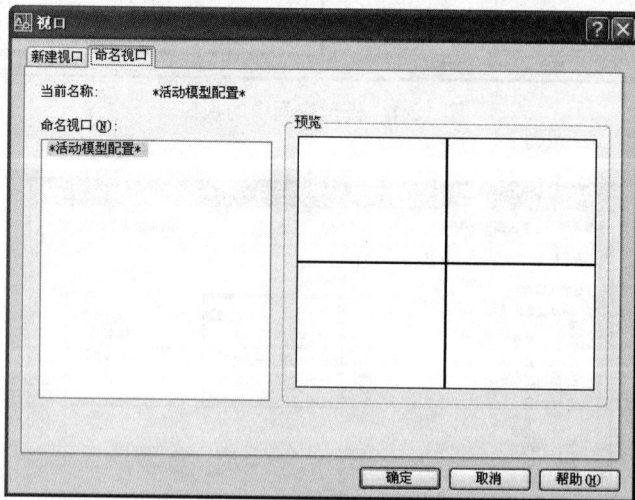

图 12-3 "命名视口"对话框

● 提示：在模型空间中，当光标位于当前视口时，其以十字光标的形式显示，视口边框成粗线显示，而当光标位于当前视口以外的位置上时，光标则为一指向左上方的箭头。当前视口的切换只需将光标移到用户预设的视口中，然后单击，该视口即刻成为当前视口。

三、命名视图

在进行绘图过程中，我们经常会使用到缩放（zoom）等命令，这样同一幅图形在固定大小的显示绘图区域内呈现出实际尺寸不变而比例不同的视觉效果，每改变一次比例就形成一个新的视图。我们可以对视图进行命名保存，并通过设置多个视口来呈现不同的视图，而无须反复使用 zoom 中的"上一个"选项。所以一般在设置多视口前，应先对视图进行命名。启动视图命名的方式：

命令：VIEW

菜单：【视图】➤命名视图

工具栏：【视图】➤

命令输入后，屏幕弹出如图 12-4 所示"视图管理器"对话框。在该对话框中可以创建、设置、重命名、修改和删除命名视图（包括模型命名视图）、相机视图、布局视图和预设视图。其中"当前视图"选项卡后显示了当前视图的名称；"查看"选项组的列表框中列出了已命名的视图和可作为当前视图的类别。

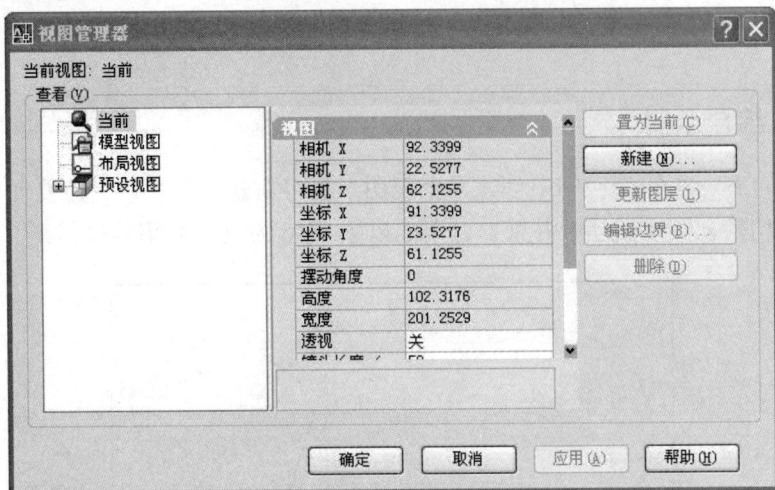

图 12-4 "视图管理器"对话框

在创建新视图时，单击"视图管理器"对话框中"新建"按钮，则弹出如图 12-5 所示"新建视图"对话框，在此可完成视图命名、视图类型选择、视图边界定义等一系列设置。

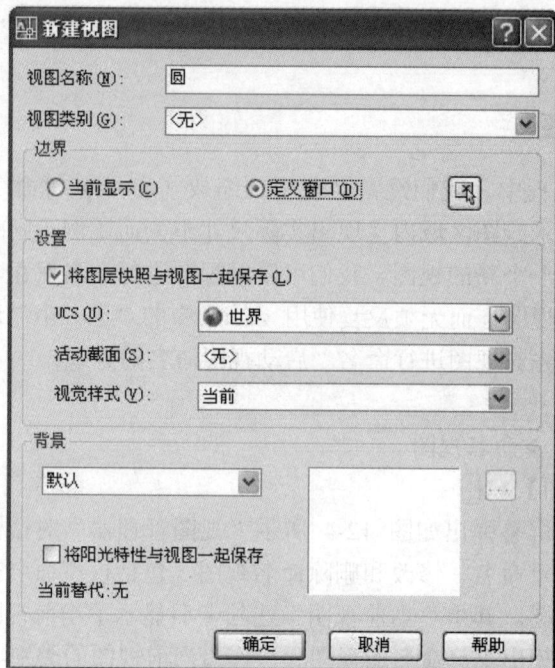

图 12-5 "新建视图"对话框

四、综合示例

用户可在一个模型空间中创建多个视图，也可新建多个视口。当要观看时，可根据需要切换视图或新建合并视口。下面以图 12-6 为例，介绍其过程。

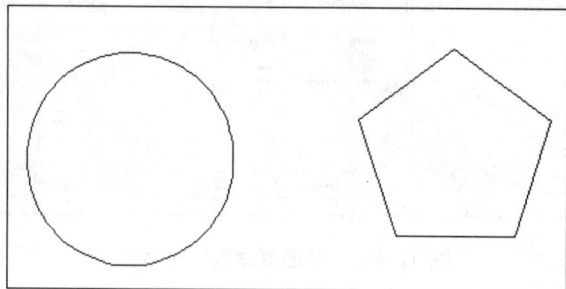

图 12-6 视图视口示例

（1）选择菜单【视图】▶命名视图，打开如图 12-4 所示"视图管理器"对话框，单击"新建"按钮，弹出如图 12-5 所示"新建视图"对话框；在"视图名称"里输入"圆"，在边界选项组选择"定义窗口"；拖动鼠标缩放图形，根据命令行提示指定一个角点和指定对角点，单击"确定"按钮。在依次弹出的"新建视图"对话框、"视图管理器"对话框，单击"确定"按钮，完成操作。

（2）重复上述过程，新建一个名为"五边形"的视图。

（3）选择菜单【视图】➤命名视图，打开"视图管理器"对话框，在"查看选项组中选择"五边形"，依次单击"置为当前"按钮、"应用"按钮、"确定"按钮。如图 12-7、图 12-8 所示。

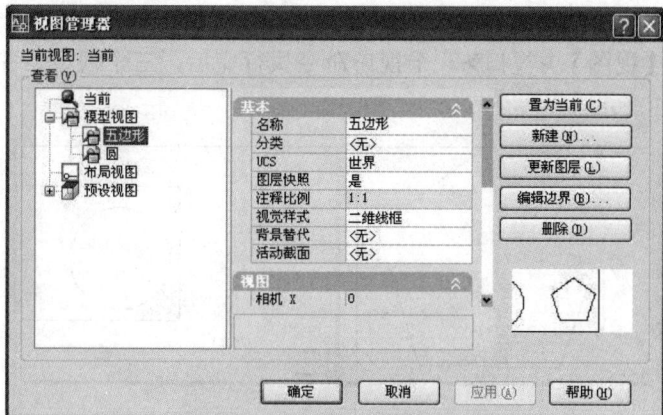

图 12-7 "视图管理器"对话框

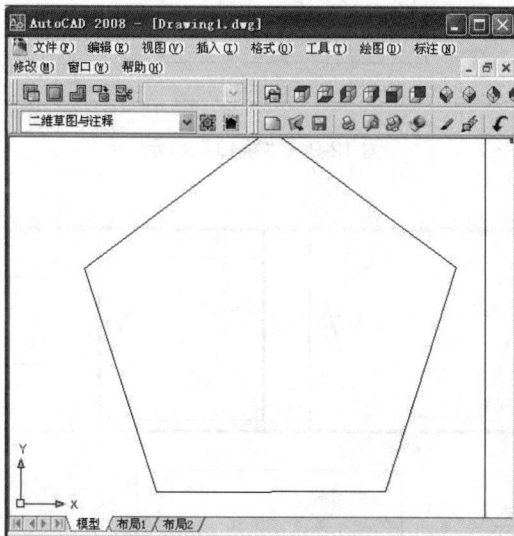

图 12-8 "五边形"视图

（4）选择【视图】➤视口➤新建视口命令，弹出如图 12-2"视口"对话框，在"新名称"文本框中输入"长方形图"字样，在"标准视口"选择组中选择"三个：下"。

（5）单击"确定"按钮，绘图窗口变成 3 个视口显示，单击各个视口，便激活该视口为当前视口，可在当前视口里对图形进行操作。使用鼠标滚轮对视图进行随意缩放和移动（图 12-9）。

（6）单击右上角视口，选择【视图】➤视口➤两个视口命令，根据命令行提示"输入配置选项[水平（H）/垂直（V）]"，输入"V"，按回车键（图 12-10）。

（7）选择【视图】➤视口➤合并命令，根据命令行提示，选择右上角视口作为主视口，选择上边中间视口为合并视口。效果如图 12-11 所示。

（8）选择【视图】➤视口➤一个视口命令执行完后，三个视口合并为单个视口。效果如图 12-12 所示。

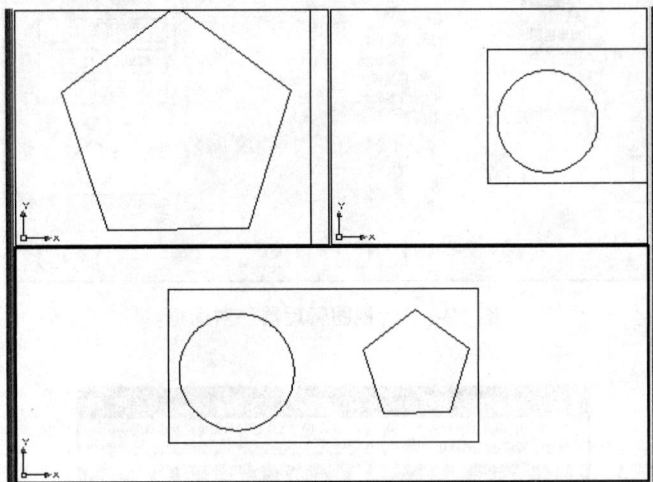

图 12-9　"视口"显示

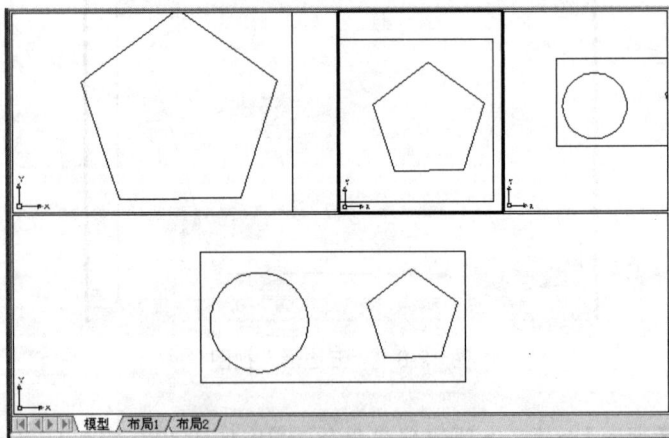

图 12-10　视口分割

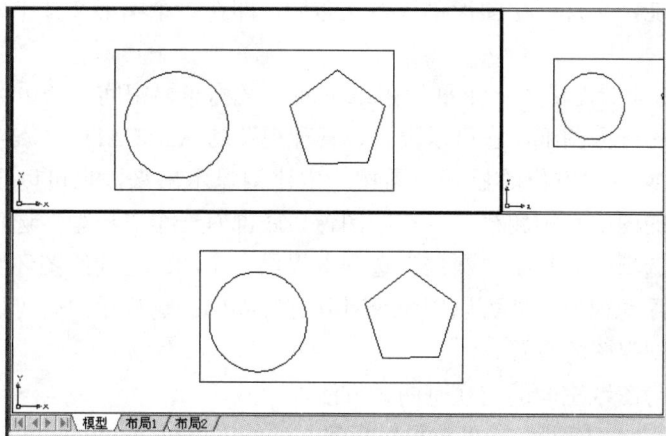

图 12-11　视口合并

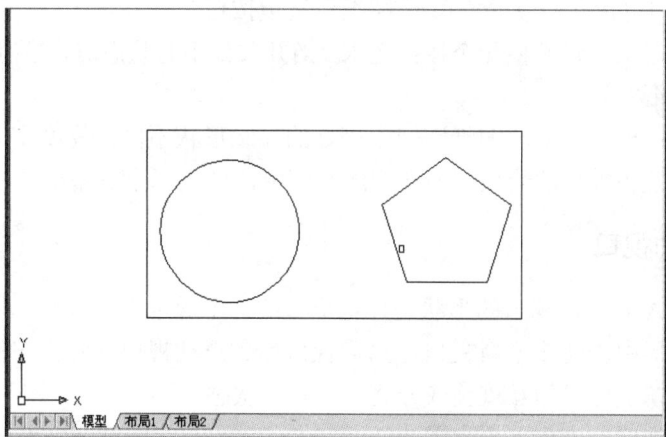

图 12-12　单个视口

第二节　图纸空间与浮动视口

一、图纸空间

通常在模型空间内完成图形绘制和编辑工作。绘图完成后在图纸空间内输出图形。虽然在模型空间内可以进行图形打印，但只能打印当前视口中的视图，也就是说在一张图纸上只能打印一个视图。而图纸空间提供了对图纸进行绘制、放大及绘制多视图的功能，允许一个图形进行多次布局，即在一个图形文件中保存多种出图方式的信息。

"布局"选项卡提供了一个称为图纸空间（又称布局空间）的区域，用户可以将图纸空间看作一张图纸，它可以设置、管理视图的 AutoCAD 环境。在图纸空间，可以把模型对象不同方位的显示视图按一定比例显示出来，也可以定义图纸的大小，生成图纸的图框和标题栏等。在绘图窗口底部有一个"模型"选项卡和一个或多个"布局"选项卡。每个"布局"选项卡提供一个图纸空间绘图环境，用户可在其中创建多个浮动视口，并可以用命令对其进行编辑。这样用户就可以在同一绘图页面内进行不同视图的设置。

模型空间与图纸空间的切换有两种方法。

方法 1：单击"模型"和"布局"标签。

在绘图区左下角有 模型 和 布局1 标签。光标单击相应标签就可完成相应空间的切换。

方法 2：利用状态栏中的"模型/图纸"选项按钮。

该开关按钮位于状态栏几个按钮之末，当开关处于开状态时，当前为模型空间；反之关闭为图纸空间。

● 提示：模型空间和图纸空间中坐标的显示形状不同。模型空间中的坐标系统图标是两个互相垂直的箭头，而在图纸空间中，则是一个三角形。

二、浮动视口

在 AutoCAD 中，视口的形状是任意形状的，个数也不受限制。用户可以根据需要在某个布局中创建多个新视口，这类视口称之浮动视口。它们与模型空间中的平铺视口不同在于可以相互重叠或分离，具有层次感。

创建浮动视口分为如下两步骤：

（1）单击"布局 1"标签，首先进入图纸空间。

（2）激活创建视口命令，具体方式如下：

命令：VPORTS

菜单：【视图】▶视口▶相关子菜单

三、创建浮动视口举例

以图 12-13 所示的曝气沉沙池为例进行浮动视口的创建。

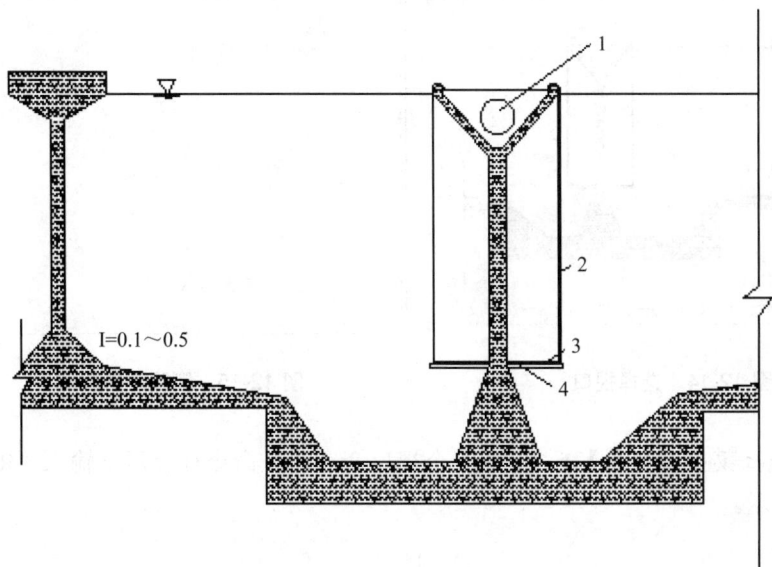

1—空气干管；2—支管；3—扩散设备；4—头部支座

图 12-13　曝气沉沙池

　　浮动视口可视为图纸空间的图形对象，被绘制在当前层，且采用当前层的颜色和线形。用户可以对其进行移动和调整，但是无法直接在图纸空间编辑模型空间中的对象，必须双击激活浮动视口，进入浮动模型空间方可编辑。浮动模型空间边框以粗线显示，坐标系与模型空间中完全相同。要从浮动模型空间切换到图纸空间，只需在浮动视口外双击即可。

　　相对于图纸空间来说，浮动视口是一个对象。因此，在图纸空间，用户可像编辑普通对象一样编辑浮动视口边界。用户可在图纸空间创建多个浮动视口，且各浮动视口之间可以重叠，用户还可以根据格局需要在创建多边形浮动视口；或者将图纸空间中的某个对象转换为浮动视口。

1．普通视口的创建

　　（1）打开如图 12-13 所示的"曝气沉沙池"原文件，单击"布局 1"标签，进入图纸空间。

　　（2）选中浮动视口边界，在键盘上单击 Delete 键。如图 12-14、图 12-15 所示。

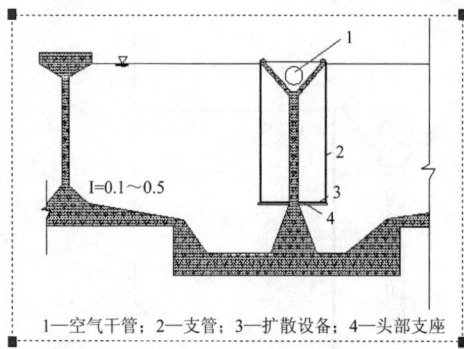

图 12-14 选择视口

图 12-15 删除浮动视口

（3）选择菜单【视图】▶视口▶三个视口命令，在命令行提示下输入"R"。如图 12-16 所示。

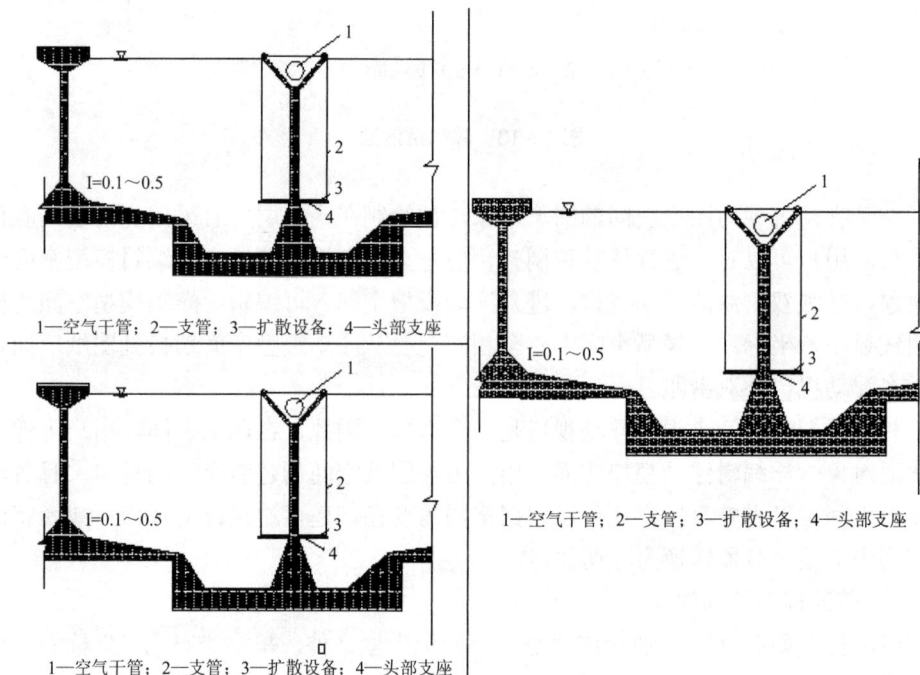

图 12-16 新建三视口

（4）单击右侧浮动视口外框上任意一点，选中该视口外框如图 12-17 所示，单击所选外框左上角的夹点，激活夹点，使其由蓝色小框变为红色小框，在图纸空间移动夹点，调整右侧视口的边界（图 12-18）。

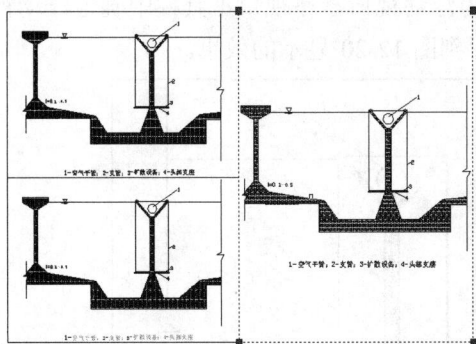

图 12-17　选择视口边界

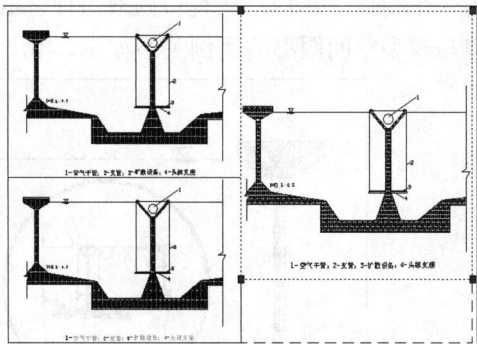

图 12-18　调整视口边界

2．多边形视口的创建

继续上题，删除右边的视口，选择菜单【视图】➤视口➤多边形视口命令，根据命令行按需要绘制一个多边形，按回车键，系统将创建一个多边形形状的浮动视口。如图 12-19 所示。

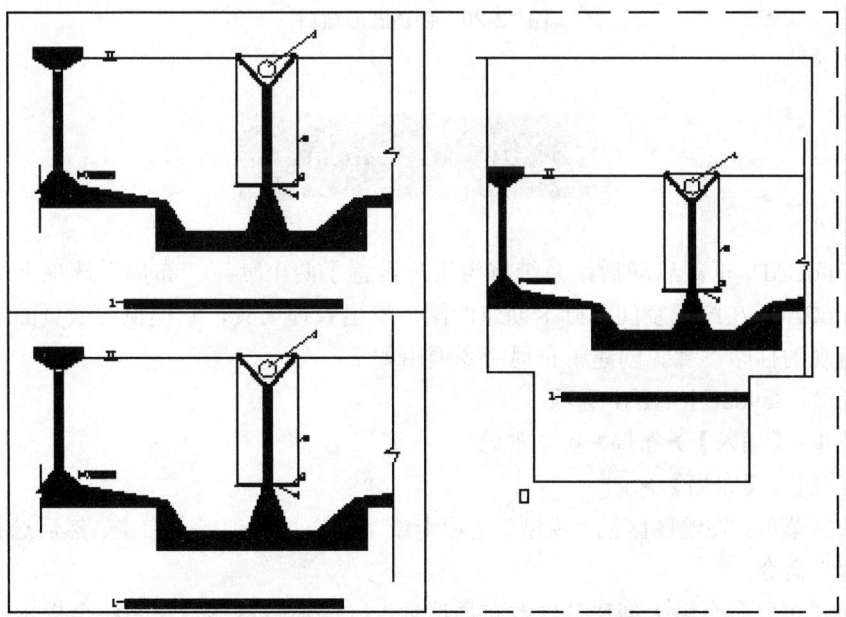

图 12-19　创建多边形浮动视口

3．创建圆形视口

（1）为"图 12-13 曝气沉沙池"创建一个新布局，在该布局中绘制一个圆。

（2）选择菜单【视图】➤视口➤对象命令可将一个封闭的图形对象（圆）转换

为一个视口。然后，在视口内双击使之成为浮动视口，在视口工具栏中确定浮动视口与模型空间图形的比例关系如 1：40，得到图 12-20 显示的效果。

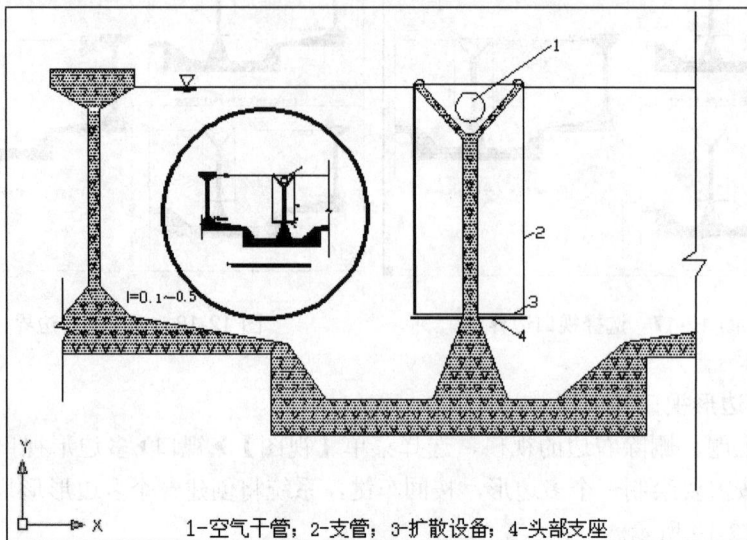

1-空气干管；2-支管；3-扩散设备；4-头部支座

图 12-20　创建圆形窗口

*第三节　布局

AutoCAD 正常启动后，系统将为用户设置了两个默认"布局"选项卡。布局是 AutoCAD 在图纸空间基础上创建的图形输出管理工具，它模拟图纸页面为用户提供直观的打印设置。创建新布局命令调用如下：

命令：layout 中 NEW 选项

菜单：【插入】▶布局▶新建布局

工具栏：【布局】▶ 🖳

快捷菜单：在绘图区的"模型"选项卡或某个布局选项卡上右击，然后选择"新建布局"命令。

新建布局命令用于创建并修改布局选项卡。当命令激活后，系统会提示"输入布局选项[复制（C）/删除（D）/新建（N）/样板（T）/重命名（R）/另存为（SA）/设置（S）/?]设置"。

其中各选项的含义如下：

（1）"复制"：复制布局。如果不提供名称，则新布局以被复制的布局名称附带一个递增的数字（在括号中）作为布局名。新选项卡插到复制的布局选项卡之前。

（2）"删除"：删除布局。默认值是当前布局。不能删除"模型"选项卡。要删除"模型"选项卡上的所有几何图形，必须选择所有的几何图形，然后使用 erase 命令。

（3）"新建"：创建新的布局选项卡。在单个图形中可以创建最多 255 个布局。选择"新建"选项后命令行提示"输入新布局名<布局#>："。布局名必须唯一。布局名最多可以包含 255 个字符，不区分大小写。布局选项卡上只显示最前面的 31 个字符。

（4）"样板"：样板（DWT）、图形（DWG）或图形交换（DXF）文件中现有的布局创建新布局选项卡。

（5）"重命名"：给布局重新命名。要重命名的布局的默认值为当前布局。

（6）"另存为"：将布局另存为图形样板（DWT）文件，而不保存任何未参照的符号表和块定义信息。可以使用该样板在图形中创建新的布局，而不必删除不必要的信息。调用此命令后，命令行提示："输入要保存到样板的布局<当前>："。要保存为样板的布局的默认值为上一个当前布局。如果 FILEDIA 系统变量设为 1，则显示"从文件选择样板"对话框，用以指定要在其中保存布局的样板文件。默认的布局样板目录在"选项"对话框中指定。

（7）"设置"：设置当前布局。

（8）"? —列出布局"：列出图形中定义的所有布局。

除此之外，用户还可以使用布局向导（layoutwizard）命令，根据对话框提示循序渐进创建新布局。

第四节　添加配置绘图设备

进行打印之前，必须首先完成打印设备的添加。AutoCAD 允许使用的打印设备有两种，一种是 Windows 的系统绘图仪，它满足演示功能的小幅面的图形。而对于实际工程应用的大幅面的图形，则要用另一种 Autodesk 打印及管理器中所推荐的专用绘图机，以达到较好的输入效果。

Windows 的系统打印机就是在 Windows 控制面板上的打印机控制组中配置的打印机。对于绘图仪（也称为大幅面打印机），AutoCAD 为其提供了许多不同于 Windows 系统打印机的专业驱动，以使其达到最高的打印质量。在 AutoCAD 2008 安装完毕之后，Autodesk 绘图仪管理器会在 Windows 控制面板上自动添加一个 Autodesk 绘图仪管理器控制组。

下面介绍使用绘图仪管理器向导添加绘图仪的方法：

一、添加绘图设备

命令：PlotterManager
菜单：【文件】➤绘图仪管理器
菜单：【工具】➤向导➤添加绘图仪
菜单：WINDOWS【开始】➤设置➤控制面板➤AutoCAD 绘图仪管理器

该命令激活后，打开图 12-21 Plotter 对话框，在该对话框中可以根据实际情况添加配置输出设备。建议新的用户选择"添加打印机向导"进行操作。

图 12-21　Plotter 对话框

二、配置绘图设备

绘图仪添加完毕后，还需要对绘图仪的配置进行适当的编辑，使之更好地满足打印要求。使用绘图仪配置编辑器实现绘图仪配置，操作步骤如下述。

（1）选择菜单【文件】➤绘图仪管理器命令，系统会弹出如图 12-21 所示绘图仪管理窗口"Plotters"对话框。

（2）在绘图仪管理器窗口，双击图中的"DWF6 eplot"图标，打开与该打印设备有关的"绘图仪配置编辑器"对话框（图 12-22）。

（3）在该对话框中，系统给出了绘图仪的配置文件名"DWF6 eplot.pc3"以及该系统绘图仪的基本驱动信息，包括驱动程序的版本及相应文件、接口类型等。另外，用户可以在"说明"文本框中输入对该绘图仪的说明，以便其他用户使用。完成设置之后打开"端口"选项卡，进入绘图仪端口的配置对话框，在该对话框中，需要根据绘图仪的连接方式，选择一种绘图仪的配置方案。一般使用系统绘图仪，这些端口的配置将使用 Windows 中默认的方案，故不需要进行设置。最后单击"设备和文档设置"选项卡，在该选项卡中，用户可以对打印介质，图形打印特性、自定义特性和用户定义图纸尺寸与校准等进行设置。

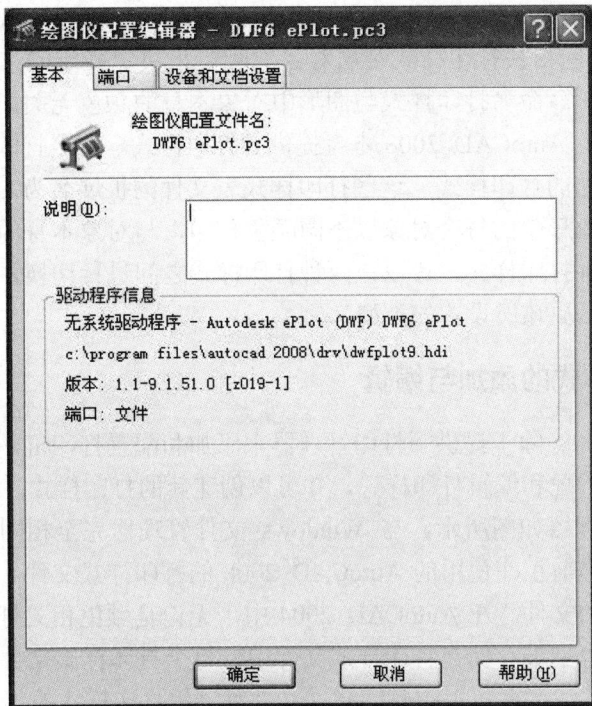

图 12-22 "绘图仪配置编辑器"对话框

第五节　添加与编辑打印样式

完成绘图仪的配置和打印布局的创建，就开始进入打印图形的最后阶段。

一、打印样式概念

从 AutoCAD2000 开始，AutoCAD 提供了一种新的对象特性，叫作打印样式。AutoCAD 2008 中所有的图形实体和图层都具有打印样式属性，是实体的基本特性之一。打印样式可以控制输出图纸的下列特性：线条颜色、线条宽度、线条端点类型、图形填充模式、灰度比例、打印颜色深浅、抖动、线条连接样式。在打印样式中，用户可以根据需要设置图形，输出各种类型的图形实体以及线条的全部特性，并且将之保存起来，并可以在以后的图形输出中反复调用。修改打印样式，便可以改变绘制出的图纸。

二、打印样式类型

打印样式有两种类型：一种是颜色相关打印样式（CTB）；另一种是命名打印样式（STB）。颜色相关打印样式是由对象的颜色来决定打印的方式，通过颜色控制图形的输出打印。命名打印样式与图形中对象本身的颜色无关，它包括用户自定义的打印样式以及 AutoCAD 2008 本身提供的打印样式。命名打印样式表使用直接指定给对象和图层的打印样式。这些打印样式表文件的扩展名为 .stb。使用这些打印样式表可以使图形中的每个对象以不同颜色打印，与对象本身的颜色无关。一个图形只能使用一种打印样式。可以在两种打印样式之间进行切换，也可以在设置图形的打印样式之后更该所设置的类型。

三、打印样式的添加与编辑

AutoCAD 2008 除了提供了打印管理器来添加和配置打印机，同时也提供了打印样式管理器来管理和编辑打印样式，并可以创建新的打印样式。

打印样式管理器如图所示，与 Windows 文件管理器完全相同。打印样式管理器中列出了所有当前正在使用的 AutoCAD 2008 的打印样式文件。打印样式文件是指存储打印样式的文件。在 AutoCAD 2004 中，无论是颜色相关打印样式，还是命名打印样式，都分别被存储在打印样式文件中。每个打印样式文件都包含了一组相同类型的打印样式，因此可以说打印样式文件是一组打印样式的集合。

AutoCAD 2008 提供的"添加打印样式表向导"可以帮助用户轻松地创建新的打印样式文件，启动打印样式管理器方法如下：

命令：StylesManager

菜单：【文件】➤打印样式管理器

开始菜单：WINDOWS【开始】➤控制面板➤AutoCAD 打印样式管理器

对于已经存在的打印样式表，使用打印样式表编辑器，可以添加、删除和重命名打印样式，并且可以编辑打印样式表中的打印样式参数。具体方法是选择文件菜单中的打印样式管理器命令，启动打印样式表管理器；然后在其中双击某一个 CTB 或 STB 文件图标，系统会弹出"打印样式表编辑器"，用户可根据提示进行操作，此处不再展开叙述。

第六节　建立页面设置

输出图形之前，用户需要对图纸页面进行相应的设置。AutoCAD 2008 提供了

图 12-23"页面设置管理器"对话框，可以提前完成打印设备、打印纸张、打印区域、打印样式等一系列页面设置工作。打开"页面设置管理器"对话框一般有以下几种方式：

命令：Pagesetup

菜单：【文件】➤页面设置管理器

工具栏：【布局】➤

下面分别介绍此对话框中的内容。

（1）"当前布局"或"当前图纸集"选项卡：列出要应用页面设置的当前布局。如果从图纸集管理器打开页面设置管理器，则显示当前图纸集的名称。

（2）"页面设置"选项卡：显示当前页面设置。

（3）"置于当前"按钮：将所选页面设置为当前页面设置。值得注意的是当前布局不能被设置为当前页面设置。

（4）"新建"按钮：将显示如图 12-24 所示"新建页面设置"对话框，用户可设置新建页面设置的名称，并指定基础样式。

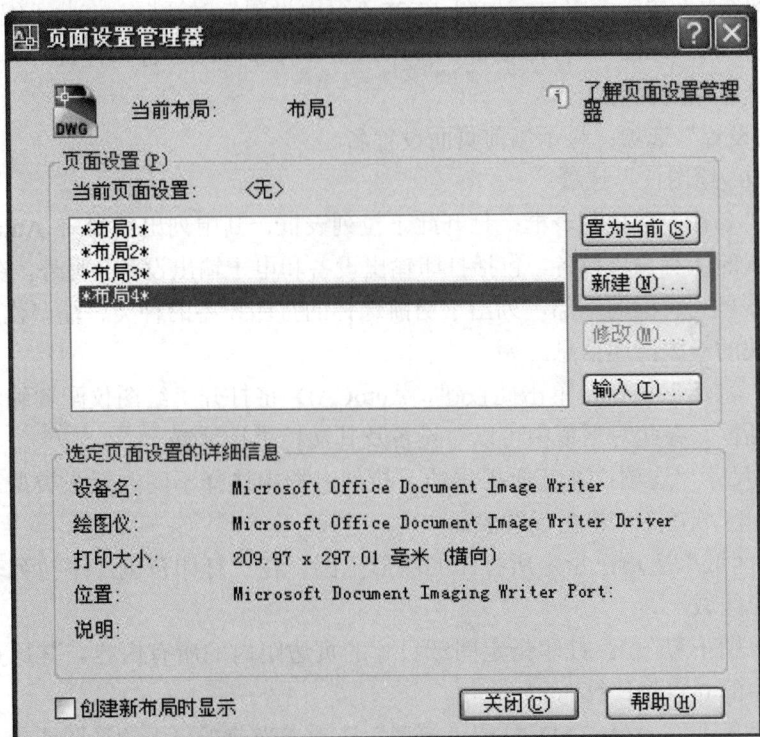

图 12-23 "页面设置管理器"对话框

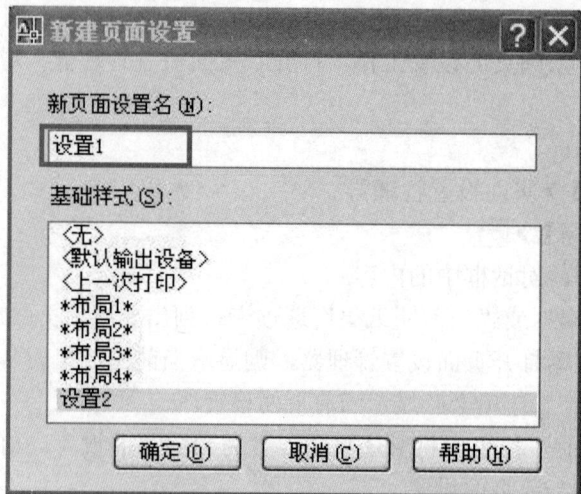

图 12-24   "新建页面设置"对话框

（5）"修改"按钮：将显示如图 12-25 "页面设置"对话框。在此可编辑所选当前页面设置的各参数。如打印设备、打印纸张、打印区域、打印样式等。下面分别介绍此对话框中的内容。

"页面设置"选项：显示当前页面设置名。

"打印机/绘图仪"选项：

➢ "名称"下拉列表框：打开此下拉列表框，其中列出了当前 AutoCAD 配置的所有输出设备，包括打印输出设备和电子输出设备。另外，在"名称"下拉列表框的下部，列出了当前选择的打印设备的种类、端口位置以及相关的一些描述信息。

➢ "特性"按钮：单击此按钮，AutoCAD 将打开"绘图仪配置编辑器"对话框。在此对话框中可以对设备及其文档进行设置。

"图纸尺寸"选项：在其所提供的下拉列表框中选择不同的纸张类型。页面的实际可打印区域在布局中由虚线表示。

"打印区域"选项：指定所打印的图形范围。在"打印范围"下拉列表中选择打印的图形区域。

➢ "图形界限"：打印指定图纸尺寸的页边距内的所有内容。其原点从布局中的 0 点起计算。

➢ "显示"：AutoCAD 打印"模型"选项卡当前视口中的视图或者布局选卡上当前图纸空间视图中的视图。

➢ "窗口"：AutoCAD 打印通过窗口区域指定的图形部分。单击右侧的"窗口"按钮，AutoCAD 将切换到绘图区域，用鼠标选取一个矩形区域，或者通过输入坐标值来确定要打印的区域。

"打印偏移"选项：指定打印区域相对于图纸左下角的偏移量。在布局中，指定打印区域的左下角位于图纸的左下页边距。可输入正值或负值以偏离打印原点。

> "居中打印"复选框：AutoCAD 将自动计算 X 和 Y 的偏移值，将打印图形置于图纸正中间。
> "X"文本框：输入打印原点在 X 方向的偏移量。
> "Y"文本框：输入打印原点在 Y 方向的偏移量。

"打印比例"选项：用来设置绘图的比例，控制图形单位相对于打印单位的相对尺寸。打印布局时，默认缩放比例设置为 1∶1。打印"模型"选项卡时的默认设置为"按图纸空间缩放"。

> "布满图纸"复选框：缩放打印图形以布满所选图纸尺寸，并在"比例"、"=-"和"单位文本框"中显示自定义的缩放比例因子。
> "比例"下拉列表框：定义打印的精确比例。"自定义"可定义用户定义的比例。可以通过输入与图形单位数等价的英寸（或毫米）数来创建自定义比例。
> "单位"文本框：指定英寸数、毫米数或像素的单位数。
> "缩放线宽"复选框：与打印比例成正比缩放线宽。线宽通常指定打印对象的线宽。

355

"预览"按钮：观察打印效果。

> "打印样式表"选项：根据打印样式菜单，选择不同的打印样式。
> "名称"对话框：显示指定给当前"模型"选项卡或布局选项卡的打印样式。
> "编辑"按钮：打开"添加打印样式表编辑器"对话框的"格式视图"选项卡，从中可以查看或修改当前指定的打印样式表的打印样式。

"着色视口选项"选项组：指定着色和渲染视口的打印方式，并确定它们的分辨率大小和每英寸的点数。

"打印选项"选项组：指定线宽、打印样式、着色打印和对象打印次序等选项。

"图形方向"选项组：确定输出图形时的方向，其中包含了两个按钮和一个复选框。

（6）"输入"按钮：显示"从文件选择页面设置"对话框，用户可选择 DWG、DWT 等图形格式文件，从这些文件中输入一个或多个页面设置。

（7）"选定页面设置的详细信息"选项卡：列出可应用于当前布局的当前的页面设置的信息。

（8）"创建新布局时显示"复选框：指定当选中新的布局选项卡或创建新的布局时，显示"页面设置"对话框。

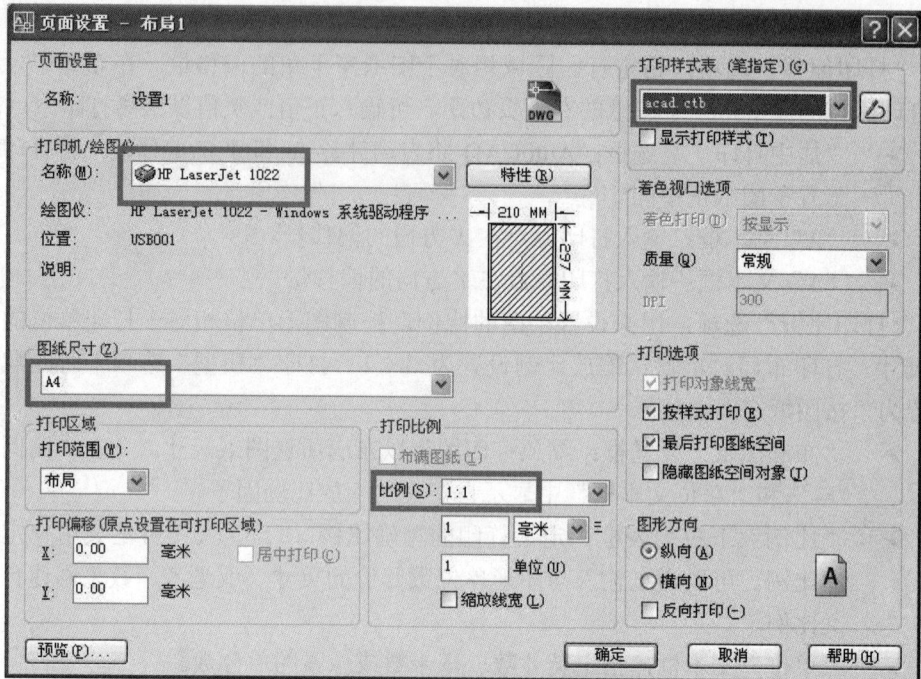

图 12-25 "页面设置"对话框

第七节 打印输出

完成了打印机的添加、配置和打印样式编辑及布局设置后，便可对图形进行打印。AutoCAD 2008 利用 Plot 命令在"打印"对话框中进行打印输出。

Plot 命令的激活方式：

命令：Plot

菜单：【文件】➤打印

工具栏：【标准】➤🖨

工具栏：【标准注释】➤🖨

命令启动后，将打开如图 12-26 所示对话框。

用户不难发现，"打印"对话框与前面介绍过的"页面设置"对话框基本相同，只是在"页面设置"对话框的基础上增加了一些项目。

（1）"页面设置"选项："添加"按钮，选择所需打印的页面设置名称。

（2）"打印机/绘图仪"选项："打印到文件"复选框，打印输出到文件而不是打印机或绘图仪。

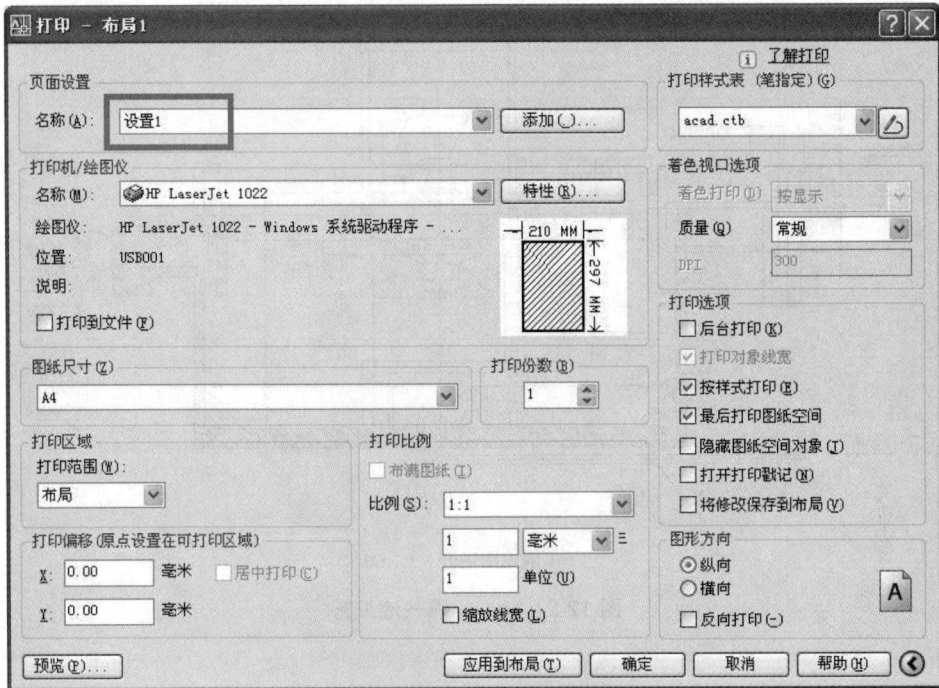

图 12-26 "打印"对话框

（3）"打印份数"增量框：此增量框用来确定打印的份数。只有当图纸输出时此选项才可用。

（4）"应用到布局"按钮：将当前"打印"对话框设置保存到当前布局。

（5）"打印选项"选项组：

"后台打印"复选框：指定在后台处理打印。

"打开打印戳记"复选框：打开打印戳记。在每个图形的指定角放置一个打印戳记并将戳记记录在文件中。打印戳记的日期可以在"打印戳记"对话框中指定。

"将修改保存到布局"复选框：将在"打印"对话框中所做的修改保存到布局。

*第八节　曝气池工艺图的打印输出

图 12-27 是曝气池工艺图，该图是曝气池工艺图的总图，总图可分为 4 个部分。图中左上部为主视图中的剖面展开图，右上部是侧面剖面图，最下方图是其俯视图，右下方是"管件及主要设备一览表"。绘制过程中标注尺寸时建议最好先在标注样式中设置标注的全局比例因子。

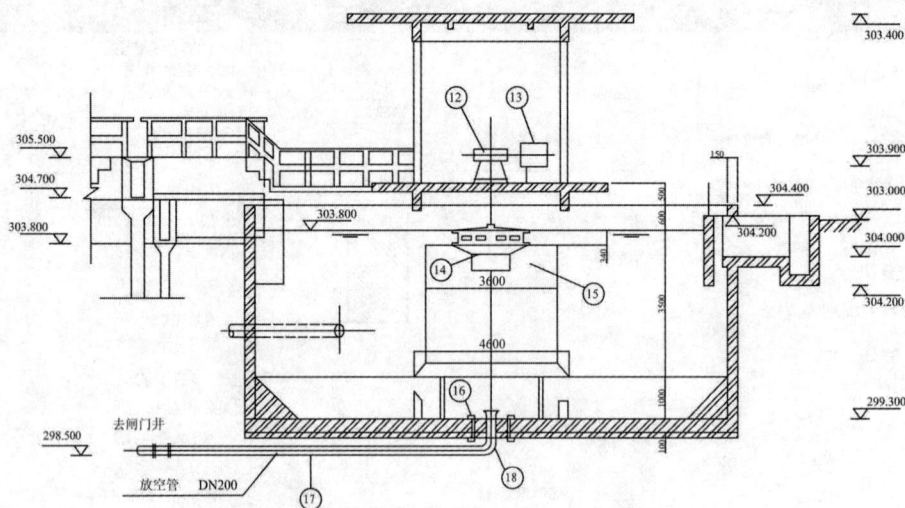

303.400

305.500
304.700

303.800

303.900
303.000

304.000

304.200

299.300

12 13

150

303.800

600 500

304.400

304.200

14 3600

15

1500

4600

1000

16

100

298.500 去闸门井

放空管 DN200

17 18

1—1 剖面图展开 1：60

图 12-27（a） 曝气池工艺

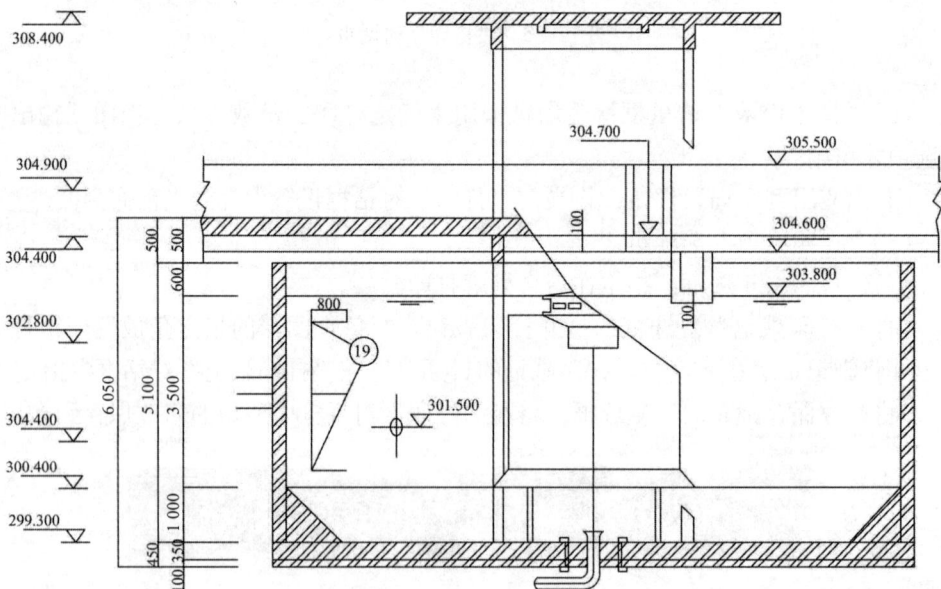

308.400

304.900

305.500

304.700

304.400

500 500

600

304.600

302.800

800

303.800

19

100

6 050

5 100

3 500

301.500

304.400

300.400

1 000

299.300

450

100 350

2—2 剖面图展开 1：60

图 12-27（b） 曝气池工艺

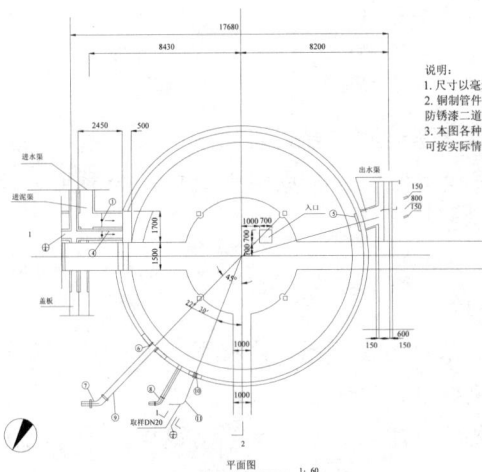

说明:
1. 尺寸以毫米单位,标高以米为单位。
2. 钢制管件,管支架等均先刷红丹防锈漆二道,再刷色漆二道。
3. 本图各种管道的平面布置,可按实际情况适当调整。

管道及主要设备一览表

编号	编号	规格	材料	单位	数量	备注
①	闸板			套	2	详见图20-水-16
②	量水堰			套	2	详见图20-水-10
③	挡水罩		钢	套	1	
④	水位尺			套	2	
⑤	堰板			套	1	详见图20-水-13
⑥	穿墙套板		钢	个	1	
⑦	45°弯管		钢	个	1	
⑧	60°弯管		钢	个	1	
⑨	单盘短管		钢	根	1	
⑩	穿墙套管		钢	个	1	详见图20-水-12
⑪	镀锌钢管			米	1	
⑫	蜗轮蜗杆减速器			台	1	
⑬	电磁调速异步电动机		钢	台	1	
⑭	泵B型曝气叶轮		钢	个	1	
⑮	导流板		钢	个	1	详见图20-水-8、9
⑯	穿墙套管		钢	个	1	S312-2-IV
⑰	钢管		钢	米	7.2	
⑱	90°弯管		钢	个	1	
⑲	管支架		钢	套	3	S161-48-1

平面图   1:60

图 12-27(c)   曝气池工艺

我们已介绍了在模型空间和图纸空间中打印图形的操作方法,下面通过打印曝气池工艺图这一实例来加深读者对本章所学知识的理解(如果读者难以绘制该图,可以选择其他图形图来进行下面的操作)。

打印参数设置如下:打印设备视用户情况而定,图纸为 A4,图纸单位为毫米,设置打印样式为"acad.stb",以 1:1 比例居中纵向打印。其具体操作如下:

(1)打开曝气池工艺图,切换到布局空间,并对其进行页面设置。参考图 12-23、图 12-24、图 12-25。

(2)选择菜单【文件】➤打印,启动"打印"对话框。根据如图 12-26 所示进行参数设置。

(3)在对话框下方"打印样式表"的"名称"下拉列表中选择"acad.stb"样式。

(4)单击"确定"按钮,开始打印,当然,在正式打印前,我们建议用户先进行打印预览,觉得合适之后再正式打印。

复习与思考练习题

*1. 使用向导进行打印布局操作。

解题要点:

在布局设置中可以指定打印样式,打印样式表包含了打印时应用到图形对象中的所有打印样式,可以从中选择适当的打印样式进行打印。

*2. 尝试进行添加打印机操作。

解题要点:

建议使用系统自带的"添加打印机"向导来设置。

*3. 尝试进行创建打印样式表操作。

解题要点：

可以通过"添加打印样式表"向导，创建新的打印样式表。

4. 打开一个已存在的三维模型图，将模型空间分割成四个视口，分别显示如图 11-1 所示的四个视图。

解题要点：

（1）新建四个视口，视口布置形式：相等。

（2）修改每个视口中预设视图的名称，依次为主视图、左视图、俯视图、西南等轴测图。利用缩放与平命令来得到每个视口中合适的显示效果。

5. 在如图 12-13 所示的曝气沉砂池文件中建立一个矩形浮动视口，并将此视口修剪成椭圆，如习题图 1 所示。

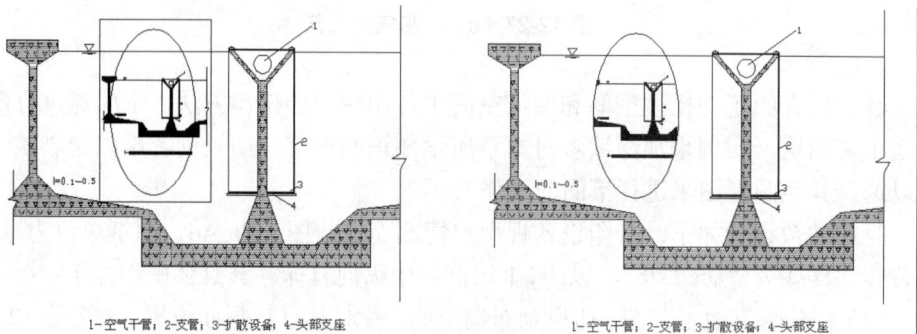

1-空气干管；2-支管；3-扩散设备；4-头部支座   1-空气干管；2-支管；3-扩散设备；4-头部支座

习题图 1　椭圆视口

解题要点：

（1）打开曝气沉砂池文件，并进入图纸空间。

（2）创建一个矩形视口。

（3）在矩形视口内部绘制一个椭圆。

（4）单击【视口】工具栏上"▦"按钮。根据命令行提示选择矩形作为要裁剪的视口，再选择椭圆作为裁剪对象，最终完成设置。

第十三章

AutoCAD 其他功能简介及应用

第一节　AutoCAD 设计中心

　　用户可以将设计中心（简称 ADC）看成一个设计管理系统。它使用与 Windows 资源管理器相类似的直观界面。利用该中心，用户不仅可以浏览自己的设计，还可以借鉴别人的设计思想和图形。设计中心能管理和再利用已经存在的设计对象、几何图形和设计标准。用户在使用该中心时，可以方便地定位和组织图形数据，还可以加载块、图层、外部参考和已命名自定义对象到自己的图形中，因为用户只需从自己的文件、网络驱动器或因特网将对象拖入图形文件当中，从而使设计更省时，更轻松，减少重复工作。概括地说，AutoCAD 设计中心的主要作用是：

　　（1）浏览不同的图形资源，从经常使用的图形文件到网页上的图形符号库。

　　（2）查看图形中的块和图层定义，并可将这些定义插入、附着和粘贴到当前图形中。

　　（3）为经常访问的图形、文件夹及 Internet 网址创建快捷方式。

　　（4）在用户计算机与网络驱动器上搜索和加载图形到设计中心或当前图形。

　　（5）在新窗口中打开图形文件。

　　（6）将图形、块和填充拖动到工具选项板上以便于访问。

一、了解 AutoCAD 设计中心

　　"设计中心"选项板分为两部分，左边为树状图，右边为内容区。可以在树状图中浏览内容的源，而在内容区显示其内容。可以在内容区中将项目添加到图形或工具选项板中。

　　AutoCAD 设计中心窗口的启动有如下方式：

　　命令：ADCENTER

　　菜单：【工具】▶选项板▶设计中心

　　工具栏：【标准注释】▶

　　工具栏：【标准】▶

调用上述命令，打开"设计中心"选项板（图 13-1）。"设计中心"窗口左侧的树状图和四个设计中心选项卡可以帮助用户查找内容并将内容加载到内容区中。各选项卡具体说明如下：

（1）"文件夹"选项卡：此为默认选项卡，用于浏览磁盘中的图形文件。显示了系统的树形结构。用户利用设计中心可以有效地查找和组织文件，并可以查找出这些图形文件所包含的对象。

（2）"打开的图形"选项卡：用于显示当前打开的图形列表，包括最小化的图形。单击某个图形，然后单击列表中的某个定义表就可以将图形的内容加载到内容区中。

（3）"历史记录"选项卡：显示设计中心以前打开的文件列表。双击列表中的某个图形文件，可以在"文件夹"选项卡中的树状视图中定位此图形文件并将其内容加载到内容区中。

（4）"联机设计中心"选项卡：提供联机设计中心网页中的内容，包括块、符号库、制造商目录和联机目录，此功能的实现需要链接到 Internet。

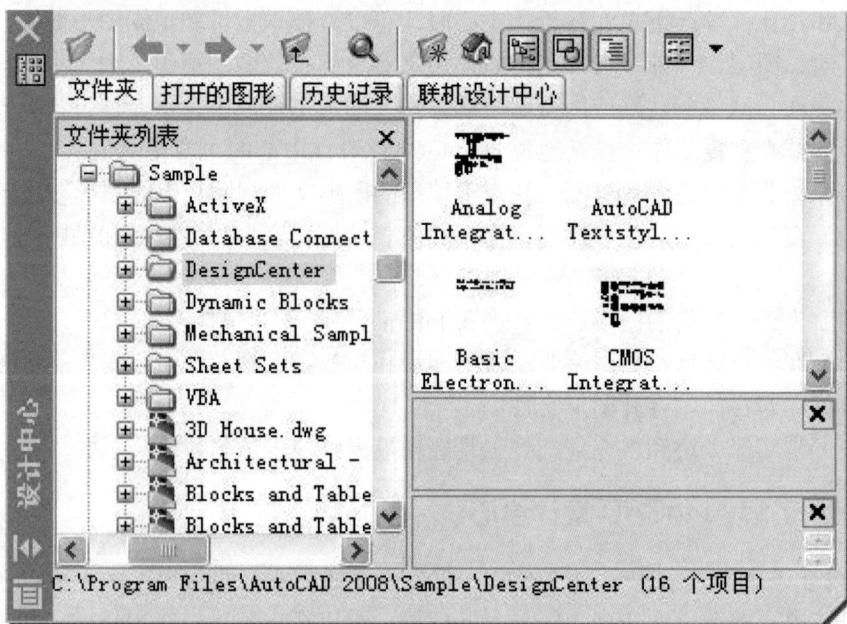

图 13-1　"设计中心"选项板

二、通过设计中心搜索内容

利用设计中心可以很方便地查找当前计算机中所存储的有关 AutoCAD 的信息，如图形、填充图案和块等。

下面举例说明通过设计中心搜索内容的过程。

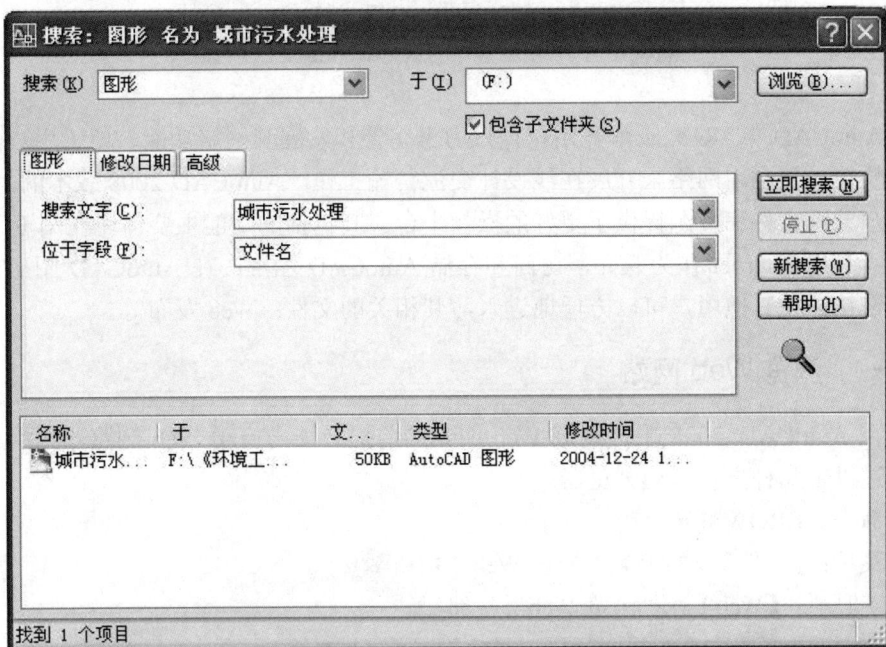

图 13-2 "搜索"对话框

例如：利用设计中心查找存放在 F 盘中名为"城市污水处理.dwg"的图形文件，并插入到当前的绘图区域中。参考步骤如下：

（1）按 Ctrl+2 组合键打开设计中心选项板。

（2）单击"搜索"按钮 🔍 打开如图 13-2 所示"搜索"对话框。

（3）在"搜索"右下侧的下拉列表框中选择"图形"搜索项。

（4）在"于"右侧的下拉列表中选择搜索的范围对象，单击"浏览"按钮，打开"浏览文件夹"对话框。

（5）在该对话框中设置搜索对象的路径，然后单击"确定"按钮，并关闭"浏览文件夹"对话框。重新回到上一级"搜索"对话框。

（6）切换到"图形"选项卡，在"搜索文字"右侧的文本框中输入要搜索的对象的名称，本例输入" 城市污水处理"。在"位于字段"下拉列表中选择"文件名"。

（7）单击"搜索"按钮，系统开始搜索图形文件，并将结果显示在下方的"名称"列表框中。

（8）选中"名称"列表框下方的相应图形名称，按住并拖动到所在的绘图区域中，并指定插入点，然后根据系统提示设置好比例和旋转角度。

第二节　Internet 功能

AutoCAD 从 R14 版本开始一直致力于完善和发展其网络功能，便于用户能够更加快捷方便利用网络来开展在线设计交流传输工作。AutoCAD 2008 版本的问世，为用户共享文件和资源提供了更好的操作平台。其包括的功能主要体现在浏览 Wed 网站；利用 Internet 作为媒介，访问和存储 AutoCAD 图形；在 AutoCAD 图形上建立超链接，使其他用户可以方便地进入与其相关的文件；Web 发布等。

一、浏览 Web 网站

在 AutoCAD 2008 中，浏览 Web 网站的前提必须先启动 Web 浏览器。用户可以通过以下几种方式启动浏览器：

命令：BROWSER

菜单：【文件】▶打开▶"搜索 Web"按钮

工具栏：【Web】▶"浏览 Web"按钮

命令调用后会在命令提示行显示"输入网址（URL）http://www.autodesk.com.cn"。在该提示下，按回车键默认站点或输入新网址按回车键，就会启动 Web 浏览器并访问 Autodesk 公司网站（图 13-3）。

图 13-3　Autodesk 公司网站

二、图形发布

由于传统 CAD 文件的 JPG 格式不适宜直接在互联网上使用，Autodesk 公司开发了电子出图（Eplot）功能，通过生成 DWF（DrawingWebFormat）文件，将电子图形发布到 Internet 上。DWF 文件是一种基于矢量的压缩文件，它具有传输速度快、精度高等优点。浏览 DWF 文件可以使用 Autodesk ExpressViewer 程序，也可以使用 IE 或者 Netscape 浏览器。

发布图形的操作方法如下：

命令：publish

菜单：【文件】➤发布

工具栏：【标准】➤🖼

工具栏：【标准注释】➤🖼

例如：下面以"13-4 圆环.DWG"（图 13-4）为例简述将其创建其 DWF 文件的过程如下：

（1）打开文件"13-4 圆环.DWG"，并使用 zoom 命令将其缩放到适当的大小。

图 13-4　圆环

（2）选择【文件】➤发布，弹出如图 13-5 所示的"发布"对话框，在对话框中列出了当前文件中所包含的所有布局，以及发布 DWF 图形的保存位置等相关信息。在"发布到"选项组中选中"DWF 文件"选项。

（3）单击"发布"按钮，弹出"选择 DWF 文件"对话框，选择所创建的 DWF 文件的保存路径，按"确认"按钮后，经过一个处理过程，即可创建选定图形布局的 DWF 文件。

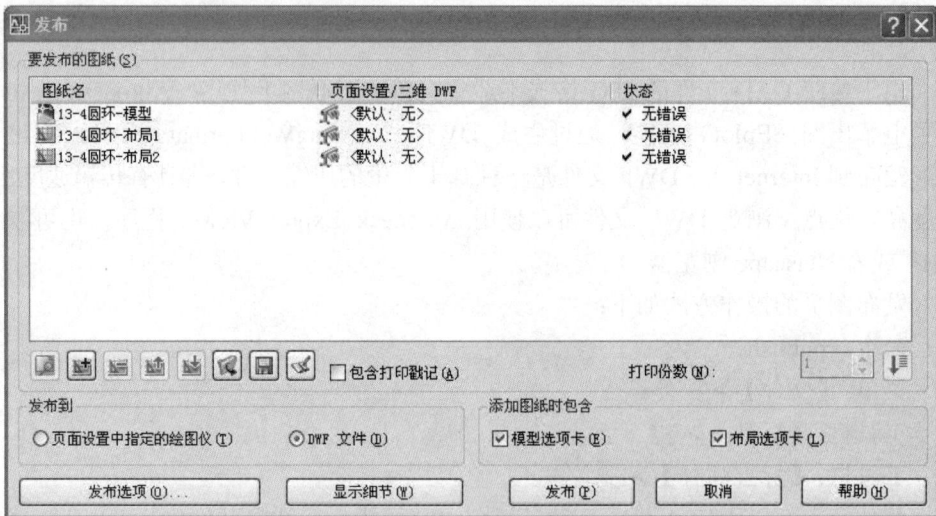

图 13-5 "发布"对话框

三、超级链接

超级链接是在 AutoCAD 图形中创建的跳转到相关文件的指针。它提供了一种简单而有效的方式，可以快速将各种文档与 AutoCAD 图形关联起来。

在 AutoCAD 2008 中既可以创建绝对超级链接，也可以创建相对超级链接。绝对超级链接指向一个文件的完整路径，而相对超级链接是指存储文件的位置是相对于一个默认 URL 地址的部分路径，或者由系统变量 Hyperlinkbase 指定目录的部分路径。同时超级链接指向的文件既可以存储在本地计算机磁盘中，也可以存储在网络上。

AutoCAD 2008 启动超级链接的方法有以下几种：

命令：Hyperlink

菜单：【插入】➤超链接

实施超级链接操作如下：

（1）激活超链接命令，AutoCAD 2008 将在命令行中提示如下：

选择对象：//在此提示下选择要创建超级链接的图形对象，可以选择多个图形对象，然后按回车键确认。

（2）按回车键确认后，AutoCAD 弹出如图 13-6 所示的"插入超级链接"对话框。利用该对话框可以设置超链接。

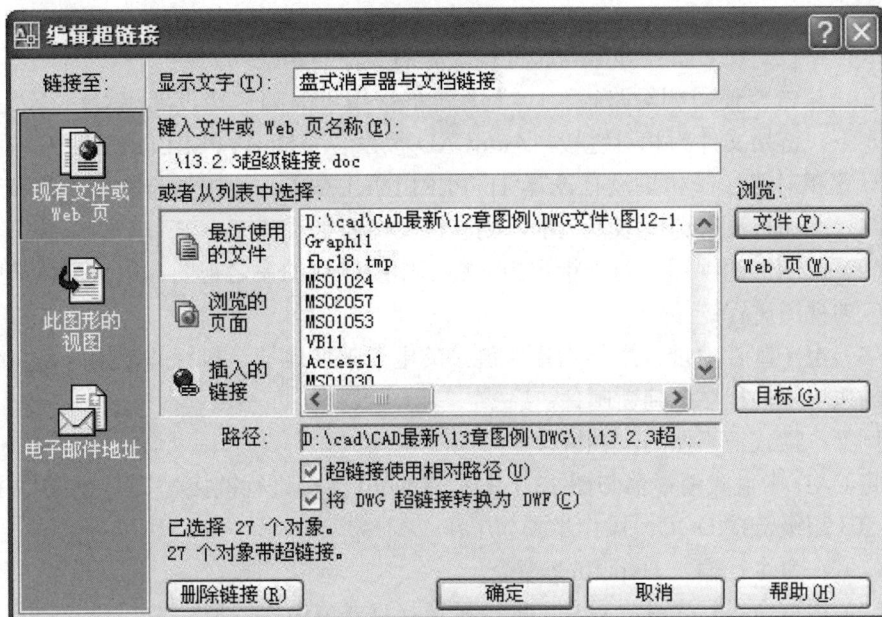

图 13-6　"插入超级链接"对话框

各项具体说明如下：

"显示文字"文本框：用于指定超链接的说明文字。

"链接至"选项组：用于确定链接到的位置。包括三个选项："现有文件或 Web 页"、"此图形的视图"和"电子邮件地址"。

（1）现有文件或"Web"页：

①"键入文件或 Web 页名称（E）"文本框：用于指定要与超链接关联的文件或 Web 页面。该文件存储在本地、网络驱动器或 Internet 网上。

②"最近使用的文件"按钮：单击该按钮，显示最近链接过的文件列表，可从中选择一个进行链接。

③"浏览的页面"按钮：单击该按钮，显示最近浏览过的 Web 页面列表，可从中选择一个进行链接。

④"插入的链接"按钮：单击该按钮，显示最近插入的超链接列表，可从中选择一个进行链接。

⑤"文件"按钮：单击该按钮，弹出对话框，从中可以浏览需要与超链接关联的文件。

⑥"Web 页"按钮：单击该按钮，弹出对话框，从中可浏览需要与超链接关联的 Web。

⑦"目标"按钮：单击该按钮，弹出对话框，从中可选择链接到图形中的命名

位置。

⑧"路径"文本框：显示与超链接关联的文件的路径。

⑨"超链接使用相对路径（U）"复选框：用于为超链接设置相对路径。在选中状态下，链接文件为相对链接，AutoCAD 按系统变量 HYPERLINKBASE 中指定的值设置相对路径；如果没有设置 HYPERLINKBASE，则按当前图形的路径设置相对路径；如果没有选中该复选框，则链接文件为绝对链接。

（2）此图形的视图：用于指定当前图形中要链接的命名视图，用户可以从中选择相应的视图进行链接。

（3）电子邮件地址：用于指定要链接的电子邮件地址。执行超链接时，将使用默认的系统邮件程序创建新邮件。

例如：盘式消声器与文档链接。

将 CAD 中盘式消声器与图 13-7 所示的 word 文档进行链接。其中 word 文档名为 13.2.3 超级链接.DOC。操作步骤如下：

（1）在命令行输入 Hyperlink 命令。

（2）根据命令行"选择对象"的提示选择盘式消声器图形。

（3）系统弹出如图 13-6 所示"插入超链接"对话框。

（4）在"插入超链接"对话框中"显示文字"文本框输入"盘式消声器与文档链接"（指定超链接的名称）。

（5）在"插入超链接"对话框中"键入文件或 Web 页名称"文本框中输入路径或单击文本框右边的"浏览"按钮，选择所需路径（指定超链接对象的路径）。

（6）单击"确定"按钮，即完成如图 13-8 的超链接。

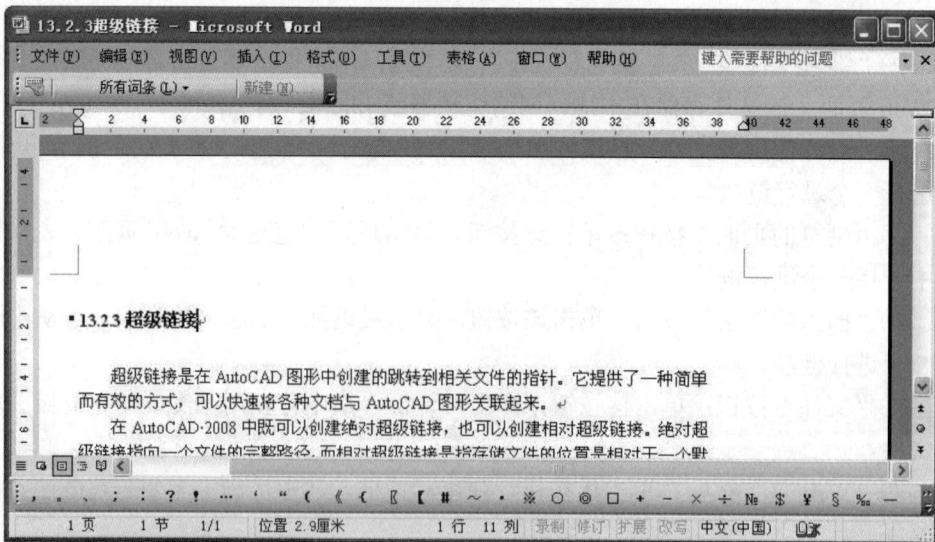

图 13-7　13.2.3 超级链接.DOC 文档

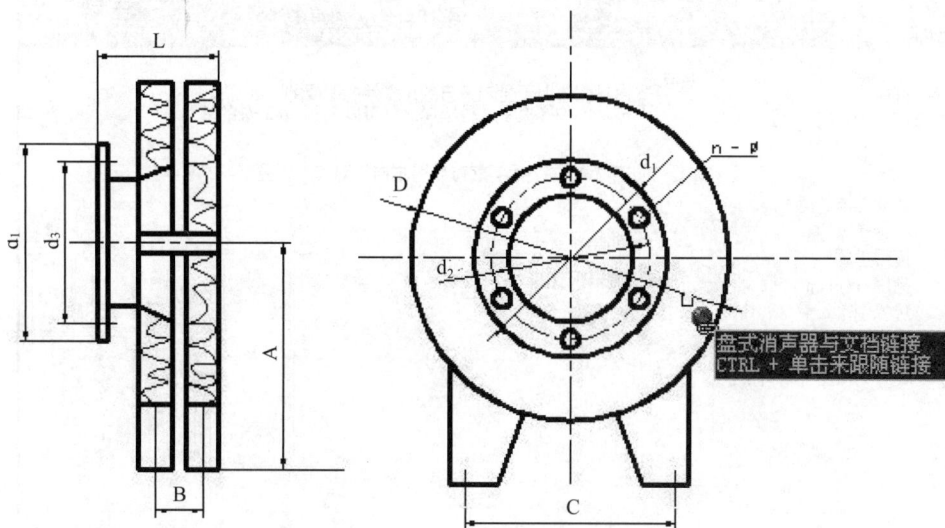

图 13-8　超级链接

四、网上发布

AutoCAD 通过网上发布向导传输图形文件。网上发布向导为创建包含 AutoCAD 图形的 DWF、JPEG 或 PNG 图像的格式化网页提供了简化的界面。这 3 种图像格式各有其特点：

（1）DWF 格式不会压缩图形文件。

（2）JPEG 格式采用有损压缩，即故意丢弃一些数据以显著减小压缩文件的大小。

（3）PNG（便携式网络图形）格式采用无损压缩，即不丢失原始数据就可以减小文件的大小。

AutoCAD 激活网上发布命令方法如下：

命令：Publishtoweb

菜单：【文件】➤网上发布

网上发布的步骤如下：

输入 Publishtoweb 命令。AutoCAD 将弹出"网上发布-开始"对话框，如图 13-9 所示。在此对话框中需要设置是创建新的 Web 页还是编辑现有的 Web 页，选中相应的单选按钮即可。作出相应的选择后，用户可方便地利用该向导一步步地完成操作。最后系统打开"网上发布—预览并发布"对话框（图 13-10）。用户可单击"预览"按钮进行预览或单击"立即发布"按钮进行发布。

网上发布 – 开始

▶ 开始
　创建 Web 页
　编辑 Web 页
　描述 Web 页
　选择图像类型
　选择样板
　应用主题
　启用 i-drop
　选择图形
　生成图像
　预览并发布

本向导创建用于显示来自图形文件的图像的 Web 页。通过从各种样板中进行选择，您可以控制 Web 页的外观。

创建 Web 页之后，您可以用本向导对其进行更新。

⦿ 创建新 Web 页(C)

○ 编辑现有的 Web 页(E)

〈 上一步(B)　下一步(N) 〉　　取消

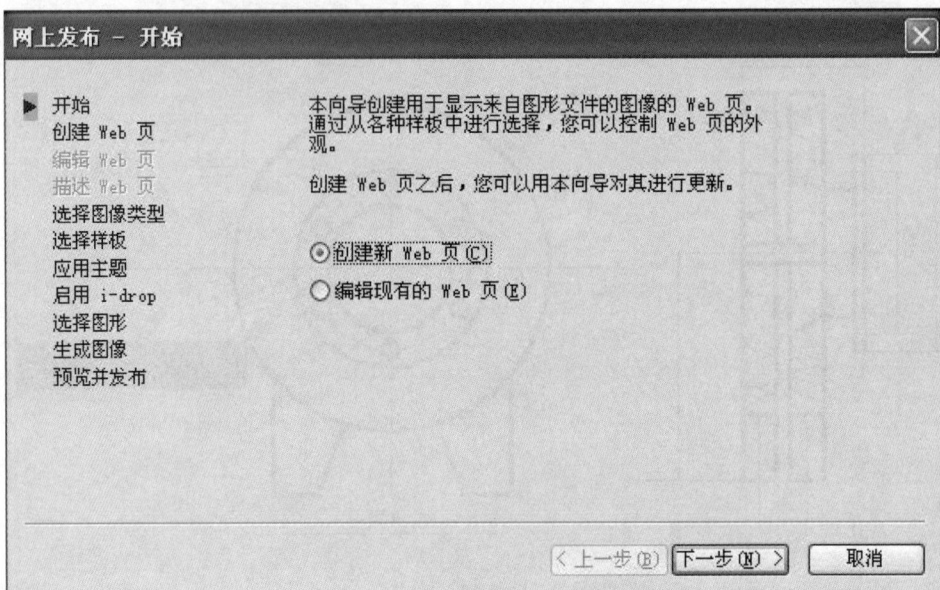

图 13-9　"网上发布-开始"对话框

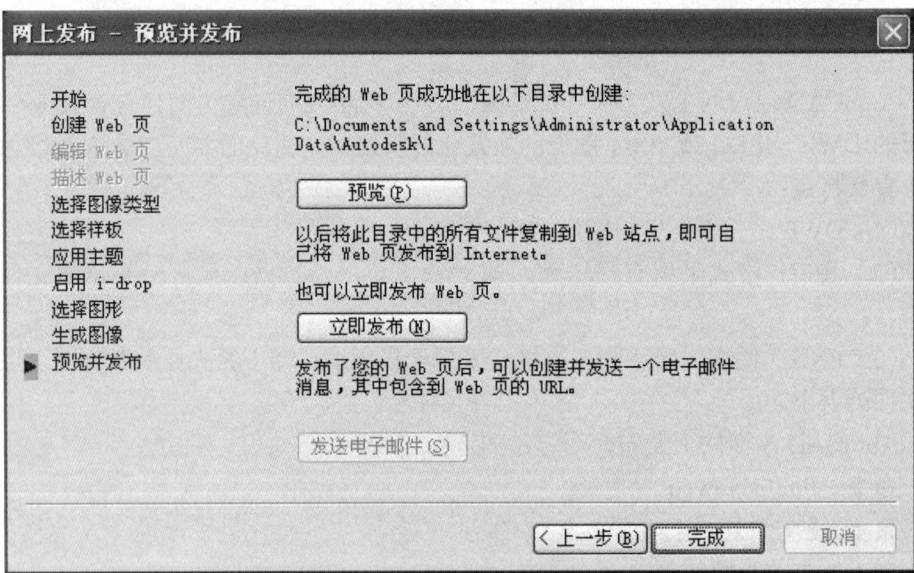

网上发布 – 预览并发布

　开始
　创建 Web 页
　编辑 Web 页
　描述 Web 页
　选择图像类型
　选择样板
　应用主题
　启用 i-drop
　选择图形
　生成图像
▶ 预览并发布

完成的 Web 页成功地在以下目录中创建：

C:\Documents and Settings\Administrator\Application Data\Autodesk\1

预览(P)

以后将此目录中的所有文件复制到 Web 站点，即可自己将 Web 页发布到 Internet。

也可以立即发布 Web 页。

立即发布(N)

发布了您的 Web 页后，可以创建并发送一个电子邮件消息，其中包含到 Web 页的 URL。

发送电子邮件(S)

〈 上一步(B)　完成　取消

图 13-10　"网上发布-预览并发布"对话框

第三节　城市污水处理系统设计及网络发布

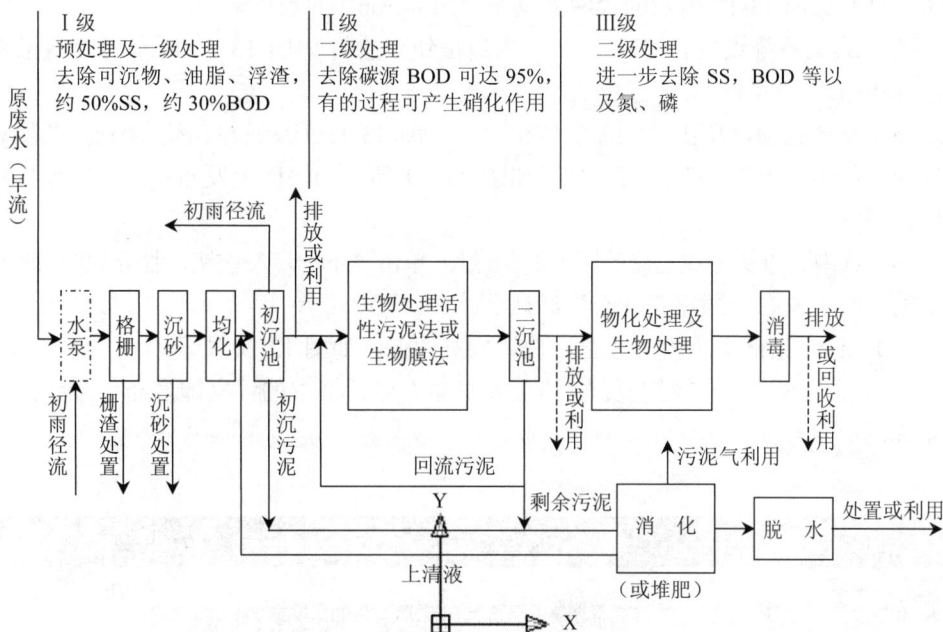

注：（1）泵有时不需要，亦可能移至沉砂后，或与均化结合；

　　（2）在小型污水厂中，可酌情使用均化；

　　（3）初雨径流一般只处理到初沉为止；

　　（4）在有条件的地方，可结合采用稳定塘和（或）土地处理。

图 13-11　城市污水处理系统设计流程

将图 13-11 城市污水处理系统设计流程图进行网络发布，参考过程如下：

（1）选择菜单【文件】➤网上发布，打开"网络发布"向导。如图 13-12"网上发布-开始"对话框所示。

（2）选择"创建新 Web 页"按钮，单击"下一步"按钮，打开如图 13-13 所示的"网上发布-创建 Web 页"对话框。

（3）在该对话框中"指定 Web 页名称"文本框中输入 sample；在"指定文件系统中 Web 页文件夹的上级目录"文本框中输入"F:\CAD\SAMPLE"。单击"下一步"按钮，打开如图 13-14 所示的"网上发布-选择图形对象类型"对话框。

（4）在该对话框中选择默认图像类型为"DWF"格式，单击"下一步"按钮，打开如图 13-15 所示的"网上发布-选择样板"对话框。

（5）从列表中选择"图形列表"，右侧给出了预览效果。然后单击"下一步"按钮，打开如图 13-16 所示的"网上发布-应用主题"对话框。

（6）从下拉列表中选择"海浪"。下侧给出了预览效果。然后单击"下一步"按钮，打开如图 13-17 所示的"网上发布启用 i-drop"对话框。

（7）默认系统设置，单击"下一步"按钮。打开如图 13-18 所示的"网上发布-选择图形"对话框。

（8）默认选项，单击"添加"按钮，将如图 13-18 所示的图形添加到"图像列表"中。单击"下一步"按钮，打开如图 13-19 所示的"网上发布—生成图像"对话框。

（9）选中"重新生成已修改图形的图像"。单击"下一步"按钮，打开如图 13-10 所示的"网上发布—预览并发布"对话框。

（10）该对话框中单击"预览"按钮预览图像，如图 13-20 所示。

（11）预览后单击"网上发布-预览并发布"对话框中的"立即发布"按钮，系统完成图形发布。

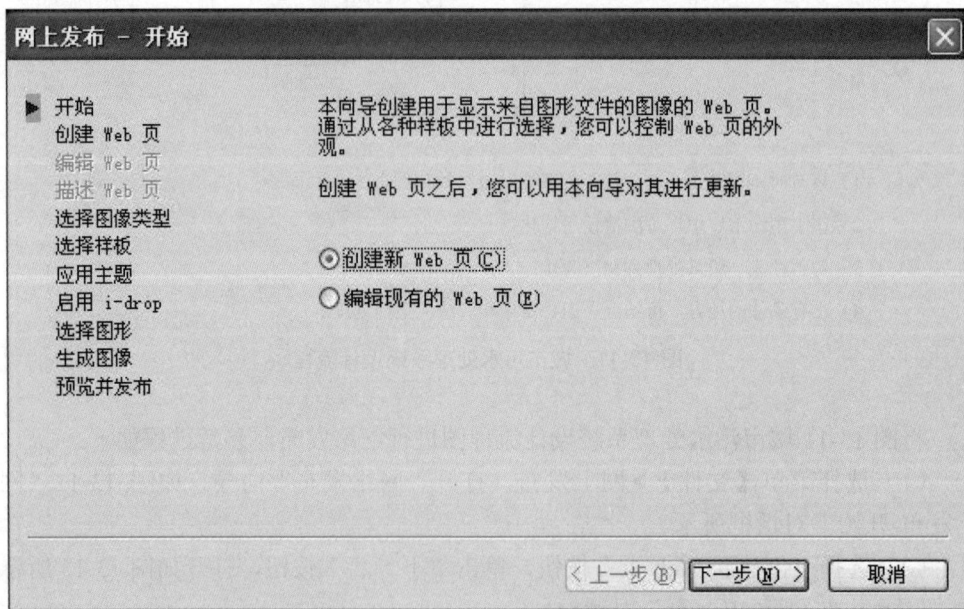

图 13-12　"网上发布-开始"对话框

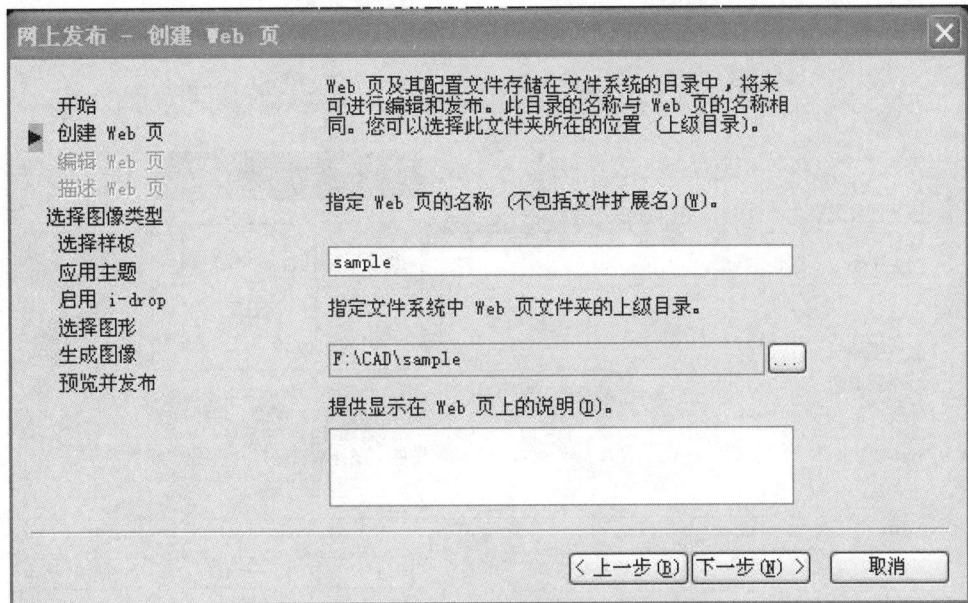

图 13-13 "网上发布-创建 Web 页"对话框

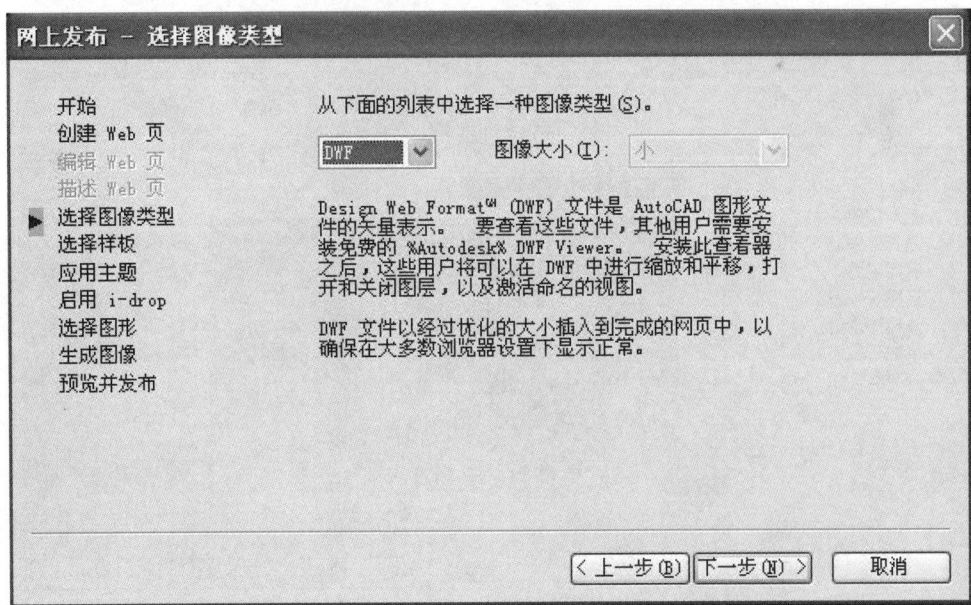

图 13-14 "网上发布-选择图形对象类型"对话框

网上发布 － 选择样板

从下面的列表中选择一个样板。预览窗格中示例了所选的样板对 Web 页中的图形图像的布局产生的影响(S)。

开始
创建 Web 页
编辑 Web 页
描述 Web 页
选择图像类型
▶ 选择样板
应用主题
启用 i-drop
选择图形
生成图像
预览并发布

列表加摘要
数组加摘要
缩略图像数组
图形列表

网页标题

图像 1
图像 2
图像 3...

图像边框

创建包含图形列表和图像框架的网页。从列表中选择图形会更新图像框架。如果您是创建 DWF 图像，右键单击网页上的图像，会显示一个可用选项的快捷菜单。如果您是创建 JPEG 或 PNG 图像，左键单击会打开该图像的更大版本。

〈 上一步(B) 〉 下一步(N) 〉   取消

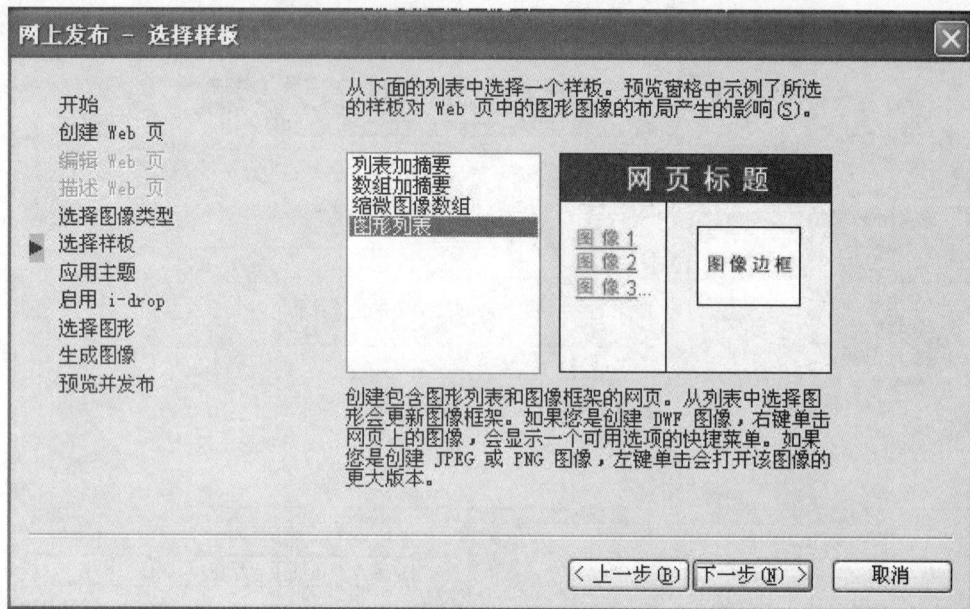

图 13-15   "网上发布-选择样板"对话框

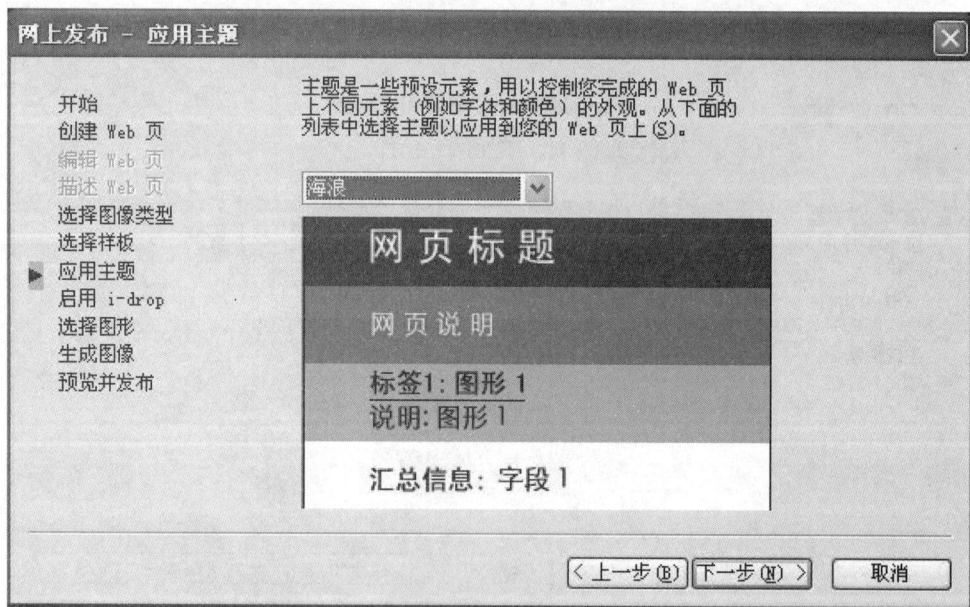

网上发布 － 应用主题

主题是一些预设元素，用以控制您完成的 Web 页上不同元素（例如字体和颜色）的外观。从下面的列表中选择主题以应用到您的 Web 页上(S)。

开始
创建 Web 页
编辑 Web 页
描述 Web 页
选择图像类型
选择样板
▶ 应用主题
启用 i-drop
选择图形
生成图像
预览并发布

海浪

网页标题

网页说明

标签1: 图形 1
说明: 图形 1

汇总信息: 字段 1

〈 上一步(B) 〉 下一步(N) 〉   取消

图 13-16   "网上发布-应用主题"对话框

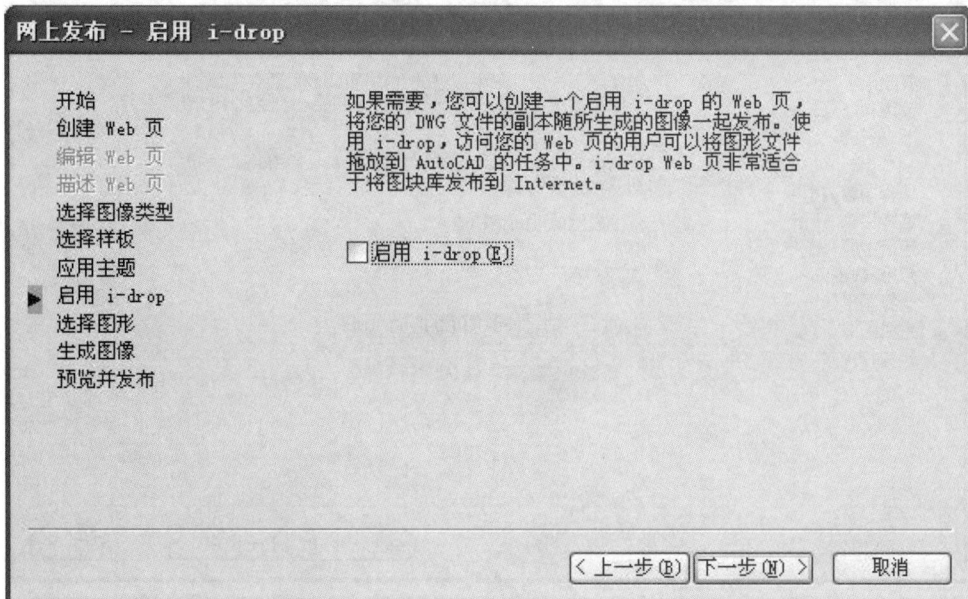

图 13-17   "网上发布启用'i-drop'"对话框

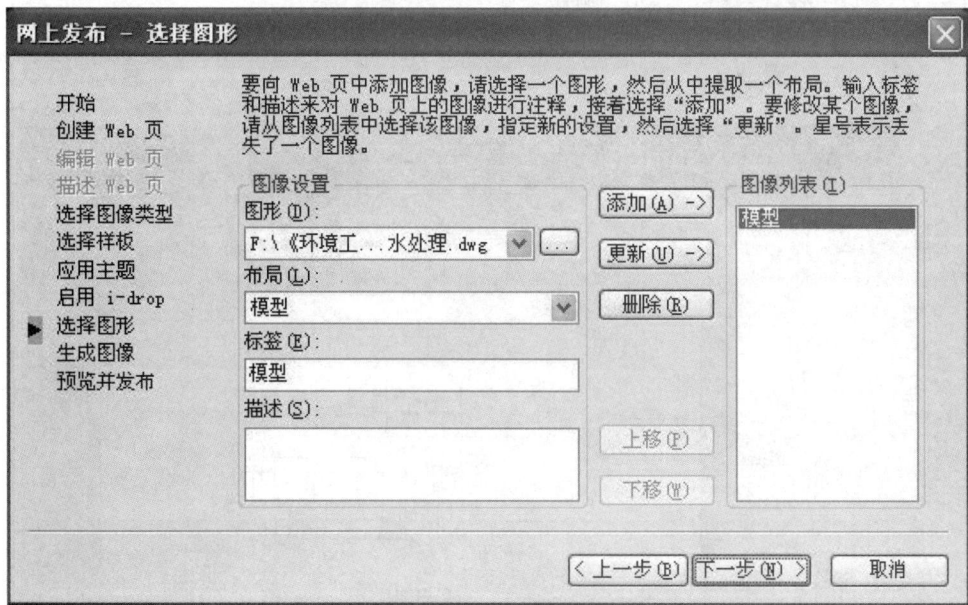

图 13-18   "网上发布—选择图形"对话框

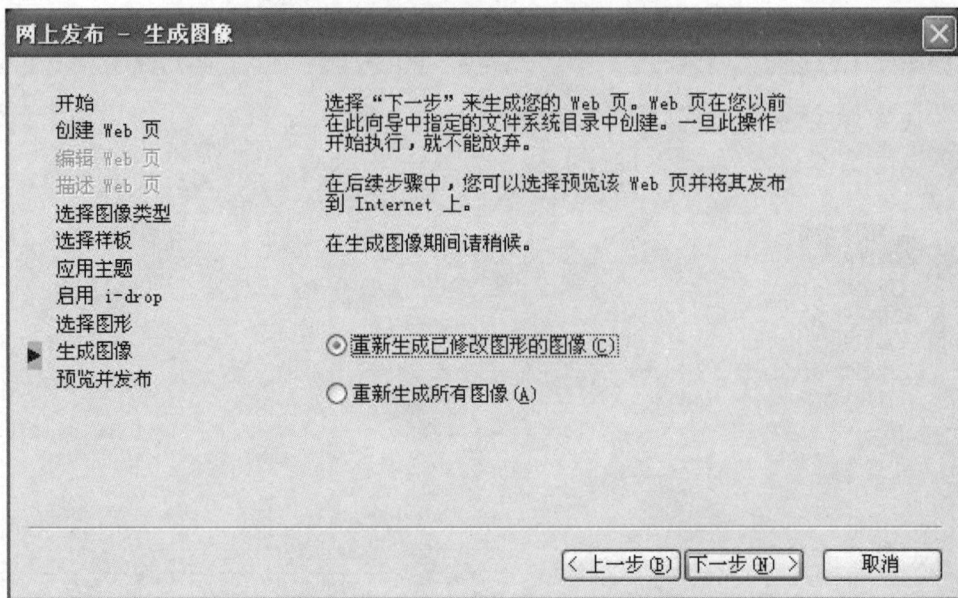

图 13-19　"网上发布-生成图像"对话框

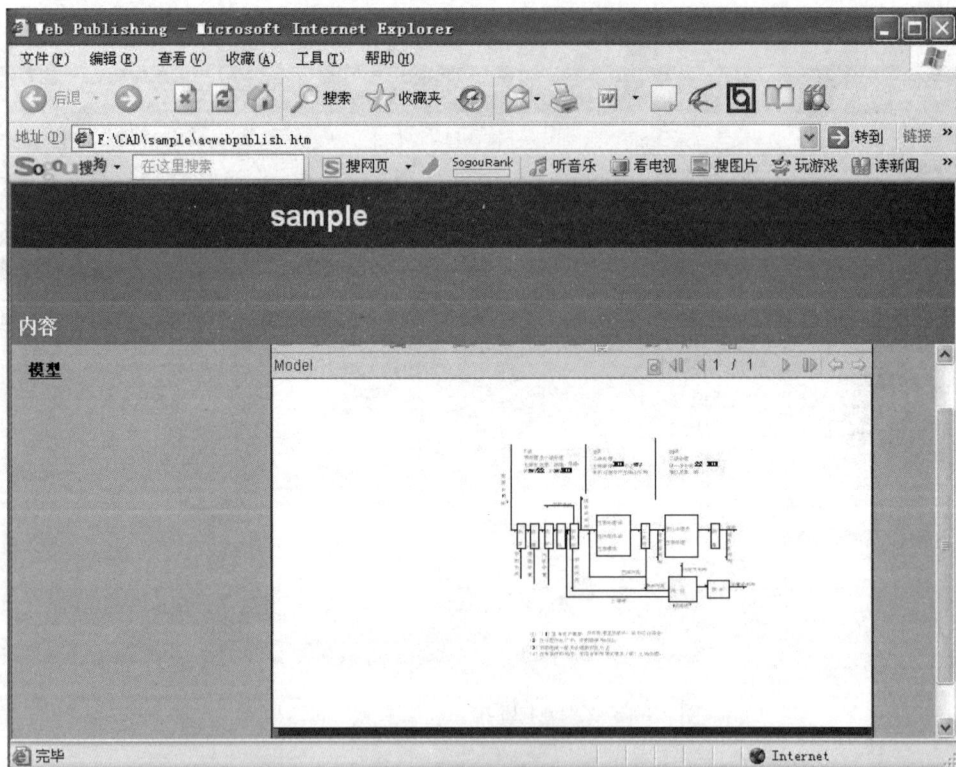

图 13-20　预览图像

复习与思考练习题

*1. 练习本章中城市污水系统流程设计图的网络发布。要求样板为"微缩图像数组"，主题选择"雨天"。参考13.3节步骤设置。

*2. 练习将本章图 13-11 城市污水处理系统设计流程图超链接到一个个人的电子邮件（参考图13-6所示）。

环 境 工 程 C A D 设 计 与 应 用

*第十四章 典型废水处理系统的 CAD 设计与应用

在开始本章内容之前，有两个问题需要向读者说明一下。第一，本章的设计图全部来自实际工程，其图例、设计说明、标题栏、会签栏、明细栏、图框等要素一应俱全，但考虑到如果把这些要素加进来，图形主体部分会更小，使读者识图更加困难，鉴于这些要素在本书第二章中都有详细介绍，所以本章的图形把这些要素都暂时去掉了，但这并不意味读者今后设计不用考虑这些内容，事实上，这些要素相当重要。第二，本章选用的设计实例的设计计算过程比较冗长，本书限于篇幅，没有选入相应内容，最后列出的大量参考文献中有相当一部分是属于专业设计手册类型的书籍，读者可以参考这些书籍及其他相关专业书籍来理解相应的设计计算过程。

第一节　小区污水综合处理系统的 CAD 设计与应用

一、小区污水综合处理系统的设计背景及特点

小区人口密度较大，往往排放大量的污水。这些污水含大量有机物及一些重金属离子，若不加以处理就直接排放，势必对环境水体造成污染。

保护环境是我国的一项基本国策，若能对小区废水加以处理再排放，不仅保护了环境，在小区内强化了一种环境保护意识。

本污水综合处理系统在设计及施工过程中，充分考虑了小区的实际情况，力求突出时代特色，体现国内环保水处理工程的最新技术和工艺，起点高、工艺先进、实用性强，并包括污水治理工程常用的各种方法；处理装置操作简便，便于检修维护，并能实行计算机自控（联控）及在线监测；同时充分利用现有场地，并考虑小区长远的发展。

本设计方案的突出特点为工艺简单、运行稳定、处理效果好、耐冲击负荷能力强，可达标排放，且出水全部可以二次回用。

二、小区污水综合处理系统的 CAD 设计与应用

本设计中，大量地运用了 CAD 技术，所有的设计施工图均在 AutoCAD 中实现，这比起过去的手工设计，大大提高了自动化设计程度，减轻了繁重的重复工作，工作效率得以大大提高，而工作质量也大幅度提高。下面将给出该设计过程中的主要图形，供广大读者参考，本章后留有对应习题，希望读者综合所学知识及操作技巧来完成这些图形的计算机辅助设计。

1．小区污水综合处理系统设计工艺流程图

本设计方案采用多级平行并联方式布置工艺流程，各处理设施预留串联接口和直排口。设计工艺流程见图 14-1。

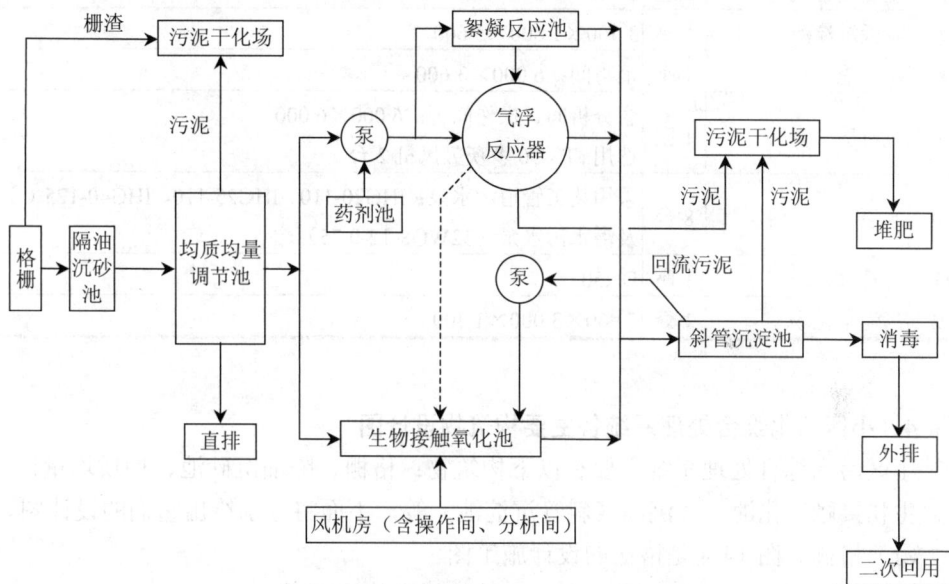

图 14-1　小区污水综合处理系统设计工艺流程

表 14-1 中列出了主要设备及构筑物的名称、数量及规格等。

2．小区污水综合处理系统平面管线布置图

图 14-2 是小区污水综合处理系统平面管线布置图。

3．小区污水综合处理系统高程图

图 14-3 是小区污水综合处理系统高程图。

表 14-1　主要设备及构筑物的名称、数量与规格

序号	构筑物或设备名称	数量	规格或备注
1	格栅槽	1 座	2 170×420×600
2	隔油沉砂池	1 套	5 000×1 100×3 200
3	调节池	1 座	6 400×3 200×4 800
4	絮凝反应器	1 套	
5	气浮反应器	1 套	射流气浮 溶气罐：$\phi600×800$ 反应器：$\phi900×800$（分离段）；$\phi300×3 300$（反应段）
6	生物接触氧化池	2 座	2 600×2 200×5 000
7	斜板沉淀池	1 座	3 300×1 800×3 600
8	消毒池	1 座	消毒间：6 000×3 600
9	风机房	1 座	含分析间、操作间等：6 000×6 000 选用 JTS-50 罗茨鼓风机 2 台
10	水泵	8 台	采用化工管道污水泵：IHG20-110、IHG25-110、IHG40-125（Ⅰ） 及潜水污水泵（32WQ8-12-0.75）
11	总排口	1 座	DN50
12	污泥干化场	1 处	7 960×3 000×1 300

4. 小区污水综合处理系统各主要构筑物设计图

小区污水综合处理系统主要有以下构筑物：格栅、隔油沉砂池、均质均量调节池、生物接触氧化池、二沉池（斜管沉淀池）等，下面将分别给出它们的设计图。

（1）格栅。图 14-4 是格栅的设计施工图。

（2）隔油沉砂池。图 14-5 是隔油沉砂池的设计施工图。

（3）均质均量调节池。图 14-6 是均质均量调节池的设计施工图，图 14-7 是均质均量调节池的三维效果图。

（4）生物接触氧化池。图 14-8 是生物接触氧化池的设计施工图，图 14-9 是生物接触氧化池的三维效果图。

（5）二沉池（斜管沉淀池）。图 14-10 是斜管沉淀池的设计施工图，图 14-11 是斜管沉淀池的三维效果图，其中左侧是未安装斜管的情形，右侧则是安装了斜管的情形。

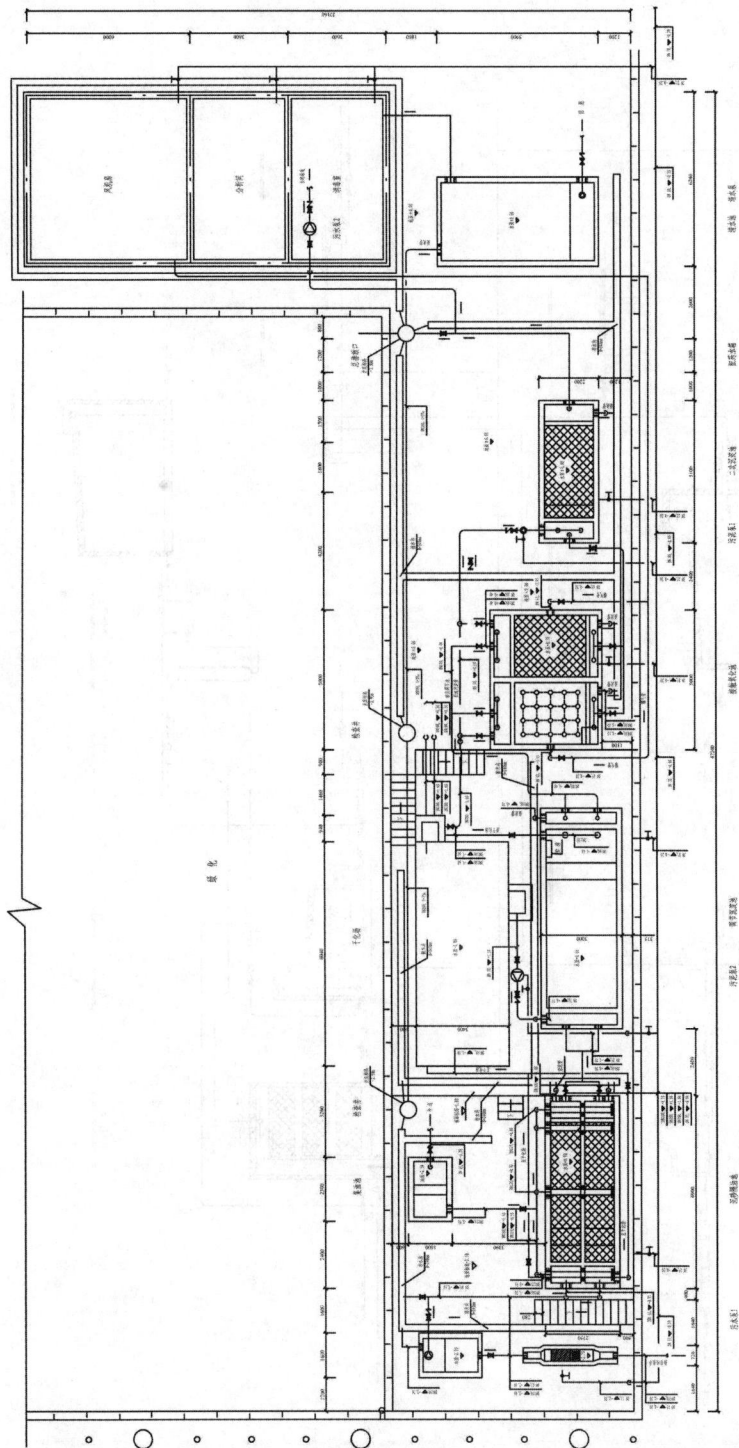

图 14-2　小区污水综合处理系统平面管线布置图

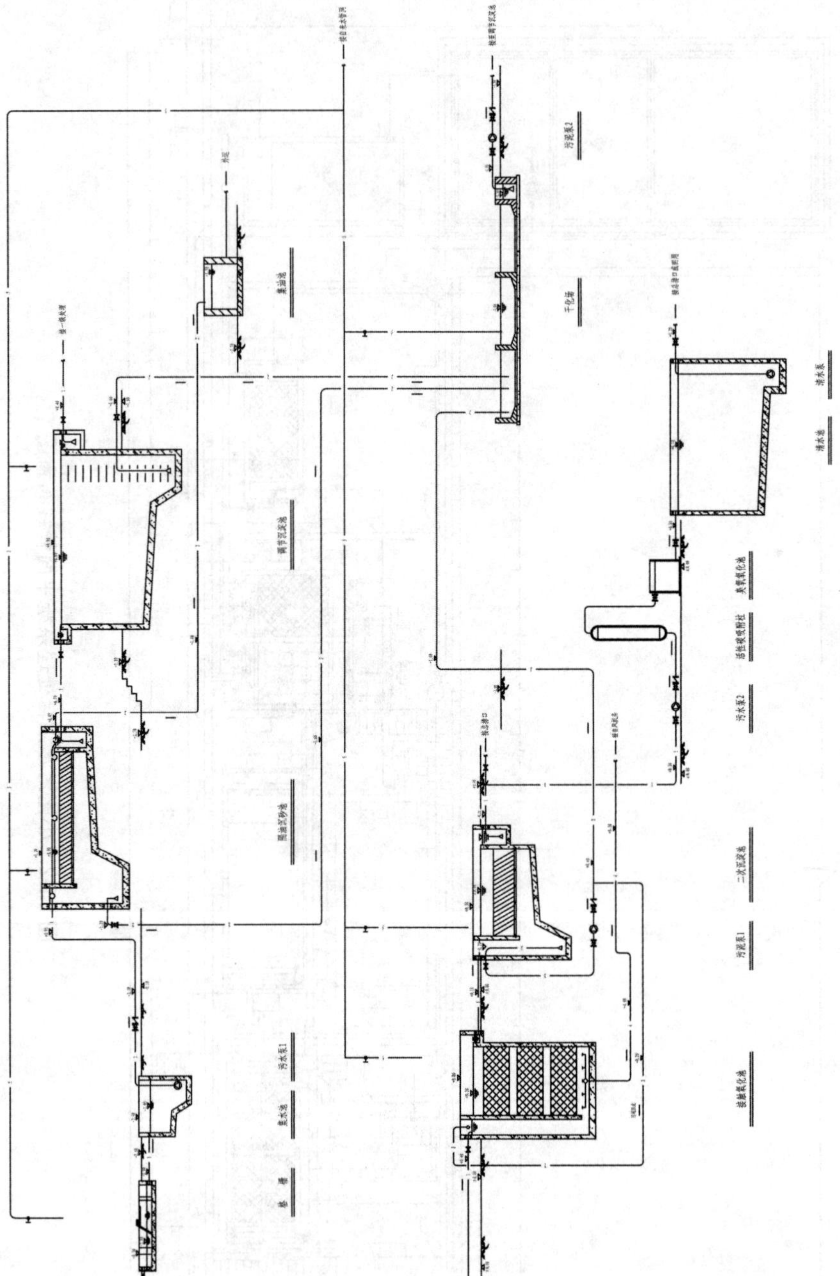

图 14-3 小区污水综合处理系统高程图

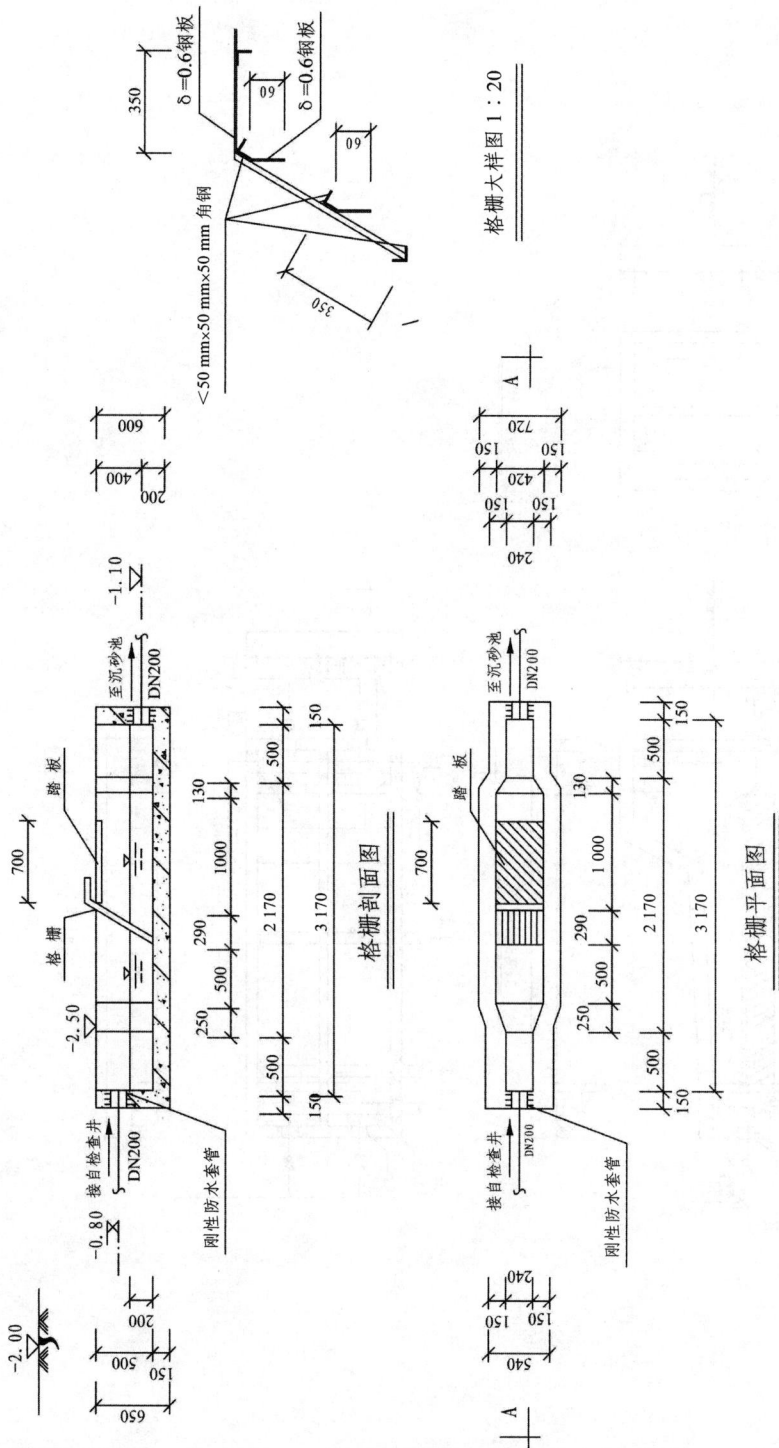

格栅大样图 1：20

δ=0.6钢板

δ=0.6钢板

＜50 mm×50 mm×50 mm 角钢

至沉砂池
DN200

踏板

格栅

接自检查井
DN200

刚性防水套管

格栅剖面图

至沉砂池
DN200

踏板

接自检查井
DN200

刚性防水套管

格栅平面图

图 14-4 格栅

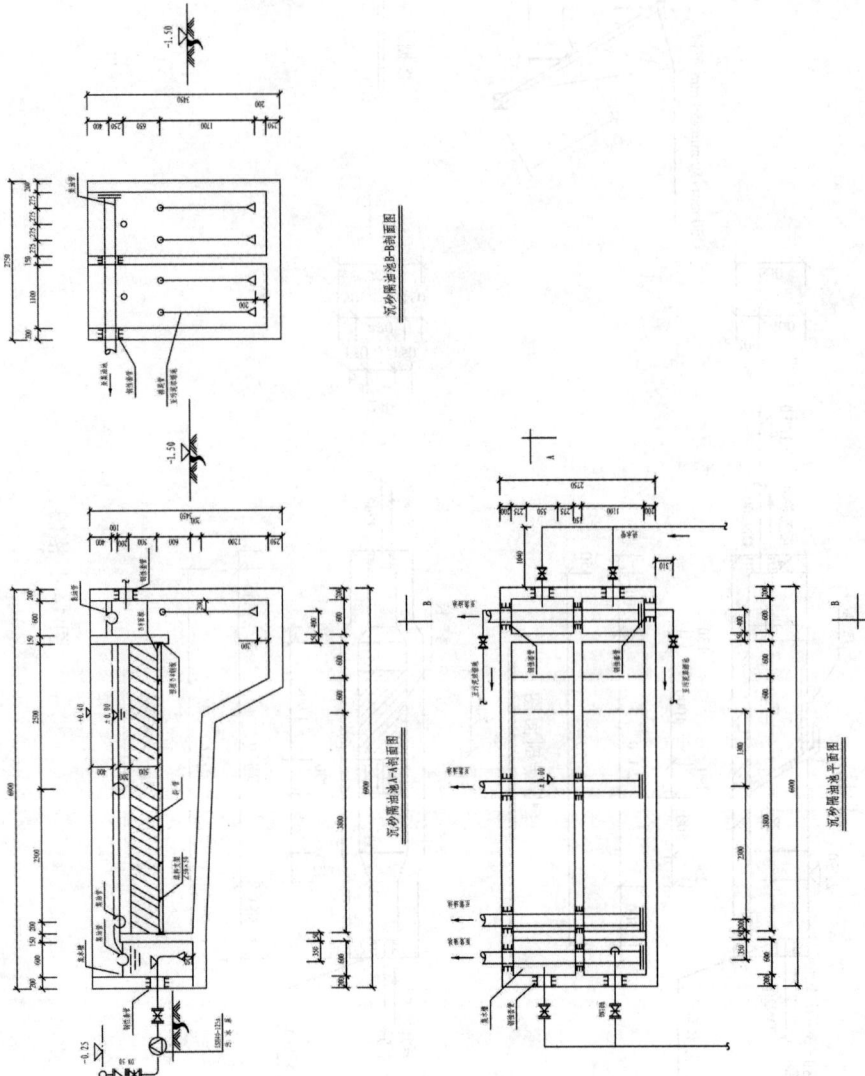

图 14-5 隔油沉砂池

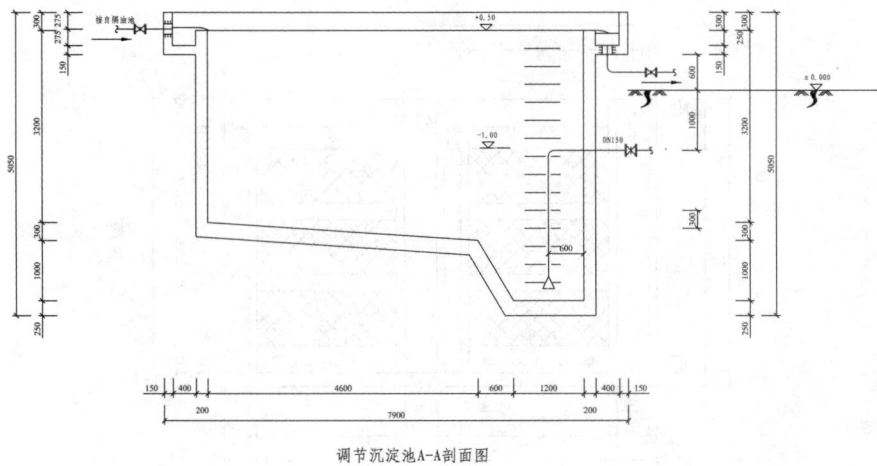

调节沉淀池A-A剖面图

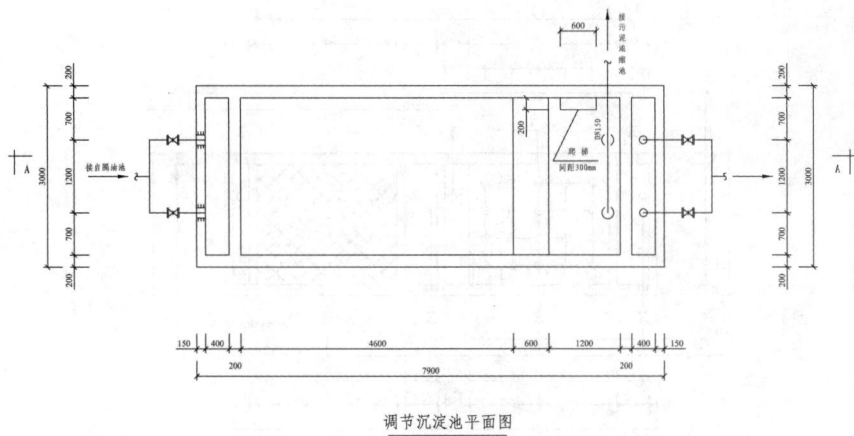

调节沉淀池平面图

图 14-6　均质均量调节池

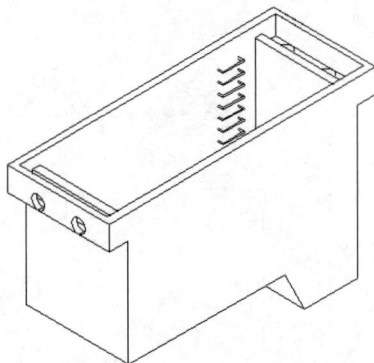

图 14-7　均质均量调节池三维效果图

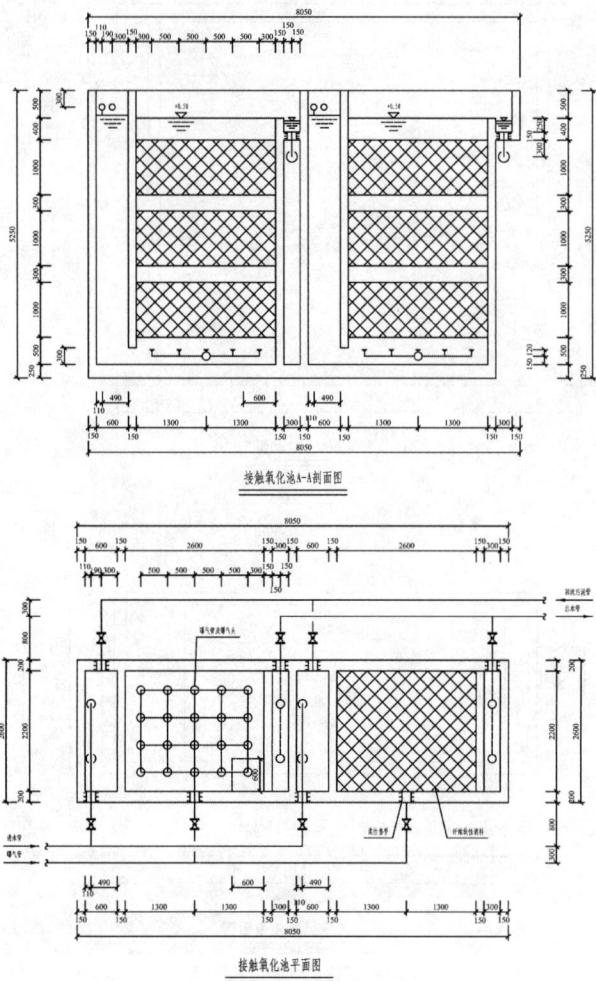

图 14-8　生物接触氧化池

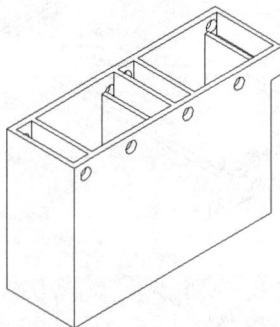

图 14-9　生物接触氧化池三维效果图

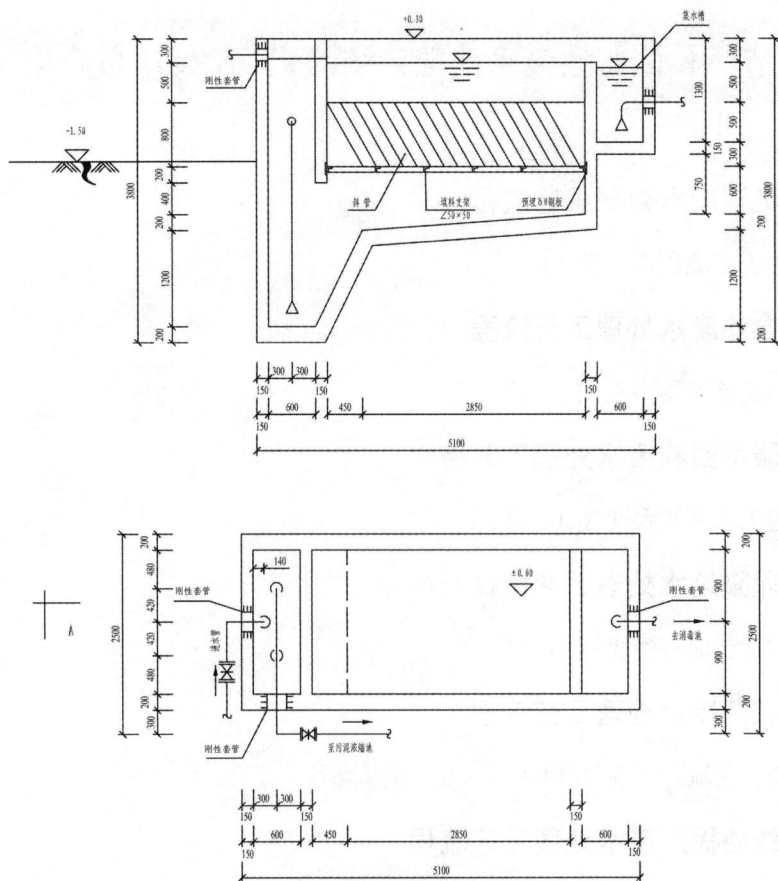

图 14-10　斜管沉淀池

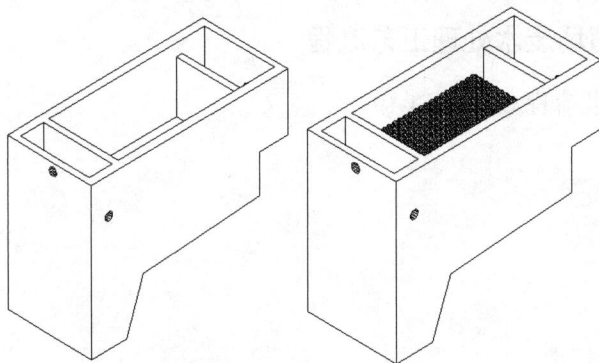

图 14-11　斜管沉淀池三维效果

第二节　其他典型废水处理系统的 CAD 设计与应用

一、某电镀废水处理工艺流程

其设计的工艺流程参见图 14-12。

二、某含油废水处理工艺流程

其设计的工艺流程参见图 14-13。

三、某服饰面料废水处理工艺流程

其设计的工艺流程参见图 14-14。

四、某印染废水处理工艺流程

其设计的工艺流程参见图 14-15。

五、某农药废水处理工艺流程

其设计的工艺流程参见图 14-16。

六、某线路板厂废水处理工艺流程

其设计的工艺流程参见图 14-17。

七、某油脂废水处理工艺流程

其设计的工艺流程参见图 14-18。

八、某养殖场废水处理工艺流程

其设计的工艺流程参见图 14-19。

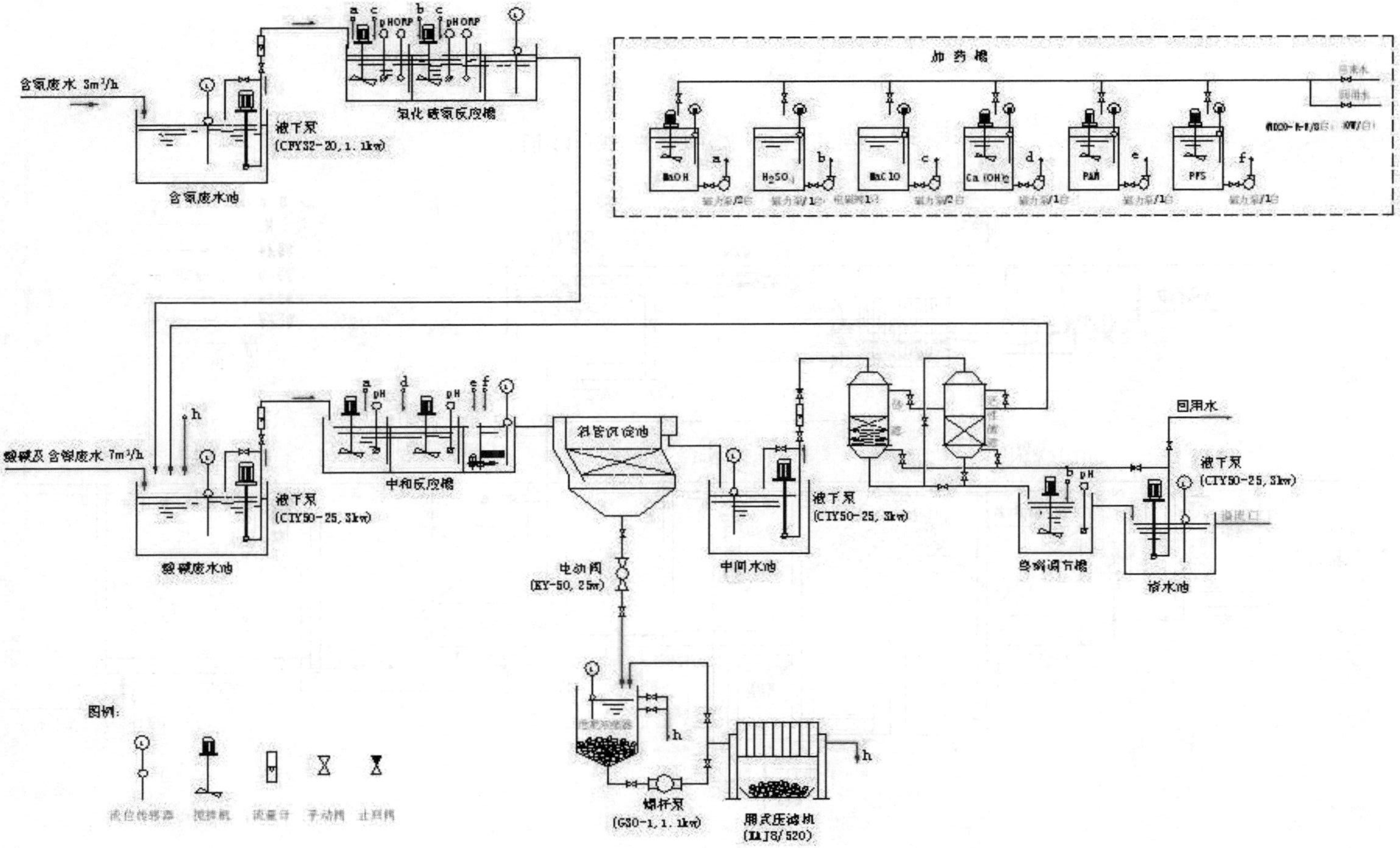

图 14-12 某电镀废水处理工艺流程

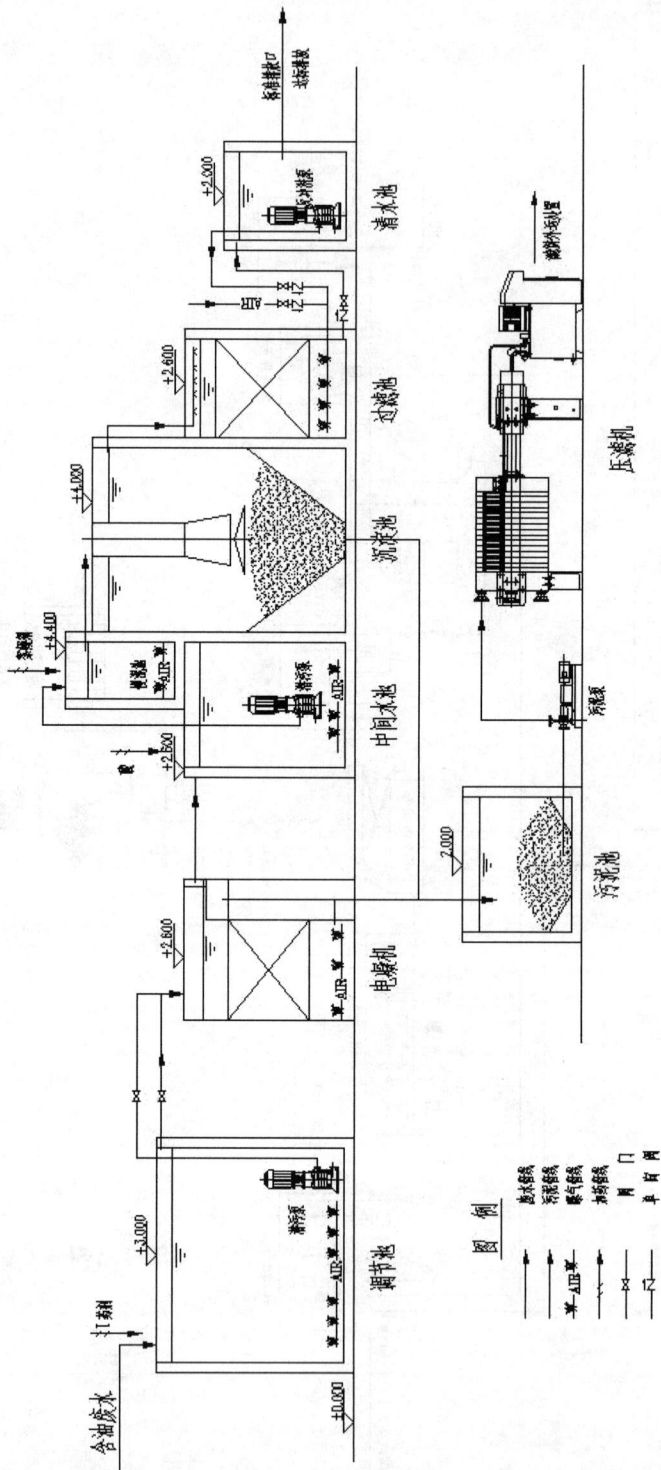

图 14-13　某含油油废水处理工艺流程

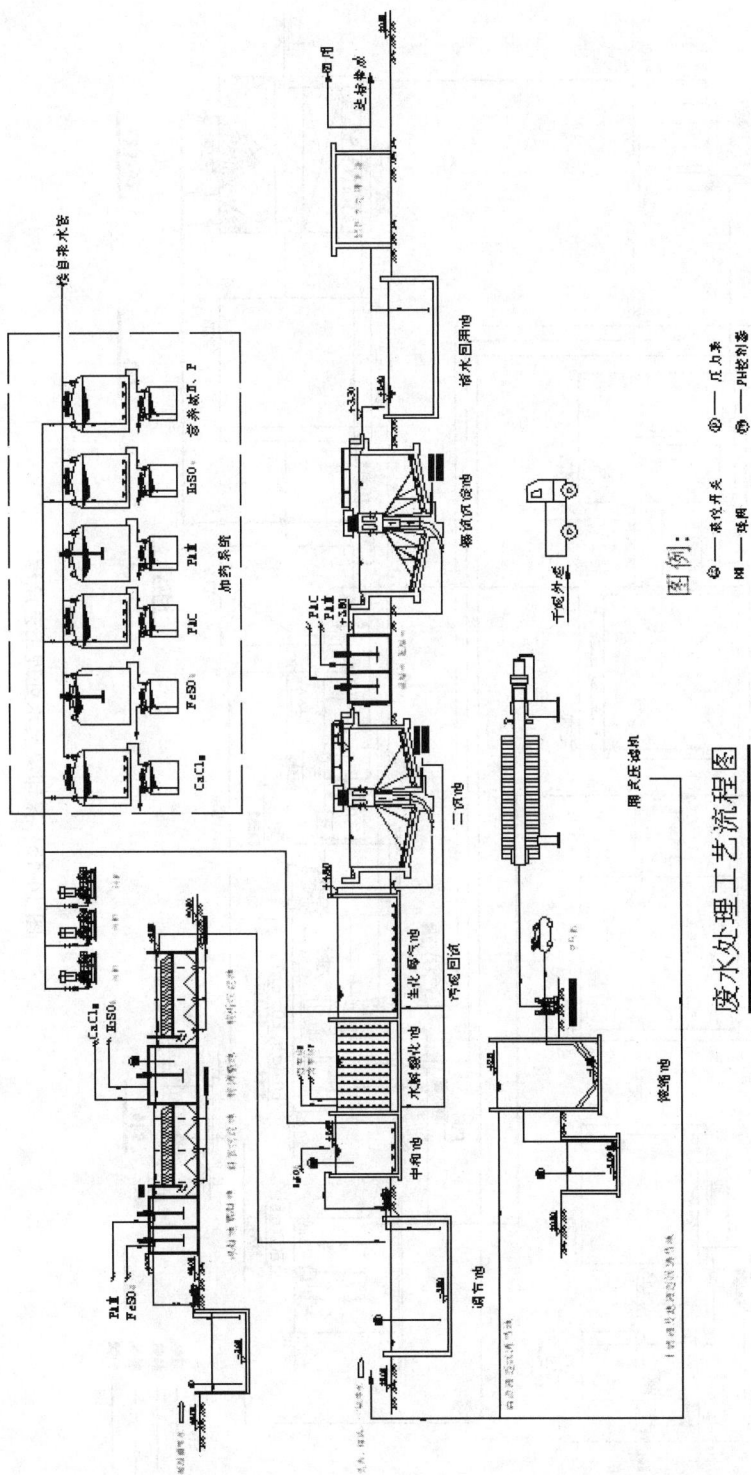

图 14-14 某脱饰面料废水处理工艺流程

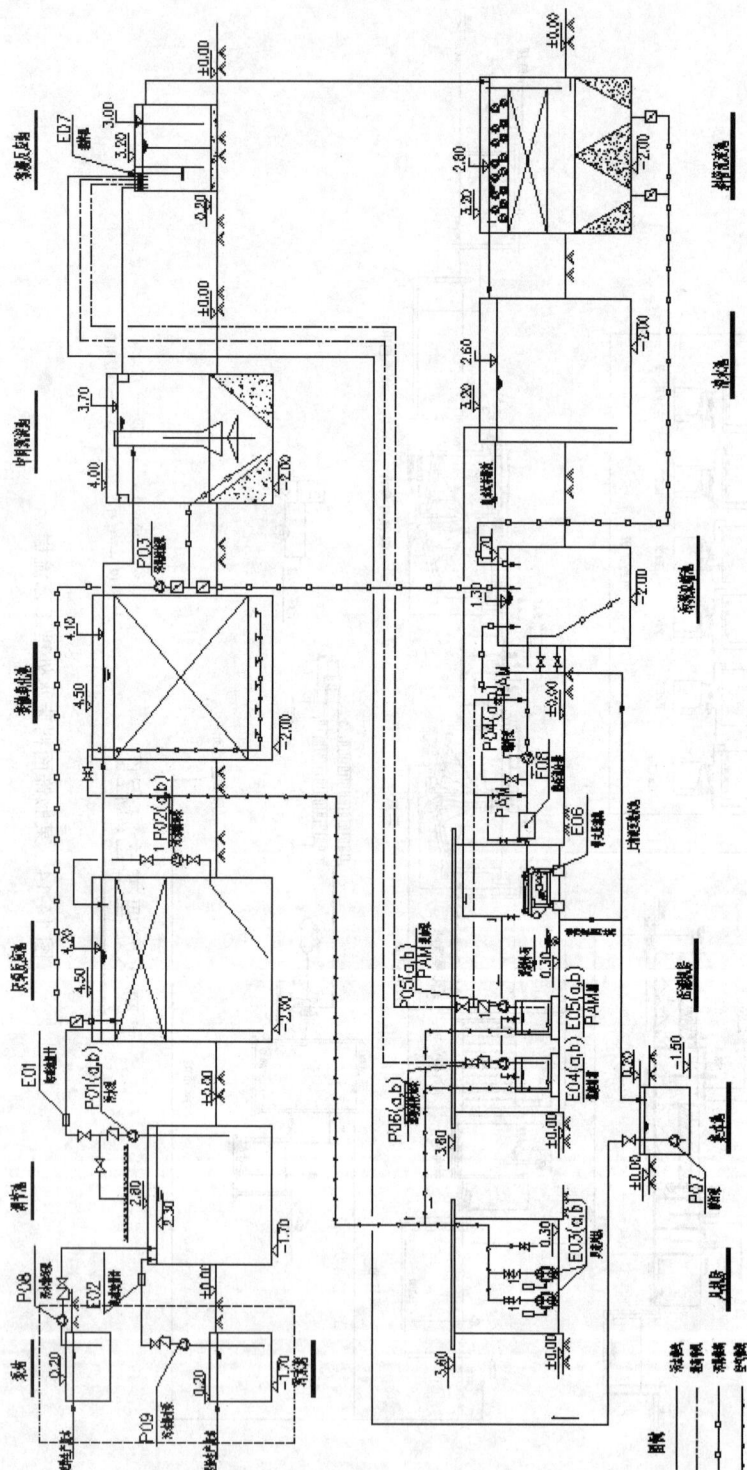

图 14-15 某印染废水处理工艺流程

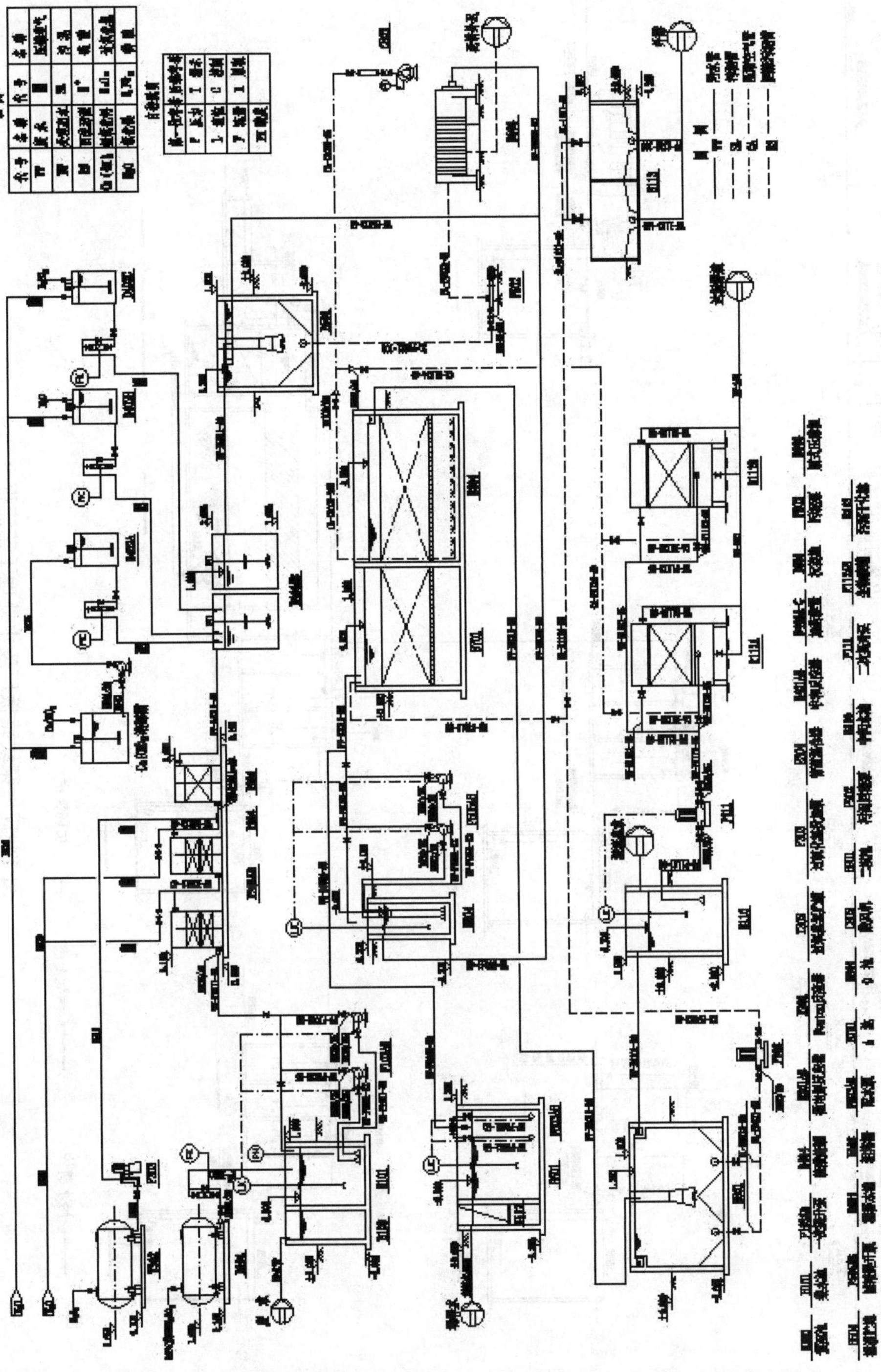

图 14-16 某农药废水处理工艺流程

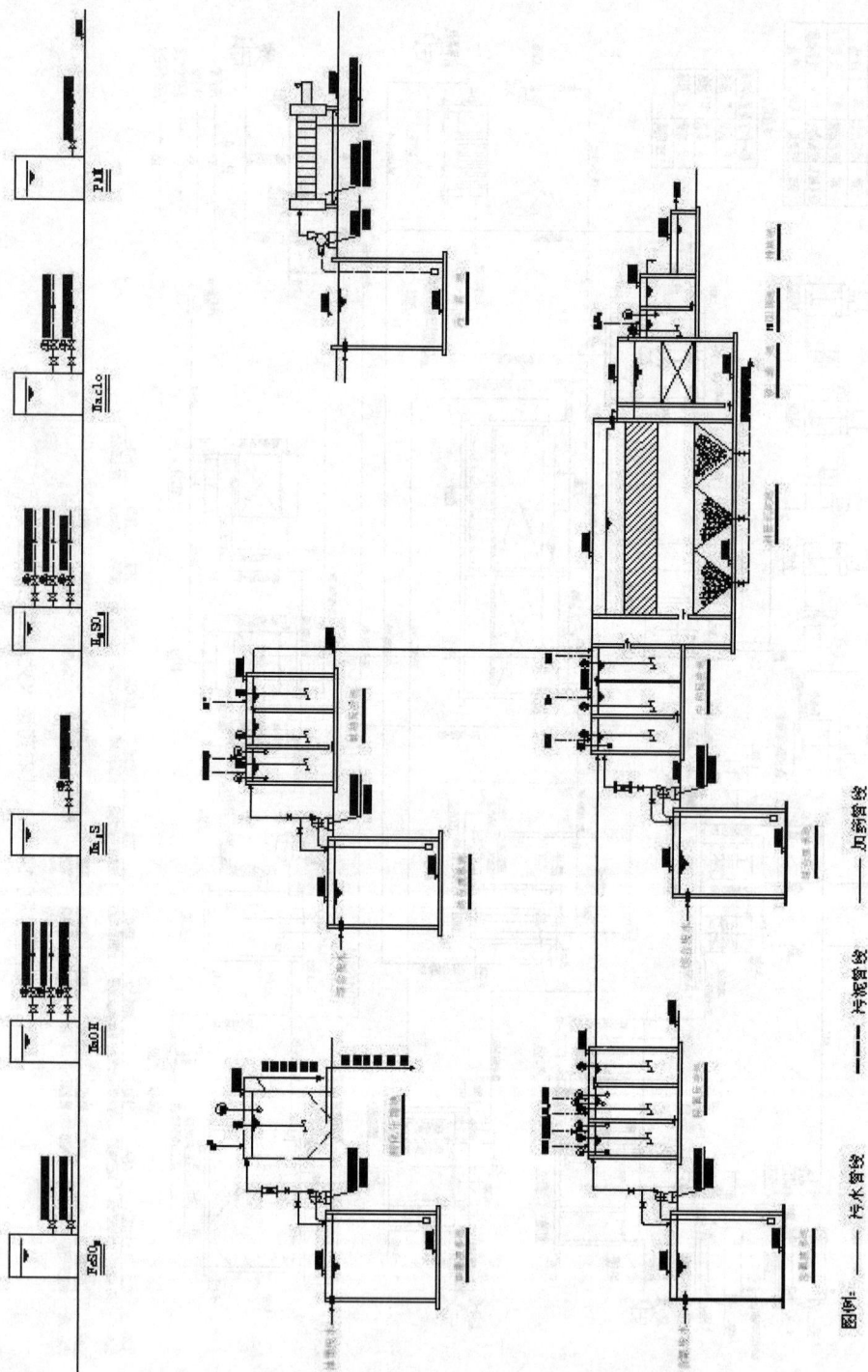

图 14-17 某线路板厂废水处理工艺流程

图例：　──── 污水管线　　──── 污泥管线　　──── 加药管线

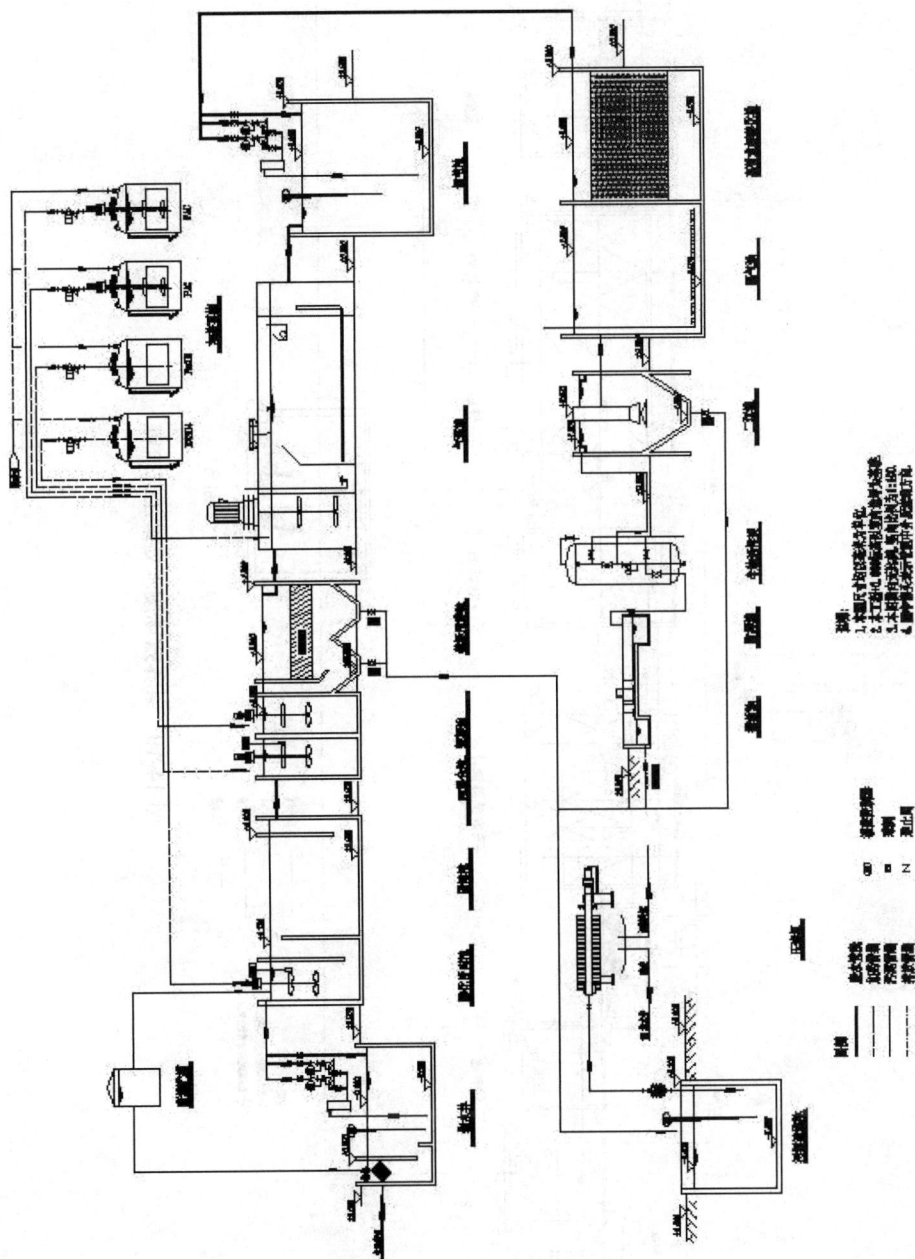

图 14-18 某油脂废水处理工艺流程

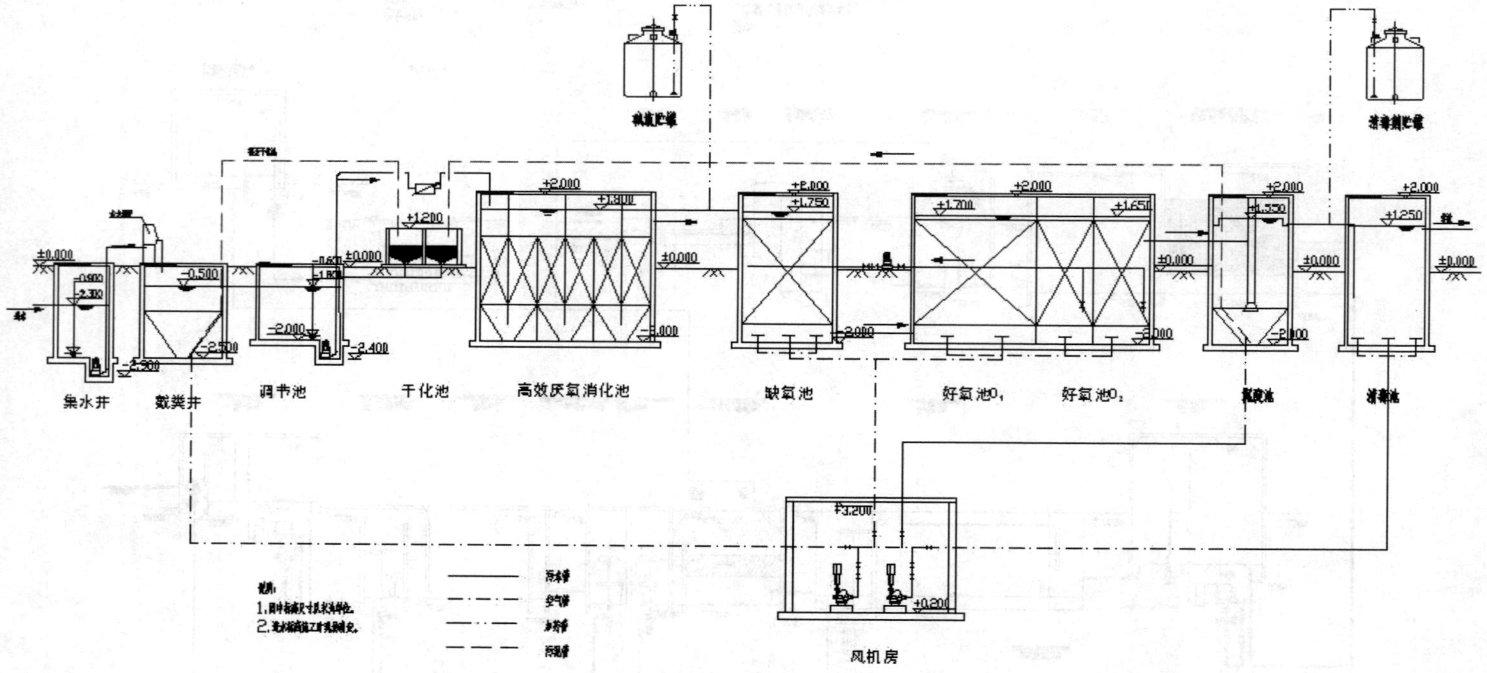

图 14-19　某养殖场废水处理工艺流程

复习与思考练习题

1. 绘制本章中的小区污水综合处理系统设计工艺流程图。

2. 绘制本章中的小区污水综合处理系统平面管线布置图。

3. 绘制本章中的小区污水综合处理系统高程图。

4. 绘制本章中的小区污水综合处理系统各主要构筑物设计图，具体有：

（1）格栅

（2）隔油沉砂池

（3）均质均量调节池

（4）生物接触氧化池

（5）二沉池（斜管沉淀池）

5. 绘制本章中的其他废水处理系统工艺流程图。

解题要点：

以上图形都比较复杂，建议读者在绘制的时候要多利用图层来管理图形，一般而言，不同类对象都应分层，如中心线、可见轮廓线、不可见轮廓线、尺寸标注、文字注释等都应为它们创建相应的图层，至于在实际工作中具体应创建哪些图层，各图层如何命名等，一般都有相应行业或领域的习惯，在工作中请尽可能遵循之。

此外，以上设计完成后，其图例、设计说明、标题栏、会签栏、明细栏、图框等要素一应俱全，这些要素在本书第二章中都有详细介绍，请读者参照相应内容及相关标准完善之。

参 考 文 献

[1] 魏先勋. 环境工程设计手册（修订版）. 长沙：湖南科学技术出版社，2002.

[2] 杨丽芬，李友琥. 环保工作者实用手册（2 版）. 北京：冶金工业出版社，2001.

[3] 周兴球. 环保设备设计手册——大气污染控制设备. 北京：化学工业出版社，2003.

[4] 杨松林. 水处理工程 CAD 技术应用及实例. 北京：化学工业出版社，环境科学与工程出版中心，2002.

[5] 曾科，卜秋平，陆少鸣. 污水处理厂设计与运行. 北京：化学工业出版社，2003.

[6] 胡亨魁. 水污染控制工程，武汉：武汉理工大学出版社，2003.

[7] 鹿政理. 环境保护设备选用手册——大气污染控制设备，北京：化学工业出版社，2002.

[8] 老虎工作室. 从零开始：AutoCAD 2008 中文版机械制图基础培训教程. 北京：中国人民邮电出版社，2009.

[9] 杨老记，梁海利. AutoCAD 2008（中文版）工程制图实用教程. 北京：机械工业出版社，2008.

[10] 二代龙震工作室. AutoCAD 2006/2007 中文版机械设计基础. 北京：电子工业出版社，2007.

[11] 孙江宏. AutoCAD 2008 中文版实用教程. 北京：高等教育出版社，2007.

[12] 王荣和. 黄勇. 给水排水工程 CAD. 北京：中国建筑工业出版社，2002.

[13] 闫波. 环境工程土建概论（修订版）. 哈尔滨：哈尔滨工业大学出版社，2004.

[14] 中华人民共和国建设部. 房屋建筑制图统一标准. 北京：中国计划出版社，2002.

[15] 中华人民共和国建设部. 给水排水制图标准. 北京：中国计划出版社，2002.

[16] 郭玲文，等. 现场学 AutoCAD 2008. 上海：上海科学普及出版社，2008.

[17] （老虎工作室）姜勇. AutoCAD 2006 中文版习题精解. 北京：人民邮电出版社出版，2007.

[18] 杨松林. 环境工程 CAD 技术应用及实例. 北京：化学工业出版社，2005.

[19] 张林生. 环境工程专业毕业设计指南. 北京：中国水利水电出版社，2004.

[20] 张梅，陈艳华. AutoCAD 2008 中文版基础与实例教程. 北京：清华大学出版社，2008.

[21] 周峰，徐晓军，王征. AutoCAD 2008 中文版基础与实例教程. 北京：电子工业出版社，2008.

[22] 刘长江，张军华. AutoCAD 2008 中文版无敌课堂. 北京：电子工业出版社，2007.

[23] 崔洪斌，肖新华. AutoCAD 2008 中文版实用教材. 北京：人民邮电出版社，2007.

[24] 廖念禾，王和生，孙舫南，等. AutoCAD 2008 中文版全接触. 北京：中国水利水电出版社，2008.

[25] 张余，付劲英，周秀，等. AutoCAD 2008 从入门到精通. 北京：清华大学出版社，2008.

[26] 杨聪. 2008 AutoCAD 机械制图案例实训教程. 北京：中国人民大学出版社，2009.

[27] 张轩，等. AutoCAD 2004 三维设计基础教程. 北京：机械工业出版社，2004.

[28] [美]Ralph Grabowski. AutoCAD 2004 高级教程. 北京：清华大学出版社，2005.

[29] 江振禹，等. 中文版 AutoCAD2005 建筑制图. 北京：中国林业出版社，2006.

谨向以上文献的全部作者致以衷心感谢！